普通高等教育机电类系列教材

# 工 程 制 图

## 第 3 版

主　编　武华　李芳
副主编　徐旭松　方锡武
参　编　蒋麒麟　郑书谦
主　审　张建润

机 械 工 业 出 版 社

本书是在第 2 版的基础上,根据教育部高等学校工程图学教学指导委员会制定的《普通高等学校工程图学课程教学基本要求》(2016 版),结合最新的应用型本科人才培养方案及教学要求,并听取了兄弟院校及读者的建议修订而成的。

本书共有 10 章及附录,主要内容包括:工程制图基础知识与基本技能,点、直线、平面的投影,基本立体投影,组合体,轴测图,机件的表达方法,零件图,标准件和常用件的特殊表示法,装配图和计算机绘图。

本书涉及的通用术语和标准均采用迄今为止最新的国家标准和行业标准。

本书可作为本科院校各专业工程制图课程的教材使用,也可作为高职高专、各类成人教育的教材或作为工程技术人员机械制图的参考手册。与之配套的教材《工程制图习题集》(方锡武、林莉主编)同期修订。

## 图书在版编目(CIP)数据

工程制图/武华,李芳主编. —3 版. —北京:机械工业出版社,2018.1(2024.6 重印)

普通高等教育机电类系列教材

ISBN 978-7-111-58653-1

Ⅰ.①工… Ⅱ.①武… ②李… Ⅲ.①工程制图-高等学校-教材 Ⅳ.①TB23

中国版本图书馆 CIP 数据核字(2017)第 317584 号

机械工业出版社(北京市百万庄大街 22 号 邮政编码 100037)
策划编辑:舒 恬 责任编辑:舒 恬 徐鲁融 朱琳琳 刘丽敏
责任校对:张晓蓉 封面设计:张 静
责任印制:李 昂
三河市航远印刷有限公司印刷
2024 年 6 月第 3 版第 13 次印刷
184mm×260mm · 21.25 印张 · 516 千字
标准书号:ISBN 978-7-111-58653-1
定价:52.00 元

电话服务 网络服务
客服电话:010-88361066 机 工 官 网:www.cmpbook.com
010-88379833 机 工 官 博:weibo.com/cmp1952
010-68326294 金 书 网:www.golden-book.com
**封底无防伪标均为盗版** 机工教育服务网:www.cmpedu.com

# 前
## PREFACE

根据教育部高等学校工程图学教学指导委员会 2016 制订的《普通高等学校工程图学课程教学基本要求》，结合最新的应用型本科人才培养方案及教学要求，在总结了近几年的教学经验及取得教学成果的基础上，认真听取了多所同类兄弟院校的建议，对第 2 版教材进行修订。同时修订了由方锡武、林莉主编的《工程制图习题集》作为配套教材。

本书继续保持第 2 版的特色，力求内容更符合应用型本科的教学要求，突出实用、实际、实践，内容编写更具可读性。

本次修订主要涉及以下内容：

1) 更新了与机械制图相关的国家标准，增加了 CAD 制图规则，使用了最新术语。

2) 在基本立体投影和组合体两章中均增加了构型方法，以提高形象思维能力和构型能力。

3) 在零件图和装配图两章中分别增加了零件测绘和部件测绘，以加强徒手画图的能力，注重工程意识和实践能力的培养。

4) 计算机绘图软件升级为 AutoCAD 2014，增加了 CAD 二维图形输出，充实了三维形体建模，编写方式更突出软件的可操作性。

5) 各章末尾均有学习指导和复习思考题，目的是在学习方法、知识重点和难点上给予提示和引导，方便学生的自主学习和复习。

6) 各章均汇总了本章引用的标准号及标准名称，为查阅标准提供方便。

7) 多数插图均为双色，充分发挥图示的作用；投影图尽量配置了立体图，使教材内容更生动、易看易懂。

8) 在附录中增加了机械制图国外标准简介。

9) 继续完善和提高多媒体课件的内容和质量，习题集配有答案和仿真模型，使教材更具立体化的特点。

本书由南京工程学院、江苏理工学院、淮海工学院合作编写。本书由武华、李芳任主编，徐旭松、方锡武任副主编。参加本书编写的人员有武华（绪论、第一章、第五章、第七章、第十章）、徐旭松（第二章）、方锡武（第三章）、李芳（第四章、第八章、附录）、蒋麒麟（第六章）、郑书谦（第九章）。全书由武华统稿。

本书由东南大学张建润教授审阅，他提出了许多宝贵意见，在此表示衷心的感谢。

通过本次的修订，我们衷心希望本书能更好地为广大读者在学习和工作中提供帮助，由于水平有限，书中还会存在一些缺点和疏误，敬请使用本教材的师生和广大读者给予批评指正。联系方式 E-mail：wuhua@njit.edu.cn

编　者

# CONTENTS 录

# 绪 论

## 一、本课程的性质和研究对象

工程制图课程是普通高等学校理、工类专业的一门重要技术基础课程。该课程理论严谨，实践性强，与工程设计紧密联系，对培养学生掌握科学思维方法，培养工程意识和创新意识有非常重要的作用。

本课程的主要研究对象是工程图样。图样是采用投影原理，依据绘图标准或有关规定，表示工程对象、并有必要的技术说明的图。它是表达和传递设计意图、交流技术思想和指导生产的重要工具。因此，图样被喻为"工程界的技术语言"。

## 二、本课程的目的和任务

本课程的教学目的是培养学生具有尺规绘图能力、徒手绘图能力及计算机绘图的综合能力，为后续课程的学习和今后从事技术工作打下坚实的基础，并初步具备工程技术人员的基本素质和实践技能。

本课程的主要任务是：

1）学习有关制图的国家标准，培养贯彻执行国家标准的意识。

2）学习正投影的基本理论及其应用。

3）掌握绘制和阅读机械工程图样的基本要求和方法。

4）培养空间想象能力、形象思维能力和创新思维能力。

5）学习使用计算机绘图软件绘制二维图和三维建模的方法。

6）培养认真负责的工作态度、严谨细致的工作作风和自主学习的能力。

## 三、本课程的学习方法和要求

1）本课程理论体系严谨，实践性很强，在学习中切忌死记硬背，应通过大量的作业练习来理解和掌握基础理论的应用。

2）牢固树立标准化意识，并不断提高应用标准的能力。

3）建议在各章结束时，学习章末的学习指导和复习题思考，以便总结归纳本章的知识点，抓住重点，解决难点。

4）注重课程与日常生活、生产实际的结合，多观察、多思考、多练习。由物体画图形、由图形想物体，反复实践，逐步提高绘图和读图的能力。

5）注重自学能力的培养，及时、独立、认真地完成作业，从中找到分析问题和解决问题的方法。此外，要借助网络媒体，采用多种学习模式，提高学习效率。

6）通过大量的上机训练以提高计算机绘图能力，养成良好的操作习惯，找到快速、准确绘制工程图样的方法和技巧；通过计算机建模过程，加强形体的构型能力和创新能力。

7）在零部件测绘的实践环节中，培养团队协作精神，注重理论与实际的结合，逐步提高综合应用能力和工程实践能力。

### 四、工程制图教学的发展趋势

随着工业化、信息化和设计制造等技术的快速发展，机械产品的三维建模技术及数字化设计方法渐趋成熟，使"读图"和"画图"方法内涵有所改变，尤其是 3D 打印技术的出现，使工程技术人员更易高质高效地设计和生产产品。因此，本课程的定位、教学内容和教学方法等，也将随之发生巨大变化。面向创新能力培养的工程制图和计算机绘图教学将是持续探索的重要课题。

# 第一章

# 工程制图基础知识与基本技能

**学习要点**

◆ 掌握国家标准关于图幅、标题栏、比例、字体、图线及尺寸注法的基本规定。

◆ 重点掌握平面图形的绘制方法。

◆ 掌握徒手绘图和尺规绘图的方法。

◆ 掌握 CAD 制图规则。

本章采用的国家标准主要有：《技术制图　图纸幅面和格式》（GB/T 14689—2008）、《技术制图　标题栏》（GB/T 10609.1—2008）、《技术制图　比例》（GB/T 14690—1993）、《技术制图　字体》（GB/T 14691—1993）、《技术制图　图线》（GB/T 17450—1998）、《机械制图　图样画法　图线》（GB/T 4457.4—2002）、《技术制图　简化表示法　第 2 部分：尺寸注法》（GB/T 16675.2—2012）、《机械制图　尺寸注法》（GB/T 4458.4—2003）、《机械工程　CAD 制图规则》（GB/T 14665—2012）、《CAD 工程制图规则》（GB/T 18229—2000）、《技术制图　CAD 系统用图线的表示》（GB/T 18686—2002）、《技术制图　圆锥的尺寸和公差注法》（GB/T 15754—1995）。

## 第一节　国家标准《技术制图》和《机械制图》的基本规定

国家标准，简称"国标"，用"GB"或"GB/T"表示；国际标准化组织标准用"ISO"表示。"GB"为强制性标准，"GB/T"为推荐性标准。

### 一、图纸幅面和格式、标题栏

1. 图纸幅面

图纸幅面是指图纸宽度与长度组成的幅面。绘制技术图样时应优先采用表 1-1 所规定的基本幅面（第一选择），如图 1-1 中的粗实线所示。必要时，也允许选用表 1-2 所规定的加长幅面（第二选择），如图 1-1 中的细实线和细虚线（第三选择）所示。加长幅面的尺寸是由基本幅面的短边成整数倍增加得出的。

2. 图框格式

图框是指图纸上用粗实线画出的限定绘图区域的线框，其格式分为不留装订边（见图 1-2）和留有装订边（见图 1-3）两种，同一产品的图样只能采用同一种格式。图框尺寸按

表 1-1　图纸基本幅面及其图框尺寸　　　　　　　　　（单位：mm）

| 幅面代号 | A0 | A1 | A2 | A3 | A4 |
|---|---|---|---|---|---|
| $B×L$ | 841×1189 | 594×841 | 420×594 | 297×420 | 210×297 |
| $a$ | 25 | | | | |
| $c$ | 10 | | | 5 | |
| $e$ | 20 | | | 10 | |

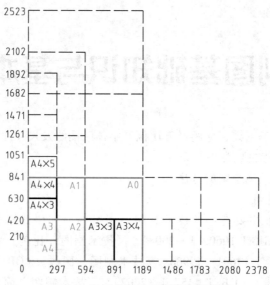

图 1-1　图纸的基本幅面和加长幅面

表 1-2　图纸加长幅面及尺寸　　　　　　　　　（单位：mm）

| 幅面代号 | A3×3 | A3×4 | A4×3 | A4×4 | A4×5 |
|---|---|---|---|---|---|
| $B×L$ | 420×891 | 420×1189 | 297×630 | 297×841 | 297×1050 |

表 1-1 中的规定值选取，加长幅面的图框尺寸，按所选用的基本幅面大一号的图框尺寸确定。例如，A3×4 的图框尺寸应按 A2 的图框尺寸绘制。

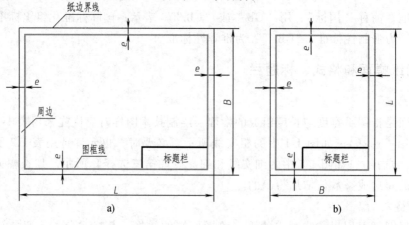

图 1-2　不留装订边图纸的图框格式
a）X 型　b）Y 型

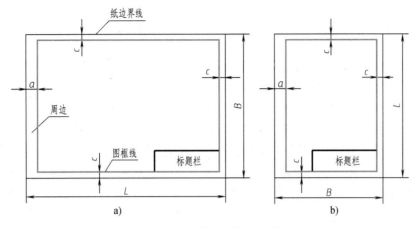

图 1-3　留有装订边的图框格式

a）X 型　b）Y 型

**3. 标题栏**

标题栏是由名称及代号区、签字区、更改区和其他区组成的栏目，格式如图 1-4 所示，其位置位于图纸的右下角。当标题栏的长边置于水平方向并与图纸的长边平行时，则构成 X 型图纸；当标题栏的长边与图纸的长边垂直时，则构成 Y 型图纸。两种类型的图纸，看图方向与看标题栏的方向一致。

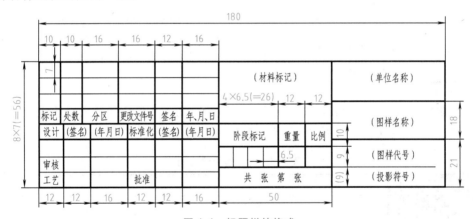

图 1-4　标题栏的格式

在学校的制图作业中标题栏可以采用简化格式，如图 1-5 所示。

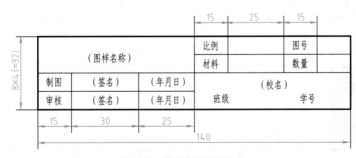

图 1-5　简化标题栏格式

**6**

4. 附加符号

（1）对中符号 为了使图样复制和缩微摄影时定位方便，在基本幅面或加长幅面的各号图纸中，均应在图纸各边长的中点处分别画出对中符号。该符号用粗实线（宽度不小于0.5mm）绘制，长度从纸边界开始至伸入图框内约5mm，如图1-6a所示。

（2）方向符号 为了利用预先印制含有图框和标题栏的图纸，允许将X型图纸的短边或Y型图纸的长边水平放置，而标题栏位于图纸的右上角，此时必须在图纸的下边对中符号处画出方向符号，该符号是用细实线绘制的等边三角形，如图1-6b所示。

（3）投影符号 我国采用第一角投影作图，而美国、日本、加拿大、澳大利亚等国采用第三角投影作图（详见第六章的第六节）。为了表明图样采用第三角投影，在标题栏中必须标注第三角投影的识别符号（第一角投影可省略标注，必要时再标注），两种符号的画法如图1-6c、d所示。图中 h 为图中尺寸字体高度（$H=2h$），d 为图中粗实线宽度。

## 二、比例

比例是指图中图形与其实物相应要素的线性尺寸之比。

按比例绘制图样时，应注意以下几点：

1）按表1-3规定的系列中选取适当的比例，必要时也允许选用表1-4中的比例。

2）不论采用放大或缩小的比例绘图，图样中所标注的尺寸应为机件的实际尺寸，如图1-7所示。

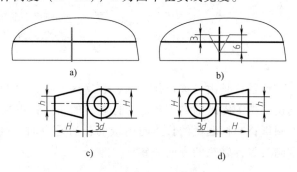

图1-6 附加符号的绘制
a）对中符号 b）方向符号 c）第一角投影识别符号
d）第三角投影识别符号

3）绘制同一机件的各个视图应尽量采用相同的比例，并将比例填入标题栏中。若某个视图采用与之不同的比例时，可在视图名称的上方注出该比例。

表1-3 优先选用的比例

| 原值比例 | 1:1 | | |
|---|---|---|---|
| 放大比例 | 5:1<br>$5\times10^n:1$ | 2:1<br>$2\times10^n:1$ | $1\times10^n:1$ |
| 缩小比例 | 1:2<br>$1:2\times10^n$ | 1:5<br>$1:5\times10^n$ | 1:10<br>$1:1\times10^n$ |

注：n 为正整数。

表1-4 允许选用的比例

| 放大比例 | 4:1<br>$4\times10^n:1$ | 2.5:1<br>$2.5\times10^n:1$ | | |
|---|---|---|---|---|
| 缩小比例 | 1:1.5<br>$1:1.5\times10^n$ | 1:2.5<br>$1:2.5\times10^n$ | 1:3<br>$1:3\times10^n$ | 1:4<br>$1:4\times10^n$ | 1:5<br>$1:5\times10^n$ |

注：n 为正整数。

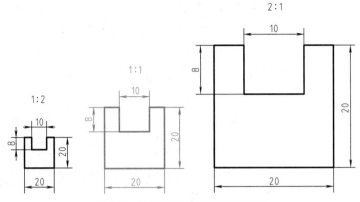

图 1-7 采用不同比例绘制的图形

### 三、字体

字体是指图中文字、字母、数字的书写形式，它们是图样中的重要组成部分。

图样中的字体必须做到：字体工整、笔画清楚、间隔均匀、排列整齐。

国家标准规定字体高度（用 $h$ 表示）代表字体的号数，其公称尺寸系列为：1.8mm、2.5mm、3.5mm、5mm、7mm、10mm、14mm、20mm。如需要书写更大的字，其字体高度应按 $\sqrt{2}$ 的比率递增。

1. 汉字

汉字应写成长仿宋体，并采用国家正式公布推行的简化字。汉字最小高度不应小于 3.5mm，其字宽一般为 $h/\sqrt{2}$（约 $0.7h$）。字体示例如图 1-8 所示。

10号字：字体工整 笔画清楚 间隔均匀 排列整齐

7号字：横平竖直 注意起落 结构均匀 填满方格

5号字：技术制图机械制图计算机绘图按最新国家标准进行绘制

3.5号字：机械制图工程制图教学应当以制图规则及其相关标准为根本依据

图 1-8 长仿宋体汉字示例

2. 数字和字母

图样中常用的数字和字母分 A 型（笔画宽度为 $h/14$）和 B 型（笔画宽度为 $h/10$），均可书写成直体或斜体（与水平基准线夹角为 75°，向右倾斜）。同一张图样中只能采用一种字体书写。常用字体示例如图 1-9 所示。

书写指数、注脚、极限偏差、分数等的数字及字母一般应采用小一号字体，其综合应用示例如图 1-10 所示。

阿拉伯数字直体

阿拉伯数字斜体

罗马数字斜体

大写拉丁字母

小写拉丁字母

图 1-9　A 型数字及拉丁字母斜体示例

$$\phi25^{+0.033}_{0} \quad 10^2 \quad Td \quad \phi50\frac{H8}{f8} \quad \frac{4}{7} \quad 350MPa \quad 75°$$

图 1-10　数字、字母综合应用示例

## 四、图线

图线是起点和终点间以任意方式连接的一种几何图形，可以是直线或曲线、连续线或不连续线。

1. 图线线型

图线应按照国家标准《技术制图　图线》和《机械制图　图样画法　图线》中的规定线型绘制。机械制图中常用的 9 种线型及其应用，见表 1-5。

表 1-5　机械制图的线型及其应用

| 代码 No. | 图线宽度 | 名称及线型 | 一般应用 |
|---------|---------|-----------|---------|
| 01.1 | $d/2$ | 细实线 | 过渡线<br>尺寸线和尺寸界线<br>指引线和基准线<br>剖面线<br>重合断面的轮廓线<br>短中心线<br>螺纹牙底线<br>辅助线等 |

（续）

| 代码 No. | 图线宽度 | 名称及线型 | 一般应用 |
|---|---|---|---|
| 01.1 | $d/2$ | 波浪线<br>双折线<br>（7.5d、14d、30°） | 断裂处的边界线<br>视图与剖视图的分界线<br>注：在一张图样中一般采用一种线型，即采用波浪线或双折线 |
| 01.2 | $d$ | 粗实线 | 可见棱边线<br>可见轮廓线<br>相贯线<br>螺纹牙顶线、螺纹长度终止线<br>剖切符号用线<br>齿顶圆（线）<br>模样分型线等 |
| 02.1 | $d/2$ | 细虚线<br>（12d、3d） | 不可见棱边线<br>不可见轮廓线 |
| 02.2 | $d$ | 粗虚线<br>（12d、3d） | 允许表面处理的表示线 |
| 04.1 | $d/2$ | 细点画线<br>（24d、3d、≤0.5d） | 轴线<br>对称中心线<br>分度圆（线）<br>孔系分布的中心线<br>剖切线等 |
| 04.2 | $d$ | 粗点画线<br>（24d、3d、≤0.5d） | 限定范围表示线 |
| 05.1 | $d/2$ | 细双点画线<br>（24d、3d、≤0.5d） | 相邻辅助零件的轮廓线<br>可动零件的极限位置的轮廓线<br>剖切面前的结构轮廓线<br>中断线、轨迹线等 |

注：1. GB/T 4457.4—2002 的表 1 中列出了 52 种应用场合，本表选编了其中常用的 32 种。

    2. GB/T 17450—1998 中规定了 15 种基本线型，用代码中的前两位表示，其中"01"表示实线、"02"表示细虚线、"04"表示细点画线、"05"表示细双点画线；代码中的最后一位表示线宽种类，其中"1"表示"细"、"2"表示"粗"。

### 2. 图线宽度 $d$

图线宽度系列为：0.13mm、0.18mm、0.25mm、0.35mm、0.5mm、0.7mm、1mm。

在机械工程图样中采用的线宽只有粗线、细线两种，其宽度比为 2∶1，即只取相邻两个档次的线宽比例。一般绘制图样时，粗、细线规格优先使用 0.5 : 0.25 或 0.7 : 0.35 组别。在一张图样中，同种图线的宽度应一致。

3. 图线画法注意事项

1）两条平行线间的最小间隙不得小于 0.7mm。

2）较小图形中的细点画线或细双点画线可用细实线代替。

3）细点画线的两端应超出轮廓线 2~5mm。

4）细点画线、细双点画线、细虚线、粗实线彼此相交时，应相交于线段处。

5）细虚线是粗实线的延长线时，应在连接处断开。

6）两种图线重合时，只需画出其中一种，优先顺序为：可见轮廓线、不可见轮廓线、对称中心线、尺寸界线。

图线的综合应用如图 1-11 所示。

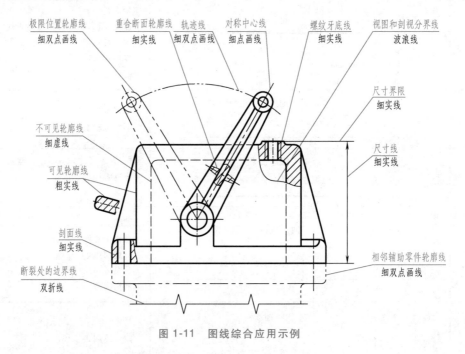

图 1-11　图线综合应用示例

绘制图形时，应注意图线画法的细节。图 1-12 所示为一对称图形，试分析比较左、右两部分的正误画法。

## 五、尺寸注法

1. 基本规则

1）机件的真实大小应以图样上所注的尺寸数值为依据，与图形的大小及绘图的准确度无关。

2）图样中（包括技术要求和其他说明）的尺寸以 mm 为单位时，不需标注单位符号（或名称），如采用其他单位，则应注明相应的单位符号，如°（度）、cm（厘米）等。

3）图样中所标注的尺寸，为该图样所示机件的最后完工尺寸，否则应另加说明。

4）机件的每一尺寸，一般只标注一次，并应标注在反映该结构最清晰的图形上。

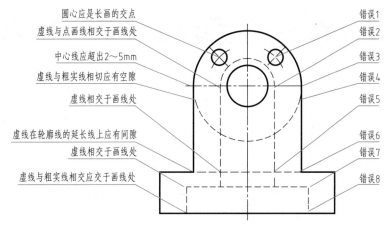

圆心应是长画的交点 —— 错误1
虚线与点画线相交于画线处 —— 错误2
中心线应超出2~5mm —— 错误3
虚线与粗实线相切应有空隙 —— 错误4
虚线相交于画线处 —— 错误5
虚线在轮廓线的延长线上应有间隙 —— 错误6
虚线相交于画线处 —— 错误7
虚线与粗实线相交应交于画线处 —— 错误8

图 1-12　图线正误画法对比

## 2. 尺寸的组成及注法

尺寸的组成及注法示例见表1-6。

表 1-6　尺寸的组成及注法示例

| 项目 | | 图 例 | 说 明 |
|---|---|---|---|
| 尺寸组成 | 尺寸界线 | 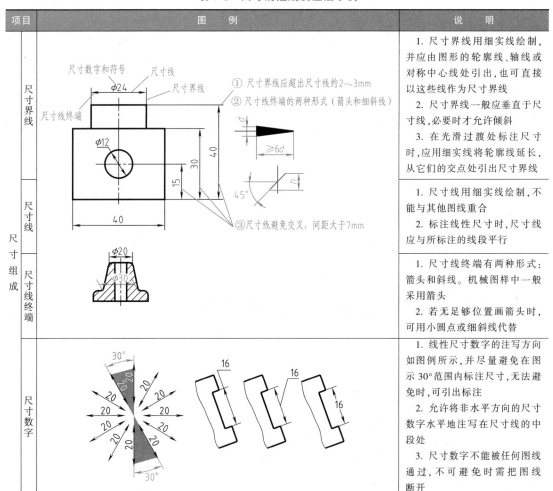 | 1. 尺寸界线用细实线绘制，并应由图形的轮廓线、轴线或对称中心线处引出，也可直接以这些线作为尺寸界线<br>2. 尺寸界线一般应垂直于尺寸线，必要时才允许倾斜<br>3. 在光滑过渡处标注尺寸时，应用细实线将轮廓线延长，从它们的交点处引出尺寸界线 |
| | 尺寸线 | | 1. 尺寸线用细实线绘制，不能与其他图线重合<br>2. 标注线性尺寸时，尺寸线应与所标注的线段平行 |
| | 尺寸线终端 | | 1. 尺寸线终端有两种形式：箭头和斜线。机械图样中一般采用箭头<br>2. 若无足够位置画箭头时，可用小圆点或细斜线代替 |
| | 尺寸数字 | | 1. 线性尺寸数字的注写方向如图例所示，并尽量避免在图示30°范围内标注尺寸，无法避免时，可引出标注<br>2. 允许将非水平方向的尺寸数字水平地注写在尺寸线的中段处<br>3. 尺寸数字不能被任何图线通过，不可避免时需把图线断开 |

（续）

| 项目 | 图　例 | 说　　明 |
|------|--------|----------|
| 角度的尺寸注法 | 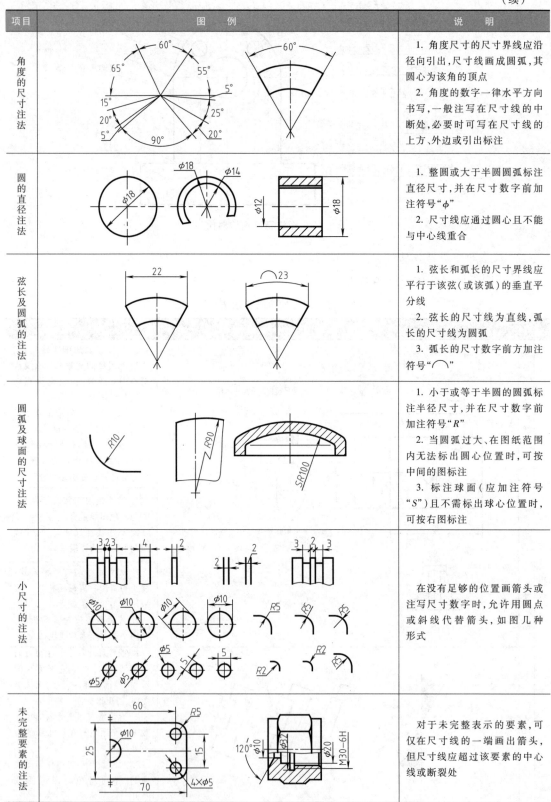 | 1. 角度尺寸的尺寸界线应沿径向引出，尺寸线画成圆弧，其圆心为该角的顶点<br>2. 角度的数字一律水平方向书写，一般注写在尺寸线的中断处，必要时可写在尺寸线的上方、外边或引出标注 |
| 圆的直径注法 | | 1. 整圆或大于半圆圆弧标注直径尺寸，并在尺寸数字前加注符号"$\phi$"<br>2. 尺寸线应通过圆心且不能与中心线重合 |
| 弦长及圆弧的注法 | | 1. 弦长和弧长的尺寸界线应平行于该弦（或该弧）的垂直平分线<br>2. 弦长的尺寸线为直线，弧长的尺寸线为圆弧<br>3. 弧长的尺寸数字前方加注符号"⌒" |
| 圆弧及球面的尺寸注法 | | 1. 小于或等于半圆的圆弧标注半径尺寸，并在尺寸数字前加注符号"$R$"<br>2. 当圆弧过大、在图纸范围内无法标出圆心位置时，可按中间的图标注<br>3. 标注球面（应加注符号"$S$"）且不需标出球心位置时，可按右图标注 |
| 小尺寸的注法 | | 在没有足够的位置画箭头或注写尺寸数字时，允许用圆点或斜线代替箭头，如图几种形式 |
| 未完整要素的注法 | | 对于未完整表示的要素，可仅在尺寸线的一端画出箭头，但尺寸线应超过该要素的中心线或断裂处 |

（续）

| 项目 | 图　例 | 说　明 |
|------|--------|--------|
| 对称结构的注法 | 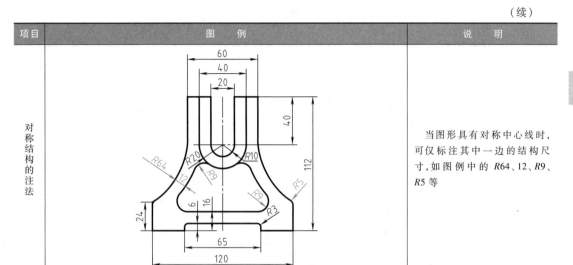 | 当图形具有对称中心线时，可仅标注其中一边的结构尺寸，如图例中的 *R*64、12、*R*9、*R*5 等 |

**3. 尺寸简化注法**

1）标注尺寸时，应尽可能使用符号或缩写词。标注尺寸的常用符号和缩写词，见表1-7。

表 1-7　标注尺寸的常用符号和缩写词

| 名　称 | 符号或缩写词 | 名　称 | 符号或缩写词 |
|--------|--------------|--------|--------------|
| 直径 | $\phi$ | 45°倒角 | $C$ |
| 半径 | $R$ | 深度 | ⤓ |
| 球直径 | $S\phi$ | 沉孔或锪平 | ⊔ |
| 球半径 | $SR$ | 埋头孔 | ⋁ |
| 厚度 | $t$ | 正方形 | □ |
| 均布 | EQS | 弧长 | ⌒ |
| 斜度 | ∠ | 锥度 | ◁ |

常用符号的比例画法见表1-8。

表 1-8　常用符号的比例画法

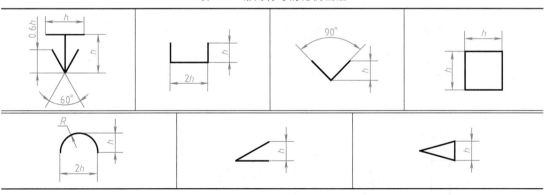

2）尺寸的简化注法若干规定见表1-9。

表 1-9　尺寸简化注法若干规定

| 项目 | 图　例 | 说　明 |
|---|---|---|
| 单边箭头标注 | 10　8　14　22 | 　　为了便于标注尺寸,可使用单边箭头。箭头偏置原则为水平尺寸左上右下,垂直(倾斜)尺寸上右下左 |
| 指引线上标注 | φ20　φ14　M16　6×φ3 EQS　φ20　φ14　φ8 | 　　标注尺寸时,可在带箭头的指引线上或不带箭头的指引线上注写尺寸数字及其公差。均匀分布相同直径的小孔,其尺寸标注可采用"6×φ3 EQS"的形式 |
| 共用尺寸线标注 | R3,R6,R12,R18　R4,R6,R5　φ30,φ50,φ80　φ20,φ60,φ100 | 　　共用尺寸线标注用于: 1. 一组同心圆弧或圆心位于同一条直线上的一组不同心圆弧的尺寸标注 2. 一组同心圆或同轴的台阶孔的尺寸标注。两者注写的尺寸数字必须与箭头指向一致,且尺寸之间用逗号分开 |
| 同一基准的标注 | 16　30　50　64　84　0°　30°　60°　75° | 　　从同一基准出发的尺寸可按图例标注 |
| 各类孔的旁注法 | 4×φ4▽10　4×φ4▽10 或　6×φ4 ∨φ8×90°　6×φ4 ∨φ8×90° 或　8×φ4 ⊔φ6▽2　8×φ4 ⊔φ6▽2 或　4×φ4 ⊔φ9　4×φ4 ⊔φ9 或 | 　　各类孔可采用旁注法和符号相结合的方法标注 　　锪平孔不需标注深度 |

## 第二节　机械工程 CAD 制图的基本规定

计算机绘制机械工程图时，不仅要执行上述标准规定，还应符合 CAD 的国标标准，本节主要介绍机械工程 CAD 制图规则。

### 一、CAD 机械制图中的图线

1. 图线的分组

为了便于机械工程的 CAD 制图，将国家标准规定的线型分为 5 组，见表 1-10。

表 1-10　CAD 图线的分组

| 组别 | 1 | 2 | 3 | 4 | 5 | 一 般 用 途 |
|---|---|---|---|---|---|---|
| 线宽/mm | 2.0 | 1.4 | 1.0 | 0.7 | 0.5 | 粗实线、粗点画线、粗虚线 |
| | 1.0 | 0.7 | 0.5 | 0.35 | 0.25 | 细实线、波浪线、双折线、细虚线、细点画线、细双点画线 |

注：CAD 绘图一般采用第 5 组的线宽。

2. 图线的颜色

CAD 屏幕上显示的图线，应按表 1-11 中的规定颜色显示，并要求相同类型的图线应采用同样的颜色。

表 1-11　基本图线的显示颜色

| 图 线 线 型 | 显 示 颜 色 | 图 线 线 型 | 显 示 颜 色 |
|---|---|---|---|
| 粗实线 | 白色 | 细点画线 | 红色 |
| 细实线、波浪线、双折线 | 绿色 | 粗点画线 | 棕色 |
| 细虚线 | 黄色 | 细双点画线 | 粉红色 |
| 粗虚线 | 白色 | | |

### 二、CAD 机械图样中线型的分层

在机械工程图样中，各种线型在计算机中的分层标识可参照表 1-12 的要求。

表 1-12　图样中各种线型的分层标识

| 标 识 号 | 描 述 | 示 例 |
|---|---|---|
| 01 | 粗实线 | ———————— |
| 02 | 细实线<br>波浪线<br>双折线 | |
| 03 | 粗虚线 | – – – – – – – – |
| 04 | 细虚线 | – – – – – – – – |
| 05 | 细点画线 | — · — · — · — |
| 06 | 粗点画线 | — · — · — · — |

（续）

| 标 识 号 | 描 述 | 示 例 |
|---|---|---|
| 07 | 细双点画线 | —— — ·· — ·· — —— |
| 08 | 尺寸线、投影连线、尺寸终端与符号细实线、尺寸和公差 | 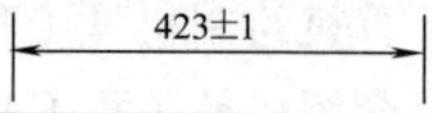 423±1 |
| 09 | 参考圆,包括引出线及其终端(如箭头) |  ○ |
| 10 | 剖面符号 |  ///////// |
| 11 | 文本(细实线) | ABCD |
| 12 | 文本(粗实线) | **KLMN** |
| 13、14、15 | 用户选用 | |

### 三、CAD 机械制图中的字体

机械工程的 CAD 所使用的汉字、数字及字母（除表示变量外），一般应以正体输出。字体高度与图幅之间的选用关系，见表 1-13。

表 1-13 图幅选用的字体高度 （单位：mm）

| 字符类别 | 图幅 | | | | |
|---|---|---|---|---|---|
| | A0 | A1 | A2 | A3 | A4 |
| | 字体高度 $h$ | | | | |
| 字母与数字 | 5 | | | 3.5 | |
| 汉字 | 7 | | 5 | | |

字体的最小字（词）距、行距以及间隔线或基准线与书写字体之间的最小间距，见表 1-14 所示。

表 1-14 字体与基准线的最小间距 （单位：mm）

| 字体 | 最小间距 | |
|---|---|---|
| 汉字 | 字距 | 1.5 |
| | 行距 | 1 |
| | 间隔线或基准线与汉字的间距 | 1 |
| 数字和字母 | 字符 | 0.5 |
| | 词距 | 1.5 |
| | 行距 | 1 |
| | 间隔线或基准线与字母、数字的间距 | 1 |

注：当汉字与字母、数字混合使用时，字体的最小间距、行距等应根据汉字的规定使用。

## 第三节　尺 规 绘 图

尺规绘图是要借助铅笔、三角板、圆规等绘图工具来完成图形绘制的一种方法。

## 一、绘图工具及其使用

### 1. 绘图铅笔

铅笔用于画线和写字。铅芯的软硬程度分 H～6H、HB、B～6B，13 种规格，并标记在铅笔上。H 前的数字越大，铅芯越硬，画出的图线越淡；B 前的数字越大，铅芯越软，画出的图线越黑；HB 铅芯软硬适中。

画图时，一般用 H 或 2H 画底稿和细线；用 B 或 2B 画粗线；用 HB 写字和标注尺寸。削铅笔时，一般从无铅芯标号的一端削起。铅芯常磨成圆锥形（用于画细线和写字）和矩形（用于画粗线），如图 1-13 所示。

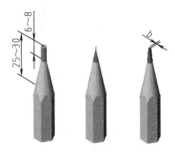

图 1-13　铅芯的形状

### 2. 图板、丁字尺和三角板

1）图板。图板用于铺放图纸，要求其表面平坦光滑，左右两导边平直。常用的图板规格有 A0、A1、A2、A3。画图之前，先以丁字尺工作边作为水平基准将图纸调好位置，再用胶带纸粘贴图纸的四个角，使之固定于图板，如图 1-14 所示。

2）丁字尺。丁字尺用于画水平线，它由尺头和尺身组成。画图时左手轻握尺头，使其右侧面紧靠图板左侧导边上下滑动；右手执笔，笔杆适当向外倾斜，笔尖贴紧尺身工作边，自左向右画水平线，如图 1-14 所示。

3）三角板。三角板配合丁字尺用于画垂直线和特殊角度（15°、30°、45°、60°、75°）的斜线。画垂线时，三角板一直角边紧靠丁字尺工作边，另一直角边位于左侧，身体适当向左旋转，由下向上画垂直线，如图 1-14 所示。

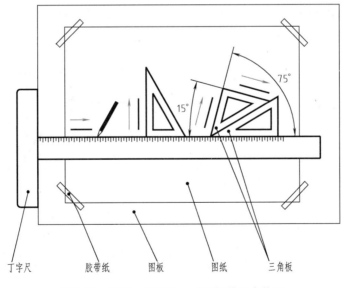

丁字尺　　胶带纸　　图板　　图纸　　三角板

图 1-14　图板、丁字尺、三角板的配合使用

视频：图板、丁字尺、三角板的配合使用

### 3. 圆规和分规

1）圆规。圆规用于画圆和圆弧。使用圆规时，应调整量针使带台阶的小针尖朝下，且

略长于铅芯，针尖插入图板后台阶与铅芯尖平齐，可避免针尖插入图板过深，如图 1-15a 所示。画圆时，应使圆规略向前进方向倾斜，且匀速旋转，用力要均匀。画较大的圆时，圆规的针脚和铅芯插脚均应与纸面垂直，如图 1-15b 所示。如果用加长杆画大直径圆，其用法如图 1-15c 所示。

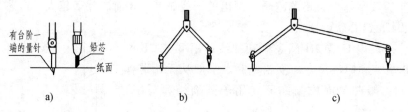

图 1-15 圆规的用法

a）针尖略长于铅芯 b）画圆 c）画大圆

2）分规。分规用于等分和量取线段。使用分规时，两针尖应平齐，才能保证准确性。等分线段时，使两针尖交替作为圆心沿直线前进，如图 1-16 所示；度量尺寸时，用拇指和食指微调两针尖，使之对准刻度线即可。

4. 模板

1）曲线板。曲线板用于画非圆曲线。画图时，先徒手用细铅笔轻轻地将曲线上的一系列点顺次连接成一条光滑曲线，如图 1-17a 所示，然后使曲线板上不同曲率半径的轮廓与部分曲线吻合，再进行

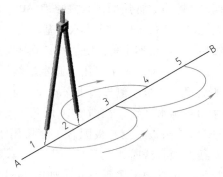

图 1-16 用分规等分线段

加深。每次加深曲线至少要通过曲线上的三个点，且每画一段曲线时，其长度应比吻合部分短一些，待下一段加深用，这样可保证曲线各部分光滑过渡，如图 1-17b 所示。

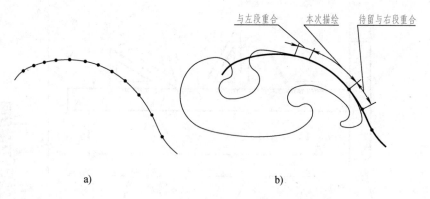

图 1-17 曲线板及其用法

a）徒手用细线绘制曲线 b）曲线板及加深曲线

2）绘图模板。绘图模板用于提高画图效率和质量，其上面有多种镂空的图形、标准符号和字体框格等。模板上的图案与专业有关，如图 1-18a 所示为机械制图用的绘图模板。此外，还有带擦图功能的擦图模板，它是利用适当窗口遮住要保留的图线，从而可方便地擦去

多余的图线。擦图模板与专用模板的区别在于镂空的形状与模板厚度等均有不同，如图 1-18b所示。

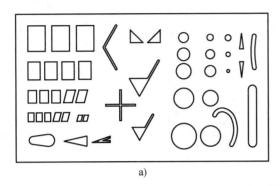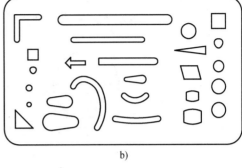

图 1-18　绘图模板和擦图模板

a）绘图模板　b）擦图模板

### 5. 比例尺

比例尺用来直接量取不同比例的长度，其上刻有不同的比例刻度，如图 1-19 所示的三棱式比例尺。当使用不同比例画图时，只需在相应的比例刻度上直接量取长度即可。例如，采用 1 : 2.5 的比例画出实际长度为 20mm 的线段，只要在 1 : 2.5 的比例尺上直接量取 20 即可。

图 1-19　三棱式比例尺

## 二、几何作图

在绘制机械图样过程中，常常会遇到一些几何作图问题，以下介绍几何作图的基本方法。

### 1. 等分线段

借助三角板和圆规（或分规），可将已知线段任意等分。

**【例 1-1】**　将直线 $AB$ 分成五等分，如图 1-20 所示。

**作图步骤：**

1）过点 $A$ 作任一长度且与 $AB$ 线成一定角度的辅助线 $AC$，用分规截取五条等长度线段，得 1、2、3、4、5 五个点，如图 1-20a 所示。

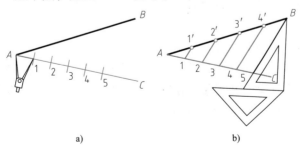

图 1-20　等分线段

a）作辅助线　b）作平行线等分线段

2）用三角板将 5、B 两点连接，并分别过点 1、2、3、4 作线段 5B 的平行线，即得 1′、2′、3′、4′、5′五个线段等分点，如图 1-20b 所示。

### 2. 等分圆周及画正多边形

借助圆规或三角板六等分圆周及画正多边形的作图原理，如图 1-21 所示。

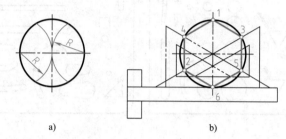

a)　　　　b)

图 1-21　六等分圆周

a）六等分圆周　b）六等分圆周及正六边形

【例 1-2】　已知对角距离 $s$，画出正六边形，如图 1-22a 所示。

**作图步骤：**

1）画中心线，将对角距离二等分后得 1、2 两点，如图 1-22b 所示。

2）分别过 1、2 两点及中心点作 60°斜线，斜线交点即为正六边形的顶点，如图 1-22c 所示。

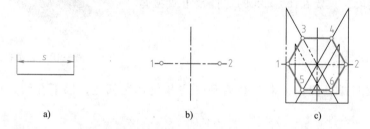

a)　　　　　　　b)　　　　　　　c)

图 1-22　画正六边形

a）已知对角距离 $s$　b）画中心线，确定两顶点

c）确定其他顶点，画正六边形

### 3. 过点作已知直线的平行线和垂直线

借助一对三角板（或圆规）可以过点作已知直线的平行线和垂直线。

【例 1-3】　过点 $P$ 作直线 $AB$ 的平行线，如图 1-23 所示。

**作图步骤：**

1）将三角板①的斜边与直线 $AB$ 重合。

2）将另一三角板②的斜边作为移动边（可增大移动范围），并将其紧贴三角板①。

3）沿箭头所示方向移动三角板①，使其斜边过 $P$ 点，作直线，即为平行线。

【例 1-4】　过点 $P$ 作直线 $AB$ 的垂直线，如图 1-24 所示。

**作图步骤：**

1）将三角板①的一直角边与直线 $AB$ 重合。

2）将另一三角板②的斜边作为移动边，并将其紧贴三角板①。

3）沿箭头所示方向移动三角板①，使其另一直边过 P 点，作直线，即为垂直线。

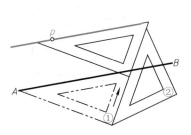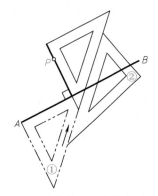

图 1-23　过点作已知直线的平行线　　　　　图 1-24　过点作已知直线的垂直线

4. 斜度和锥度

（1）斜度　斜度是指一直线（或平面）对另一直线（或平面）的倾斜程度。其大小以两者之间夹角的正切值来表示，一般标注时将此值转化为 $1:n$ 的形式。

在图样中标注斜度时，斜度的图形符号"∠"应加注在 $1:n$ 的前面，符号尖端方向与斜度方向一致。

【例 1-5】　绘制如图 1-25a 所示的图形。

**作图步骤：**

1）画两条直线 20mm、64mm，自交点处分别截取 1 个和 7 个相同线段，连接两端点，如图 1-25b 所示。

2）过直线 20mm 的上端点画出倾斜线的平行线（即斜度线），加深轮廓完成题目要求，如图 1-25c 所示。

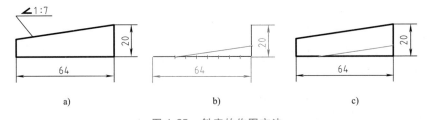

图 1-25　斜度的作图方法
a）斜度及标注　b）作斜度辅助线　c）作平行线，完成图形

（2）锥度　锥度是指正圆锥体的底圆直径与其高度之比（如果是圆台，则为底、顶两圆直径之差与其高度之比），标注时也将比值转化为 $1:n$ 的形式。

在图样中标注锥度时，锥度的图形符号"◁"应加注在 $1:n$ 的前面，符号尖端方向与锥度方向一致。

【例 1-6】　绘制如图 1-26a 所示的图形。

**作图步骤：**

1）绘制水平点画线并截取 30mm，在其两端分别作垂线（左侧上、下段各为 10mm），然后自左侧交点处分别截取 1 个和 4 个相同线段（提示：由于是锥台，故在垂直线上、下各截取 1/2 线段），连接两端点，如图 1-26b 所示。

2）过垂直线上、下两端点作倾斜线的平行线（即锥度线），加深轮廓完成题目要求，如图 1-26c 所示。

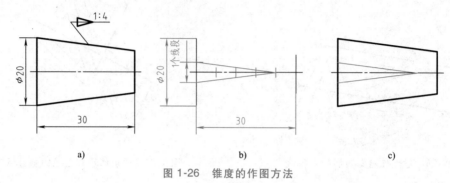

图 1-26 锥度的作图方法

a）锥度及标注 b）作锥度辅助线 c）作平行线，完成图形

5. 作圆弧的切线

借助三角板或圆规可作圆弧的切线。

【例 1-7】 过圆上一点 $P$ 作圆弧的切线，如图 1-27 所示。

**作图步骤：**

1）将三角板①的一直角边过圆心及切点 $P$。

2）将另一三角板②的斜边作为移动边，并将其紧贴三角板①。

3）沿箭头所示方向移动三角板①，使其另一直角边过切点 $P$，作直线即为所求切线。

【例 1-8】 过圆外一点 $P$ 作圆弧的切线，如图 1-28 所示。

**作图步骤：**

1）连接圆心 $O$ 和点 $P$。

2）以 $OP$ 为直径画圆交圆于 $M$、$N$ 两点。

3）分别连接 $PM$、$PN$，即为所求切线。

【例 1-9】 作两圆的外公切线，如图 1-29 所示。

**作图步骤：**

1）以大圆 $O_1$ 为圆心，以两圆半径之差为半径画辅助圆。

2）过 $O_2$ 作辅助圆的切线 $O_2P$。

3）延长 $O_1P$ 交大圆于 $M$，过 $O_2$ 作 $O_1M$ 的平行线交小圆于 $N$，连接 $MN$ 即为所求外公切线。

【例 1-10】 作两圆的内公切线，如图 1-30 所示。

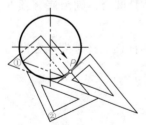

图 1-27 过圆上一点 $P$ 作圆弧的切线

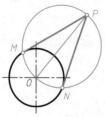

图 1-28 过圆外一点 $P$ 作圆弧的切线

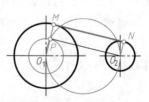

图 1-29 作两圆的外公切线

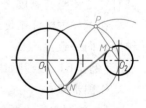

图 1-30 作两圆的内公切线

**作图步骤：**

1）以线段 $O_1O_2$ 为直径画辅助圆。

2）以 $O_2$ 为圆心、以 $R_1+R_2$ 为半径画弧交辅助圆于 $P$ 点。

3）连接 $O_2P$ 交小圆于 $M$，过 $O_1$ 作 $O_2M$ 的平行线交大圆于 $N$，连接 $MN$ 即为所求内公切线。

6. 圆弧连接

绘制图样时，常遇到用圆弧（称为连接弧）光滑连接已知直线或圆弧的作图问题，称为圆弧连接，连接点即为切点。因此，绘制连接弧的关键是要准确确定连接弧的圆心和切点。

（1）圆弧连接的基本形式

1）与已知直线相切：连接弧的圆心轨迹为与已知直线相距为 $R$ 的平行直线，切点 $K$ 为从圆心 $O$ 向已知直线作垂线的垂足，如图 1-31a 所示。

2）与已知圆弧外切：连接弧的圆心轨迹为已知圆弧的同心圆，半径为两圆弧半径之和，即 $R+R_1$，切点 $K$ 为两圆心的连线与已知圆弧的交点，如图 1-31b 所示。

3）与已知圆弧内切：连接弧的圆心轨迹为已知圆弧的同心圆，半径为两圆弧半径之差，即 $R_1-R$，切点 $K$ 为两圆心连线的延长线与已知圆弧的交点，如图 1-31c 所示。

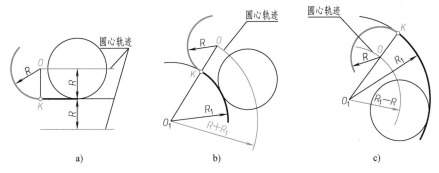

图 1-31  圆弧连接的基本形式

a）与已知直线相切  b）与已知圆弧外切  c）与已知圆弧内切

（2）圆弧连接的作图方法  无论圆弧连接的对象是直线还是圆弧、内切或外切，画连接弧的步骤均相同，即：①求出连接弧的圆心；②确定切点的位置；③在两切点之间画出连接圆弧。

常见的圆弧连接作图方法见表 1-15。

表 1-15  常见的圆弧连接作图方法

| 连接要求 | | 求圆心 $O$ 和切点 $K_1$、$K_2$ | 画连接弧 |
|---|---|---|---|
| 连接相交两直线 | 垂直相交 | | |

（续）

| 连 接 要 求 | | 求圆心 $O$ 和切点 $K_1$、$K_2$ | 画 连 接 弧 |
|---|---|---|---|
| 连接相交两直线 | 倾斜相交 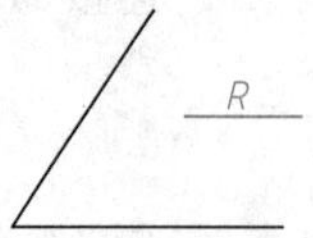 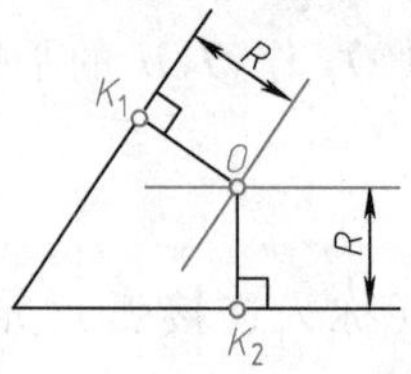 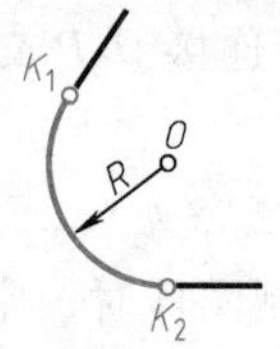 | | |
| 连接一直线和一圆弧 | 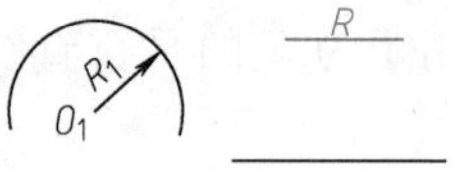 | 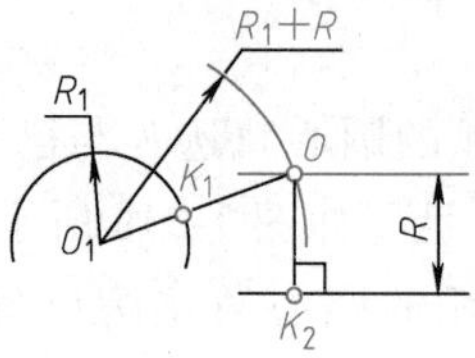 | 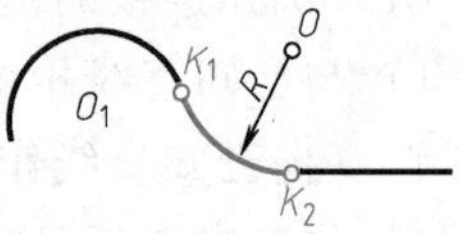 |
| 连接两圆弧 | 外切 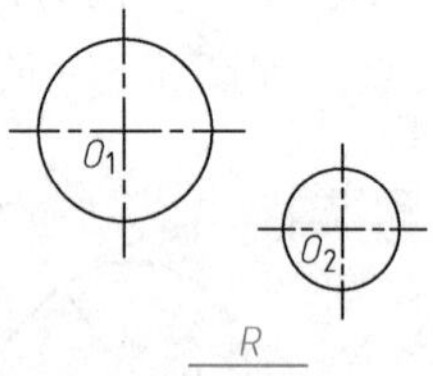 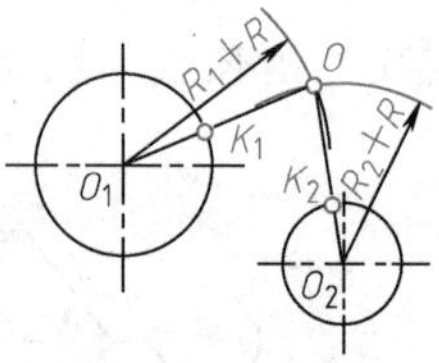 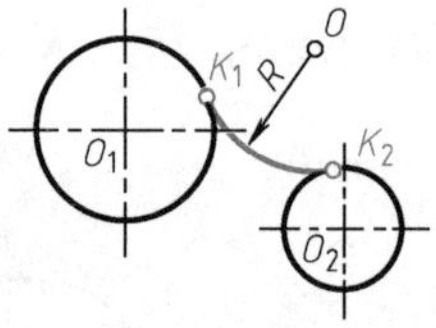 | | |
| | 内切 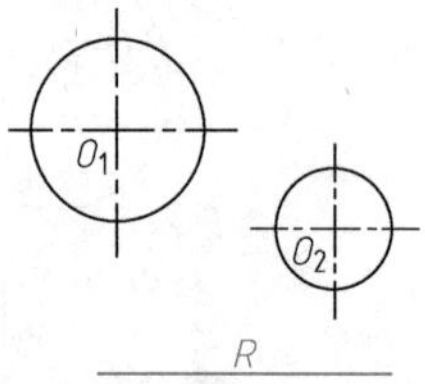 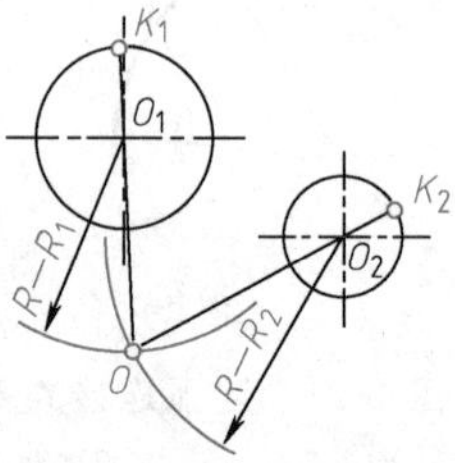 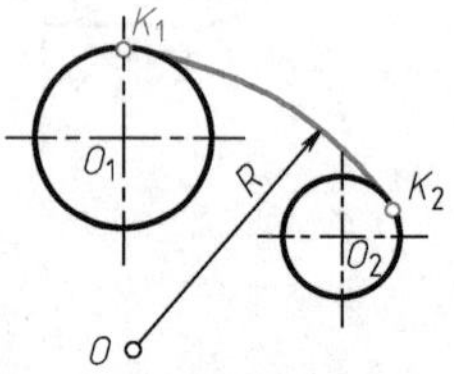 | | |
| | 内外切 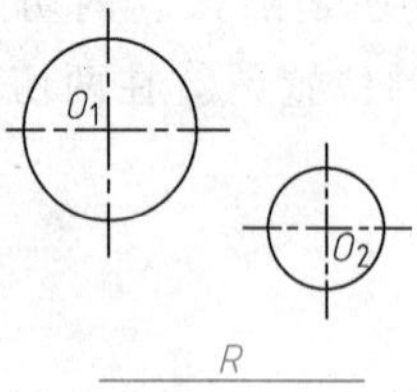 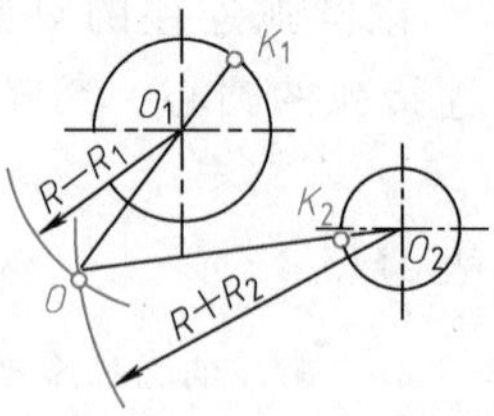 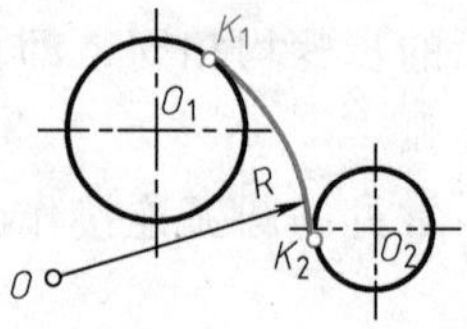 | | |

### 7. 椭圆的近似画法

在机械工程图样中，除了直线、圆弧及圆弧连接外，还常用到非圆曲线。在此仅介绍椭圆的近似画法。

【例 1-11】 如图 1-32a 所示，已知椭圆长、短轴分别为 $AB$、$CD$，用四心圆法画出椭圆。

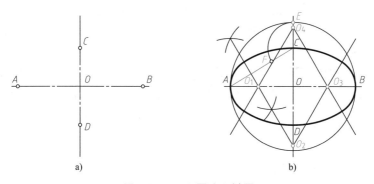

图 1-32 四心圆法画椭圆

a）椭圆长、短轴 b）四心法画椭圆

**作图步骤：** 如图 1-32b 所示。

1）连接 $AC$。

2）以 $O$ 为圆心，以 $OA$ 为半径画弧与中心线交于 $E$ 点。

3）以 $C$ 为圆心，以 $CE$ 为半径画弧与 $AC$ 交于 $F$ 点。

4）作 $AF$ 的垂直平分线，分别与长、短轴交于 $O_1$、$O_2$ 两点，并作对称点 $O_3$、$O_4$ 两点。

5）分别以 $O_1$、$O_2$、$O_3$、$O_4$ 四点为圆心，以垂直平分线为分界线，以 $O_1A$、$O_2C$、$O_3B$、$O_4D$ 为半径画四段圆弧，即得椭圆。

### 三、平面图形的绘制

平面图形是指由各种线段（直线、圆弧和圆）以相交、相切的形式组成封闭的几何图形。

#### 1. 平面图形的分析

绘制图形之前，首先要对平面图形进行分析，才能将其准确而迅速地画出。对平面图形的分析主要是尺寸和线段两个方面。

（1）尺寸分析 平面图形中的尺寸决定了其形状、大小及各线段之间的相对位置。尺寸按其在平面图形中的作用可分为定形尺寸和定位尺寸。定位即确定相对位置，必然与基准有关，下面以图 1-33 所示为例，介绍平面图形的尺寸分析方法。

1）尺寸基准。尺寸基准是指标注尺寸的起始点。平面图形中的任意一点均有两个坐标 $(X，Y)$，因此平面图形至少在长、宽两个方向上各有一个主要的尺寸基准，必要时还需辅助基准。常用的基准几何元素有：图形的对称线、圆的中心线、图形的底线或边线等，如图 1-33 所示。

2）定形尺寸。定形尺寸是指确定平面图形上各几何元素形状大小的尺寸。例如，直线段的长度、矩形的长度和宽度、圆的直径、圆弧的直径或半径及角度的大小等。如图 1-33 所示中的 $R8$、$R24$、$R10$、$R44$、$3×\phi8$、$R25$、$\phi22$。

3）定位尺寸。定位尺寸是指确定平面图形上的各几何元素相对位置的尺寸。例如，圆或圆弧的圆心、线段的位置等。如图 1-33 所示中的 25 和 60。

**注意：** 在平面图形中有些尺寸既是定形尺寸又是定位尺寸。

（2）线段分析 平面图形中的各种线段（直线和圆弧）按其定位尺寸是否完整分为三

种：已知线段、中间线段和连接线段，下面以图 1-34 所示为例进行线段分析。

1）已知线段。具有定形尺寸和完整定位尺寸（2 个）的线段，此类线段可直接画出，如图 1-34 所示中的直线 15、25、26，圆弧 R15、R10，圆 φ20。

2）中间线段。具有定形尺寸和不完整定位尺寸（1 个）的线段，此类线段必须根据与其一端相邻线段的连接关系，用几何作图方法才能画出。如图 1-34 所示中的圆弧 R8（圆心只有高度定位）和斜线（只有一个端点确定），两者必须依靠直线和圆弧的相切关系才能确定另一个定位尺寸，从而画出该线段。

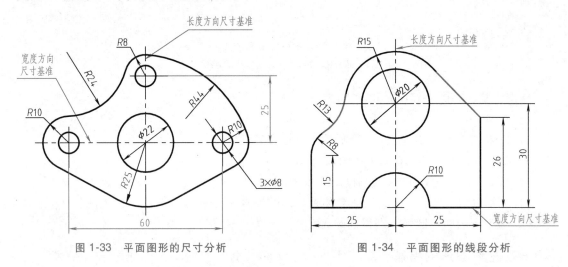

图 1-33　平面图形的尺寸分析　　　　　　图 1-34　平面图形的线段分析

3）连接线段。具有定形尺寸而无定位尺寸的线段，此类线段必须根据与其两端相邻线段的连接关系，用几何作图方法才能画出。如图 1-34 中的圆弧 R13（只有半径，而无圆心定位），需依靠与 R15、R8 两段圆弧的相切关系才能确定圆心位置，从而画出该线段。

2. 平面图形的作图步骤

绘制平面图形，首先要分析图形中的尺寸是否完整，其次要分析线段的类型，再根据它们的连接关系确定各线段的绘出顺序。下面以图 1-35 所示为例，介绍平面图形的绘制方法。

【例 1-12】　绘制如图 1-35a 所示手柄的平面图形。

**作图步骤：**

1）分析图形，画基准线，如图 1-35b 所示。

2）画已知线段，如图 1-35c 所示。

3）画中间线段，如图 1-35d 所示。

4）画连接线段，如图 1-35e 所示。

5）检查图形，擦除作图线，加深图线，如图 1-35f 所示。

6）标注尺寸，完成全图，如图 1-35a 所示。

## 四、绘图的步骤

在尺规绘图时，除了要正确使用绘图工具外，还应按照一定的绘图步骤进行，这样才能提高图样质量和绘图效率。

1. 绘图前的准备工作

1）削、磨好铅笔和圆规的铅芯，调整好圆规的两脚长度。

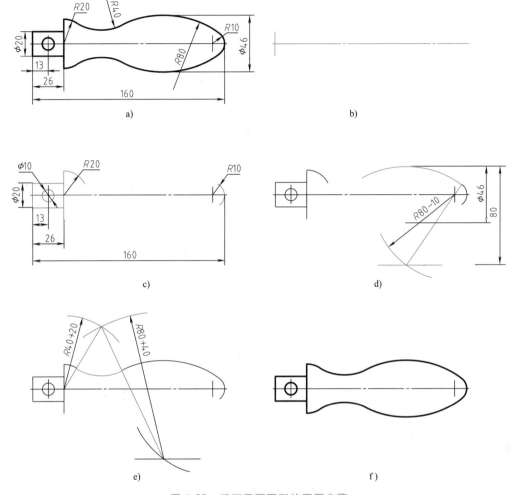

图 1-35　手柄平面图形的画图步骤

a）手柄平面图形　b）画基准线　c）画已知线段　d）画中间线段　e）画连接线段　f）加深全图

2）擦干净图板、丁字尺和三角板，并将其他绘图工具放置在合适位置。

3）确定绘图比例和图幅。

4）将图纸固定在图板合适的位置，图板左、下方应留出一定位置，便于丁字尺和三角板的移动。

**2．绘图的基本步骤**

1）画图框和标题栏。用细实线画出，待与图形底稿一起加深描粗。

2）画基准线。基准线布置要合理，图形之间应留有标注尺寸的空间。

3）画底稿。用 2H 铅笔轻、细、准地先画出主要轮廓线，后画细节。注意分出线型，不分粗细。

4）检查图形。修改底稿中的错误；补画遗漏线段；擦除多余线段。

5）加深图线。加深图线时要适当用力，保证线条均匀、光滑、深浅一致。加深步骤为：

① 先粗线后细线。

② 先曲线后直线。

③ 先水平线再垂直线后斜线。

④ 自上而下、从左到右。

6）标注尺寸。尺寸界线和尺寸线可先打底稿再加深。

7）书写注释文字，填写标题栏。

8）检查全图，如果有错误要修改时，必须使用擦图模板。

# 第四节　徒手绘图

徒手绘图是指主要使用铅笔、橡皮和图纸，徒手完成草图的绘制。

草图是以目测估计图形与实物的比例，按一定画法要求徒手（或部分使用绘图仪器）绘制的图。

在产品设计构思的初期阶段，零部件测绘、设备零件维修与更新等过程中，利用草图更能发挥其节省时间、方便快捷等优点。因此，徒手绘图是工程技术人员必须掌握的基本技能之一，本节主要介绍徒手绘图的基本方法。

## 一、徒手绘图的基本知识

### 1. 图纸

徒手绘图所用图纸优先选用方格纸，便于掌握图形的尺寸和比例，提高绘图的速度和质量。画图时，图纸不必固定，可随图线走向随时转动。

### 2. 铅笔

徒手绘图选用 HB 铅笔即可。削磨成较尖的圆锥形，用于画细线（中心线、虚线、尺寸线）；画粗线（轮廓线）时，应磨得较钝些。

### 3. 图线

草图并非潦草图，画图时要求图线线型清晰、粗细分明，比例合适，字体工整，图面整洁。

## 二、徒手绘图的基本要领

### 1. 手法

徒手绘图时，手指应握在离铅笔尖稍远处（35mm 左右），肘部不宜接触纸面，手腕和小手指对纸面压力不宜过大。

### 2. 画直线

徒手画直线，眼睛要看着画线的终点。画短线时，小手指压在纸面上，用手腕运笔。画长线时靠移动手臂运笔，可分段画出。水平线和斜线从左向右，垂直线自上而下，为了运笔方便，也可将图纸旋转适当角度来画，如图 1-36 所示。

### 3. 画角度线

对于特殊角度，如 30°、45°、60° 等常见角度，可根据直角三角形两直角边的近似比例关系，先徒手画出两直角边定出两端点，再徒手连接两点即为角度线，如图 1-37 所示。

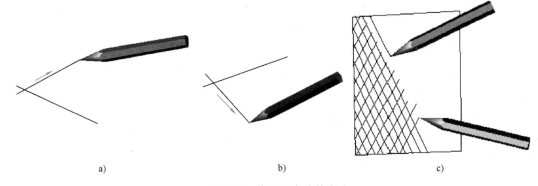

图 1-36　徒手画直线的方法

a）画水平线　b）画垂直线　c）画斜线

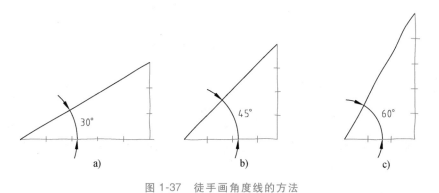

图 1-37　徒手画角度线的方法

a）画 30°角度线　b）画 45°角度线　c）画 60°角度线

4. 画圆

徒手画圆时，先画出互相垂直的中心线，定出圆心。再根据半径大小目测，在中心线上定出四点。画小圆时，按图中箭头方向，分别画出两个半圆即可，如图 1-38a 所示；画较大圆时，可再增画两条 45°角度线（斜线增加越多，画圆越准确），并定出另外四点，然后依次通过四个点画两个半圆，如图 1-38b 所示；画很大圆时，以小手指指尖或关节为圆心，以铅笔尖与小手指的距离为半径，另一只手缓慢转动图纸，即可画出大圆。

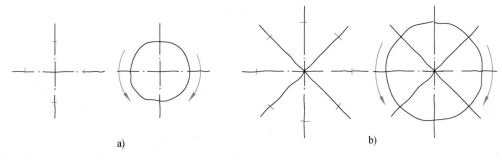

图 1-38　徒手画圆的方法

a）画小圆　b）画较大圆

### 5. 画圆角

徒手画直角的圆角时，目测在相交的两垂直线上定两交点，过两点作垂直线定圆心，连接交点和圆心后，再定一点，过三点画圆弧即可，如图 1-39a 所示。

画任意角度线圆角时，目测分别画出两条边的平行线，定出圆心；再画分角线，在分角线上定出一点；过圆心向两边作垂线定出两点；过三点画圆弧即可，如图 1-39b、c 所示。

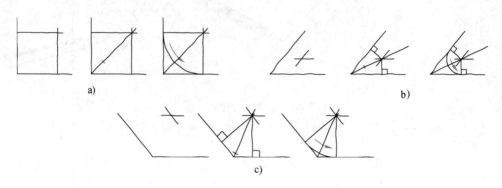

图 1-39　徒手画圆角的方法

a）画直角　b）画小于 90°圆角　c）画大于 90°圆角

### 6. 画椭圆

徒手画椭圆，先画出长短轴；目测确定四个端点，过四点画一矩形；连接对角线，确定另外四点（距椭圆圆心位置介于长、短轴之间）；分别画四段弧与矩形边相切即可（也可转动图纸画弧），如图 1-40 所示。

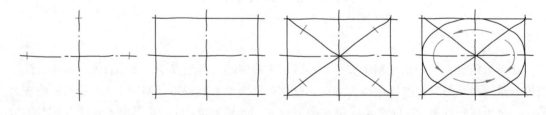

图 1-40　徒手画椭圆的方法

## 学 习 指 导

本章重点内容是关于国家标准《技术制图》《机械制图》《机械工程　CAD 制图规则》的基本规定，尺规绘图和徒手绘图的方法。难点是绘制平面图形。

由于标准规定内容多、面又广，所以要注意学习方法，不能死记硬背，要将标准应用到相应的作业中，多做练习自然而然地就会应用和牢记标准了。对于尺规绘图和徒手绘图，也需要通过大量的画图实践，才能掌握这两种绘图的方法和要领，但是一定要养成良好的习惯。当抄画一个比较复杂的平面图形时，首先要分析图形特征和各尺寸的功能，找出图形的两个尺寸基准，再分析圆弧连接的几何对象，准确求出连接弧的圆心和切点，最后按照已知线段、中间线段、连接线段的顺序就能顺利地画出图形。

## 复习思考题

1. 基本幅面代号有几种？A3 图纸的幅面尺寸是多少？留有与不留有装订边时图框的边距各为多少？

2. 字体的号数表示什么？A3 图纸中的汉字与数字分别用几号字？

3. 怎样确定某个图形所采用的比例大小？

4. 斜度 1∶4 与锥度 1∶4 有何区别？怎样画出给定的斜度和锥度？

5. 机械图样中主要使用哪几种线型？当几种图线重合在一起时，显示的顺序是什么？

6. 线性尺寸标注时数字的注写位置有什么要求？角度标注有何规定？

7. 机械工程 CAD 图的粗、细线的宽度比是多少？常用的宽度值是多少？

8. 机械工程 CAD 图使用的汉字、数字及字母一般以哪种字体输出？

9. 机械工程 CAD 图中屏幕显示的几种线型颜色有哪些？

10. 准确画出圆弧连接的条件什么？

11. 平面图线中的尺寸类型有哪些？选择尺寸基准时应考虑哪些因素？

12. 试分别用尺规和徒手绘制一些常见的几何图及平面图形。

# 点、直线、平面的投影

**学习要点**

◆ 了解投影法的基本概念和分类。

◆ 掌握多面正投影法的特性。

◆ 重点掌握点、直线、平面的三面正投影特性和作图方法。

◆ 掌握直线上的点和平面内点、直线的投影特性和作图方法。

◆ 了解直线与直线、直线与平面、平面与平面的投影特性和作图方法。

本章采用的国家标准主要有《技术制图 通用术语》（GB/T 13361—2012）、《技术制图 投影法》（GB/T 14692—2008）、《技术产品文件 词汇 投影法术语》（GB/T 16948—1997）等。

## 第一节 投影基本知识

### 一、投影法

在阳光的照射下，我们能够在地面上看到小狗的影子，墙壁上看到小树的影子（见图 2-1），投影法就是基于这一自然现象而形成的方法，即投射线通过物体向选定的面投射，并在该面上得到图形的方法称为投影法。如图 2-2 所示，投射中心 $S$（相当于光源）向投影面 $P$（相当于地面或墙壁）进行投射，空间物体 $\triangle ABC$ 即在平面 $P$ 上形成投影 $\triangle abc$（亦称投影图）。

a)

b)

图 2-1　阳光照射形成的影像

a）地面上的影像　b）墙壁上的影像

## 二、投影法的分类

### 1. 中心投影法

投射线汇交于一点的投影法称为中心投影法，由图 2-2 可以看出：中心投影法所得到的投影不反映物体的真实形状，它的大小与投射中心、物体和投影面之间的相对位置有关，这一投影方法主要用于建筑物。

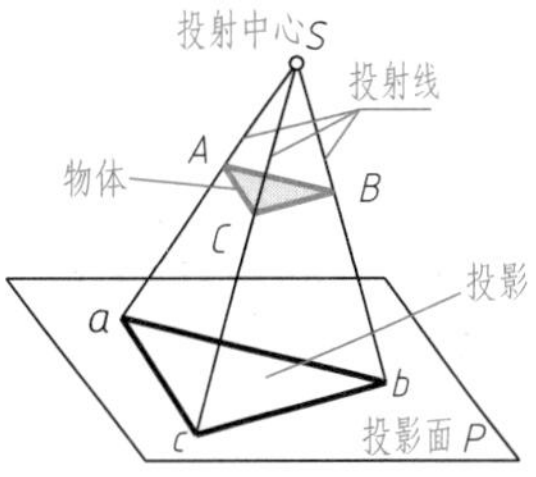

图 2-2　中心投影法

### 2. 平行投影法

若投射中心位于无穷远处，视投射线相互平行，由此又形成以下两种投影方法。

（1）正投影法　投射线与投影面相互垂直的平行投影法称为正投影法，如图 2-3a 所示。

（2）斜投影法　投射线与投影面相互倾斜的平行投影法称为斜投影法，如图 2-3b 所示。

由于正投影法在投影面上能真实地反映空间物体的形状和大小，作图又最为方便，因此正投影法主要用于机械工程图样的绘制。本教材后续内容均以正投影叙述，并简称为投影。

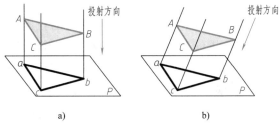

a)　　　　　　　　b)

图 2-3　平行投影法
a）正投影法　b）斜投影法

## 三、正投影法的投影特性

正投影法的基本投影特性，见表 2-1，这些特性是研究工程图的重要依据。

表 2-1　正投影法的基本投影特性

| 特性 | 实形性 | 积聚性 | 类似性 |
|---|---|---|---|
| 图例 | 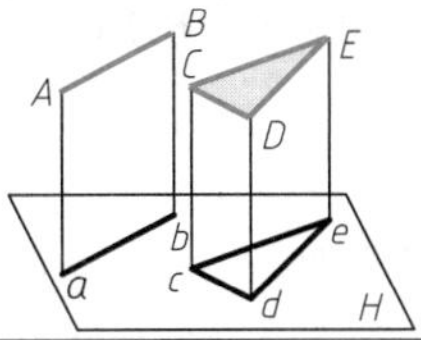 | 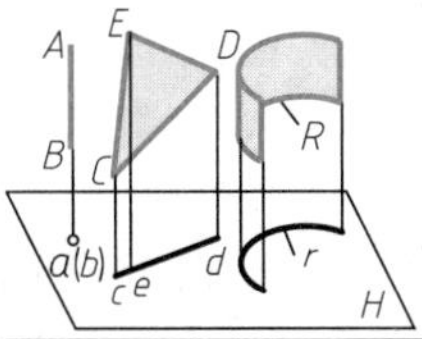 | 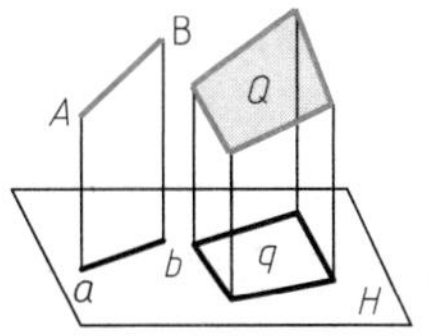 |
| 特性说明 | 空间直线或平面平行于投影面，则其投影反映直线的实长或平面的实形 | 空间直线、平面（或曲面）垂直于投影面，则其投影分别积聚为点、直线（或曲线） | 空间直线或平面倾斜于投影面，则其投影类似，即直线投影缩短；平面投影变小且与原图类似 |

| 特性 | 平行性 | 从属性 | 定比性 |
|---|---|---|---|
| 图例 | 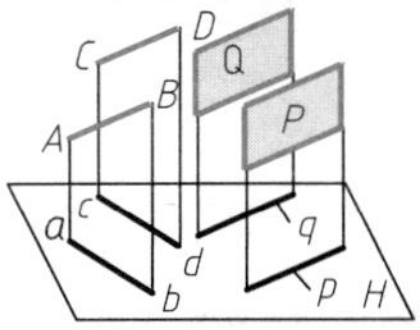 | 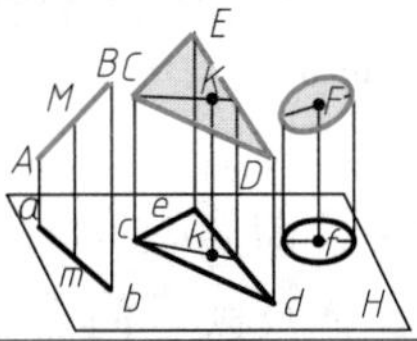 | 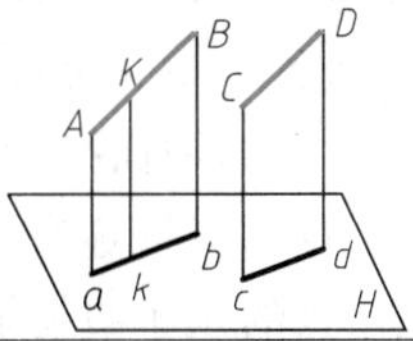 |
| 特性说明 | 空间相互平行的直线，其投影必平行；空间相互平行的平面，其积聚性的投影必相互平行 | 若点在直线（或曲线）上，则点的投影必在直线（或曲线）的投影上；若点或线在平面（或曲面）上，则其投影必在平面（或曲面）的投影上 | 属于直线上的点，其分割线段的比例在投影上保持不变；空间两平行线段长度之比，投影后保持不变（$AB:CD=ab:cd$） |

注：1. 平面类似性：平面的投影与原图保持基本特征不变，即边数、凹、凸形状，平行关系，曲直关系保持不变。

　　2. 投影规定：空间的点、直线、平面用大写字母表示，其投影用同名小写字母表示。

# 第二节 点的投影

点是构成形体的基本几何要素，研究点的投影规律是掌握其他几何要素投影的基础。

如图 2-4 所示，过空间点 $A$ 向投影面 $P$ 作垂线，交点即为该点的投影 $a$。反之，若已知投影 $a$，由 $a$ 作投影面的垂线，其上各点（如点 $A$、$A_0$ 等）的投影均位于 $a$，即不能唯一确定点 $A$ 的空间位置。因此，确定一个空间点至少需要两个不同方向的投影。在工程制图中通常选取相互垂直的投影面，称为投影面体系。

## 一、点在两投影面体系中的投影

### 1. 两投影面体系的建立

如图 2-5 所示，设立两个互相垂直的投影面：直立位置的正面投影面（简称正面或 $V$ 面），水平位置的水平投影面（简称水平面或 $H$ 面）；$V$ 面与 $H$ 面相交于投影轴 $OX$，同时将空间分成四个分角（Ⅰ、Ⅱ、Ⅲ、Ⅳ）。我国采用第一分角投影，有些国家采用第三分角投影，其内容将在第六章中做介绍。

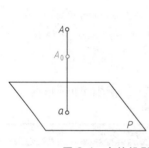

图 2-4 点的投影

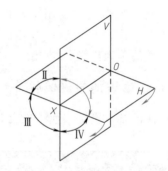

图 2-5 两投影面体系

### 2. 点的两面投影

如图 2-6a 所示，由空间点 $A$ 分别作垂直于 $H$ 面、$V$ 面的投射线，分别得点 $A$ 的水平投影 $a$ 和正面投影 $a'$。因此平面矩形 $Aaa_Xa' \perp OX$，即 $a_Xa' \perp OX$，$a_Xa \perp OX$；将 $H$ 面绕 $OX$ 轴向下旋转 90° 与 $V$ 面共面，水平投影 $a$ 也随之旋转，即得到点的两面投影展开图，如图2-6b 所示。实际投影图中，不必画出投影面的边界和点 $a_X$，并省略字母 $H$ 和 $V$，如图 2-6c 所示。

注写规定：空间点用大写字母表示，如 $A$；水平投影用同名小写字母表示，如 $a$；正面投影用同名小写字母加一撇表示，如 $a'$。

概括点的两面投影规律：

1）点的投影连线垂直于投影轴，即 $aa' \perp OX$。

2）点的水平投影到投影轴的距离反映空间点到 $V$ 面的距离，即 $aa_X = Aa'$；点的正面投影到投影轴的距离反映空间点到 $H$ 面的距离，$a'a_X = Aa$。

## 二、点在三投影面体系中的投影

点的两面投影已能确定该点的空间位置，为了更清晰地图示几何元素的特征，常用三个

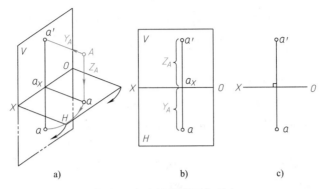

图 2-6　点在两投影面体系中

a）直观图　b）投影面展开图　c）投影图

或多个投影面来表达。

1. 三投影面体系的建立

如图 2-7a 所示，在两投影面体系中，再增加一个与 $H$、$V$ 都垂直的侧立投影面（简称侧面或 $W$ 面），构成一个三投影面体系。投影面之间的交线称为投影轴 $OX$、$OY$、$OZ$，三条投影轴的交点 $O$ 称为原点。

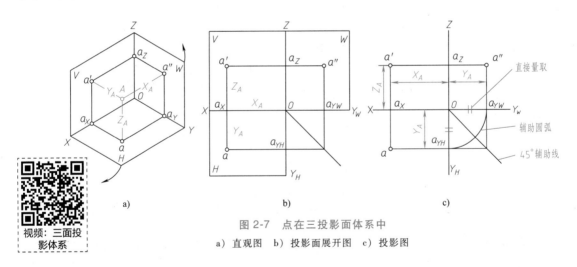

图 2-7　点在三投影面体系中

a）直观图　b）投影面展开图　c）投影图

2. 点的三面投影

如图 2-7a 所示，由空间点 $A$ 分别作垂直于 $H$、$V$、$W$ 面的投射线，分别得点 $A$ 的水平投影 $a$、正面投影 $a'$ 和侧面投影 $a''$（规定点的侧面投影用同名小写字母加两撇表示）。保持 $V$ 面不动，沿 $OY$ 轴将 $H$ 面和 $W$ 面分开，分别旋转 $H$ 面和 $W$ 面，使三个投影面共面。属于 $H$ 面上的 $OY$ 轴用 $OY_H$ 表示，属于 $W$ 面上的 $OY$ 轴用 $OY_W$ 表示，如图 2-7b 所示。同理，原 $OY$ 轴上的 $a_Y$ 点分别用 $a_{YH}$ 和 $a_{YW}$ 表示。

三面投影图有以下关系：$aa_{YH} \perp OY_H$，$a''a_{YW} \perp OY_W$，$Oa_{YH} = Oa_{YW}$。为了作图方便，投影图可采用过原点 $O$ 作 45° 辅助线法、辅助圆弧法（以 $O$ 为圆心，以 $Oa_{YH}$ 或 $Oa_{YW}$ 为半径）或直接量取法来保证 $Oa_{YH} = Oa_{YW}$ 的关系，如图 2-7c 所示。

**3. 点的直角坐标**

将三投影面体系看作直角坐标系，则投影面、投影轴、原点分别为坐标面、坐标轴、坐标原点，如图 2-7a 所示。由图 2-7 可知，点 $A$ 的坐标 $(x_A, y_A, z_A)$ 与它的投影有如下关系：

$X$ 坐标反映点到 $W$ 面的距离   $X_A = a_Z a' = a_{YH} a = Aa''$；

$Y$ 坐标反映点到 $V$ 面的距离   $Y_A = a_X a = a_Z a'' = Aa'$；

$Z$ 坐标反映点到 $H$ 面的距离   $Z_A = a_X a' = a_{YW} a'' = Aa$。

**4. 点的三面投影规律**

根据上述分析，可概括出点在三投影面体系中的投影规律：

1）点的两面投影连线垂直于相应的投影轴，即 $a'a \perp OX$、$a'a'' \perp OZ$ 和 $aa_{YH} \perp OY_H$，$a''a_{YW} \perp OY_W$。

2）点的一面投影的两个坐标，等于该空间点到两个投影面的距离。

**小结：** 如果已知点的两面投影，则该点的坐标 $(X, Y, Z)$ 即已确定，即该点空间的位置唯一确定。如果点的坐标中有一个为零，则该点的一面投影与空间点重合，即该点位于投影面上，如图 2-8 所示的 $A$、$B$ 两点；如果点的坐标中有两个为零，则该点的两面投影与空间点重合，即该点位于投影轴上，如图 2-8 所示的 $C$ 点。

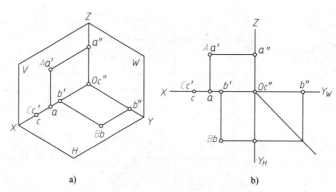

a)             b)

图 2-8 特殊位置的点

a) 直观图 b) 投影图

**【例 2-1】** 如图 2-9a 所示，已知点 $A$ 的正面投影 $a'$ 和水平投影 $a$，求点 $A$ 的侧面投影 $a''$。

**分析：** 已知 $a'$ 的坐标 $(X, Z)$ 和 $a$ 的坐标 $(X, Y)$，则侧面投影 $a''$ 的坐标 $(Y, Z)$ 可直接求出。

**作图步骤：** 如图 2-9b 所示。

1）连接 $aa'$，画 45°辅助线。

2）过 $a$ 作 $OY_H$ 的垂线与 45°辅助线相交。

3）过辅助线交点作 $OY_W$ 的垂线使之与过 $a'$ 的水平线相交，交点即为所求 $a''$。

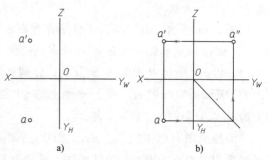

a)             b)

图 2-9 已知点的两面投影求其第三投影

a) 题目 b) 投影图

**【例 2-2】** 已知点 $A$ 坐标（12，16，10）和点 $B$ 坐标（28，8，0），求作两点的三面投影图。

**分析：** 点 $B$ 的三个坐标中，因 $Z_B = 0$，则点 $B$ 在 $H$ 面内。

**作图步骤：** 如图 2-10 所示。

1）点 $A$ 的投影：分别在 $OX$、$OZ$、$OY_H$（或 $OY_W$）轴上量取 $Oa_X = 12$，$Oa_Z = 10$，$Oa_{YH} = 16$ 得到三个点 $a_X$、$a_Z$、$a_{YH}$；分别过三点作出相应投影轴的平行线，所得交点即为所求 $a'$、$a$、$a''$。

2）点 $B$ 的投影：分别在 $OX$、$OY_H$、$OY_W$ 轴上量取 $Ob_X = 28$，$Ob_{YH} = Ob_{YW} = 8$；过 $b_X$、$b_{YH}$ 作出相应投影轴的平行线，在 $H$ 面的交点即为水平投影 $b$，且 $B$ 点与 $b$ 重合；正面投影 $b'$ 与 $b_X$ 重合；侧面投影 $b''$ 在 $OY_W$ 轴上，它与 $b_{YW}$ 重合。

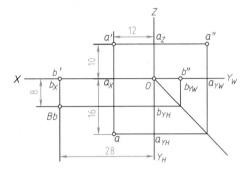

图 2-10 由点的坐标作出三面投影

## 三、两点的相对位置

两点的相对位置是指它们在同一坐标系中，沿上下、前后、左右三个方向上的坐标差，即这两个点对投影面 $H$、$V$、$W$ 的距离差。根据两点的投影，就能确定两点的相对位置；反之，若已知两点的相对位置以及其中一个点的投影，也能确定另一个点的投影。

坐标与方位的关系为：$X$ 大者在左、$Y$ 大者在前、$Z$ 大者在上。

**注意：** 在水平投影和侧面投影中均能反映两点的前后位置关系：即 $OY_H$ 轴向下表示为前，$OY_W$ 轴向右表示为前。

**【例 2-3】** 如图 2-11 所示，已知空间两点 $A$、$B$ 及其投影图，判断两点之间的相对位置。

**分析：**

（1）上下位置　由 $V$ 面或 $W$ 面可知 $Z_A < Z_B$，故点 $A$ 在点 $B$ 的下方，两点的上下距离由坐标差 $\Delta Z = |Z_A - Z_B|$ 确定。

（2）前后位置　由 $H$ 面或 $W$ 面可知 $Y_A < Y_B$，故点 $A$ 在点 $B$ 的后方，两点的前后距离由坐标差 $\Delta Y = |Y_A - Y_B|$ 确定。

（3）左右位置　由 $H$ 面或 $V$ 面可知 $X_A > X_B$，故点 $A$ 在点 $B$ 的左边，两点的左右距离由坐标差 $\Delta X = |X_A - X_B|$ 确定。

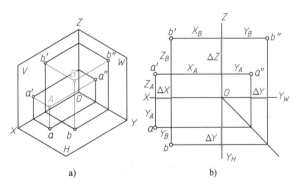

a) b)

图 2-11 两点的相对位置
a) 直观图　b) 投影图

**题解：** 点 $A$ 在点 $B$ 的下方、后方、左方位置；或点 $B$ 在点 $A$ 的上方、前方、右方位置。

## 四、重影点

若两个或多个点的投影在某个投影面上重合，则这些点称为对某个投影面的重影点。

如图 2-12 所示，$X_C = X_D$，$Z_C = Z_D$，$C$、$D$ 两点之间无左右及上下距离差，它们在正面的投影 $c'$ 和 $d'$ 重合，这两个点称为对正面投影的重影点。由于 $Y_C > Y_D$，故位置较前的点 $C$ 可见，点 $D$ 被遮挡而不可见，通常用括弧表示不可见点，如 $c'(d')$。

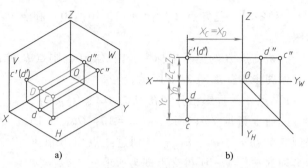

图 2-12 两点的相对位置
a) 直观图 b) 投影图

同理可知：当两点只有 $X$ 坐标不相等时，它们是对侧面投影的重影点；若两点只有 $Z$ 坐标不相等时，它们是对水平投影的重影点；重影点的可见性是：前遮后、上遮下、左遮右，若用坐标值来判别，即同一坐标两数值较大者为可见。

38

# 第三节 直线的投影

直线的投影可由该直线两端点的投影来确定。如图 2-13 所示，求直线 $AB$ 的三面投影时，可分别求出两端点 $A$、$B$ 的投影 $(a, a', a'')$，$(b, b', b'')$，再用粗实线连接其同面投影，即得到直线 $AB$ 的三面投影 $(ab, a'b', a''b'')$。

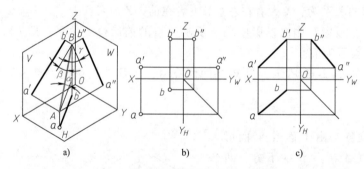

图 2-13 直线的投影
a) 直观图 b) 两点的投影图 c) 直线的投影图

## 一、直线对投影面的相对位置

直线在三投影面体系中的各种相对位置分三类，前两类统称特殊位置直线。直线对 $H$、$V$、$W$ 三个投影面的倾角分别用 $\alpha$、$\beta$、$\gamma$ 表示，如图 2-13a 所示。

$$
直线位置
\begin{cases}
投影面平行线
\begin{pmatrix}
只平行于一个投影面 \\
倾斜于另两个投影面
\end{pmatrix}
\begin{cases}
正平线：// V 面，\angle H、W 面 \\
水平线：// H 面，\angle V、W 面 \\
侧平线：// W 面，\angle V、H 面
\end{cases} \\[2em]
投影面垂直线
\begin{pmatrix}
只垂直于一个投影面 \\
平行于另两个投影面
\end{pmatrix}
\begin{cases}
正垂线：\perp V 面，// H、W 面 \\
铅垂线：\perp H 面，// V、W 面 \\
侧垂线：\perp W 面，// V、H 面
\end{cases} \\[2em]
一般位置直线：倾斜于三个投影面 \quad \angle H、V、W 面
\end{cases}
$$

### 1. 投影面平行线

投影面平行线又分为：正平线、水平线和侧平线，它们的投影及投影特性见表 2-2。

表 2-2　投影面平行线的投影及投影特性

| 名称 | 正平线<br>(AB//V面,对H、W面倾斜) | 水平线<br>(AB//H面,对V、W面倾斜) | 侧平线<br>(AB//W面,对V、H面倾斜) |
|---|---|---|---|
| 直观图 | | | |
| 投影图 | | | |
| 投影特性 | 1. $a'b'$ 反映实长，$a'b'$ 与 $OX$、$OZ$ 的夹角分别反映角 $\alpha$、$\gamma$<br>2. $ab$ // $OX$，$a''b''$ // $OZ$，$ab$、$a''b''$ 均小于实长 | 1. $ab$ 反映实长，$ab$ 与 $OX$、$OY_H$ 的夹角分别反映角 $\beta$、$\gamma$<br>2. $a'b'$ // $OX$，$a''b''$ // $OY_W$，$a'b'$、$a''b''$ 均小于实长 | 1. $a''b''$ 反映实长，$a''b''$ 与 $OY_W$、$OZ$ 的夹角分别反映角 $\alpha$、$\beta$<br>2. $a'b'$ // $OZ$，$ab$ // $OY_H$，$ab$、$a'b'$ 均小于实长 |
| 概括 | 1. 在平行于投影面上的投影：反映直线实长（具有实形性）；与投影轴的夹角,分别反映直线对另两个投影面的真实倾角<br>2. 在另两个投影面上的投影：平行于相应的投影轴；长度缩短（具有类似性） | | |

### 2. 投影面垂直线

投影面垂直线又分为：正垂线、铅垂线和侧垂线，它们的投影及投影特性见表 2-3。

表 2-3　投影面垂直线的投影及投影特性

| 名称 | 正垂线<br>(AB⊥V面,//H面、//W面) | 铅垂线<br>(AB⊥H面,//V面、//W面) | 侧垂线<br>(AB⊥W面,//V面、//H面) |
|---|---|---|---|
| 直观图 | | | |

（续）

| 名称 | 正垂线<br>（$AB \perp V$面、$/\!/H$面、$/\!/W$面） | 铅垂线<br>（$AB \perp H$面、$/\!/V$面、$/\!/W$面） | 侧垂线<br>（$AB \perp W$面、$/\!/V$面、$/\!/H$面） |
|---|---|---|---|
| 投影图 | | | |
| 投影特性 | 1. $a'b'$积聚为一点<br>2. $ab \perp OX$，$a''b'' \perp OZ$，$ab$、$a''b''$均反映实长 | 1. $ab$ 积聚为一点<br>2. $a'b' \perp OX$，$a''b'' \perp OY_W$，$a'b'$、$a''b''$均反映实长 | 1. $a''b''$积聚为一点<br>2. $a'b' \perp OZ$，$ab \perp OY_H$，$ab$、$a'b'$均反映实长 |
| 概括 | 1. 在垂直于投影面上的投影：积聚成一点（具有积聚性）<br>2. 在另两个投影面上的投影：垂直于相应的投影轴，反映直线实长（具有实形性） | | |

**3. 一般位置直线**

如图 2-13a 所示的一般位置直线 $AB$，它与三个投影面均倾斜，两端点分别沿上下、前后、左右三个方向的距离差都不等于零，所以 $AB$ 的三个投影均倾斜于投影轴。由图 2-13 可知：$AB$ 的实长、投影长度和倾角之间的关系为

$$ab = AB\cos\alpha < AB; \quad a'b' = AB\cos\beta < AB; \quad a''b'' = AB\cos\gamma < AB$$

**注意**：$AB$ 的投影与投影轴的夹角，不等于直线对投影面的倾角。

一般位置直线的投影特性概括为：

1）三个投影都与投影轴倾斜，且投影长度均小于实长（具有类似性）。

2）三个投影与投影轴的夹角均不反映直线对投影面的倾角。

## 二、直线上的点

直线上点的投影特性具有从属性和定比性，由此可以分析直线与点的位置关系。

如图 2-14 所示，直线 $AB$ 上有一点 $C$，由图可知：点 $C$ 的三面投影必定在直线 $AB$ 的同面投影上；且 $AC : CB = ac : cb = a'c' : c'b' = a''c'' : c''b''$。

**【例 2-4】** 如图 2-15a 所示，求直线 $AB$ 上的等分点 $C$ 的两面投影，且使 $AC : CB = 2 : 3$。

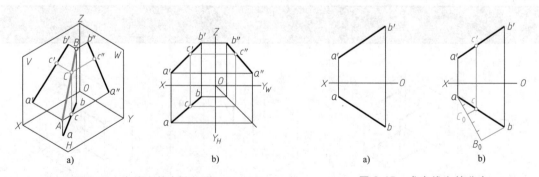

图 2-14 直线上的点的投影　　　　　图 2-15 求直线上的分点

　a）直观图 b）投影图　　　　　　　a）题目 b）题解

**分析**：如图 2-15b 所示，根据定比性，将线段 $AB$ 的任一投影分成 $2:3$，从而得到分点 $C$ 的一个投影；再根据从属性，作出点 $C$ 的另一投影。

**作图步骤**：

1）由点 $a$ 作任意辅助直线，在其上量取 5 个等长度线段，得 $B_0$ 点；在 $aB_0$ 上确定点 $C_0$，使 $aC_0 : C_0B_0 = 2:3$。

2）连接 $B_0$ 和 $b$，作 $C_0c // B_0b$，与 $ab$ 交于点 $c$，即为所求点的一个投影。

3）由 $c$ 作投影连线，与 $a'b'$ 交于点 $c'$，即为所求点的另一个投影。

## 三、两直线的相对位置

空间两直线的相对位置关系有三种情况：平行、相交、交叉。前两种直线均在同一平面，称为同面直线；后一种直线不在同一平面内，称为异面直线。

两直线的相对位置及投影特性见表 2-4。

表 2-4　两直线的相对位置及投影特性

| 名称 | 平行两直线 | 相交两直线 | 交叉两直线 |
|---|---|---|---|
| 直观图 | 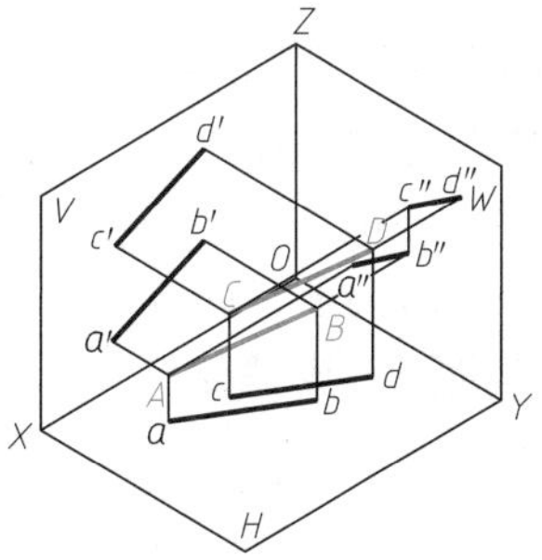 | 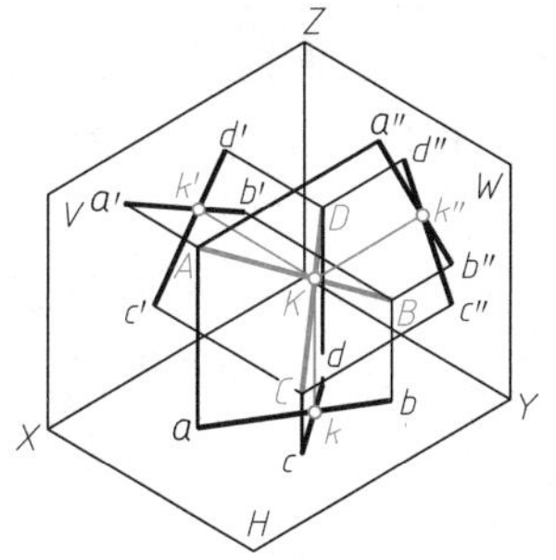 | 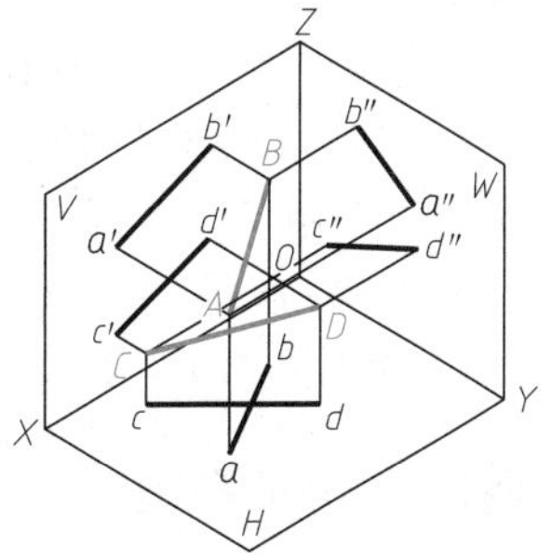 |
| 一般位置 | 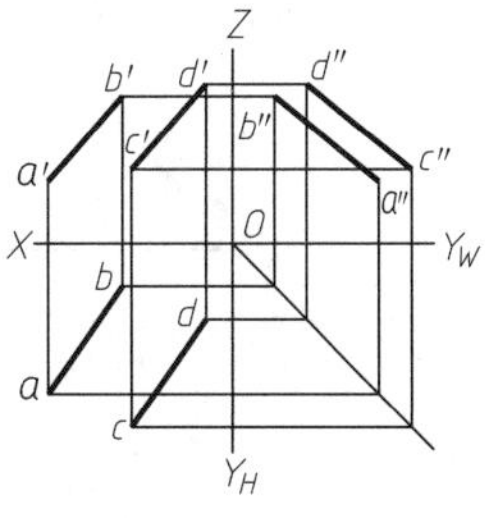 | 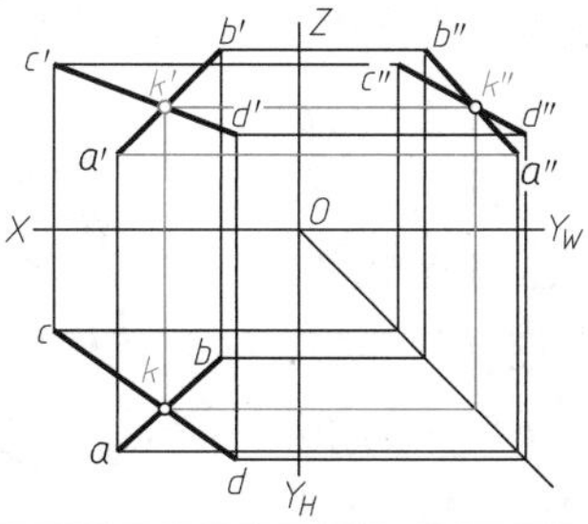 | 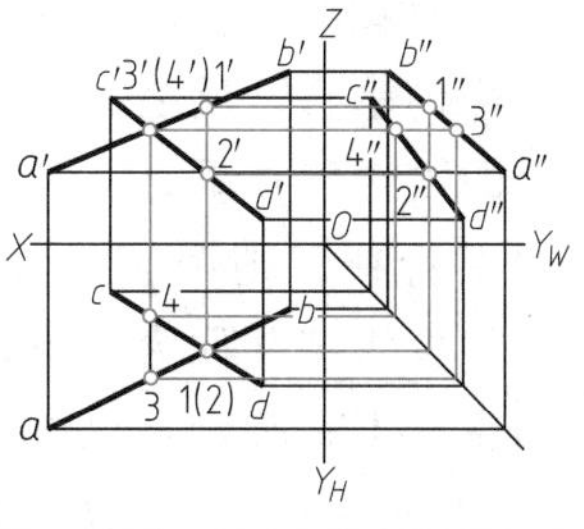 |
| 特殊位置 | 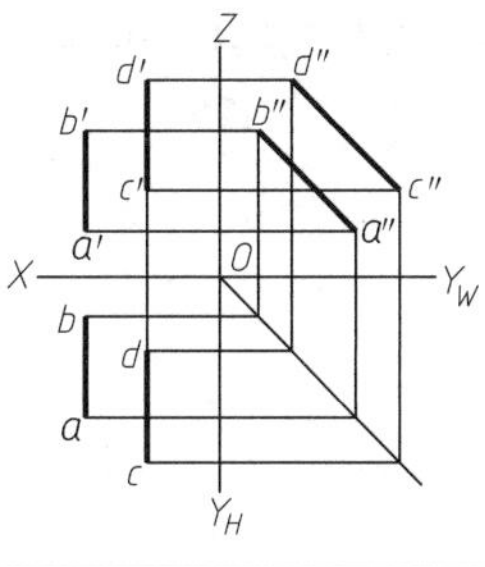 | 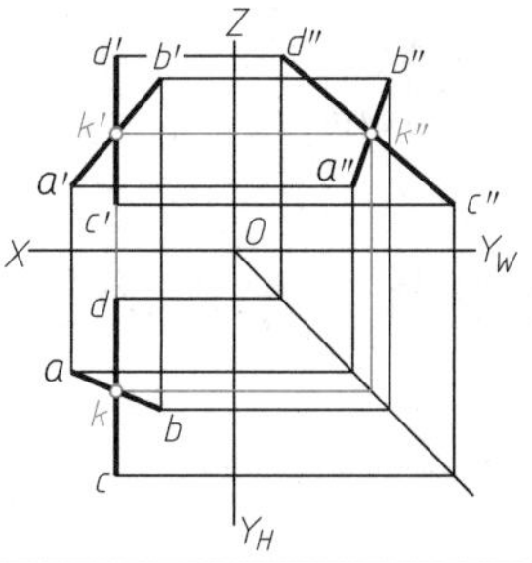 | 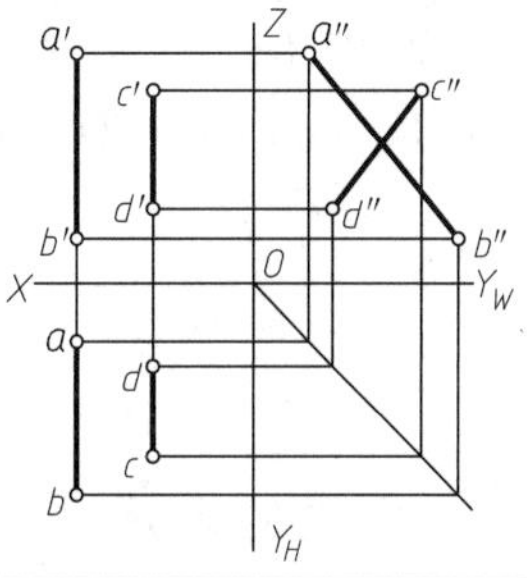 |
| 投影特性 | 若空间两直线相互平行，则它们的各组同面投影必定互相平行。反之，若两直线的各组同面投影都相互平行，则两直线在空间必定相互平行 | 若空间两直线相交，则它们的三组同面投影必相交，且交点的投影符合空间点的三面投影规律 | 若空间两直线交叉，则它们的投影既不符合平行两直线的投影特性，又不符合相交两直线的投影特性。交叉两直线的三面投影也可能相交，但各面投影的交点不符合点的投影规律 |

【例 2-5】 如图 2-16a 所示，已知两侧平线 AB、CD 的两面投影，判断其相对位置。

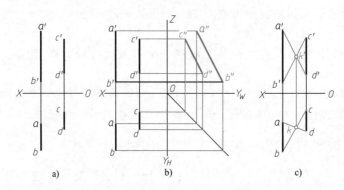

图 2-16 判断两直线的相对位置
a）题图 b）解法一 c）解法二

**分析：** 因两条侧平线之间始终保持左右的等距离差，故排除它们相交的可能性。

**解法一** 用第三面投影判断

如图 2-16b 所示，分别作出 AB、CD 在 W 面的投影，若 $a''b'' \parallel c''d''$，则 $AB \parallel CD$；若 $a''b''$ 与 $c''d''$ 不平行，则 AB 与 CD 交叉。由作图结果可判断两直线平行。

**解法二** 用反证法判断

如图 2-16c 所示，连接 $a'd'$、$b'c'$ 和 $ad$、$bc$，若 $k'$ 与 $k$ 符合点的投影特点，可判断 AB 与 CD 共面，即 $AB \parallel CD$；反之，AB 与 CD 交叉。由作图结果可判断两直线平行。

## 四、直角投影定理

空间两直线垂直（相交或交叉），若其中一直线为投影面平行线，则两直线在该投影面上的投影仍垂直。反之，如果两直线在某一投影面上的投影相互垂直，且其中一直线为该投影面的平行线，则两直线在空间必定互相垂直。这一投影特性称为直角投影定理。该定理证明如图 2-17a 所示：已知 AB 与 BC 垂直相交、AB 为水平线。因 $AB \perp Bb$、$AB \perp BC$，则 $AB \perp$ 平面 $BbcC$；因 $ab \parallel AB$，则 $ab \perp$ 平面 $BbcC$；所以，$ab \perp bc$，即 $\angle abc = \angle ABC = 90°$。

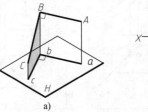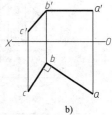

图 2-17 垂直两直线的投影
a）直观图 b）投影图

# 第四节 平面的投影

## 一、平面的表示法

平面的表示方法主要有以下两种。

### 1. 几何元素表示法

几何元素是指确定该平面的点、直线或平面等，它们的组合形式如图 2-18 所示。

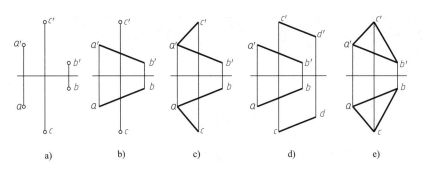

a)　　　b)　　　c)　　　d)　　　e)

图 2-18　平面的几何元素表示法

a）三点不共线表示平面　b）线外一点与一线表示平面　c）相交直线表示平面

d）平行直线表示平面　e）平面图形表示平面

**2. 迹线表示法**

迹线是指平面与投影面的交线，如图 2-19 所示的 $P_V$、$P_H$ 和 $P_W$。

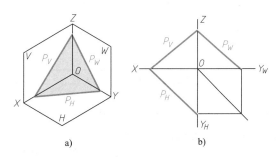

a)　　　　　b)

图 2-19　平面的迹线表示法

a）直观图　b）投影图

## 二、平面对投影面的相对位置

平面在三投影面体系中的各种相对位置分三类，前两类统称特殊位置平面。平面对 $H$、$V$、$W$ 三个投影面的倾角分别用 $\alpha$、$\beta$、$\gamma$ 表示。

$$
平面位置\begin{cases}投影面平行面\begin{pmatrix}只平行于一个投影面\\垂直于另两个投影面\end{pmatrix}\begin{cases}正平面：// V 面，\perp H、W 面\\水平面：// H 面，\perp V、W 面\\侧平面：// W 面，\perp V、H 面\end{cases}\\[2em]投影面垂直面\begin{pmatrix}只垂直于一个投影面\\倾斜于另两个投影面\end{pmatrix}\begin{cases}正垂面：\perp V 面，\angle H、W 面\\铅垂面：\perp H 面，\angle V、W 面\\侧垂面：\perp W 面，\angle V、H 面\end{cases}\\[1em]一般位置平面：倾斜于三个投影面\quad \angle H、V、W 面\end{cases}
$$

**1. 投影面平行面**

投影面平行面又分为：正平面、水平面和侧平面，它们的投影及其特性见表 2-5。

**2. 投影面垂直面**

投影面垂直面又分为：正垂面、铅垂面和侧垂面，它们的投影及其特性见表 2-6。

表 2-5　投影面平行面的投影及投影特性

| 名称 | 正平面<br>($\triangle ABC /\!/ V$ 面,对 $H$、$W$ 面垂直) | 水平面<br>($\triangle ABC /\!/ H$ 面,对 $V$、$W$ 面垂直) | 侧平面<br>($\triangle ABC /\!/ W$ 面,对 $V$、$H$ 面垂直) |
|---|---|---|---|
| 直观图 | | | |
| 投影图 | | | |
| 投影特性 | 1. 正面 $\triangle a'b'c'$ 反映实形<br>2. 其他两面积聚成直线,且 $abc$、$OX$、$a''b''c'' /\!/ OZ$ | 1. 水平面 $\triangle abc$ 反映实形<br>2. 其他两面积聚成直线,且 $a'b'c' /\!/ OX$、$a''b''c'' /\!/ OY_W$ | 1. 侧面 $\triangle a''b''c''$ 反映实形<br>2. 其他两面积聚成直线,且 $abc /\!/ OY_H$、$a'b'c' /\!/ OZ$ |
| 概括 | 1. 在平行于投影面上的投影:反映平面实形(具有实形性)<br>2. 在另两个投影面上的投影:积聚成直线且平行于相应的投影轴(具有积聚性) | | |

表 2-6　投影面垂直面的投影及投影特性

| 名称 | 正垂面<br>($\triangle ABC \perp V$ 面,对 $H$、$W$ 面倾斜) | 铅垂面<br>($\triangle ABC \perp H$ 面,对 $V$、$W$ 面倾斜) | 侧垂面<br>($\triangle ABC \perp W$ 面,对 $V$、$H$ 面倾斜) |
|---|---|---|---|
| 直观图 | | | |
| 投影图 | | | |

（续）

| 名称 | 正垂面<br>（△ABC⊥V面，对H、W面倾斜） | 铅垂面<br>（△ABC⊥H面，对V、W面倾斜） | 侧垂面<br>（△ABC⊥W面，对V、H面倾斜） |
|---|---|---|---|
| 投影特性 | 1. 正面投影积聚为直线。它与OX、OZ的夹角分别反映α、γ角<br>2. 其他两面投影为类似△abc和△a″b″c″ | 1. 水平投影积聚为直线。它与OX、$OY_H$的夹角分别反映α、γ角<br>2. 其他两面投影为类似△a′b′c′和△a″b″c″ | 1. 侧面投影积聚为直线。它与$OY_W$、OZ的夹角分别反映α、β角<br>2. 其他两面投影为类似△abc和△a′b′c′ |
| 概括 | 1. 在垂直于投影面上的投影：积聚成直线（具有积聚性）；与投影轴的夹角反映该平面对另两个投影面的倾角<br>2. 在另两个投影面上的投影：为两个与空间图形类似的平面（具有类似性，面积减小） | | |

45

### 3. 一般位置平面

如图 2-20a 所示的一般位置平面△ABC，它对三个投影面均倾斜，所以它的三个投影 △abc、△a′b′c′、△a″b″c″均为空间平面的类似形。

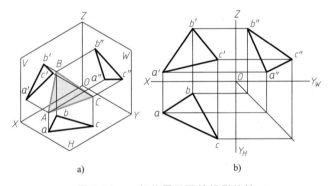

a)                    b)

图 2-20　一般位置平面的投影特性

a）直观图　b）投影图

一般位置平面的投影特性概括为：

1）三个投影均是空间平面的类似形，且比实际面积小。

2）投影图中均不能反映空间平面对投影面的真实倾角。

## 三、平面内的点和直线

### 1. 平面内取点

点在平面上的几何条件：如果点在平面内，则该点必在这个平面内的一直线上；反之，若点位于平面内的一直线上，则该点必位于该平面内。

【例 2-6】　如图 2-21a 所示，已知点 K 的两面投影，试判断点 K 是否在平面△ABC 内。

**分析：** 由图 2-21a 可知，平面△ABC 是一般位置平面，不能直接判断从属关系，应过该点作属于该平面的一条直线，再根据点与平面的几何条件得出结论。

**作图步骤：** 如图 2-21b 所示。

1）连接 a′k′并延长交 b′c′于 m′，则 AM 必在平面△ABC 内。

2）作出点 *M* 的水平投影 *m* 并连接 *am*，由图 2-21b 可知：点 *k* 不在 *am* 上，故可判断点 *M* 不在平面△*ABC* 内。

**注意**：一个点的两个投影即使都在平面的投影轮廓线内，该点也不一定在该平面内。必须用几何条件和投影特性进行分析判断。

**46**

**2. 平面内取直线**

直线在平面内的几何条件：①若直线在平面内，则该直线必通过平面上的两个点；反之，若直线通过平面上的两个点，则该直线必在平面内；②若直线通过平面内的一个点，且平行于平面内的另一条直线，则该直线必在平面内。

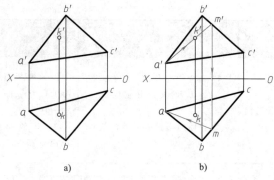

图 2-21 判断点 *K* 是否在平面△*ABC* 内
a）题目 b）题解

如图 2-22 所示，△*ABC* 确定平面 *P*，点 *M*、*N* 分别在 *AB*、*AC* 上，则 *MN* 必在平面 *P* 内。

如图 2-23 所示，相交直线 *AB*、*BC* 确定平面 *P*，*M* 是平面内的一个点，过点 *M* 作 *MN* ∥ *BC*，则 *MN* 必在平面 *P* 内。

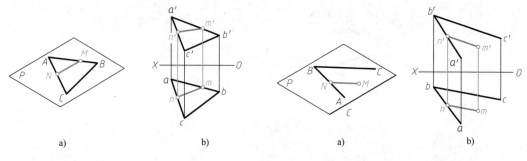

图 2-22 平面内取直线（一）
a）直观图 b）投影图

图 2-23 平面内取直线（二）
a）直观图 b）投影图

**【例 2-7】** 如图 2-24a 所示，已知平面△*ABC* 的两面投影，求平面内点 *K* 的两面投影（该点与正投影面的距离为 14mm，与水平投影面的距离为 12mm）。

**分析**：满足与正投影面的距离为 14mm 条件的是一正平面，其上任意两点连线均为正平线；满足与水平投影面的距离为 12mm 条件的是一水平面，其上任意两点连线均为水平线；再根据正平线和水平线的投影特性，即可求出满足题目要求的点的两面投影。

**作图步骤**：如图 2-24b 所示。

1）作正平线的两面投影。在 *V* 面之前作一距 *OX* 轴 14mm 的平行线（可理解为正平面的水平迹线），得交线 *mn*；由 *mn* 得正面投影 *m'n'*。

2）作水平线的正面投影。在 *H* 面之上作一距 *OX* 轴 12mm 的平行线（可理解为水平面的正面迹线），得交线 *e'f'*，它与 *m'n'* 的交点 *k'* 即为所求点 *K* 的正面投影。

3）作点 *K* 的水平投影。由交点 *k'* 求得水平投影 *k*，完成题目要求。

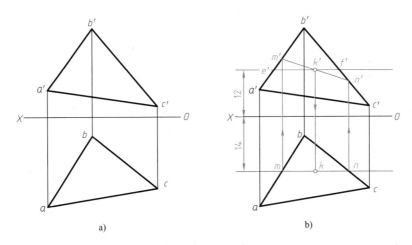

图 2-24　求平面内点 $K$ 的两面投影
a）题目　b）题解

**注意：**步骤 1）与 2）的顺序可颠倒，即先作水平线的两面投影，再作正平线的水平投影，即可得到 $k$，从而得到 $k'$。

**【例 2-8】** 如图 2-25a 所示，已知平面五边形的正面投影 $a'b'c'd'e'$ 和水平投影 $ab$、$bc$，试完成该平面五边形的水平投影。

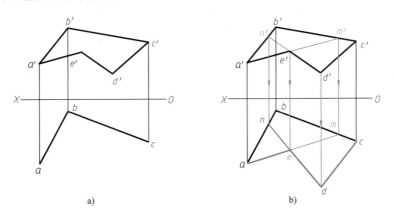

图 2-25　完成平面图形的投影
a）题目　b）题解

**分析：**由已知条件可以判断该平面多边形为一般位置平面，其水平投影应为一个与正面投影类似的平面多边形。水平投影未知的两点 $e$、$d$ 可根据从属性求出。

**作图步骤：**如图 2-25b 所示。

1）延长 $a'e'$ 交 $b'c'$ 于 $m'$，再由 $m'$ 向下投射求出 $m$。

2）连接 $am$，由 $e'$ 求出 $e$。

3）同理，延长 $d'e'$ 交 $a'b'$ 于 $n'$，再由 $n'$ 向下求出 $n$。

4）连接 $ne$，并将其延长，再由 $d'$ 向下投射，两者相交点即为所求 $d$ 的投影。

5）连接 $ae$、$ed$ 和 $cd$，完整的水平投影与正面投影类似，完成题目要求。

## 第五节 直线与平面以及两平面的相对位置

### 一、直线与平面的相对位置

直线与平面的相对位置分为平行、相交、垂直三种情况。常见的有：直线与一般位置平面（或特殊位置平面）平行；一般位置直线（或垂直线）与一般位置平面相交、一般位置直线与特殊位置平面相交；直线与一般位置平面（或特殊位置平面）垂直等多种类型。表2-7列举了直线与平面的相对位置及投影特性。

表2-7 直线与平面的相对位置及投影特性

| 名称 | 平行<br>（一般位置直线与垂直面平行） | 相交<br>（一般位置直线与垂直面相交） | 垂直<br>（一般位置直线与一般位置平面垂直） |
|---|---|---|---|
| 直观图 | 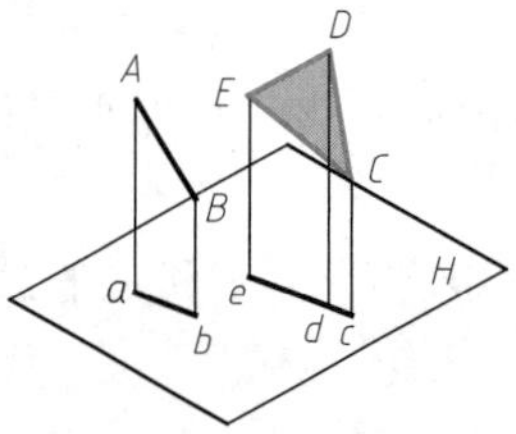 | 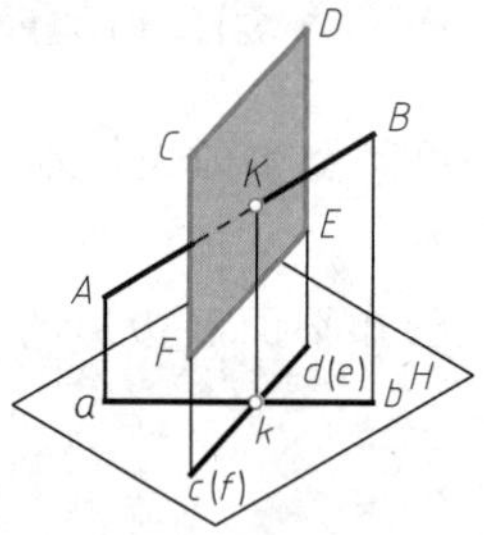 | 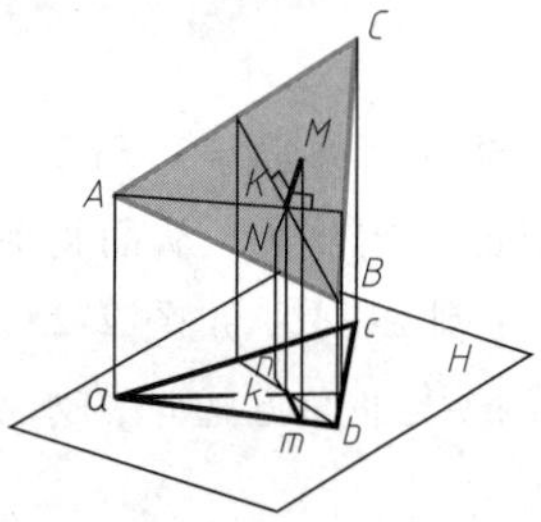 |
| 投影图 | 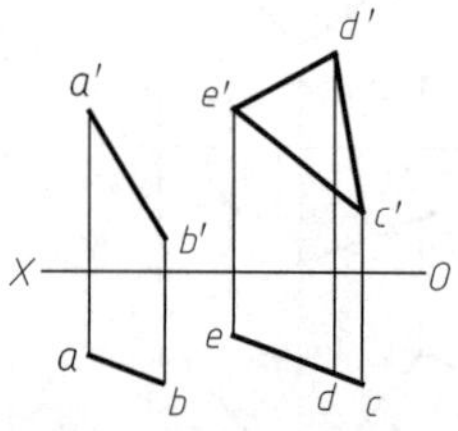 | 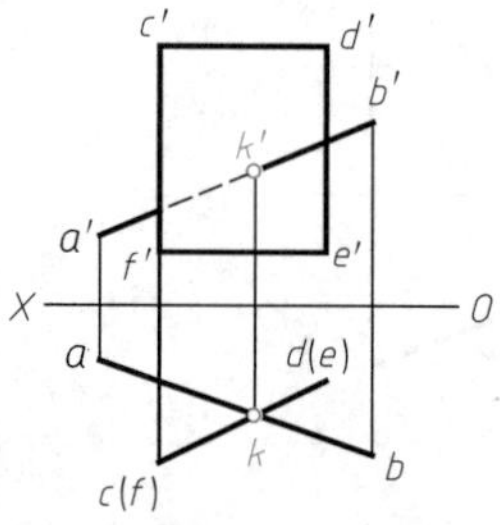 | 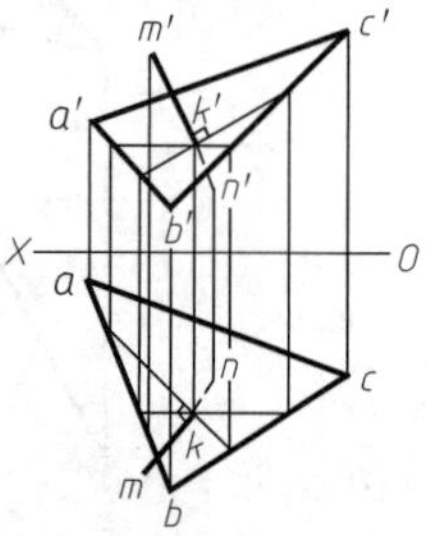 |
| 投影特性 | 若直线平行于某平面内一直线,则该直线与该平面必平行;若直线与垂直面平行,则直线的投影必平行于垂直面的积聚性投影 | 直线与平面不平行,则必相交,交点是两者的公共点,即交点在直线上,又在平面上 | 直线与平面垂直,则直线的正面投影必垂直于该平面上正平线的正面投影;直线的水平投影必垂直于该平面上水平线的水平投影 |
| 应用 | 1. 求作直线平行于平面<br>2. 判断直线是否与平面平行 | 1. 分析各种位置直线与各种位置平面相交情况<br>2. 求交点并判断直线的可见性 | 1. 求点到平面的距离<br>2. 求过直线作一平面与已知平面垂直 |

【例2-9】 如图2-26a所示，求直线 AB 及其与 △CDE 交点 K 的水平投影，并判别可见性。

分析：由图2-26a可知，直线 AB 为正垂线，△CDE 为一般位置平面，正垂线 AB 与平面相交的交点 $k'$ 与 $a'(b')$ 重影，故 $k'$ 在正面投影为已知点；根据点与平面的从属关系即可求出交点的水平投影 $k$。

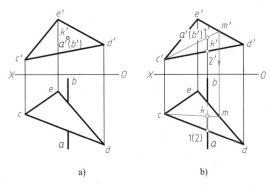

图 2-26　求直线与平面的交点

a）题目　b）题解

**作图步骤：**如图 2-26b 所示。

1）作辅助线。连接 $c'k'$ 并延长交 $d'e'$ 于 $m'$，由 $m'$ 向下投射求出 $m$，从而求出水平投影 $cm$。

2）确定水平投影。$cm$ 与 $ab$ 的交点 $k$ 即为 $K$ 的水平投影 $k$。

3）可见性分析。交点 $K$ 把直线 $AB$ 分成两部分，它是可见与不可见的分界点；直线 $AB$ 与 $\triangle CDE$ 各边均为交叉关系，因此在 $H$ 面内，直线 $ab$ 上的 1 与 $cd$ 上的 2 重影。由正面投影可看出 $1'$ 在 $2'$ 的上方，故水平投影 1 点可见，2 点不可见。因此，直线 $AB$ 上的 $K$ I 线段位于平面上方为可见，以交点 $K$ 为界的另一段直线位于平面下方为不可见。

4）根据上述结果，完成题目要求。

**注意：**在投影作图中，粗实线表示可见线、细虚线表示不可见线。

**【例 2-10】**　如图 2-27a 所示，已知点 $M$ 和平面 $\triangle ABC$ 的两面投影，求过点 $M$ 作直线 $MN$ 与平面垂直，并求垂足 $K$ 的两面投影。

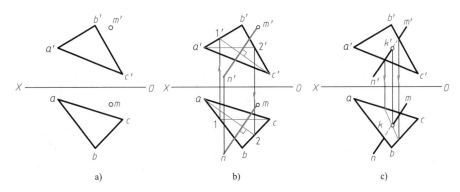

图 2-27　过点作直线与平面垂直

a）题目　b）求直线　c）求垂足

**分析：**由图可知，平面 $\triangle ABC$ 为一般位置平面；如果直线 $MN$ 与该平面垂直，则 $MN$ 必垂直于该平面上的任一直线。根据直角投影定理：求出该平面的水平线和正平线，则 $MN$ 的水平及正面投影分别与所求水平线和正平线垂直；最后再根据该直线与 $\triangle ABC$ 各边的交叉重影关系求出垂足 $K$。

**作图步骤**：如图 2-27b、c 所示。

1）作正平线 $C\,\mathrm{I}$ 及其两面投影，然后过 $m'$ 作 $c'1'$ 的垂线如图 2-27b 所示。

2）作水平线 $A\,\mathrm{II}$ 及其两面投影，然后过 $m$ 作 $a2$ 的垂线，点 $N$ 的两面投影即可确定（点 $N$ 取任意位置）。

3）因 $m'n'$ 分别与 $a'c'$、$b'c'$ 交叉，可求出重影点的水平投影，从而确定垂足 $K$ 的水平投影和正面投影，如图 2-27c 所示。

4）最后根据重影点的前后、上下位置关系，分析直线的可见性，如图 2-27c 所示。

**注意**：题解中的正平线和水平线均与直线 $MN$ 为垂直交叉关系。

## 二、平面与平面的相对位置

平面与平面的相对位置有平行、相交、垂直三种情况。常见的有：两一般位置平面（或两特殊位置平面）平行；两一般位置平面（或一般位置平面与特殊位置平面或两特殊位置平面）相交；一般位置平面与特殊位置平面（或两特殊位置平面）垂直等多种类型。表 2-8 列举了平面与平面的相对位置及投影特性。

表 2-8　平面与平面的相对位置及投影特性

| 名称 | 平行<br>（两垂直面平行） | 相交<br>（一般位置平面与垂直面相交） | 垂直<br>（两垂直面垂直） |
|---|---|---|---|
| 直观图 | 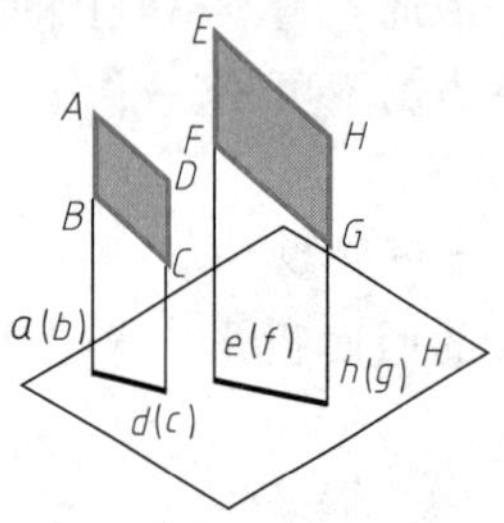 | 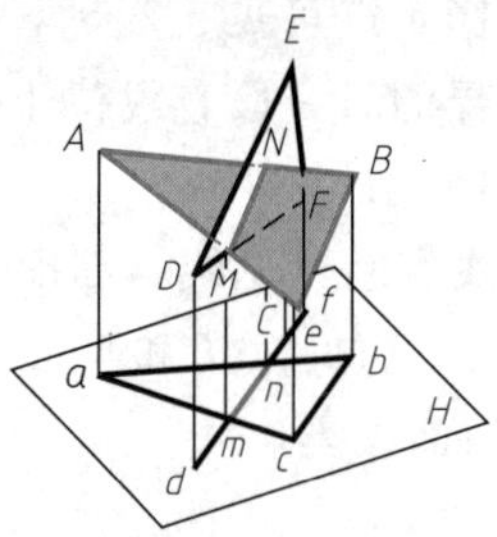 | 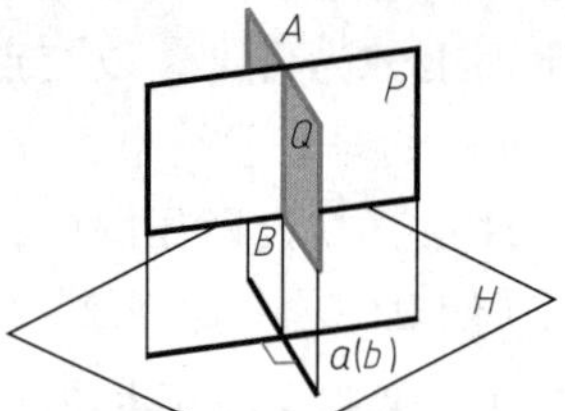 |
| 投影图 | 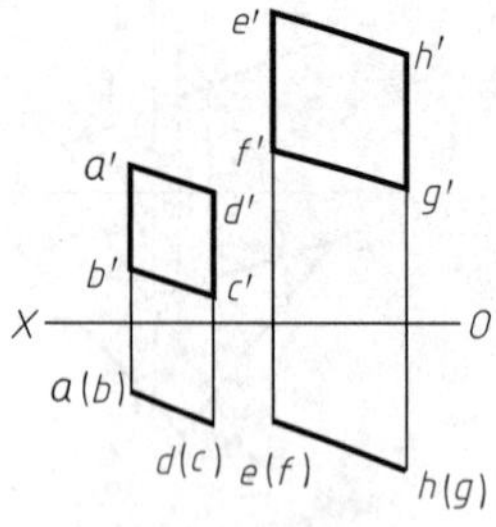 | 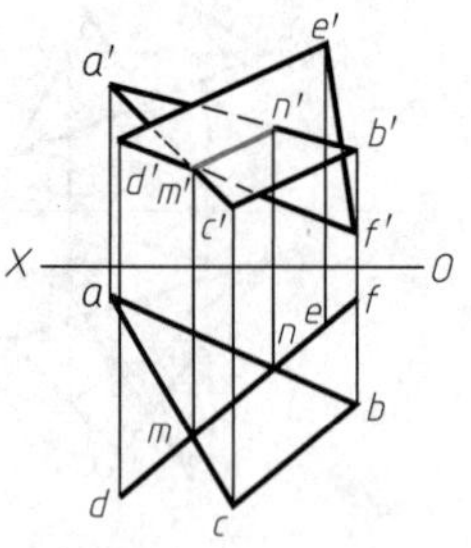 | 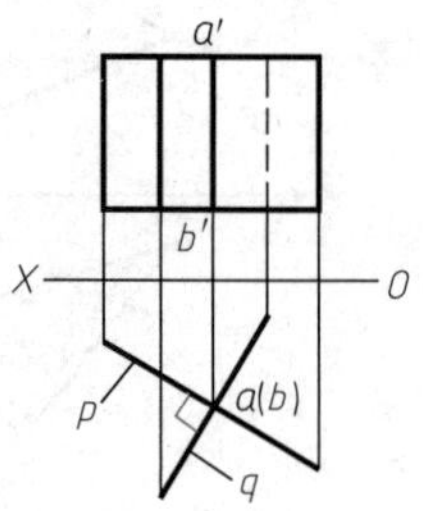 |
| 投影特性 | 若两个垂直面相互平行，则它们的积聚性同面投影必相互平行<br><br>如果两个平面内各有一对相交直线对应地平行，则这两个平面相互平行 | 两平面相交，交线为一条属于两平面共有的直线，也是可见与不可见的分界线。对于同一投影面，交线异侧可见性相反；对于不同投影面，交线同侧可见性相反 | 相互垂直的两平面垂直于同一平面时，它们的积聚性投影也相互垂直 |
| 应用 | 1. 求作一平面平行于另一平面<br>2. 判断两平面是否平行 | 1. 求平面交线的投影<br>2. 判断平面的可见性 | 1. 求点到平面的距离<br>2. 求过点作一平面与已知平面垂直 |

【**例 2-11**】 如图 2-28a 所示，完成平面△ABC 与△DEF 的投影，并求其交线的投影。

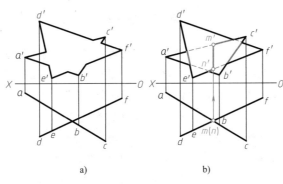

图 2-28  求两平面相交交线的投影

a）题目  b）题解

**分析**：由图 2-28a 可知，两个相交平面在水平投影上分别积聚成直线，故它们均为铅垂面，其交线必为铅垂线；因交线具有两面共有性，所以水平投影中的交点即为两面交线的积聚性投影；交线的正面投影可参考上例分析并求出。

**作图步骤**：如图 2-28b 所示。

1）确定水平投影。由直线 abc 和 def 的交点，确定该交线的水平投影 m(n)。

2）确定正面投影。连接三角形的各边，再由 m(n) 作正面投影连线与各边相交，即可确定点 M 和点 N 的正面投影 m′和 n′，从而得到交线 m′n′。

3）可见性分析。在水平投影中以重影点 m（n）为界，左侧平面投影△def 在△abc 之前，故正面投影△d′e′f′为可见，△a′b′c′为不可见；重影点右侧的平面投影结果与左侧相反。

4）根据上述结果，完成题目要求。

【**例 2-12**】 如图 2-29a 所示，完成平面△ABC 与▱DEFG 的投影，并求其交线的投影。

**分析**：由图 2-29 可知，△ABC 为一般位置平面，▱DEFG 为正垂面，故交线的正面投影即为已知；再根据交线的两面共有性，可求出交线的水平投影。

**作图步骤**：如图 2-29b 所示。

1）确定正面投影。▱DEFG 的积聚性投影直线与三角形的交点即是交线的正面投影 m′和 n′。

2）确定水平投影。连接三角形各边，再由 m′和 n′作水平投影连线，它们分别与 ac 和 bc 相交于 m、n 点，连线 mn 即为交线的水平投影。

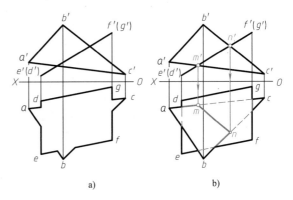

图 2-29  求正垂面与一般位置平面相交的交线

a）题目  b）题解

3）可见性分析。以正面投影中的 m′n′为界，左侧三角形投影在上方，四边形投影在下方，故水平投影中的△abc 为可见，四边形为不可见；右侧四边形投影在三角形投影之上，故水平投影中的四边形为可见，△abc 为不可见。

4）根据上述结果，完成题目要求。

## 学 习 指 导

本章重点内容是点、直线、平面的投影及其特性。难点是平面内取点、取直线。

对于初学者而言，这部分内容比较抽象，尤其是点、线、面综合问题的解题方法，理解起来有一定难度。研究点的投影，应注意它的三面投影与其空间位置的关系，要熟练掌握点的投影规律，因为它是线与面的投影基础，三者也是构建立体的基础。研究直线和平面的投影时，将理论与想象结合起来，必要时把手中的铅笔和三角板当作一直线、一平面，然后将它们摆放不同的位置以观察它们的投影特点，再由直线和平面的投影想象出它们的空间位置，如此反复练习，相互对照，逐步培养空间想象力，为后续内容的学习打下夯实的基础。

### 复习思考题

1. 如果点的一个坐标为零或两个坐标为零或三个均不为零时，该点的空间位置各有什么特点？

2. 如果给定直线两端点的坐标，试总结该直线的空间位置与两坐标的关系。

3. 正投影的投影特性有哪些？判断一个点是否在直线或平面上，用到哪些特性？

4. 直线与直线、直线与平面、平面与平面之间有哪些位置关系？

5. 试用一支铅笔作为一直线，迅速摆出直线对投影面的各种位置。

6. 试用一块三角板作为一平面，迅速摆出平面对投影面的各种位置。

7. 对照特殊位置直线和特殊位置平面的三面投影，想象出它们的空间位置。

# 第三章

# 基本立体投影

**学习要点**

◆ 掌握基本立体的投影作图方法。

◆ 掌握基本立体表面上点与直线的投影。

◆ 了解基本立体的构型方法。

◆ 掌握基本立体截切的投影作图方法。

◆ 掌握基本立体相贯的投影作图方法。

## 第一节 平面立体

表面均为平面多边形的立体称为平面立体。常见的有棱柱和棱锥（台），如图 3-1 所示，它们由侧棱面、底面和顶面（棱锥无顶面）围成。画基本立体的投影时，可见的轮廓线用粗实线表示，不可见轮廓线用细虚线表示。

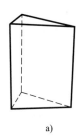

a)　　　　　　　　　b)　　　　　　　　　c)

图 3-1　平面立体

a）三棱柱　b）四棱锥　c）五棱台

## 一、平面立体的投影

### 1. 棱柱的投影

棱柱由顶面、底面和若干侧棱面围成，顶面与底面相互平行，侧棱面的棱线相互平行，侧棱面与底面的位置关系有垂直和倾斜两种情形，垂直时称为直棱柱，此时棱线与底面垂直；倾斜时称为斜棱柱，此时棱线与底面倾斜。常见的棱柱有正三棱柱、四棱柱、正五棱柱和正六棱柱等。

各棱柱的投影分析方法基本类似，画图之前，应将棱柱置于使表面和棱线处于特殊位置，画三面投影时，一般不画投影轴，但三个投影面仍要保证 $x$，$y$，$z$ 三个坐标的对应关系。

**【例 3-1】** 画出如图 3-2a 所示正五棱柱的三面投影。

**分析：** 正五棱柱的顶面和底面均为水平面，故水平投影反映正五边形实形；五个侧棱面中的后侧棱面为正平面，故正面投影反映实形，其余四个侧棱面均为铅垂面，它们的水平投影积聚成直线段。

**作图步骤：** 如图 3-2b 所示。

1）画水平投影。水平投影反映正五棱柱顶面、底面的实形，且两面重影。

2）画正面和侧面投影。先根据棱柱高度画出顶面、底面的积聚性投影，为水平两直线段；再由水平投影的正五边形五个顶点对应到正面投影，确定五条棱线的投影，最后根据 $y_1$ 和 $y_2$ 在侧面中找到相应棱线的位置，分别画出投影连线。

3）可见性判断。可见轮廓线加粗，不可见轮廓线画成细虚线。

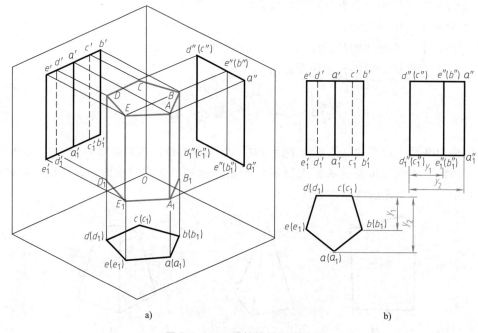

a）

b）

图 3-2 正五棱柱的投影及作图

a）直观图 b）投影图

**注意：** 水平投影与侧面投影必须保证宽度（$y$）相等，如图 3-2b 所示，作图时可直接用分规量取距离，也可添加 45°斜线来辅助作图以保证宽相等。

2. 棱锥的投影

棱锥由底面和若干侧棱面围成，各侧棱面均为三角形，各侧棱面棱线相交于同一点，称为锥顶。工程上常见的棱锥有正三棱锥和正四棱锥等。

各棱锥的投影分析方法基本类似，画图之前，尽量将棱锥底面置于水平位置、侧棱面为特殊位置。

**【例 3-2】** 画出如图 3-3a 所示正三棱锥的三面投影。

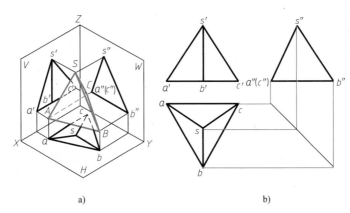

a)　　　　　　　　　　　　　　　b)

图 3-3　正三棱锥的投影

a）直观图　b）投影图

**分析**：正三棱锥的底面△ABC 为水平面，故水平投影△abc 反映其实形；左、右侧棱面为一般位置平面，它们的三面投影均为类似三角形；后侧棱面为侧垂面，故其侧面投影积聚成直线段。水平投影中：三个侧棱面均可见，底面不可见；正面投影中：左、右棱面均可见，后侧棱面不可见；侧面投影中：左侧棱面可见，右侧棱面不可见，后侧棱面积聚为直线段 $s"a"(c")$。

**作图步骤**：如图 3-3b 所示。

1）画底面△ABC 的三面投影。

2）画锥顶的各面投影。

3）连接各棱线，形成正三棱锥的各表面，加粗可见棱线。

## 二、平面立体表面上点与直线的投影

### 1. 棱柱表面上的点与直线

棱柱表面上点与直线的投影基于点、直线、平面的投影及其从属关系。求作棱柱表面上点的投影，一般先根据已知点的投影位置和可见性，判断点在棱柱的哪个表面上，然后利用棱柱面的积聚性求点的投影，并判断可见性。

【例 3-3】　如图 3-4 所示，已知六棱柱的表面上有点 K 的正面投影 $k'$，求作其他投影。

**分析**：六棱柱的前后侧棱面为正平面，其余四个侧棱面均为铅垂面。因 $k'$ 可见，可判断它在前左侧棱面上，故其水平投影 $k$ 必在其积聚性的投影线上；由 $k'$ 和 $k$ 即可求得 $k"$，并且 $k"$ 在侧面投影中为可见。

**作图步骤**：

1）由正面投影 $k'$ 向水平投影连线得 $k$。

2）由 $k'$ 向侧面投影连线，再由水平投影 $k$ 的 $y$ 坐标与侧面投影相等，即可求得 $k"$。

【例 3-4】　如图 3-5 所示，已知三棱柱的表面上有折线 ABC 的正面投影 $a'$ $b'$ $c'$，求作其他投影。

**分析**：三棱柱的后侧棱面为正平面，其余两个侧棱

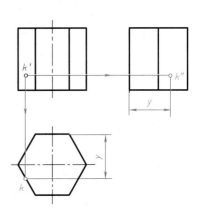

图 3-4　棱柱表面求点

面均为铅垂面。因 $a'$ $b'$ $c'$ 分属于两个侧棱面上，故可以判断它是一条折线的投影。根据上例的求点方法，分别将线段的三个端点求出，然后分别连接 $AB$ 和 $BC$ 的投影，最后判别可见性。

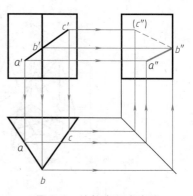

**作图步骤：**

1）由正面投影 $a'$、$b'$、$c'$ 向水平投影连线得 $a$、$b$、$c$ 三个点。

2）由 $a'$、$b'$、$c'$ 向侧面投影连线，再由水平投影 $a$、$b$、$c$ 向侧面投影连线，即可求得 $a''$、$b''$、$(c'')$。

3）判别可见性：因 $(c'')$ 在侧面投影不可见，故 $b''(c'')$ 在侧面不可见，画为虚线。

图3-5 棱柱表面求直线

**2. 棱锥表面上的点与直线**

棱锥表面上的点与直线的投影比棱柱要复杂，因为棱锥的侧棱面有一般位置平面，所以在此表面求点时，必须根据从属关系依靠辅助线求得点或直线。其他位置的求点、求直线与棱柱的方法一样。即根据已知点的投影位置和可见性，判断点在棱锥体的哪个表面上，然后利用棱锥面的积聚性求点的投影，并判断可见性。

**【例3-5】** 如图3-6a所示，已知三棱锥表面上的点 $M$ 的正面投影（$m'$）和点 $N$ 的水平投影 $n$，求该两点的另一面投影。

**分析：** 该三棱锥的右侧棱面为正垂面，前后两个侧棱面为一般位置面，点 $M$ 在正面投影为不可见，故判断该点位于后侧棱面 $SAC$ 上，点 $N$ 在前棱面 $SAB$ 上。两点的另一面投影可根据点、线、面的从属关系求得。

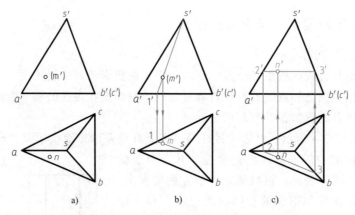

图3-6 正三棱锥表面求点

a）题目 b）表面求点 $M$ 的投影 c）表面求点 $N$ 的投影

**作图步骤：**

1）如图3-6b所示，连接 $s'(m')$ 并延长交底边于点 $1'$，由 $1'$ 点向下投射求出其水平投影点1；连接 $s1$，根据从属关系可直接确定点 $M$ 的水平投影 $m$。

2）如图3-6c所示，过点 $n$ 作底边 $ab$ 的平行线交棱线于点2、3，求出正面投影 $2'$、$3'$ 点并连接（或过其中任意一点作底边的平行线），根据从属关系可直接确定点 $N$ 的正面投

影 $n'$。

**注**：上述两种作图方法均适于棱锥表面求点问题，关键是要学会灵活应用正投影的特性进行求解。

**【例 3-6】** 如图 3-7 所示，已知四棱锥的表面上有折线 $ABC$ 的水平投影 $abc$，求作其他投影。

**分析**：四棱锥的前、后侧棱面为侧垂面，左、右两个侧棱面为正垂面。因 $abc$ 分属于两个侧棱面上，故可以判断它是一条折线的投影。因四个侧棱面均为特殊位置平面，故折线的三个端点可直接求出，然后分别连接 $AB$ 和 $BC$ 的投影，最后判别可见性。

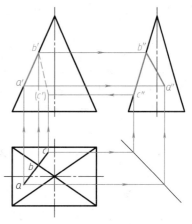

图 3-7 棱锥表面求直线

**作图步骤**：

1）由水平投影的三点 $a$、$b$、$c$ 分别向正面和侧面投影连线，直接得到 $a'$、$b'$ 和 $b''$、$c''$。

2）再由两面投影求出第三面投影（$c'$）和 $a''$。

3）判别可见性：正面投影中，因（$c'$）在后侧棱面，故 $b'(c')$ 不可见，$a'b'$ 与左侧棱面的积聚性投影重合；侧面投影中，$a''b''$ 可见，$b''c''$ 与后侧棱面的积聚性投影重合。

## 三、平面立体的构型

### 1. 棱柱的构型

由前面各棱柱的三面投影可以看出，无论棱柱如何放置，三面投影中的多边形明显反映棱柱的特征，将这个投影称为特征投影，而其他两面投影均为矩形线框，无明显特征。在构造棱柱体时，从特征投影入手，运用拉伸的方法则很容易得到不同立体的形状。

拉伸是将封闭线框所围成的图形视为一个面域，将其沿一条直线路径平移一段距离所扫过的区域而形成立体的三维造型方法。拉伸路径与线框图形所在平面垂直（见图 3-8a）或倾斜（见图 3-8b），拉伸构型适合构造截面相同的立体，如直棱柱、斜棱柱等，如图 3-8c 所示。

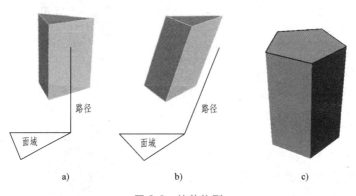

图 3-8 拉伸构型

a）路径与面域垂直　b）路径与面域倾斜　c）五棱柱拉伸构型

**2. 棱锥的构型**

棱锥可以看作是将其底面向锥顶拉伸且逐渐缩为一点而形成的，如图3-9所示。

**提示：**

1）绘制棱柱或棱锥投影图时，应尽量使其表面处于特殊位置，如投影面的平行面或垂直面。一般情况下，先画出特征投影，再画出其他各投影。

2）棱柱和棱锥表面求点或求直线时，应先判断点或直线位于哪个棱面上，再利用投影特性求出点或直线的投影，最后根据其位置判断可见性。

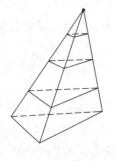

图3-9 棱锥体构型

# 第二节 回 转 体

由回转面与平面或完全由回转面围成的立体称为回转体。回转面是由一条直线（或曲线）绕一固定轴线旋转而成的曲面，这条旋转的线称为母线，如图3-10所示。母线在曲面上的任意位置均称为曲面的素线；母线上任意一点的运动轨迹均为圆，称为纬圆；固定轴线也称为回转中心，纬圆始终与轴线垂直。工程上常见的回转体有圆柱、圆锥、圆球和圆环等。

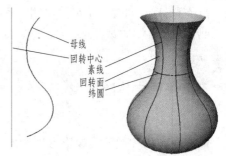

图3-10 回转面的形成

## 一、圆柱

**1. 圆柱的构型**

圆柱是由圆柱面、顶面和底面围成的立体。

圆柱的构型有拉伸和旋转两种方法。将一平面圆沿着与该面相垂直的直线拉伸即形成圆柱，如图3-11a所示；或将一平面矩形沿其某边旋转一周也可形成圆柱体，如图3-11b所示。

**2. 圆柱的投影**

画回转体的投影时，应采用细点画线画出轴线和圆的中心线，且应超出轮廓线约2~3mm；由于回转面是光滑曲面，当画曲面的非圆投影时，应采用粗实线画出回转面的转向轮廓素线（即曲面可见与不可见的分界线）。

画圆柱的投影时，应将其轴线与某个投影面垂直，这样圆柱面在此投影面内积聚为圆，在其他两个投影面内为相同的矩形，但表达的是圆柱的不同方位。

**【例3-7】** 画出如图3-12a所示圆柱的三面投影。

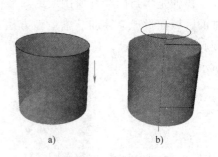

a)            b)

图3-11 圆柱构型

a）拉伸构型 b）旋转构型

视频：圆柱拉伸构型　　视频：圆柱旋转构型

**分析**：该圆柱的轴线为铅垂线，顶面和底面均为水平面，故水平投影反映实形圆，也是圆柱的特征投影；正面和侧面投影为两个相同的矩形，上、下两条边分别为顶面和底面圆的积聚性投影，正面投影中的左、右两条边是圆柱最左 $AA_1$ 和最右 $BB_1$ 的素线投影，侧面投影的两条边是圆柱最前 $C''C_1''$ 和最后 $D''D_1''$ 的素线投影，它们分别是圆柱面前与后、左与右的转向轮廓线，也是可见与不可见的分界线。

**作图步骤**：如图 3-12b 所示。

1）采用点画线画出圆的中心线和轴线的投影。

2）画圆柱顶面及底面圆的水平投影和其他两面的积聚性投影。

3）分别画出圆柱正面和侧面的转向轮廓线投影 $a'a_1'$、$b'b_1'$ 和 $c''c_1''$、$d''d_1''$，并加深轮廓线。

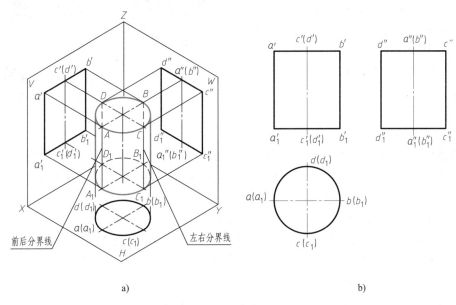

a)　　　　　　　　　　　　　b)

图 3-12　圆柱体的投影分析

a）直观图　b）投影图

3. 圆柱表面上点的投影

因圆柱各表面均有积聚性投影，故表面上点的投影可以直接求得。

**【例 3-8】** 如图 3-13 所示，已知圆柱表面上点 $A$、$B$、$C$ 的一个投影 $a'$、$(b'')$、$(c)$，求作它们的其他投影。

**分析**：由正面投影可知点 $A$ 位于圆柱面的前面左侧；由侧面投影可知点 $B$ 位于圆柱面的转向轮廓线上，即最右侧素线位置；由水平投影可知点 $C$ 位于圆柱的底面上。

**作图步骤**：

1）由 $a'$ 向水平投影连线，确定出 $a$ 在圆柱面的积聚性投影上；再由 $a'$ 向侧面投影连线，并根据 $y$ 相等的关系求出 $a''$，该点侧面可见。

2）由 $(b'')$ 向正面投影连线，确定出 $b'$ 在圆柱

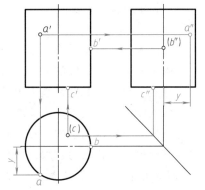

图 3-13　在圆柱表面上取点

面的转向轮廓线上；根据点 $B$ 的特殊位置，可直接确定其水平投影 $b$。

3）由（$c$）向正面投影连线，确定出 $c'$ 在底面圆的积聚性投影上；再经 45°线向侧面投影连线，求出 $c''$。

## 二、圆锥

### 1. 圆锥的构型

圆锥是由圆锥面和底面围成的立体。

圆锥的构型有拉伸和旋转两种方法。将一平面圆沿着与该面相垂直的直线拉伸并逐渐收缩为一点即形成圆锥，如图 3-14a 所示；或将圆锥面看作是由一条与轴线倾斜相交的直线绕轴线旋转一周而形成的，如图 3-14b 所示。

圆锥面虽然为曲面，但在圆锥面上可以找到无数条直线，即素线，也有无数个圆，即纬圆。

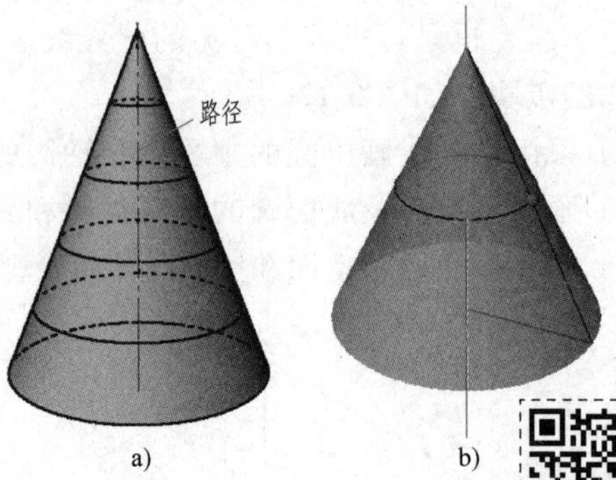

图 3-14 圆锥的构型
a）拉伸构型 b）旋转构型

视频：圆锥旋转构型

### 2. 圆锥的投影

画圆锥的投影时，应将其轴线与某个投影面垂直，使底面圆为投影面的平行面，即可投影为实形圆，在其他两个投影面内为相同的等腰三角形，但表达的是圆锥的不同方位。

【例 3-9】 画出如图 3-15a 所示圆锥的三面投影。

**分析**：圆锥轴线铅垂放置，底面为水平面，故水平投影反映底面圆的实形，其正面和侧面投影为相同的等腰三角形；圆锥面的最左、最右两条素线 $SA$、$SB$ 为圆锥面的前、后转向轮廓线，其正面投影分别为 $s'a'$、$s'b'$；圆锥面上最前、最后两条素线 $SC$、$SD$ 为圆锥面的左、右转向轮廓线，其侧面投影是 $s''c''$ 和 $s''d''$；圆锥面的水平投影与底面圆的水平投影相重合。

**作图步骤**：如图 3-15b 所示。

1）用点画线画出圆锥的轴线和底面圆的中心线。

2）画出底面圆的水平投影，再画其他两面的积聚性投影。

3）确定锥顶的高度位置，再分别画出圆锥正面和侧面的转向轮廓线投影 $s'a'$、$s'b'$ 和 $s''c''$、$s''d''$，并加深轮廓线。

### 3. 圆锥表面上点的投影

由于圆锥面在三个投影面上的投影均没有积聚性，故不能像圆柱表面那样直接求点的投影，必须采用借助辅助线的方法（即素线法或纬圆法）来过渡求解。

素线法：过锥顶和圆锥表面上某点连接，将其延长必与底圆交于一点，即得到一条辅助素线，该素线的三面投影均为直线，再根据从属关系求得点的其他投影。

纬圆法：过圆锥面上的某点作垂直于圆锥轴线的辅助纬圆，该圆在某个投影面必为实形圆，在其他投影面积聚为直线，再根据从属关系求得点的其他投影。

【例 3-10】 如图 3-16 所示，已知圆锥表面上点 $A$ 的正面投影 $a'$，求作其水平投影 $a$ 和侧面投影 $a''$。

**分析：** 根据点 $A$ 的正面投影 $a'$，可以判断点 $A$ 位于圆锥面的前面左侧位置，三面投影均可见。

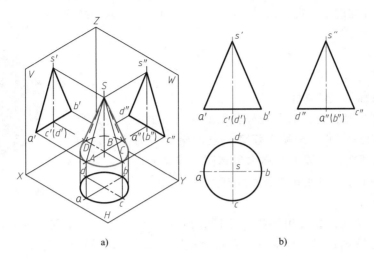

a)　　　　　　　　　　　b)

图 3-15　圆锥的投影

a）直观图　b）投影图

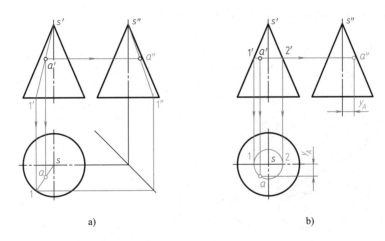

a)　　　　　　　　　　　b)

图 3-16　圆锥表面求点

a）素线法　b）纬圆法

**素线法作图步骤：** 如图 3-16a 所示。

1）过点 $s'$ 和 $a'$ 作辅助素线 $s'1'$ 交底面圆投影于点 $1'$。

2）由 $1'$ 向水平投影连线，确定点 1 位置，连接 $s1$。

3）根据点与直线的从属关系由 $a'$ 求出 $a$。

4）根据 45°线由水平投影 1 点的位置确定侧面投影 $1''$ 的位置，连接 $s''1''$，再由 $a'$ 求出 $a''$。

**纬圆法作图步骤：** 如图 3-16b 所示。

1）过 $a'$ 作一水平线与两素线相交于 $1'$、$2'$ 两点，线段 $1'2'$ 即为辅助纬圆的正面积聚性投影，也是该纬圆的直径。

2）由 1′、2′两点分别向水平投影连线，以此为直径画出纬圆的实形投影。

3）因点 A 在纬圆上，根据从属关系，可由 a′ 求出 a，从而求出 a″。

### 三、圆球

1. 圆球的构型

圆球是由球面围成的立体。

圆球的构型是通过旋转的方法来获得的，它是由半圆绕其自身直径旋转一周而形成的。圆弧上任意一点的轨迹均为纬圆，如图 3-17 所示，该纬圆在水平面上，称水平纬圆。球面上还有无数的圆在正平面和侧平面上，分别称为正平纬圆和侧平纬圆。

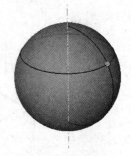

图 3-17　球体的构型

2. 圆球的投影

圆球的三面投影为直径相等的三个圆，但这三个圆反映的空间意义不同，它们分别是圆球在三个投射方向上最大圆的投影轮廓，圆心即为球心。正面投影的圆是最大正平圆，它是前半球面与后半球面的转向轮廓线；水平投影的圆是最大水平圆，它是上半球面与下半球面的转向轮廓线；侧面投影的圆是最大侧平圆，它是左半球面与右半球面的转向轮廓线。

视频：球体的构型

【例 3-11】　画出如图 3-18a 所示圆球的三面投影。

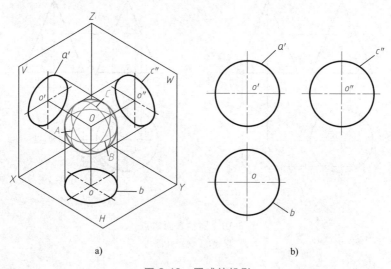

a)　　　　　　　　　　　　b)

图 3-18　圆球的投影

a）直观图　b）投影图

**分析：** 由图 3-18a 可知，该圆球的最大正平圆是 A，它的正面投影圆 a′ 反映实形，横竖两条中心线分别与最大水平圆及最大侧平圆重合；最大水平圆是 B，它的水平投影圆 b 反映实形，横竖两条中心线分别与最大正平圆和最大侧平圆重合；最大侧平圆是 C，它的侧面投影圆 c″ 反映实形，横竖两条中心线分别与最大水平圆和最大正平圆重合。

**作图步骤：** 如图 3-18b 所示。

1）用点画线分别画出三个投影面的中心线，交点即为球心。

2）画出三个与球直径相等的圆，加深轮廓线。

3．圆球表面上点的投影

因球面是曲面，在其上不能取直线，故只能用纬圆法来求得圆球表面上点的投影。如果点在圆球的特殊位置，可直接定点。否则需借助辅助纬圆过渡求出点的投影。

**【例 3-12】** 如图 3-19a 所示，已知圆球面上点 $M$ 和 $N$ 的一面投影 $m'$ 和（$n$），求作它们的其他投影。

**分析：** 由正面投影可知，球面上的点 $M$ 在正面投影可见，故可判断其位于球面的上半部分的左、前方位，过点 $M$ 可分别作辅助水平纬圆、正平纬圆或侧平纬圆，如图 3-19b 所示，求解时只需作出其中一个纬圆即可。由水平投影可知球面上的点 $N$ 在水平投影不可见，故可判断其位于球面的下半部分最大正平圆的右侧，属于特殊位置，可直接求点的其他投影。

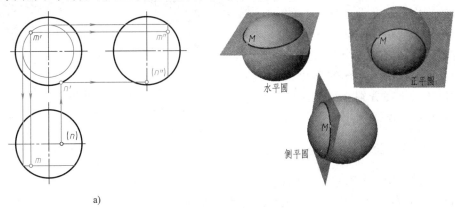

a)

图 3-19 圆球表面求点
a）题解 b）作点的辅助纬圆

**作图步骤：**

1）过 $m'$ 作一正平纬圆，其正面投影反映该圆的实形。

2）将正平纬圆分别向水平投影和侧面投影连线，确定出该圆的积聚性投影的位置。

3）根据从属关系即可求出该点在水平投影和侧面投影上的点 $m$ 和点 $m''$，且 $m$ 和 $m''$ 均可见。

4）因点 $N$ 为特殊位置，可由水平投影直接向正面投影连线，求出 $n'$，再由 $n'$ 向侧面投影连线求出 $n''$，并判断出 $n''$ 为不可见。

图 3-20 圆环的构型

## 四、圆环

圆环的构型是通过旋转的方法来获得的。圆环可以看作是由一平面圆（母线）绕一轴线（与圆共面且在圆外）旋转一周而形成的立体，如图 3-20 所示。远离轴线的半圆形成的环面称为外环面，靠近轴线的半圆形成的环面称为内环面。旋转过程中，母线上任意一点的运动轨迹均为垂直于轴线的水平纬圆。

圆环的投影及表面求点方法与上述回转体类似，请读者自己分析，在此不再赘述。

视频：圆环的构型

## 第三节 平面与立体相交

当平面与立体相交时，可设想为立体被无限大的平面所截切，从而形成了不完整的立体，称为截切体；这个平面称为截平面，截平面与立体表面的交线称为截交线，截交线所围成的区域称为截断面，如图 3-21 所示。

研究截切体的关键是求出截交线，而截交线是由截平面和立体表面相交而成的，因此它是两个面共有的一系列点的集合。由于平面立体和回转体的特点不同，因此截交线的性质也有区别，主要取决于立体的形状和截平面的位置。下面分别介绍平面与两类立体相交的情况。

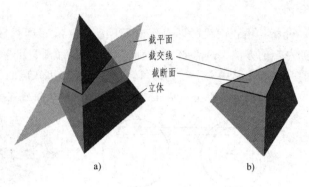

图 3-21 平面与立体相交
a）基本概念 b）截切体

### 一、平面与平面立体相交

平面立体的截交线具有以下特性：

1）封闭性：截交线是由直线段围成的封闭平面多边形。

2）共有性：封闭平面多边形的顶点是截平面与平面立体相关棱线（包括底边）的交点（共有点），其边为截平面和平面立体表面的交线（共有线）。

求平面立体的截交线有下列方法：

1）依次求出平面立体各棱面（或底面）与截平面的交线。

2）分别求出平面立体各棱线（或底边）与截平面的交点，再依次连接。

**【例 3-13】** 如图 3-22a 所示，已知正垂面 $P$ 与四棱锥相交，完成截切体的水平投影和侧面投影。

**分析**：截平面 $P$ 与四棱锥的四个侧棱面相交，截交线为四边形，其四个顶点是截平面 $P$ 与四条棱线的交点。因截平面是正垂面，故截交线围成的四边形在正面投影为已知直线段，在水平投影和侧面投影为两个与截断面形状类似的四边形，构思的截切体如图 3-22b 所示。平面 $P$ 的积聚性投影与棱锥棱线的四个交点即为正面投影点，由于这四个交点均在棱线上，故可直接确定四个点的其他两面投影。

**作图步骤**：

1）在正面投影中依次标出截平面与四条棱线的交点的投影 $1'$、$2'$、$3'$、$(4')$，如图 3-22c 所示。

2）由 $1'$、$3'$ 两点可直接确定它们的水平投影和侧面投影 1、3 和 $1''$、$3''$；由 $2'$、$(4')$ 两点向侧面投影连线求得侧面投影 $2''$、$4''$，再经 45°辅助线确定水平投影 2、4 两点，如图 3-22c 所示。

3）根据四个侧棱面的位置，顺序连接所求四点的同面投影，即截交线的其他两面投影，如图 3-22d 所示。

4）判别可见性，将可见轮廓线加粗、不可见棱线画成虚线，如图 3-22e 所示。

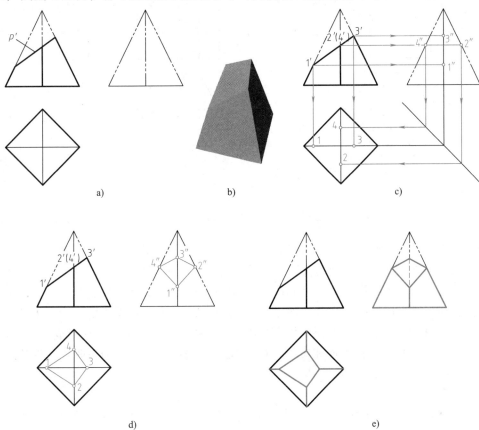

图 3-22　求作平面与四棱锥相交的截交线

a）题目　b）截切立体　c）确定四个端点　d）连接截交线　e）整理轮廓线，完成全图

**【例 3-14】**　如图 3-23a 所示，已知正六棱柱被两个相交平面 $P$、$Q$ 所截切，求截切体的其他两面投影。

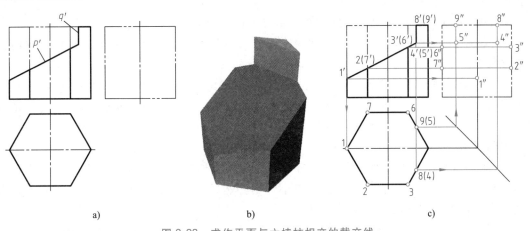

图 3-23　求作平面与六棱柱相交的截交线

a）题目　b）截切立体　c）确定各端点

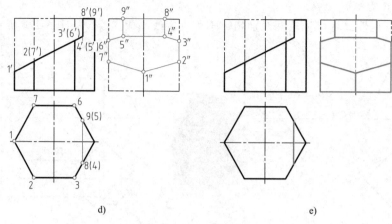

d)                    e)

图 3-23  求作平面与六棱柱相交的截交线（续）

d）连接截交线  e）整理轮廓线，完成全图

**分析**：当几个截平面与平面立体相交形成缺口或穿孔时，需逐个作出各截平面与平面立体的截交线，再确定截平面之间的交线，最后完成截切体的投影图。

由题目可知，六棱柱被正垂面 $P$ 和侧平面 $Q$ 截切后形成缺口。截平面 $P$ 与六棱柱的六个侧棱面相交形成六段交线，与截平面 $Q$ 相交形成一段交线，故截断面 $P$ 为一七边形；截平面 $Q$ 与六棱柱的两个侧棱面及顶面相交形成三段交线，与截平面 $P$ 相交形成一段交线，故截断面 $Q$ 为一四边形；两截平面相交形成的交线为正垂线，七边形为正垂面，四边形为侧平面，构思的截切体，如图 3-23b 所示。

**作图步骤**：

1）在正面投影中标出截平面 $P$ 和 $Q$ 与六棱柱棱线或棱面的 9 个交点的投影，如图3-23c 所示。

2）由于棱柱的侧棱面均为特殊位置平面，故 9 个交点的水平和侧面投影可直接求出（参考棱柱表面求点的示例），如图 3-23c 所示。

3）根据六棱柱侧棱面的位置，顺序连接所求七边形和四边形的同面投影，即截交线的其他两面投影，如图 3-23d 所示。

4）判别可见性，将可见轮廓线加粗、不可见棱线画成虚线，如图 3-23e 所示。

**【例 3-15】**  如图 3-24a 所示，已知四棱锥被三个平面 $P$、$Q$、$R$ 所截切，求截切体的其他两面投影。

**分析**：截平面 $Q$ 是水平面，$P$、$R$ 是侧平面，它们的正面投影均有积聚性，故正面投影反映了切口的形状，为特征投影。欲求截交线的另两面的投影，只需分别求出 $P$、$Q$、$R$ 与四棱锥的交线即可，构思的截切直观图，如图 3-24b 所示。

**作图步骤**：

1）水平截平面 $Q$ 截切四棱锥，与四个侧棱面相交形成四段交线，交线的六个端点 $1'$（$2'$）、$3'$（$4'$）、$5'$（$6'$）可直接在正面投影中标出，然后根据棱锥表面求点的作图原理求出它们的水平投影和侧面投影，如图 3-24c 所示。

2）侧平截平面 $P$ 截切四棱锥，与棱锥左半部的前、后侧棱面相交形成两段交线，交线的四个端点 $1'$（$2'$）、$a'$（$b'$）可直接在正面投影中标出，然后求出底边两端点的水平投影和

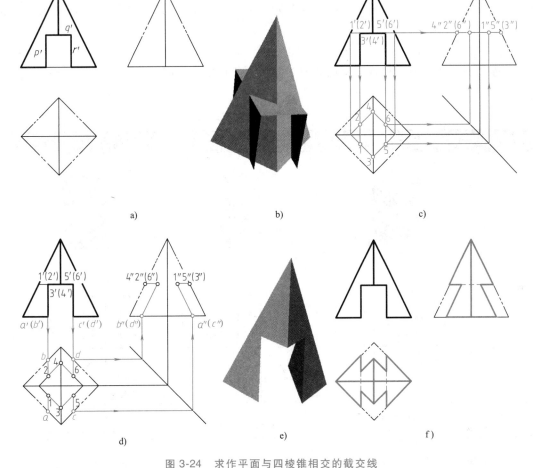

67

图 3-24  求作平面与四棱锥相交的截交线

a）题目  b）截切直观图  c）确定截平面 Q 的交点  d）确定截平面 P 的交点、连接截交线

e）构思截切体  f）整理图线，完成全图

侧面投影；截平面 R 与截平面 P 左右对称，同理可由正面投影 $c'(d')$ 求出两端点的其他投影，如图 3-24d 所示。

3）分别连接截平面 Q 和截平面 P、R 形成的截交线，如图 3-24d 所示。

4）构思出切割后的立体，如图 3-24e 所示。

5）判断可见性，三个截平面之间的交线在水平投影和侧面投影均不可见，故用虚线表示；其余轮廓线加粗，完成全图，如图 3-24f 所示。

## 二、平面与回转体相交

回转体的截交线与平面立体的截交线性质类似，也具有封闭性和共有性。但回转体的截交线通常是一条封闭的平面曲线，或由曲线与直线所围成的平面图形，特殊情况下为平面多边形。回转体的截交线形状由回转体的形状及截平面的相对截切位置决定，求截交线的方法也是求解一系列的点，先找特殊位置的点，再找一般位置的点，然后光滑连接各点形成曲线。

求作回转体截交线一般按 4 个步骤进行：①先作特殊点投影；②再作若干个一般点投影；③然后将点的投影依次光滑连接；④判别其可见性，不可见线画成虚线，可见线画成粗实线。

### 1. 平面与圆柱相交

平面与圆柱相交时，根据截平面相对于圆柱轴线位置的不同，其截交线有三种形状，见表 3-1。

表 3-1　平面截切圆柱的截交线

| 截平面位置 | 垂直于轴线 | 倾斜于轴线 | 平行于轴线 |
|---|---|---|---|
| 直观图 |  圆 |  椭圆 |  矩形 |
| 投影图 | 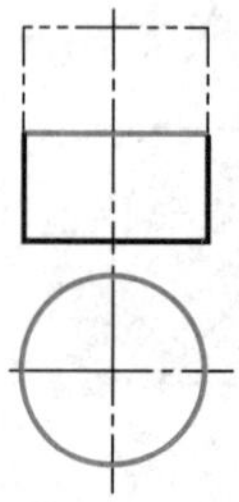 | 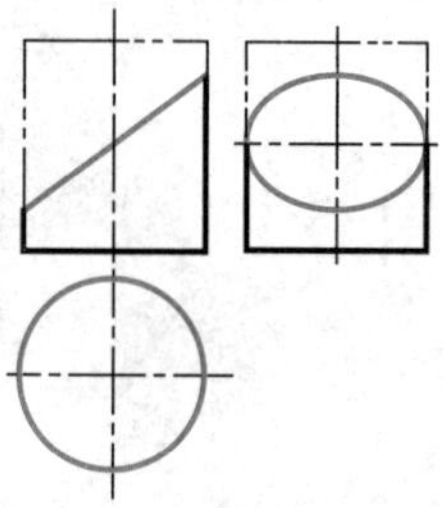 | 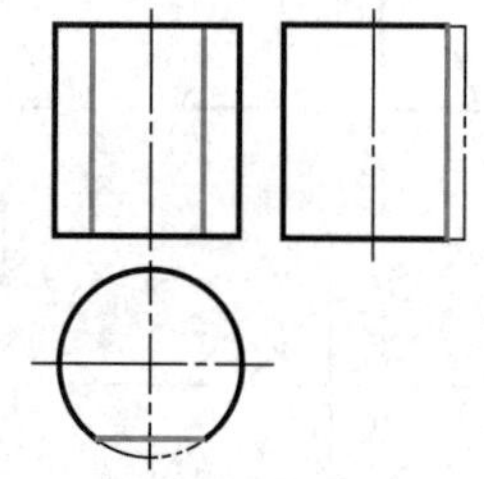 |
| 截交线形状 | 水平投影为圆 | 侧面投影为椭圆 | 正面投影为矩形 |

**【例 3-16】**　如图 3-25a 所示，已知直立圆柱被一正垂面截切，求作截切体的投影。

**分析**：截平面与圆柱轴线倾斜相交，故截交线在正面投影积聚为直线，侧面投影为椭圆，水平投影与圆柱面的积聚圆重合。因此该截切体只需完成侧面投影，其关键是要求出椭圆上的一系列点的投影，然后光滑连接这些点即可。构思的截切体如图 3-25b 所示，由此可以想象出，截交线上的 Ⅰ、Ⅱ、Ⅲ、Ⅳ 四个特殊点分别位于最低、最前、最高、最后的不同位置，也是椭圆长、短轴的端点，这四个点处于圆柱的特殊位置，可以直接求出它们的投影。然后确定椭圆上其他位置的点以保证曲线的准确性，如 Ⅴ、Ⅵ、Ⅶ、Ⅷ 四点，再根据圆柱表面求点的方法，即可求出各点的投影，将上述八个点光滑连接，即是椭圆的投影。

**作图步骤**：

1）确定特殊点：在正面投影标出四个特殊点的投影 1′、2′(4′)、3′，由于它们均在圆柱的转向轮廓线上，故可直接确定它们的水平投影 1、2、3、4 和侧面投影 1″、2″、3″、4″，如图 3-25c 所示。

2）确定一般位置点：在特殊点之间标出数量适当的一般位置点的投影 5′(6′)、7′(8′)，再求出它们的水平投影 5、6、7、8 和侧面投影 5″、6″、7″、8″，如图 3-25d 所示。

3）在侧面投影中，依次光滑连接所求各投影点，形成椭圆，如图 3-25e 所示。

4）判断可见性，加深轮廓线，完成题目要求。

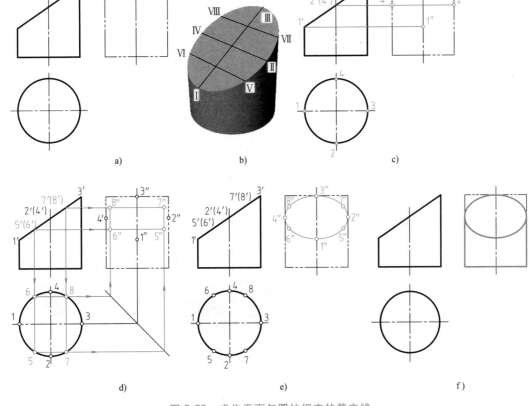

a) 题目  b) 截切直观图  c) 确定特殊位置点  d) 确定一般位置点  e) 光滑连接曲线  f) 整理图线，完成全图

图 3-25  求作平面与圆柱相交的截交线

**注意**：圆柱的侧面投影中，其转向轮廓线在点 Ⅱ 、Ⅳ 以上的部分被截去，所以圆柱的转向轮廓线仅画到 2″、4″ 处或用双点画线表示被截切的轮廓线。

**提示**：当截平面与圆柱轴线相交的角度发生变化时，其侧面投影上椭圆的形状，即长、短轴方向及大小也随之变化，如图 3-26 所示。特殊情形，当 α = 45° 时，截交线椭圆的侧面投影为圆。

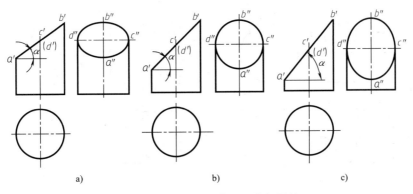

图 3-26  不同位置的平面截切圆柱

a) α<45°  b) α=45°  c) α>45°

69

【例3-17】 如图3-27所示为圆柱被截切的两种情况，试比较两者的区别并补全它们的水平投影和侧面投影。

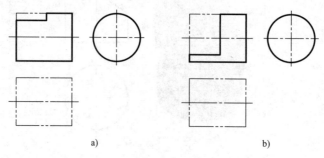

a)

图3-27 补全侧面投影

a) 截切一 b) 截切二

**分析：** 这两个截切体均由一个水平面和一个侧平面组合切掉圆柱的一部分，水平面截切圆柱形成的截交线均为矩形，侧平面截切圆柱形成的截交线均为圆的一部分，两者不同之处在于水平截切面的位置不同。构思的截切体，如图3-28所示。前者位于圆柱的上半部分，保留了圆柱的转向轮廓线；后者截切至圆柱的下半部分，切掉了圆柱的最大轮廓线，因此两者的水平投影有显著区别，侧面投影仅有水平面积聚线的位置变化。

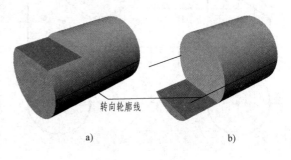

转向轮廓线

a) b)

图3-28 截切体直观图

a) 截切一 b) 截切二

**作图步骤：** 如图3-29所示。

1）在正面投影中，分别标出水平截交线矩形投影的四个端点 $1'(2')$、$3'(4')$ 和 $5'(6')$、$7'(8')$。

2）由正面投影的四个端点向侧面投影连线，求出各端点的侧面投影 $1''(3'')$、$2''(4'')$ 和 $5''(7'')$、$6''(8'')$。

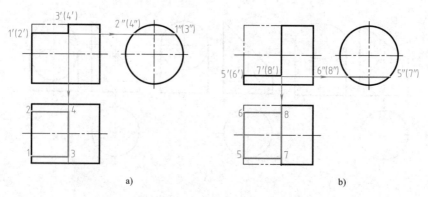

a) b)

图3-29 圆柱截切体题解

a) 截切一 b) 截切二

3）由各端点的正面投影和侧面投影，求出水平投影1、2、3、4和5、6、7、8。

4）连接截交线段，区分线型，加粗轮廓线，完成题目要求。

【例3-18】 如图3-30a所示，补全切口圆柱的正面投影和水平投影。

分析：由水平投影看出圆柱的左端槽口是被两个正平面和一个侧平面组合切割而成的，槽口的上、下转向轮廓线被切掉，两正平面与圆柱表面的交线为侧垂线，故在侧面投影中积聚为点；由正面投影看出圆柱的右端凸榫是由两个水平面和两个侧平面组合切割而成的，凸榫的前、后转向轮廓线保留，两水平面与圆柱表面的交线仍为侧垂线，该线在侧面投影中积聚为不可见点。构思的截切体如图3-30b所示。

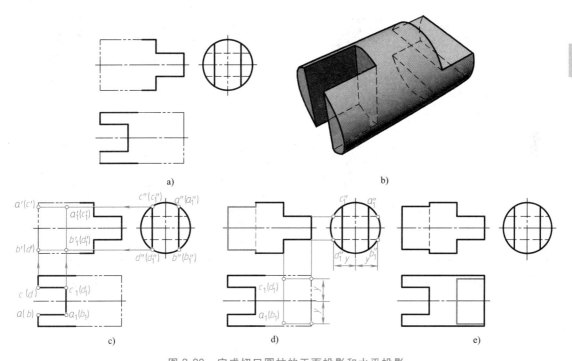

图3-30 完成切口圆柱的正面投影和水平投影

a）题图 b）立体图 c）求左端槽口的投影 d）求右端凸榫的投影 e）完成全图

**作图步骤：**

1）如图3-30c所示，在圆柱左端槽口的侧面投影中标出表面交线的各端点 $a''$（$a_1''$）、$b''$（$b_1''$）、$c''$（$c_1''$）、$d''$（$d_1''$），然后标出相应点的水平投影 $a$、$a_1$、（$b$）、（$b_1$）、$c$、$c_1$、（$d$）、（$d_1$），再向正面投影连线求出各端点的正面投影 $a'$、$a_1'$、$b'$、$b_1'$、（$c'$）、（$c_1'$）、（$d'$）、（$d_1'$），四段交线的正面投影 $aa_1$、$bb_1$ 位于圆柱前表面可见，（$cc_1$）、（$dd_1$）位于圆柱后表面不可见。

2）如图3-30d所示，圆柱左端槽口的侧平截切面与圆柱面相交于上、下两段弧线，其水平投影与 $a_1c_1$、（$b_1d_1$）重合，其侧面投影与圆柱面的积聚性投影圆重合，且反映实形；其正面投影为可见直线段。侧平截切面的中间部分被圆柱前面所遮挡而不可见，画成虚线。

3）圆柱右端凸榫的截交线求解方法与左端槽口类似，请读者参照图3-30d分析作图过程。

4）如图3-30e所示，连接右端截交线，因右端侧平面没有截切到圆柱的最前、最后素线位置，故在水平投影中，截交线形成的矩形不能与转向轮廓线相交，并且要注意转向轮廓线的完整性，最后完成所有图线。

2. 平面与圆锥相交

平面与圆锥相交时，根据截平面与圆锥轴线相对位置的不同，平面截切圆锥的截交线，其形状见表3-2。

表3-2 平面截切圆锥的截交线

| 截平面位置 | 垂直于轴线 | 过锥顶 | 倾斜于轴线 $\theta > \alpha$ | 倾斜于轴线 $\theta = \alpha$ | 平行或倾斜于轴线 $\theta < \alpha$ 或 $\theta = \alpha$ |
|---|---|---|---|---|---|
| 直观图 | | | | | |
| 投影图 | | | | | |
| 截交线形状 | 圆 | 三角形 | 椭圆 | 抛物线+直线 | 双曲线+直线 |

【例3-19】 如图3-31a所示，已知圆锥被正平面截切，求截交线的正面投影。

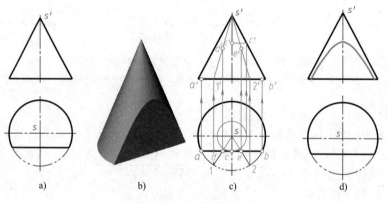

图3-31 求圆锥截交线

a) 题目 b) 立体图 c) 求截交线各点投影 d) 完成全图

**分析**：由于截平面与圆锥的轴线平行且为正平面，所以圆锥面上的截交线在正面投影反映实形，是双曲线的一叶，其水平投影与截平面的积聚性投影重合，为已知直线。截平面与圆锥底面的截交线是侧垂线，它的正面投影与底面的积聚性投影重合，其水平投影与截平面的积聚性投影重合，构思的立体如图3-31b所示。因此，只要求出曲线上一系列点的投影，光滑连接即为所求。取点时，先确定特殊位置点，再求出一般位置点。

**作图步骤：**如图 3-31c 所示。

1）求特殊点：曲线上的三个特殊点 $A$、$B$、$C$ 的水平投影 $a$、$b$、$c$ 可直接在水平投影中标出，$A$、$B$ 两点在底圆上，点 $C$ 位于圆锥最前面的素线上。由 $a$、$b$ 直接求出其正面投影 $a'$、$b'$，因最高点 $C$ 的水平投影在截交线的水平投影的中点处，需利用圆锥表面求点的作图原理求出 $c'$（纬圆法求解 $c'$）。

2）求一般点：在截交线的水平投影中取适当两点 $d$、$e$。因这两个点位于圆锥面上的一般位置，故要借助辅助线以求出其正面投影。连接 $sd$ 和 $se$ 并延长交底圆于 1、2，则 $s1$ 和 $s2$ 为圆锥上的两条素线，由 1、2 作出 $1'$、$2'$ 连接 $s'1'$、$s'2'$，由此可求出正面投影点 $d'$、$e'$（素线法求解 $d'$、$e'$）。

3）根据截交线水平投影的顺序，将 $a'$、$d'$、$c'$、$e'$、$b'$ 光滑连接成曲线，即为截交线的正面投影并可见，加粗该曲线，完成题目要求，如图 3-31d 所示。

**【例 3-20】** 如图 3-32a 所示的切口圆锥，试完成其侧面投影和水平投影。

**分析：**圆锥被正垂面 $Q_V$ 和 $P_V$ 组合截切，$Q_V$ 过锥顶截切，形成的截交线为两直线；$P_V$ 与轴线倾斜截切，形成的截交线为椭圆的一部分，两截平面相交形成的交线为正垂线，构思的立体如图 3-32b。

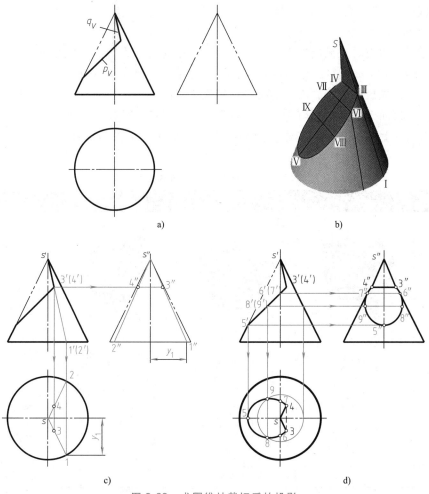

a)        b)

c)        d)

图 3-32　求圆锥被截切后的投影

a）题目　b）立体图　c）求 $Q_V$ 的截交线　d）求 $P_V$ 的截交线

**作图步骤：**

1) 求 $Q_V$ 的截交线：如图 3-32c 所示，在正面投影中标出截交线端点 3′(4′)，连接 s′3′(4′) 并延长交底圆于 1′(2′)，即可确定水平投影 1、2 和侧面投影 1″、2″；连接素线的水平投影 s1、s2 和侧面投影 s″1″、s″2″，因 SⅠ、SⅡ 为圆锥面素线，Ⅲ、Ⅳ 两点在该素线上，即可求出水平投影 3、4 和侧面投影 3″和4″。

2) 求 $P_V$ 的截交线：如图 3-32d 所示，先求特殊点：在正面投影中标出截交线的特殊点 5′、6′(7′)，此三点分别位于圆锥的最左、最前和最后转向轮廓线上，故可由 5′直接求出该点的水平和侧面投影 5、5″，再由 6′(7′) 求出侧面投影 6″、7″，最后求出其水平投影 6、7。求一般点：在正面投影中合适位置标出截交线的一般位置点 8′(9′)，通过纬圆法求出水平投影 8、9，最后求出侧面投影 8″、9″。

3) 连接截交线：$Q_V$ 的截交线在侧面投影为等腰三角形，且可见；在水平投影中，两段素线可见，但两截平面的交线 3(4) 不可见，故画成虚线。$P_V$ 的截交线在两投影面均可见，光滑连接各点即形成椭圆的一部分，但应注意在 6″与 3″、7″与 4″之间是曲线而非直线，且 6″、7″两点是转向轮廓线上的端点，此两点之上的最大轮廓线已被截断，不再画出。

4) 加粗轮廓线，完成题目要求。

3. 平面与圆球相交

平面与圆球相交时，无论平面处于何种位置，截交线始终为圆，但由于平面与投影面的相对位置不同，截交线的投影也不同。当截平面与某个投影面平行时，则截交线在该投影面上的投影为圆，在另外两投影面上的投影均积聚为直线；当截平面与某个投影面垂直时，则截交线在该投影面上的投影积聚为直线，在另外两投影面上的投影均为椭圆；当截平面为一般位置平面时，截交线在三个投影面上的投影均为椭圆。平面与圆球相交的常见类型见表 3-3。

表 3-3 平面截切圆球的截交线

| 截平面位置 | 与正面平行 | 与水平面平行 | 与侧面平行 | 与正面垂直 |
|---|---|---|---|---|
| 直观图 |  | 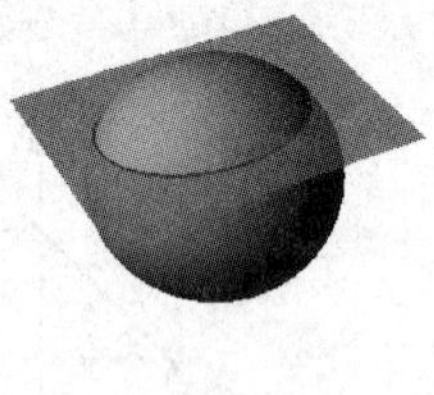 |  | 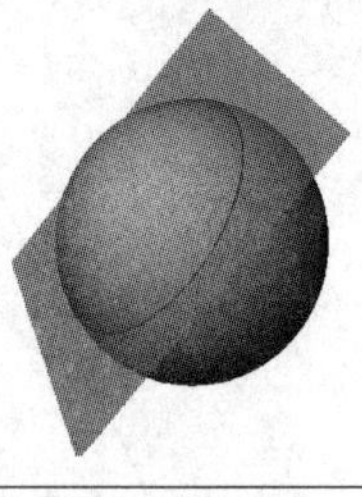 |
| 投影图 | 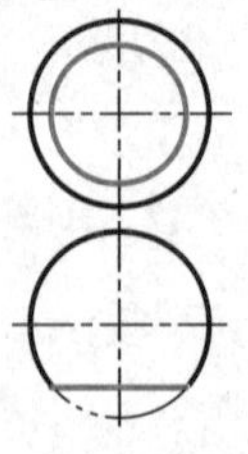 | 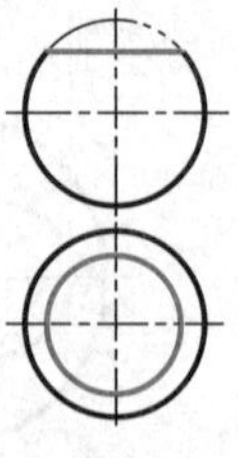 | 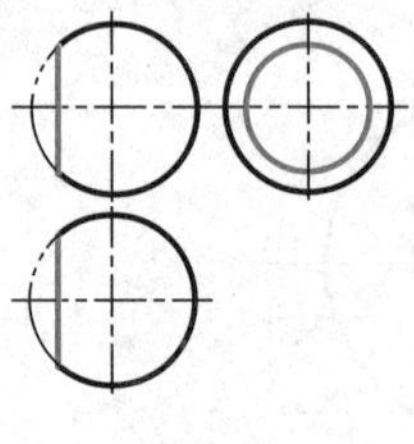 | 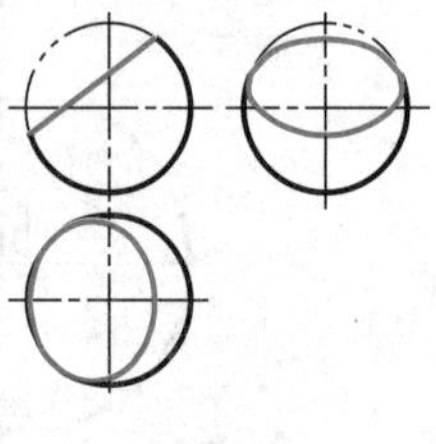 |
| 截交线形状 | 正面为圆 | 水平为圆 | 侧面为圆 | 水平和侧面为椭圆 |

**【例 3-21】** 如图 3-33a 所示，已知圆球被截平面 $P_V$ 和 $Q_V$ 截切，补全其侧面投影和水平

投影。

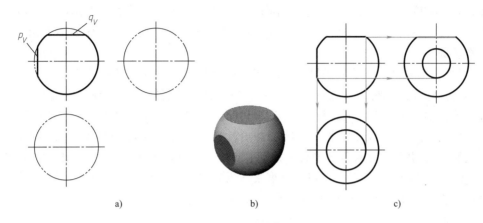

图 3-33　求圆球截交线

a）题目　b）立体图　c）题解

**分析**：截平面 $P_V$ 为侧平面，截切圆球所形成的截交线在侧面投影为圆，在正面投影和水平投影为直线；截平面 $Q_V$ 为水平面，截切圆球所形成的截交线在水平投影为圆，在另外两面的投影均为直线，构思的立体如图 3-33b 所示。

**作图步骤**：如图 3-33c 所示。

1）求 $P_V$ 截交线：由截平面的正面积聚性投影直线向水平面和侧面作投影连线，即可求得截交线的水平投影直线和侧面投影圆。

2）求 $Q_V$ 截交线：由截平面的正面积聚性投影直线向水平面和侧面作投影连线，即可求得截交线的水平投影圆和侧面投影直线。

3）加粗可见轮廓线，完成题目要求。

**【例 3-22】**　如图 3-34a 所示，已知圆球被一水平面和一正垂面所截切，完成截切体的水平投影。

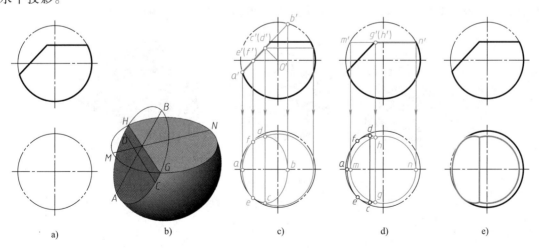

图 3-34　求圆球截交线的水平投影

a）题目　b）立体图　c）求正垂面形成的截交线　d）求水平面形成的截交线　e）完成全图

**分析：** 假设仅由水平面截切圆球，则形成的截交线在水平投影为圆；假设仅由正垂面截切圆球，则形成的截交线在水平投影为椭圆。因此这两个平面组合截切圆球时，形成的截交线在水平投影是圆与椭圆的组合，两截平面的交线为正垂线，构思的立体如图 3-34b 所示。

**作图步骤：**

1) 求正垂面截切的投影：若圆球仅由正垂面截切，则截交线的正面投影为 $a'b'$，其水平投影 $ab$ 为椭圆的短轴；$a'b'$ 的中点位置 $c'(d')$，其水平投影 $cd$ 为椭圆的长轴。因 $a'$、$b'$ 两点位于球面的最大正平圆上，故可直接求出其水平投影 $a$、$b$；$c'(d')$ 位于球面的一般位置，可借助辅助纬圆法求出其水平投影 $c$、$d$。此外，椭圆上的 $e'(f')$ 位于最大水平圆上，其水平投影 $e$、$f$ 也可直接求得。连接上述这些点，可得椭圆的水平投影，如图 3-34c 所示。

2) 求水平面截切的投影：若圆球仅由水平面截切，则截交线的正面投影为 $m'n'$，它也是水平圆的直径，由此可直接求出截交线的水平投影圆；此外两截平面的交线端点 $g'(h')$ 可在水平投影圆上直接求得 $g$、$h$，如图 3-34d 所示。

3) 求组合截切的投影：正面投影中的交线 $g'(h')$ 是左侧椭圆与右侧水平圆的分界线，故水平投影中以交线 $gh$ 为界，保留椭圆的 $hdfaecg$ 曲线部分和水平圆的 $gnh$ 圆弧部分，且全部截交线在水平投影可见，如图 3-34d 所示。

4) 整理图线：因最大水平圆的 $eaf$ 曲线部分已被截掉，故加深轮廓线时，注意水平圆是不完整的，只能加深以 $e$、$f$ 右侧部分的最大水平圆，结果如图 3-34e 所示。

## 第四节　两立体相交

人们在日常生活中使用的物品或机械产品中的零件等，都可以看作是由若干个基本立体相交而成的。两相交的立体称为相贯体，它们表面形成的交线称为相贯线，如图 3-35a 所示的紫砂壶，壶把、壶嘴分别与壶身相贯，壶盖与壶钮相贯；如图 3-35b 所示的三通件，两空心圆柱相贯，内、外面之间均形成相贯线。两立体相贯的情况分为三种：平面立体与平面立体相贯、平面立体与回转体相贯、回转体与回转体相贯，相贯线的形状取决于相交两立体的形状、大小及相对位置。本节主要介绍最为复杂的两回转体之间相贯线的求解方法。

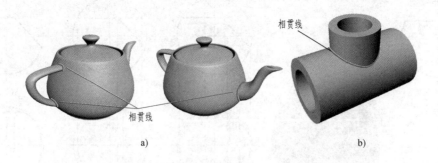

图 3-35　物体上的相贯线

a) 紫砂壶　b) 三通件

一般情况下，两回转体的相贯线为封闭的空间曲线（特殊情况下，有可能不闭合，还有可能是平面曲线或直线）；且相贯线是两回转体表面的共有线，因此求相贯线的实质是求两立体表面上的一系列共有点，然后依次光滑连接并判别可见性。求相贯线上的共有点与求回转体截交线上的点类似，通常按以下 4 个步骤求解：

1）求相贯线上的特殊点：特殊点是立体表面转向轮廓线上的点，如相贯线在其对称平面上的点，以及最高、最低、最左、最右、最前、最后等各点。

2）求若干个一般位置点：求出这些点能比较准确地作出相贯线的投影。

3）判断相贯线的投影范围和变化趋势，然后将上述各点依次光滑连接。

4）判别可见性：当相贯线同时位于两个立体的可见表面时，此相贯线为可见，否则为不可见应画成虚线。

求相贯线的常用方法有：利用积聚性投影法、辅助平面法求相贯线等。

### 一、利用积聚性投影求相贯线

这种方法是利用圆柱面积聚性的投影特点，求出相贯线上一系列的点，即圆柱表面取点。

**【例 3-23】** 如图 3-36a 所示，已知正交两圆柱的三面投影，求其相贯线的投影。

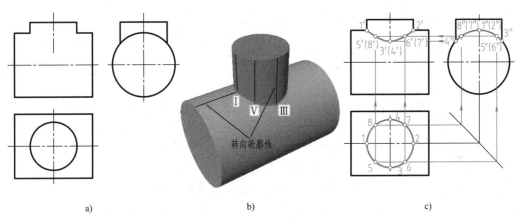

图 3-36 求正交两圆柱的相贯线

a）题目 b）立体图 c）题解

**分析**：大圆柱轴线侧垂放置，小圆柱轴线铅垂放置，两圆柱轴线垂直相交，构思的立体如图 3-36b 所示。因相贯线为两圆柱面共有，故其水平投影与小圆柱面的投影圆完全重影，其侧面投影与大圆柱面的投影圆部分重影，积聚为一段圆弧，因此该相贯线在水平投影和侧面投影为已知，只要求出其正面投影即可。

**作图步骤**：如图 3-36c 所示。

1）求特殊点：相贯线上的最高点 Ⅰ、Ⅱ 位于大圆柱正面投影转向轮廓线上，最低点 Ⅲ、Ⅳ 位于小圆柱侧面投影转向轮廓线上。在水平投影中直接标出相贯线上的最左、最右、最前、最后四个点 1、2、3、4 的位置，然后在侧面投影中直接求出投影点 1″、(2″)、3″、4″，最后求出相应的正面投影 1′、2′、3′、(4′)。

2）求一般点：在相贯线的水平投影中，标出左右、前后对称的四个点的水平投影 5、6、7、8，即可求出它们的侧面投影 5″、(6″)、(7″)、8″，最后求出正面投影 5′、6′、(7′)、(8′)。

3）连接曲线并判别可见性：将各点的正面投影按水平投影的顺序依次光滑连接成曲线，因相贯线前后对称，故在正面投影中，只需画出可见的前半部分 1'5'3'6'2'，后半部分 1'（8'）（4'）（7'）2' 的曲线与之重影。

**提示：** 上述各点的已知位置，也可由侧面投影中标出，然后确定水平投影，最后求出正面投影。

工程上常见的两圆柱相贯的三种形式，见表 3-4。

表 3-4 两圆柱相贯的三种形式

| 相贯形式 | 圆柱与圆柱相贯 | 圆柱与圆柱孔相贯 | 圆柱孔与圆柱孔相贯 |
|---|---|---|---|
| 直观图 | | | |
| 投影图 | | | |

**【例 3-24】** 如图 3-37a 所示，求作圆柱与圆锥相贯线的投影。

**分析：** 由图可知圆柱和圆锥轴线垂直相交，其相贯线是圆柱面与圆锥面所共有的一条前后对称的封闭空间曲线，构思的立体如图 3-37b 所示。因圆柱轴线为侧垂线，故相贯线的侧面投影为已知圆，且它与圆柱面的积聚性投影重影，而相贯线的水平投影及正面投影待求解。

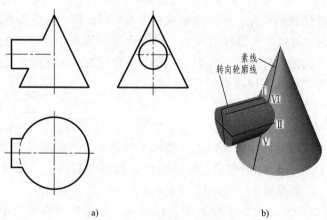

a)      b)

图 3-37 求作圆柱与圆锥的相贯线
a）题目 b）立体图

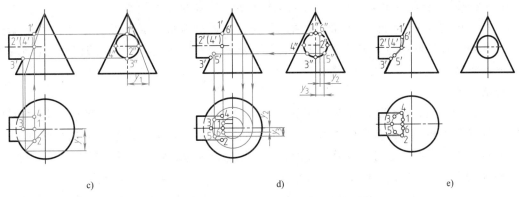

图 3-37　求作圆柱与圆锥的相贯线（续）

c）求特殊点　d）求一般点　e）完成全图

**作图步骤：**

1）求特殊点：在相贯线的侧面投影圆上标出 4 个特殊位置点，Ⅰ、Ⅲ两点在圆柱的最上、最下位置，它们是圆柱与圆锥的转向轮廓素线的交点，可直接求得其另两面投影；Ⅱ、Ⅳ两点在圆柱的最前、最后位置，它们也在圆锥的表面上，根据素线法或纬圆法可求出该两点的另两面投影。如图 3-37c 所示，在侧面投影中，过锥顶和点 2″作辅助素线，由 $y_1$ 相等，在水平面和正面获得素线投影，从而求出Ⅱ、Ⅳ两点的投影 2、4 和 2′和 4′。

2）求一般点：如图 3-37d 所示，在侧面投影圆上的适当位置定出 5″、6″两点（对应相贯体上的Ⅴ、Ⅵ两点），此两点也在圆锥表面上，根据纬圆法求出它们的水平投影 5、6，最后求出正面投影 5′、6′。

3）判断可见性：正面投影的相贯线前后对称，光滑连接位于前表面的可见曲线；水平投影的相贯线以 2、4 为界，光滑连接位于左半部分的不可见曲线和右半部分的可见曲线，如图 3-37e 所示。

4）整理线型，加粗可见轮廓线。

## 二、利用辅助平面求相贯线

利用辅助平面求解相贯线的作图原理：作一辅助平面与两已知的立体相交，得到两组截交线，此两组截交线的交点即为两立体表面的共有点，即所求相贯线上的点。辅助平面尽量采用特殊位置的平面，使得截交线的投影简单且易于求解。

如图 3-38a，利用水平面 P 截切相贯体，圆柱的截交线为水平两素线，圆锥的截交线为水平圆，水平素线与水平圆的交点就是相贯线上的点；又如图 3-38b 所示，利用过锥顶的侧垂面 Q 截切相贯体，两立体的截交线均为直线，两直线的交点即为相贯线上的点。

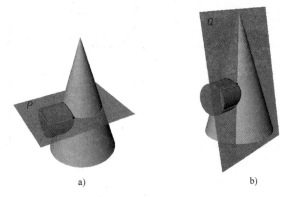

图 3-38　利用辅助平面求相贯线的作图原理

a）水平面为辅助面　b）过锥顶的侧垂面为辅助面

【例 3-25】 如图 3-39a 所示，已知两圆柱相交，求相贯线的投影。

**分析**：由图 3-39a 可知，两圆柱的轴线斜交，且前后对称。因相贯线为两圆柱面共有，故相贯线在侧面投影中与大圆重合，即为已知；相贯线在正面和水平面的投影未知，可利用辅助平面求解。

**作图步骤**：

1）求特殊点：相贯线上的四个特殊点Ⅰ、Ⅱ、Ⅲ、Ⅳ位于倾斜圆柱的转向轮廓线上，它们大致确定了相贯线的范围，如图 3-39c 所示，Ⅰ、Ⅲ两点为两圆柱转向轮廓线的交点，由正面投影 1′、3′直接求出其他两面投影；Ⅱ、Ⅳ两点为倾斜圆柱的前、后转向轮廓线与水平圆柱面的交点，由侧面投影 2″、4″可直接求出正面投影 2′、4′和水平投影 2、4。

2）求一般点：利用一个正平辅助面截切相贯体，如图 3-39b、d 所示，两圆柱形成的截交线均为与各自轴线平行的素线，素线的交点即为相贯线上一般位置点。在侧面投影中，辅助平面 $P_w$ 与大圆的交点即为素线交点的侧面投影 5″、(6″)，再由辅助平面与椭圆的交点求

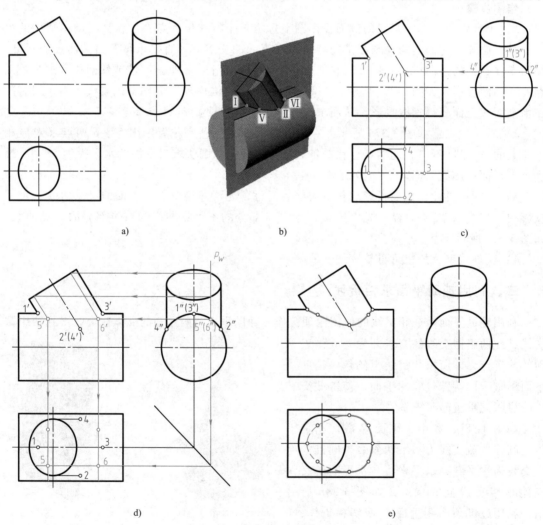

a)　　　　　　　　　　b)　　　　　　　　　　c)

d)　　　　　　　　　　　　　　　　e)

图 3-39　求两圆柱相交的相贯线

a）题目　b）立体图　c）求特殊点　d）作一般位置点　e）完成全图

出倾斜圆柱所得素线的正面投影，从而求出交点的正面投影 5′、6′，最后求出水平投影 5、6。根据对称性求出该两点的后半部分的水平投影。

3）判断可见性：正面投影中的相贯线前后对称，故前表面可见，后表面不可见；水平投影中，以 2、4 为界，左侧部分被倾斜圆柱遮挡而不可见，右侧部分可见。

4）整理线型，光滑连接曲线，如图 3-39e 所示。

【例 3-26】　如图 3-40a 所示，已知不完整圆球与锥台相交，求作相贯线的三面投影。

分析：由图 3-40a 可知，锥台的轴线铅垂放置，它与球体的铅垂轴线平行并构成正平面，利用辅助侧平面截切相贯体，构思的立体及其相贯线，如图 3-40b 所示。

作图步骤：

1）求特殊点：相贯线上的 Ⅰ、Ⅱ、Ⅲ、Ⅳ 四个特殊点位于锥台的转向轮廓素线上，也大致确定了相贯线的范围。如图 3-40b、c 所示，Ⅰ、Ⅲ 点为锥台和球体的转向轮廓线交点，由正面投影标出其位置 1′、3′，水平投影 1、3 和侧面投影 1″、3″可直接求出。Ⅱ、Ⅳ 点位于锥台前、后转向轮廓线上，假设过锥台轴线作一辅助侧平面 $P_V$ 截切两立体，则与锥台形

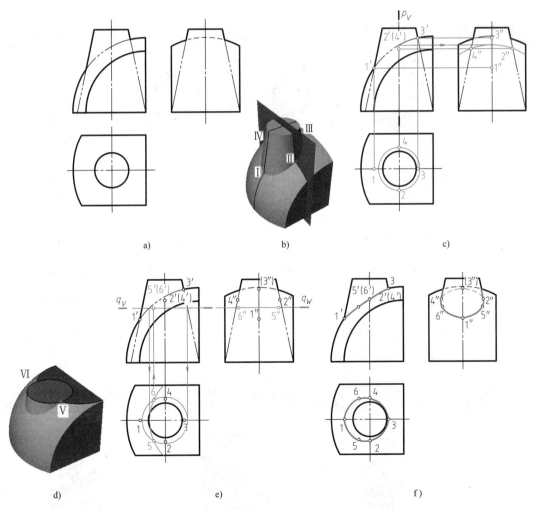

图 3-40　求圆球与锥台相交的相贯线

a）题目　b）侧平截切立体图　c）求特殊点　d）水平截切立体图　e）求一般位置点　f）完成全图

成的截交线为前、后转向轮廓线，与球体形成的截交线为侧平圆的一部分，故先求出侧平圆与锥台轮廓线的交点，即为侧面投影 2″、4″，由此求出正面投影 2′、4′ 和水平投影 2、4。

2）求一般点：如图 3-40d、e 所示，在点 I 与 II 之间适当位置作一辅助水平面 $Q_V$，则与锥台形成的截交线为一水平圆，与球体形成的截交线为水平圆的一部分，两者交点 V、VI 即为相贯线上的一般位置点。先求出交点的水平投影 5、6，再求出正面投影 5′、6′，最后求出侧面投影 5″、6″。

3）判断可见性：将所求各点光滑连接，如图 3-40f 所示，因相贯线前后对称，在正面投影中前、后重合，以 1′、3′ 为分界点只需画出前半部分可见曲线；在侧面投影中，以 2″、4″ 为界，曲线 $\overset{\frown}{2″1″4″}$ 为可见，曲线 $\overset{\frown}{2″（3″）4″}$ 为不可见；相贯线在水平投影为可见。

4）整理线型，加粗可见轮廓线。

## 三、相贯线的特殊情况

1）具有公共内切球的两回转体相贯，相贯线为两相交的椭圆，见表 3-5。

表 3-5 具有公共内切球的两回转体相贯

| 相贯形式 | 两等径圆柱正交 | 两等径圆柱斜交 | 圆柱与圆锥正交 | 圆柱与圆锥斜交 |
|---|---|---|---|---|
| 直观图 | 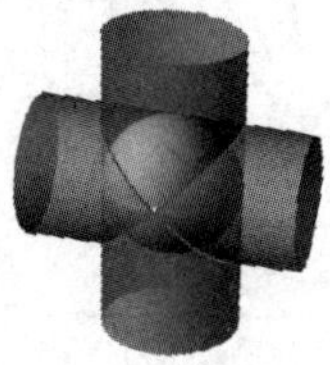 | 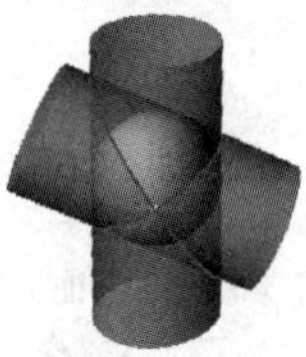 | 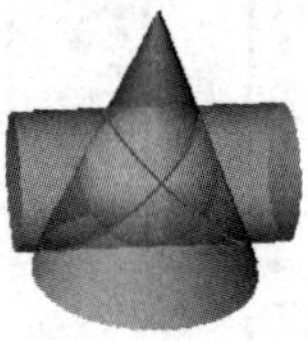 |  |
| 投影图 | 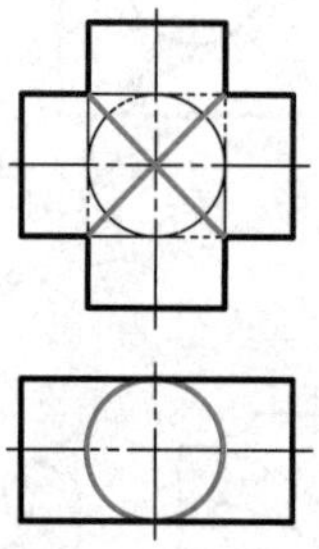 | 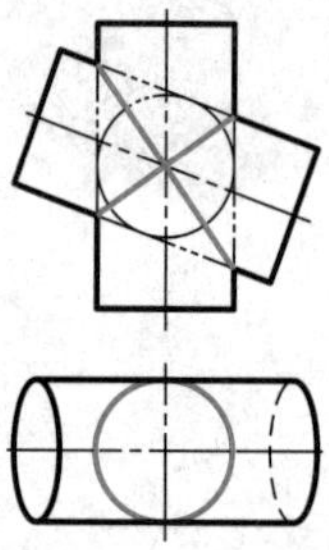 | 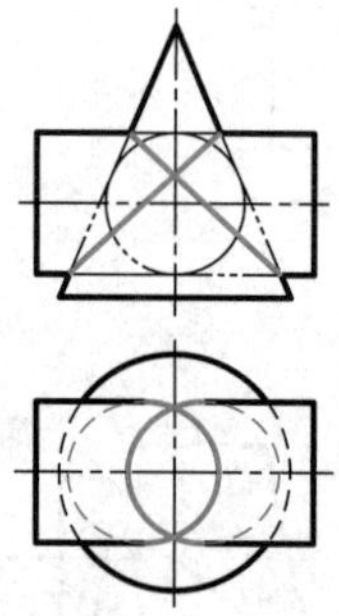 | 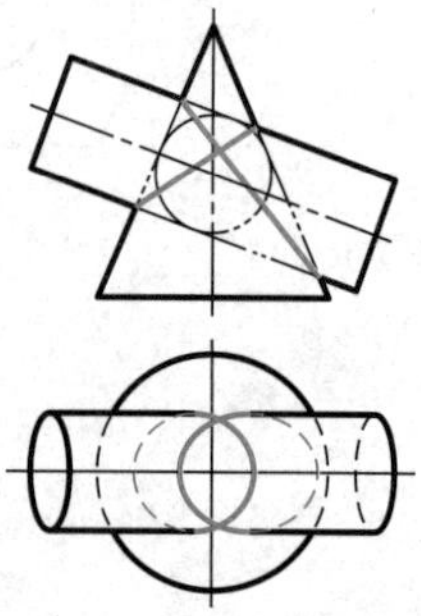 |

2）两回转体相贯的其他特殊类型，见表 3-6。

表 3-6 两回转体相贯的其他特殊类型

| 相贯形式 | 两同轴回转体相贯 | 两圆柱轴线平行相贯 | 两圆锥共锥顶相贯 |
|---|---|---|---|
| 直观图 |  |  | 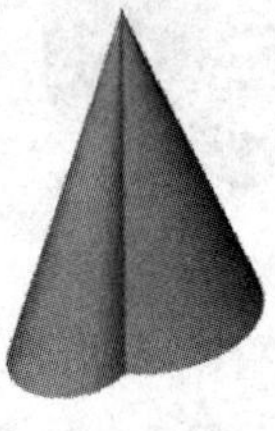 |

（续）

| 相贯形式 | 两同轴回转体相贯 | 两圆柱轴线平行相贯 | 两圆锥共锥顶相贯 |
|---|---|---|---|
| 投影图 | 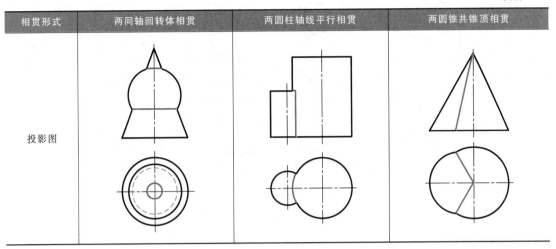 | | |

## 四、相贯线的简化画法

在生产实际中，两圆柱垂直相贯的情况最为普遍，因此应掌握相贯线的变化趋势和弯向。然后根据国标 GB/T 16675.1—2012 中的规定，在不致引起误解时，相贯线可以简化为用圆弧或直线代替非圆曲线。但当简化画法会影响对图形的理解时，应避免使用。

1）当两个不等径的圆柱垂直相贯时，相贯线始终朝着较大圆柱的轴线弯曲（等径情况除外）。如图 3-41 所示，随着较小圆柱直径的增大，其相贯线的弯向发生变化。

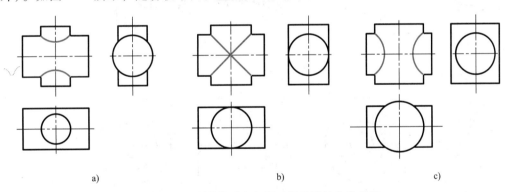

a)        b)        c)

图 3-41　两圆柱垂直相贯时相贯线的变化趋势

a) 不等径圆柱垂直相交　b) 等径圆柱垂直相交　c) 不等径圆柱垂直相交

2）当两个不等径圆柱垂直相贯时，可以用两圆柱中较大圆柱的半径画圆弧代替非圆曲线的相贯线的投影，如图 3-42a 所示。若两圆柱轴线位置如图 3-42b 所示，则可近似用直线代替非圆曲线。

【例 3-27】　如图 3-43a 所示，补全相贯体的正面和侧面投影（相贯线用简化画法绘制）。

**分析**：由图 3-43a 可知，该相贯体由三个空心圆柱相交而成，前后对称，两圆柱孔等径正交，内表面产生相贯线；左、右两圆柱侧垂放置且同轴；中间圆柱铅垂放置并分别与左、右两圆柱相交，在表面形成不同类型的相贯线，构思的立体，如图 3-43b 所示。

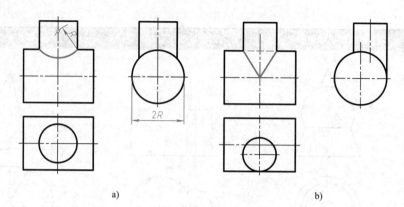

a)                                    b)

图 3-42　相贯线的简化画法

a）圆弧代替非圆曲线　b）直线代替非圆曲线

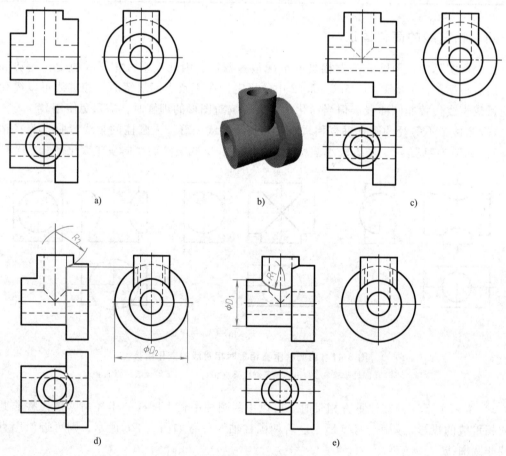

a)                    b)                    c)

d)                    e)

图 3-43　求多圆柱体的相贯线

a）题目　b）立体图　c）画两孔正交的相贯线　d）画右侧两圆柱的相贯线　e）画左侧两圆柱的相贯线

**作图步骤：**

1）求两等径圆柱孔正交的相贯线：如图 3-43c 所示，该相贯线的正面投影为直线，因不可见，画为虚线，其他两面投影积聚为已知圆。

2）求铅垂圆柱与水平大圆柱正交的相贯线：如图 3-43d 所示，两者相交产生两条铅垂交线（由水平投影确定位置）和一条不完整曲线。在正面投影中，曲线弯向大圆柱轴线，但因铅垂圆柱只有小部分相交，故只画一小部分；大圆柱左端面与铅垂圆柱相交，积聚为直线，且与相贯线相交。铅垂交线在侧面投影为不可见，画为虚线。

3）求铅垂圆柱与水平小圆柱正交的相贯线：如图 3-43e 所示，两者相交产生的相贯线仍弯向水平圆柱的轴线，也为不完整曲线，并终止于大圆柱的左端面。

提示：当遇到多个立体相交时，其交线一般都比较复杂，求解相贯线时，应逐一分析出两两立体之间的相贯关系，画出相应的各段交线，最后综合分析各段交线之间的关系，如上例中水平投影的两条铅垂交线的积聚投影点。

## 学 习 指 导

本章重点内容是基本立体、截切体、相贯体的投影特性，立体表面上点与直线的投影，截切体和相贯体的投影。难点是截交线和相贯线的求解作图。

平面立体的投影比较简单，实质上就是点、线、面投影的综合应用；回转体的投影注意曲面的形成及转向轮廓线的方位。要熟练掌握立体表面上点的投影，它是求解立体表面上直线（或曲线）投影的基础，也是求解截交线及相贯线的根本。求解相对较难的回转体截交线时，一是要重点分析截平面对投影面的位置和截切位置，二是要牢记截交线的共有性，这样就可将复杂的问题简化为表面求点问题。研究基本立体和相贯体时，应先重点分析它们的几何特征和构型过程，然后再解决二维的投影问题，最后再由投影想象出立体，即由空间到平面，再由平面到空间，如此反复看图和思维训练，才能快速提高空间思维能力。

### 复习思考题

1. 平面立体和回转体的特征是什么？它们是怎样构型的？
2. 熟悉常见基本立体的投影特点。圆柱投影的转向轮廓线对判别可见性有什么意义？
3. 试总结平面立体和回转体表面上点的投影规律。纬圆法适于哪些立体求点？
4. 试分析和比较平面立体及回转体截交线的投影特点。
5. 当正垂面和侧平面组合截切空心圆柱时，构思其立体和截交线的形状。
6. 当圆柱分别被三棱柱和四棱柱贯通时，构思其截交线的不同特征。
7. 将四棱柱逐级截切形成四棱台，构思截切过程中立体的不同形状及其投影。
8. 试分析两圆柱相交的各种情况。
9. 当两圆柱正交时，其相贯线是怎样变化的？总结其规律。
10. 求作相贯线的方法有哪些？适用的范围有何不同？
11. 在哪种情况下可以采用简化画法绘制相贯线？
12. 仔细观察常用的生活物品，分析它们的构型特点。

◀◀◀◀◀◀◀

# 第四章

# 组 合 体

**学习要点**

◆ 了解由基本立体形成组合体的过程和方法。

◆ 掌握绘制和阅读组合体视图的方法。

◆ 掌握组合体尺寸标注方法。

◆ 了解组合体构型的基本方法。

## 第一节　物体三视图的形成及投影特性

### 一、三视图的形成

在三投影面（$V$、$H$、$W$）体系中，用正投影法得到的物体的图形称为三视图，如图 4-1 所示。其中，物体在正面（$V$）上得到的视图（由前向后投射）称为主视图；物体在水平面（$H$）上得到的视图（由上向下投射）称为俯视图；物体在侧面（$W$）上得到的视图（由左向右投射）称为左视图。

### 二、三视图的特性

三视图反映了物体的尺寸关系、位置关系和投影关系，如图 4-2 所示。

1. 尺寸关系

主视图——反映物体的长度和高度

俯视图——反映物体的长度和宽度

左视图——反映物体的高度和宽度

2. 位置关系

主视图——物体的上下、左右位置

俯视图——物体的前后、左右位置

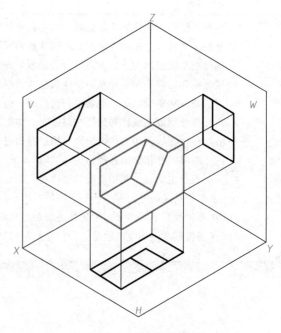

图 4-1　三视图的形成

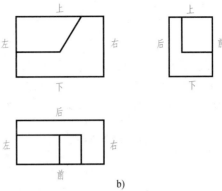

图 4-2  三视图的特性

a）三视图的尺寸关系  b）三视图的位置关系

左视图——物体的上下、前后位置

**注意**：在俯视图和左视图中，远离主视图的一侧为物体的前方，靠近主视图的一侧为物体的后方。明确这一点，对初学者尤为重要。

3. 投影关系

主视图与俯视图——长对正

主视图与左视图——高平齐

俯视图与左视图——宽相等

投影关系是三视图的投影特性，称其为三等规律。它不仅适用于整个物体的投影，也适用于物体的每个局部，乃至物体上各点、线、面的投影。

# 第二节  组合体的形体分析

## 一、组合形式

组合体的组成有叠加和切割两种形式，而常见的是这两种形式的综合。

叠加式组合体可以看成是若干个基本形体叠加而成的，如图 4-3a 所示。

切割式组合体可以看成是将一个完整的基本形体用平面或曲面切割掉某几个部分而形成

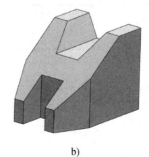

a）                                    b）

图 4-3  组合体的组合形式

a）叠加式组合体  b）切割式组合体

的，如图 4-3b 所示。

## 二、形体分析法

假想把组合体分解成若干个基本形体，然后分析它们之间的相互位置、组合方式及相邻表面间的连接关系，以便于组合体的画图、读图和标注尺寸，这种方法称为形体分析法。形体分析法是组合体的画图、尺寸标注和读图的基本方法。

## 三、相邻两表面的连接关系

在形体分析过程中，要注意各形体相邻处两表面间的连接关系。它可分为平齐、不平齐、相切和相交四种情况，如图 4-4 所示。画图时，必须注意这些关系，做到不多线，不漏线。

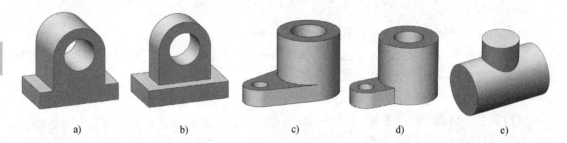

图 4-4　形体间的表面连接关系

a）平齐　b）不平齐　c）相切　d）相交（一）　e）相交（二）

### 1. 平齐

两表面平齐时，在表面结合处不存在分界线，如图 4-5 所示。

### 2. 不平齐

两表面不平齐时，在视图上应画出两者的分界线，如图 4-6 所示。

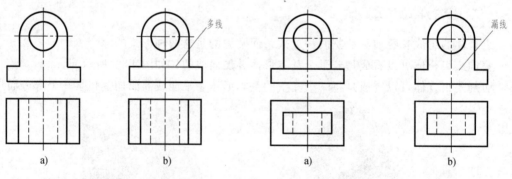

图 4-5　两表面平齐的画法
　a）正确画法　b）错误画法

图 4-6　两表面不平齐的画法
　a）正确画法　b）错误画法

### 3. 相切

相切是指两个基本形体的相邻表面光滑过渡，不存在分界线，所以在视图上不画线，如图 4-7 所示。

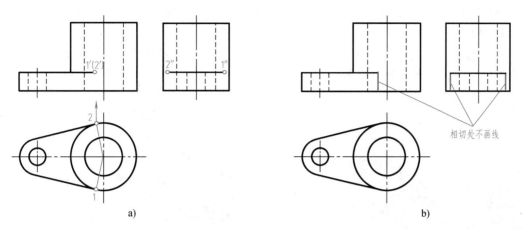

a)

图 4-7　两表面相切的画法

a）正确画法　b）错误画法

### 4. 相交

两基本形体相交时，在其表面形成交线，因此，在相交处必须画出它们的交线，如图 4-8 所示。

掌握好上述四种表面连接关系的投影规律，有利于组合体的画图和读图。

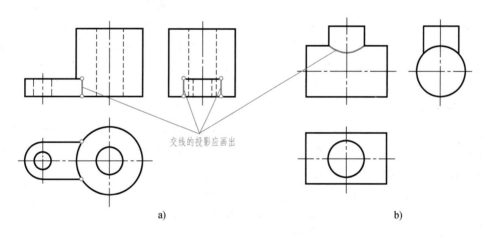

a)　　　　　　　　　　　　　　　b)

图 4-8　两表面相交的画法

a）平面与曲面相交　b）两曲面相交

# 第三节　画组合体的三视图

画组合体的三视图，应按一定的方法和步骤进行。

## 一、叠加式组合体的画法

首先采用形体分析法将组合体分解成若干个基本形体，然后分析各形体的特征、相互位置关系和相邻表面间的连接关系，最后画出组合体的三视图。

下面以图4-9a所示组合体为例，介绍叠加式组合体的分析方法。

1. 分析形体

（1）分解 根据组合体的特征，可将其分解成底板Ⅰ、圆筒Ⅱ、支撑板Ⅲ、肋板Ⅳ和凸台Ⅴ五部分，各形体如图4-9b所示。

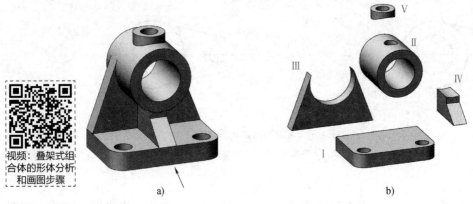

视频：叠架式组合体的形体分析和画图步骤

图4-9 叠加式组合体的分析

a）组合体 b）形体分析

（2）分析位置关系 各部分沿底板的长边方向具有公共的对称面；圆筒后端面伸出底板后表面等。

（3）分析连接关系 支撑板的前表面与底板前表面不平齐，后表面与底板后表面平齐；支撑板的左、右侧面与圆筒相切；支撑板的前、后表面与圆筒相交；肋板的左、右表面与圆筒相交；凸台与圆筒表面相交等。

2. 选择三视图

选择能完整、清晰、准确地表达出物体结构形状的三视图。其中主视图一经选定，其余的视图也随之确定，故首先对主视图进行选择。选择时应注意组合体的放置位置和主视图投射方向的选取。通常的选择原则是：

1）将物体置于平稳状态，并使其主要表面、轴线等平行或垂直于投影面。

2）将能反映物体形状特征和各组成部分相对位置关系的视图作为主视图。

3）尽量使其余视图上的虚线较少。

图4-9a中按箭头方向投射所得的视图，最能满足上述选择原则，故作为主视图。俯视图和左视图也随之确定，这两个视图补充表达了主视图未表示清楚的部分，如底板的形状及其上小孔的位置，肋板的形状等。

3. 选比例、定图幅

视图选定后，应根据组合体实际大小和复杂程度，从国家标准中选取适当的比例和图幅，使图样和图幅的大小保持协调。

4. 布置视图，画出基准线

根据每一视图的最大轮廓尺寸，合理地布置好三个视图的位置，并注意应留有标注尺寸和标题栏的位置。画出每一视图中的作图基准线，如物体的对称面、回转面的轴线、圆的中心线和物体主要轮廓线等，如图4-10a所示。

**5. 画底稿**

1）根据形体分析法，按各形体画出视图。画图的一般顺序是：先画主要部分，后画次要部分；先画反映形体特征的视图，后画其他视图；先画外形轮廓，后画内部结构。

如先画反映底板实形的俯视图，再画底板的其他视图，如图 4-10b 所示；先画反映圆筒形体特征的主视图，再画圆筒的其他视图，如图 4-10c 所示。

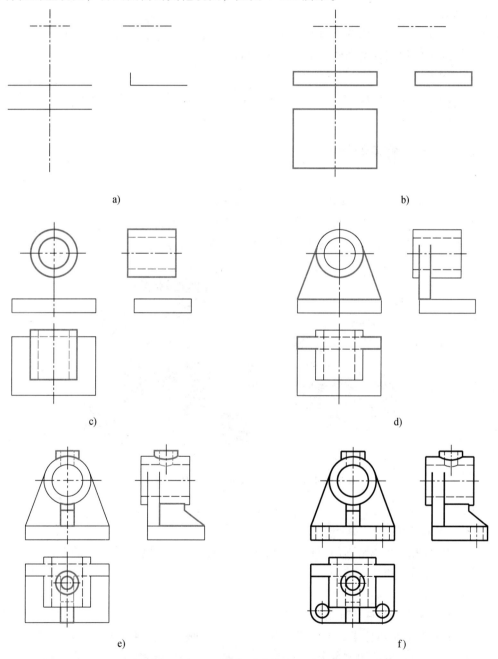

图 4-10　叠加型组合体的画图步骤

a）画轴线、对称中心线、底板定位线　b）画底板Ⅰ　c）画圆筒Ⅱ

d）画支撑板Ⅲ　e）画肋板Ⅳ、凸台Ⅴ　f）画细节，检查并加深

2）三个视图应联系起来画图，以使投影准确并提高画图效率。单独画出某一个视图容易出现"漏线"和"多线"等错误，应予避免。

3）注意组合体相邻表面间连接关系的正确画法，如支撑板的左、右侧面与圆筒相切，所以切线投影在俯视图和左视图中应画到切点为止；肋板与圆筒表面相交处，在左视图中应画出交线的投影等。

6. 检查描深

底稿完成后，应按形体逐个进行仔细检查，确认正确无误后，擦去不必要的作图线，并按国家标准的规定加深各类图线，如图 4-10f 所示。

7. 标注尺寸

将完成的组合体进行尺寸标注（本图未标注）。尺寸标注的具体方法和要求，请参阅本章第四节的内容。

## 二、切割式组合体的画法

1. 分析形体

如图 4-11 所示为一切割式组合体，它可以看作是由长方体分别切去基本体 Ⅰ、Ⅱ、Ⅲ、Ⅳ、Ⅴ五部分而形成的。它的形体分析法及画图步骤与前面讲述的方法基本相同，只不过是将各个基本体一块块"切割"下来的，而不是"叠加"上去的。

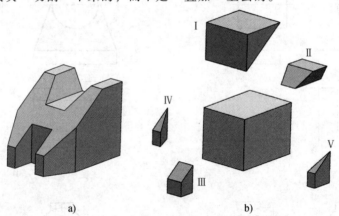

图 4-11　切割式组合体的形体分析

a）组合体立体图　b）形体分析

2. 三视图的选择

使组合体的表面及截平面尽可能地置于与投影面成特殊位置，主视图的选择应能反映出主要切割形体的形状和结构特征。

3. 画图步骤

1）画长方体，如图 4-12a 所示。

2）分别画切割基本体 Ⅰ、Ⅱ、Ⅲ、Ⅳ、Ⅴ后的三视图如图 4-12b、c、d、e 所示。

**注意**：应逐个完成各切割部分的三视图，先画截平面的积聚性投影，再画同一截平面的另外两个投影。

3）其余画图步骤与叠加式组合体的画法基本相同，不再详述。

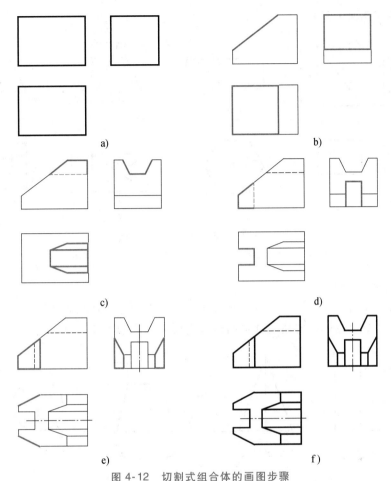

图 4-12　切割式组合体的画图步骤

a）画长方体　b）切去形体Ⅰ　c）切去形体Ⅱ　d）切去形体Ⅲ

e）切去形体Ⅳ、Ⅴ　f）检查并加深，完成三视图

# 第四节　组合体的尺寸标注

三视图只能反映出组合体的形状，不能反映出组合体的真实大小。为了使图样能够成为指导零件加工生产的依据，必须在视图上标注尺寸。

对组合体尺寸标注的基本要求是：

（1）正确　尺寸标注要符合国家标准中的相关规定，不能随意标注。

（2）完整　组合体长、宽、高三个方向的各类尺寸齐全，既不遗漏，也不重复。

（3）清晰　尺寸布置清楚、整齐，便于查找和读图。

## 一、常见基本立体的尺寸注法

在标注组合体尺寸之前，必须掌握一些常见基本立体的尺寸标注。

1. 平面立体的尺寸注法

常见平面立体的尺寸注法如图 4-13 所示。注意括号内的尺寸为关联尺寸（它与正六边形的对边距离有几何关系）。

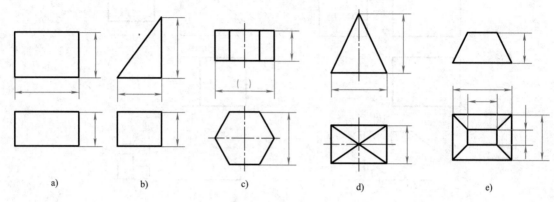

图 4-13　平面立体的尺寸注法
a）四棱柱　b）三棱柱　c）六棱柱　d）四棱锥　e）四棱台

**2. 回转体的尺寸注法**

在标注回转体的尺寸时，一般只需在其非圆视图上标注直径和高度尺寸，就能确定它的形状和大小，其余视图可以省略。常见回转体的尺寸注法如图 4-14 所示。

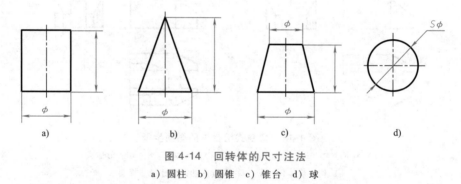

图 4-14　回转体的尺寸注法
a）圆柱　b）圆锥　c）锥台　d）球

## 二、截切体与相贯体的尺寸注法

**1. 截切体的尺寸注法**

对于截切体，除了标注基本立体的尺寸之外，还应标注确定截平面位置的尺寸。由于截平面与基本立体的相对位置确定后，截交线随之确定，故截交线上不应标注尺寸。

**2. 相贯体的尺寸注法**

对于相贯体，除了标注两相贯基本立体的各自尺寸之外，还应标注确定两相贯体相对位置的尺寸。当两相贯的基本立体大小及相对位置确定后，相贯线也随之确定，故相贯线上不应标注尺寸。常见截切体与相贯体的尺寸注法如图 4-15 所示。

## 三、组合体的尺寸注法

**1. 尺寸分类**

组合体的尺寸一般可分为三种类型：定形尺寸、定位尺寸和总体尺寸。现以图 4-16a 所示的组合体为例分析如下：

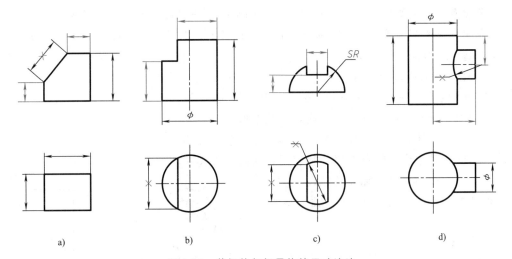

图 4-15　截切体与相贯体的尺寸注法

a）四棱柱截切体　b）圆柱截切体　c）半球截切体　d）两圆柱相贯体

1）定形尺寸——确定各形体的形状和大小的尺寸，如图 4-16b 中的尺寸 10、36、50，4 ×φ8、φ12、φ20、R8 均是定形尺寸。

2）定位尺寸——确定各形体之间相对位置的尺寸，如图 4-16b 中的尺寸 20、24、18 均是定位尺寸。

3）总体尺寸——确定组合体外形的总长、总宽和总高的尺寸，如图 4-16b 中的尺寸 50、36、16。

**注意**：总体尺寸有时也是组合体上某个基本立体的定形尺寸，如图 4-16b 中的总体尺寸 50、36，既是底板的定形尺寸，也是组合体的总长、总宽尺寸。

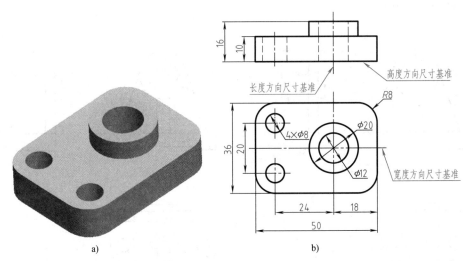

图 4-16　组合体的尺寸分析与尺寸基准

a）组合体立体图　b）尺寸分析与基准

2. 尺寸基准

确定尺寸位置的起点（如点、直线和平面）称为尺寸基准。在组合体的长、宽、高三个方向都应有一个主要尺寸基准，有时还有辅助基准。一般常以组合体的对称面、回转面的轴线、底面和重要端面等作为尺寸基准。例如，图 4-16b 中以轴线、对称面和底面分别作为长、宽、高三个方向的尺寸基准。

　　3. 尺寸标注的方法和步骤

　　形体分析法是尺寸标注的基本方法，一般步骤为：

　　1）用形体分析法将组合体分解成若干基本形体。

　　2）选定组合体长、宽、高三个方向的尺寸基准。

　　3）标注各基本形体的定形尺寸和它们之间的定位尺寸。

　　4）检查、调整尺寸，标注总体尺寸。

　　【例 4-1】　标注如图 4-17 所示轴承座的全部尺寸。

　　**解题步骤：**

　　1）形体分析。由图 4-17 可知，轴承座可分解为底板、圆筒、支撑板和肋板四个基本形体。

　　2）选定尺寸基准。由于轴承座左、右对称，故选择对称面作为长度方向的尺寸基准；轴承座的底面是安装面，以此作为高度方向的尺寸基准；底板后端面积较大，可作为宽度方向的尺寸基准，如图 4-18a 所示。

　　3）标注定形尺寸。依次标出底板、圆筒、支撑板及肋板四个形体的定形尺寸，分别如图 4-18b、c、d 所示。

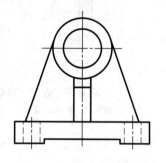
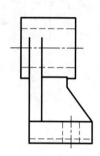

图 4-17　轴承座三视图

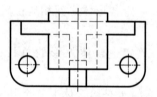

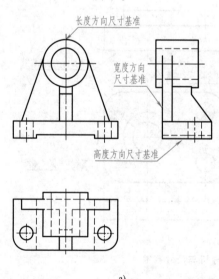
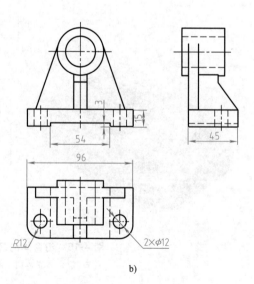

a)　　　　　　　　　　　　　　　　b)

图 4-18　轴承座的尺寸标注步骤

a）尺寸基准　b）底板定形尺寸

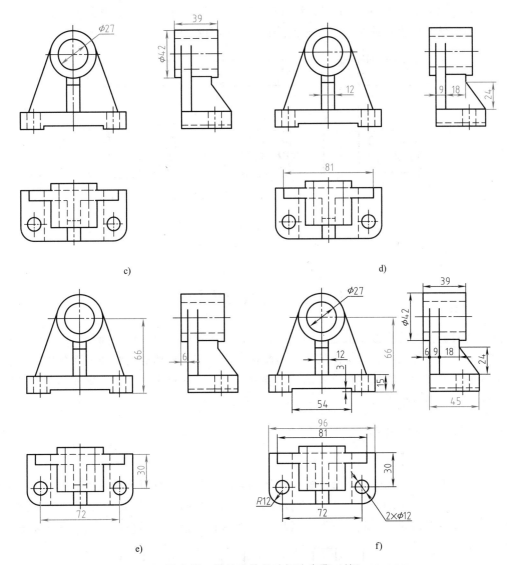

图 4-18 轴承座的尺寸标注步骤（续）

c) 圆筒定形尺寸　d) 支撑板及肋板定形尺寸　e) 定位尺寸　f) 总体尺寸及全部尺寸

4）标注定位尺寸。轴承座要确定位置的是底板上的两圆孔、圆筒的中心高度、圆筒的前后位置，标注的定位尺寸如图 4-18e 所示。

5）标注总体尺寸，检查注全尺寸。重点检查有无遗漏或重复尺寸，同时做适当调整，完成组合体的全部尺寸标注，如图 4-18f 所示。

4. 组合体尺寸标注的注意事项

1）尺寸尽量标注在视图外部，必要时也可标注在视图内部。

2）尺寸尽量避免标注在虚线上。

3）同一基本形体的尺寸尽量集中标注，并标注在形状特征明显的视图上。

4）尺寸布置应整齐。标注同一方向上的尺寸时，应使小尺寸在内，大尺寸在外；尽量避免尺寸线与尺寸线或尺寸界线相交。

5）当组合体的一端为回转面时，该方向一般不标注总体尺寸，而由确定回转面轴线的定位尺寸和回转面的直径或半径尺寸来间接确定，如图4-19所示。

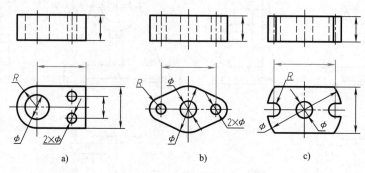

图 4-19　不标注总长尺寸的示例

a）示例一　b）示例二　c）示例三

# 第五节　读组合体视图

读图是根据物体的投影想象物体的形状，即由二维视图构思三维空间形状的过程，它与画图的思维过程恰好相反，但读图的方法与画图一样，仍是形体分析法和线面分析法。若要迅速准确地读懂视图，必须掌握读图的基本要领和方法，通过不断实践，培养和提高对视图的分析能力及空间思维能力。

## 一、读图的基本要领

### 1. 将各个视图联系起来读

一般情况下，一个视图不能唯一确定物体的空间形状，有时两个视图也不能唯一确定物体的空间形状。如图4-20所示，三个组合体的主、俯视图均一样，但因左视图的不同，表达的组合体也各不相同。因此，读图时需将各个视图联系起来共同分析，想象组合体形状。

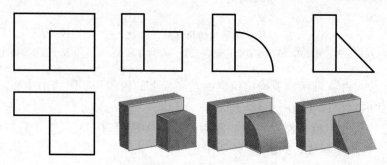

图 4-20　组合体视图比较

### 2. 注重分析特征视图

抓住特征视图进行分析，能较快地构思出组合体的空间形状。

（1）形状特征视图　反映组合体各组成部分形状特征最明显的视图。需要注意的是，各个组成部分的形状特征不一定反映在主视图中，也可能在其他视图中。如图4-20所示的三个左视图充分表达了三种形体的形状特征。

（2）位置特征视图　反映组合体各组成部分相对位置特征最明显的视图。如图 4-21 所示，仅从主、俯两个视图中无法判断圆形和方形结构的凹凸情况，而左视图可以明确表达它们的位置特征。

**注意：** 特征视图不一定集中在一个视图中，而是可能分布在几个视图中，因此找出特征视图后，还应根据投影的对应关系，分别构思组合体的各个构成部分。

3. 注意反映表面连接关系的图线

组合体各部分相邻两表面间连接关系有平齐、不平齐、相切和相交四种情况，读图时应注意观察反映各表面连接关系的图线，如图 4-22 所示。

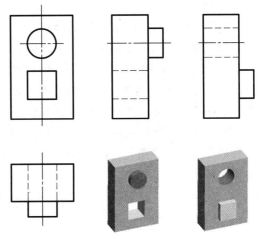

图 4-21　位置特征视图

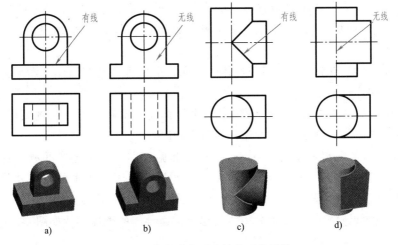

图 4-22　反映表面连接关系的图线
a）不平齐　b）平齐　c）相交　d）相切

## 二、读图的基本方法

1. 形体分析法

读图的主要方法是形体分析法，它将组合体的视图划分图框，分解成几个组成部分，然后根据读图的要领，分别构思出各部分形体的形状、相对位置及连接关系，最后综合起来想出组合体的完整结构。

用形体分析法读图的一般步骤为：

（1）看视图抓特征

1）看视图——以主视图为主，配合其他视图，进行初步的投影分析和空间分析。

2）抓特征——找出反映组合体特征较多的视图，在较短的时间里，对组合体有个大概了解。

（2）拆形体对投影

1）拆形体——参照特征视图，划分线框将形体分解。

**提示：** 线框是线段首尾相连且互不相交的封闭平面图形。

2）对投影——利用"三等"关系，找出每一部分的三个投影，想象出各自的形状。

（3）综合起来想整体 在看懂各部分形体的基础上，进一步分析它们之间的相对位置关系和表面连接关系，进而想象出整体形状。

**【例 4-2】** 读懂如图 4-23a 所示的组合体三视图。

**分析：** 观察三视图，可以看出该组合体叠加特征明显，适合采用形体分析法读图。

**读图步骤：**

（1）形体分析 主视图较多地反映了形体特征，将其分解为 Ⅰ、Ⅱ、Ⅲ、Ⅳ 和 Ⅴ 五个线框，如图 4-23b 所示；再根据"三等"关系，找出每一部分的三个投影，想象出各自形状。

1）形体 Ⅰ。它是组合体的主要部分，从主视图的形状特征视图入手，找全三个投影，可以想象出该形体是一个凸字形棱柱，如图 4-23c 所示。

2）形体 Ⅱ。仅从主视图只能看出它的形状特征，而左视图或俯视图明确表达了该形体叠加在形体 Ⅰ 的前面，将三视图联系起来想象出该形体是一个拱形凸台，如图 4-23d 所示。

3）形体 Ⅲ。构思该形体的思路与形体 Ⅱ 相同，形体 Ⅲ 是贯穿形体 Ⅰ 和形体 Ⅱ 的一个长圆形通孔，如图 4-23e 所示。

4）形体 Ⅳ 及 Ⅴ。从主、俯视图看出这两个形体左右对称分布，主视图形状特征明显，可以想象出形体 Ⅳ 及 Ⅴ 是一样的三棱柱，如图 4-23f 所示。

（2）分析相对位置和表面连接关系 左视图和俯视图明确了形体 Ⅱ 叠加在形体 Ⅰ 前方的位置关系；主、俯视图反映了形体 Ⅳ、Ⅴ 左右对称分布于形体 Ⅰ 的两侧并与其后表面平齐、前表面不平齐；左视图和俯视图表达了形体 Ⅲ 长圆形孔的深度。

（3）综合归纳想象整体 综上分析，构思出该组合体的整体形状如图 4-23g 所示。

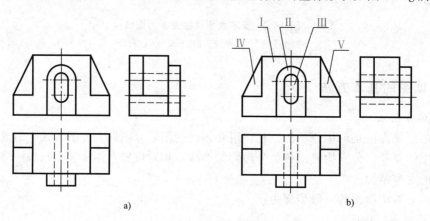

图 4-23 形体分析法读图

a）已知三视图 b）划分图框

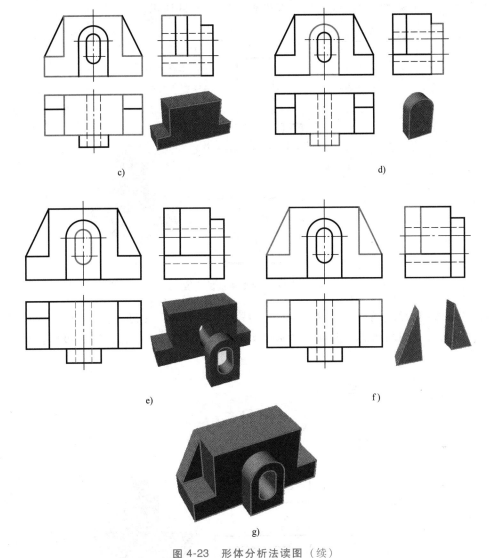

图 4-23　形体分析法读图（续）

c）构思形体Ⅰ　d）构思形体Ⅱ　e）构思形体Ⅲ　f）构思形体Ⅳ及Ⅴ　g）综合想象整体

### 2. 线面分析法

对于一些比较复杂的视图，特别是以切割体为主的组合体，若用形体分析法想象不够直观，需要结合线面分析法来帮助读图。一般情况下，两种方法并用，以形体分析法为主，以线面分析法为辅。

线面分析法是运用线、面的投影规律，分析视图中图线和线框的具体含义，弄清组合体各表面的形状和相对位置，综合起来进行读图。

运用线面分析法时，需要熟练掌握以下知识：

1）直线和平面的投影规律。重点掌握投影面垂直面和投影面平行面的投影规律，如投影面垂直面的投影特点是在一个投影面积聚成直线，在另外两个投影面的投影为类似形。

2）了解视图中线的含义。视图中任意一条线所代表的含义可能是：两表面交线的投影、曲面转向轮廓素线的投影或面的积聚投影，如图 4-24 所示。

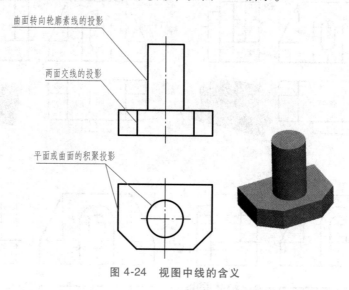

曲面转向轮廓素线的投影

两面交线的投影

平面或曲面的积聚投影

图 4-24　视图中线的含义

3）了解视图中线框的含义。视图中一个线框所代表的含义可能是：面（平面或曲面）的投影、面面（平面与曲面或曲面与曲面）相切的投影或立体上孔、洞的投影，如图 4-25 所示。

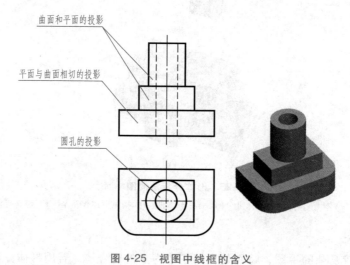

曲面和平面的投影

平面与曲面相切的投影

圆孔的投影

图 4-25　视图中线框的含义

用线面分析法读图的一般步骤为：

1）分线框，对投影。找出视图中线与面的各面投影。

2）依投影，想形状。根据线与面的各面投影，想出各线与面的形状及其相对位置。

3）综合起来想象整体形状。

【例 4-3】　构思如图 4-26a 所示的组合体。

分析：由三视图可以看出主视图左侧、俯视图左前、左视图右上各缺一角，补齐各角后的三个视图外形轮廓均为矩形，可将该组合体初始形状想象为一长方体经过切割而成，故适合采用线面分析法读图。

**读图步骤：**

1）找出切割面。由主视图中的图线 $p'$ 找出它在其他视图中对应的面 $p$、$p''$ 的投影，如图 4-26b 所示；由左视图的图线 $q''$、$r''$ 找出它们在其他视图中对应的面 $q$、$q'$ 和 $r$、$r'$ 投影，如图 4-26c、d 所示；由俯视图的 $s$ 找出它在其他视图中对应的面 $s'$、$s''$ 投影，如图 4-26e 所示。

2）构思切断面。根据四个切割面的投影及其相对位置，分析它们在切割过程中的不同形状：

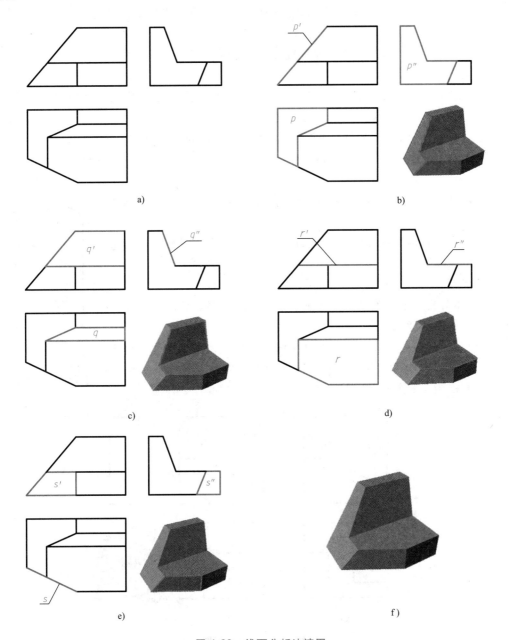

图 4-26　线面分析法读图

a）已知三视图　b）找 $P$ 面　c）找 $Q$ 面　d）找 $R$ 面　e）找 $S$ 面　f）综合想象整体

截平面 $P$ 是正垂面，$p'$ 为积聚投影，$p$ 及 $p''$ 为其类似形；

截平面 $Q$ 是侧垂面，$q''$ 为积聚投影，$q$ 及 $q'$ 为其类似形；

截平面 $R$ 是水平面，$r$ 反映截面的真实形状，$r'$ 及 $r''$ 为其积聚投影；

截平面 $S$ 是铅垂面，$s$ 为积聚投影，$s'$ 及 $s''$ 为其类似形。

3）分析交线。根据切割面的空间位置，分析它们之间形成的交线：

$P$ 面与 $Q$ 面相交，其交线为一般位置直线，正面投影为 $p'$ 积聚投影的上段，其他视图的投影是两条斜线；

$P$ 面与 $R$ 面相交，其交线为正垂线，正面投影在 $p'$ 积聚投影上，其他视图的投影是两条等长直线；

$P$ 面与 $S$ 面相交，其交线为一般位置直线，正面投影为 $p'$ 积聚投影的下段，其他视图的投影是两条斜线；

$R$ 面与 $S$ 面相交，其交线为水平线，水平投影为 $s$ 积聚投影的右段，其他视图的投影是两条类似直线。

**提示**：在主视图中，$p'$ 不仅是切割面的积聚投影线，同时也是两条不同位置交线的投影。

4）综合归纳想整体。通过上述对线与面的分析，综合想象出的组合体形状如图 4-26f 所示。

**【例 4-4】** 已知如图 4-27 所示的组合体的主、俯视图，补画左视图。

**分析**：由已知两视图可以看出该组合体的叠加特征明显，适合采用形体分析法读图。

**读图步骤：**

1）形体分析。主视图较多地反映了形体特征，将其分解为 Ⅰ 和 Ⅱ 两个线框，如图 4-28a 所示。

2）根据"三等"关系，找出线框 Ⅰ 的俯视投影，可以想象形体 Ⅰ 是一个四棱柱，上方切出两个圆角，再挖切两个圆孔，并据此补画出形体 Ⅰ 的左视图，如图 4-28b 所示。

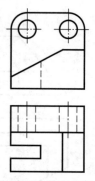

图 4-27 补画左视图

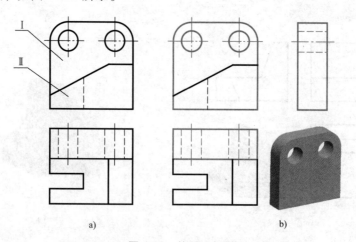

a)            b)

图 4-28 补画三视图

a）形体分析，划分线框    b）构思形体 Ⅰ，补画 Ⅰ 左视图

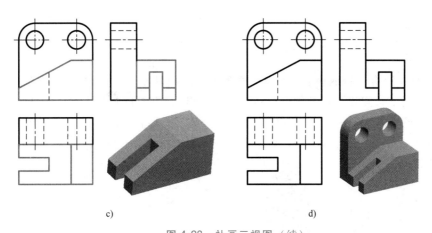

c)                                        d)

图 4-28  补画三视图（续）

c）构思形体Ⅱ，补画Ⅱ左视图   d）综合分析，完成整体左视图

3）根据"三等"关系，找出线框Ⅱ的俯视投影，可以想象形体Ⅱ是一个四棱柱，左侧在前后方向截切一个三棱柱，在上下方向截切一个小四棱柱，由此补画出形体Ⅱ的左视图，如图 4-28c 所示。

4）综合分析。根据相对位置和表面连接关系完成全部左视图，如图 4-28d 所示。

**注意：** 构思组合体的空间形体时，要符合常规，即叠加组合体的各形体之间不宜采用点或线连接，如图 4-29 所示，虽然构思的组合体与视图吻合，但实际上无法成型。

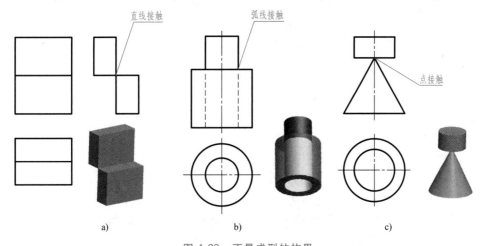

a)                    b)                    c)

图 4-29  不易成型的构思

a）直线接触   b）弧线接触   c）点接触

## 第六节   组合体的构型设计

构型设计是根据已知的视图，构思出不同结构组合体的方法。在初步掌握了组合体绘图与读图的基础上，才能进行构型设计的训练，这样可以进一步提高空间想象能力和形体设计能力，也利于开拓创新思维，为今后的工程设计打下基础。

## 一、构型方法

### 1. 形体分析

形体分析是将组合体看成由若干个基本立体组成的（基本立体的构型在第三章中有所介绍，即柱、锥、球、环可以通过拉伸或旋转的方法获得），再将这些基本立体经叠加、挖切或叠加与挖切相结合的构型方式，从而获得复杂的组合体。叠加和挖切方式的构型思路与计算机实体造型的并、差布尔运算一致；交运算是将几个相交实体的共有所得，如图 4-30 所示。

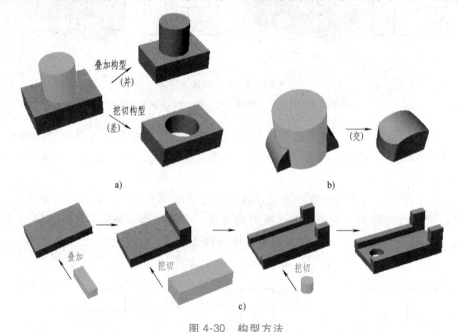

图 4-30  构型方法

a）叠加式和挖切式构型  b）交运算  c）叠加与挖切的组合式构型

### 2. 基本原则

在组合体构型设计时，应遵循以下几点：

（1）以基本立体构型为主  虽然构型设计要符合结构和功能要求，但不强调工程化。因此，所构思的组合体应以基本立体为主，尽量发挥自己的想象力。

（2）构型应多样化、具有创新性  构型组合体时，对其表面的凸凹、平曲、正斜等，从不同的方向、位置去思考，还应从虚、实线重影的角度进行构思，以构造出不同结构、具有创新的形体。

（3）构型应体现稳定、平衡、动、静等造型艺术法则  构型时要综合考虑力学、视觉、美学等多方面的知识，对于初学者可暂不考虑。

（4）构型应符合工程实际，便于成型  叠加构型时，两个立体的组合不能出现图 4-31 所示的线接触和面连接的情况。此外，尽量采用平面或回转面，不宜采用任意曲面构型。

## 二、构型思路

根据给定视图构型时，一般通过视图中包含的线框来想象立体的形状，可以通过一个视图来想象和构造立体的形状，再看此形状在其他基本投影面的投影与给定的视图是否吻合，若吻合说明构型正确，若不吻合，则需要再构型其他形状。

1. 一个视图构型

根据一个视图构型，可以想象出多个形体。

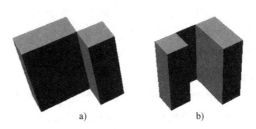

图 4-31  不能出现的叠加构型
a) 两立体以线接触  b) 两立体以面连接

【例 4-5】 已知主视图如图 4-32a 所示，构型符合该投影的形体。

分析：主视图为一矩形，符合矩形投影的最简单的构型是长方体和圆柱，它们分别是依靠拉伸和旋转形成的（圆柱也可视为由圆拉伸而成）。在长方体和圆柱的基础上，考虑到凸凹面、平曲面、正斜面的不同，可以构思出很多形体。

结果：综上分析，构型结果以 5 个立体为代表，如图 4-32b 所示。

【例 4-6】 已知主视图如图 4-33a 所示，构型符合该投影的组合体。

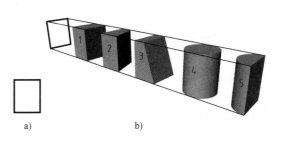

图 4-32  以基本立体为主的一个视图构型
a) 已知主视图  b) 构型结果

分析：主视图由两个矩形线框组成，每个矩形可独立按基本体构型，结果与上例相同，可以构造出很多基本立体；两个基本立体再经不同方式组合，可以构造出无数个组合体。

结果：综上分析，构型结果以 8 个组合体为代表，如图 4-33b 所示。

说明：组合体按叠加和挖切方式构型（1、2、3、7、8 为叠加，4、5、6 为挖切），按平曲面构型（1、2、4、5 为平面、3、6、7、8 为曲面），以虚、实线重影构型（7、8），按斜面构型（2、5）。

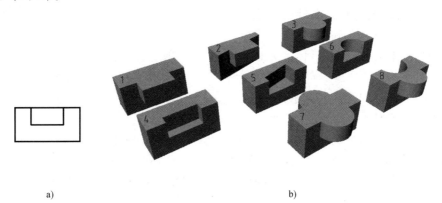

图 4-33  以组合体为主的一个视图构型
a) 已知主视图  b) 构型结果

2. 两个视图构型

根据两个视图构型时，应分别以一个视图构型为基础，再将两者结合起来，最后观察构型是否与两个视图吻合。因为构型受到两个视图的限制，故相对一个视图构型要复杂一些。

【例4-7】 已知主、俯视图如图 4-34a 所示，构型符合该投影的组合体。

**分析**：主视图和俯视图分别由两个矩形线框组成，根据前两例的构型分析可知，分别符合主视图和俯视图的构型结果有很多，但必须同时符合两个视图的构型则大为减少。

**结果**：如图 4-34b 所示，9个构型均符合主视图，但同时符合俯视图的只有构型 1、2、4、6。

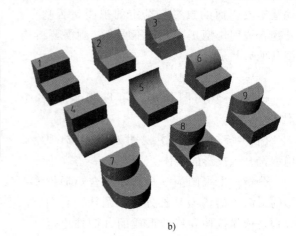

图 4-34 两个视图的构型

a）已知主、俯视图 b）构型结果

**3. 三个视图构型**

根据三个视图构型组合体时，不应单独考虑某一视图，因为同时符合三个视图的构型结果是唯一确定的。三视图构型时，应注意抓大放小，即先抓大线框、大结构，弄清楚大的轮廓；然后再关注小线框、小结构，即先整体后局部；先考虑实线表达的形体和结构，再考虑虚线表示的不可见结构；当虚线表示的孔、槽等结构形状非常明显时，还可将这些虚线暂时剔除，以免图中线条太多，干扰读图和构型的思路。

【例4-8】 已知如图 4-35a 所示的三视图，构型其组合体。

**分析**：三个视图中，俯视图只有 2个线框，相比主视图和左视图数量要少，线框也相对简单。

**结果**：以俯视图为构型重点，沿高度方向分别拉伸其线框 1 和 2，构型出两个形体，将两者组合后的形体，如图4-35b所示。

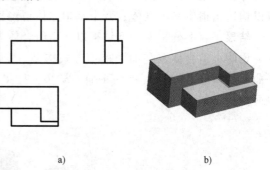

图 4-35 三视图的构型

a）已知三视图 b）拉伸构型组合体

【例4-9】 已知如图 4-36a 所示的三视图，构型其组合体。

**分析**：在给定的三视图中，虚线表示的孔清晰、直观，所以构型时可暂时将它们剔除，这样可简化组合体，形成新的三视图，如图 4-36b 所示；观察其图形，每个视图分解为 4 个线框，主视图叠加特征突出，俯视图位置特征和形状特征明显，总体结构相对简单，适合采用叠加构型。

**构型过程**：

1）将主视图的圆形及线框 1 沿前后方向分别拉伸；将俯视图的圆形和线框 2 沿高度方向分别拉伸；将拉伸所得的四部分叠加，构型如图 4-36c 所示。

2）最后挖切两孔，最终组合体的构型如图 4-36d 所示。

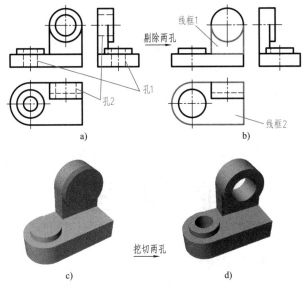

图 4-36　三视图的简化构型

a）已知三视图　b）剔除两孔后的三视图　c）叠加构型　d）最终构型

## 学 习 指 导

　　组合体是本课程的重点内容之一，它在全书中起着承前启后的作用。本章以形体分析法为主线，介绍了组合体的画图、读图、尺寸标注和构型等内容，通过学习，还应掌握对组合体的分析方法，如构型方式、表面连接关系、线面分析法的应用特点等；掌握组合体的尺寸标注，合理选择基准，进行尺寸分析等。

　　本章的重点是画图、读图和尺寸标注，虽然理论内容不多，但要掌握读图和尺寸标注，必须多画、多看、多想、多练，要有意识地运用形体分析法（复杂结构运用线面分析法），逐步提高形体分析能力和空间想象能力，进而初步具备组合体的构型能力。

### 复习思考题

　　1. 三视图是怎样形成的？其投影规律是什么？

　　2. 组合体的组合形式有哪些？

　　3. 什么是形体分析法？怎样运用到画图和读图中？

　　4. 举例说明相邻两表面间的 4 种连接关系，并分析其画法的不同之处。

　　5. 线面分析法主要适用于哪一类组合体？试述运用线面分析法的读图步骤。

　　6. 组合体尺寸标注的基本要求有哪些？如何选择尺寸基准？

　　7. 组合体构型的基本方法有几种？分别举例加以说明。

　　8. 自己设计一个视图，并以此构型出 3 种不同类型的组合体。

5

# 轴 测 图

**学习要点**

◆ 了解轴测投影原理和常用轴测图的种类。

◆ 掌握正等轴测图和斜二等轴测图的绘制方法。

◆ 了解轴测剖视图的画法。

本章采用的国家标准主要有:《技术制图　轴测图》(GB/T 4458.3—2013)。

## 第一节　轴测图的基本知识

轴测图是在一个投影面上能同时反映物体长、宽、高三个方向的结构和形状的投影图,简称轴测图。由三视图和轴测图两种图形比较结果(分别如图 5-1、图 5-2 所示),可以看出:轴测图更具直观性,仅一个图形就能表达出物体的各部分结构形状;但轴测图的绘制步骤比多面投影图复杂,并且不能准确表达出物体各部分结构的真实形状。故工程上一般常采用轴测图作为辅助图样用于说明产品的结构及使用要求;也可帮助设计者进行空间构思和产品设计方案的表达。

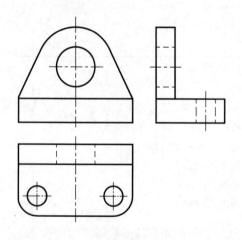

图 5-1　物体的三视图

视频:轴测图简介及术语

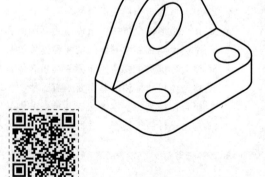

图 5-2　物体的轴测图

### 一、术语

1. 轴测图

将物体连同其参考直角坐标系，沿不平行于任一坐标面的方向，用平行投影法将其投射在单一投影面上所得到的图形，称为轴测图。如图 5-3 所示为一四棱柱的轴测图。

2. 轴测轴

直角坐标轴在轴测图中的投影 $OX$、$OY$、$OZ$ 称为轴测轴。

3. 轴间角

轴测图中两轴测轴之间的夹角 $\angle XOY$、$\angle XOZ$、$\angle YOZ$ 称为轴间角。

4. 轴向伸缩系数

轴测轴上的单位长度与相应投影轴上的单位长度的比值，称为轴向伸缩系数。$OX$、$OY$、$OZ$ 轴上的伸缩系数分别用 $p_1$、$q_1$ 和 $r_1$ 表示，简化伸缩系数分别用 $p$、$q$ 和 $r$ 表示。

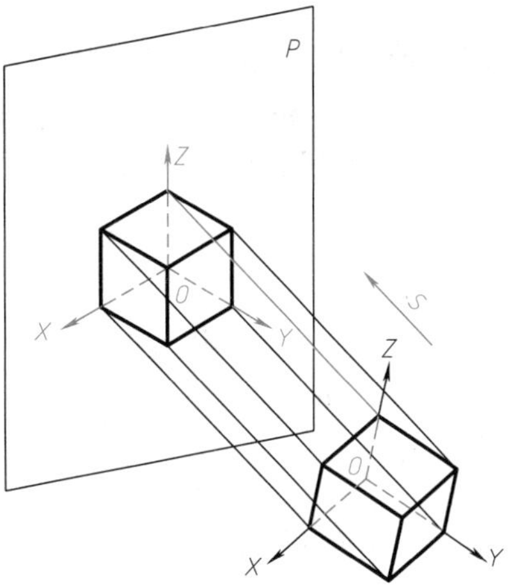

### 二、轴测图的投影特性

图 5-3　四棱柱的轴测图

画轴测图时，主要根据下列特性绘制：

（1）平行特性　空间相互平行的直线，在轴测图中其投影仍然平行。

**注意**：物体上与直角坐标系 $OX$、$OY$、$OZ$ 轴平行的直线，画轴测图时均与相应轴测轴平行。即轴测轴确定了绘制轴测图长、宽、高的三个方向。

（2）可度量性　物体上与直角坐标系 $OX$、$OY$、$OZ$ 轴平行的直线，其实长乘以轴向伸缩系数即为该直线的轴测投影长度。

**注意**：物体上与直角坐标系 $OX$、$OY$、$OZ$ 轴平行的线段，经测量实长再乘以轴向伸缩系数，就可在轴测图中直接画出相应线段的长度；但与轴测轴不平行的线段，必须确定两个端点后才能画出。

### 三、轴测图的分类

轴测图按投射方向 $S$ 与投影面 $P$ 的垂直和倾斜关系分为正轴测图和斜轴测图。从作图简便等因素考虑，一般采用下列三种轴测图：

1）正等轴测图　$p = q = r = 1$，简称正等测。

2）正二等轴测图　$p = r = 1$，$q = 0.5$，简称正二测。

3）斜二等轴测图　$p_1 = r_1 = 1$，$q_1 = 0.5$，简称斜二测。

必要时允许采用其他轴测图。

轴测图中一般只画出物体的可见部分，必要时才画出其不可见部分。本章重点介绍正等轴测图的画法，简要介绍斜二等轴测图的画法。

# 第二节 正等轴测图

采用正投影，将物体上的三根参考直角坐标轴与轴测投影面倾斜角度相同，且使 $Z$ 轴投影铅垂，得到的图形称为正等轴测图。

## 一、轴间角、轴向伸缩系数

1）轴间角：$\angle XOY = \angle XOZ = \angle YOZ = 120°$。

2）轴向伸缩系数：$p_1 = q_1 = r_1 = 0.82$。画图时采用简化伸缩系数 $p = q = r = 1$，既简化作图过程，又不影响立体效果。图 5-4 所示为用两种轴向伸缩系数作图的图形效果。

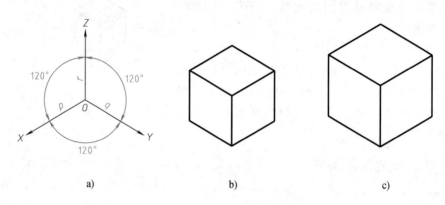

a)          b)          c)

图 5-4 正等轴测图

a）基本参数 b）$p_1 = q_1 = r_1 = 0.82$ c）$p = q = r = 1$

## 二、基本立体轴测图的画法

### 1. 平面立体的画法

画平面立体的轴测图一般采用坐标法，即度量出平面立体各顶点的坐标，分别画出它们的轴测投影，再依次连接各顶点，即完成平面立体的轴测图。

坐标法作图，应选择合适的原点和坐标轴。一般选取物体的中点或顶点为原点，选取物体的对称中心线、轴线或主要轮廓线为坐标轴。

【例 5-1】 根据正六棱柱的两视图，如图 5-5a 所示，绘制其正等轴测图。

**分析：** 以顶面正六边形中心 $O$ 为原点，以正六边形的对称中心线为 $X$、$Y$ 坐标轴，$Z$ 轴沿原点垂直向下，如图 5-5a 所示。

**作图步骤：**

1）画轴测轴 $OX$、$OY$，并根据可度量性确定 $1_1$、$4_1$、$m_1$、$n_1$ 四点，如图 5-5b 所示。

2）根据平行特性过 $m_1$、$n_1$ 作 $OX$ 轴的平行线，再确定 $2_1$、$3_1$、$5_1$、$6_1$ 四点，依次连接各顶点，如图 5-5c 所示。

3）分别过顶点 $6_1$、$1_1$、$2_1$、$3_1$ 向下作 $OZ$ 轴的平行线，并截取相同高度 $h$，如图 5-5d 所示。

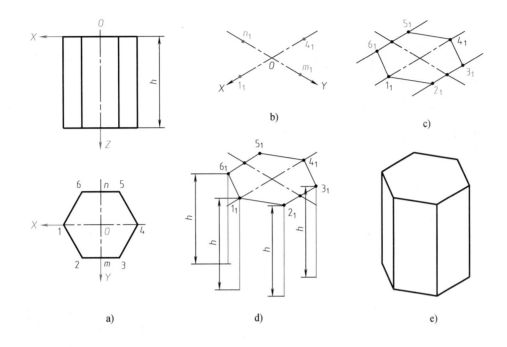

图 5-5　正六棱柱正等轴测图的作图步骤

a）两视图　b）画轴测轴及顶面取点　c）顶面取点　d）确定高度　e）完成轴测图

4）连接底面四个端点，完成正六棱柱的正等轴测图，如图 5-5e 所示。

2. 切割立体的画法

画切割立体的轴测图一般采用切割法，即先用坐标法画出完整基本立体的正等轴测图，再用切割法逐步切除各部分。

【例 5-2】　根据物体的三视图，如图 5-6a 所示，绘制其正等轴测图。

分析：该立体可以看成是由四棱柱（长方体）切去两个三棱柱而形成的。以底面后、右顶点为坐标原点，以三条棱线为坐标轴，如图 5-6a 所示。

作图步骤：

1）画轴测轴 $OX$、$OY$、$OZ$，并画出四棱柱正等轴测图，如图 5-6b 所示。

2）根据尺寸 $a$、$b$，在长方体左上角用正垂面切去一个三棱柱，如图 5-6c 所示。

3）根据尺寸 $c$、$d$，在长方体左前角用铅垂面切去一个三棱柱，如图 5-6d 所示。

4）擦去多余图线，完成正等轴测图，如图 5-6e 所示。

3. 回转体的画法

回转体上的圆形若位于或平行于某个直角坐标面时，在正等轴测图中其投影均为椭圆。而圆形所在的坐标面不同，画出的椭圆长、短轴方向也随之改变，如图 5-7 所示。

绘制回转体的正等轴测图，难点是画椭圆，其余方法同上。

椭圆可以采用坐标法画出圆上一系列点的正等测投影，然后依次光滑连接各点即为椭

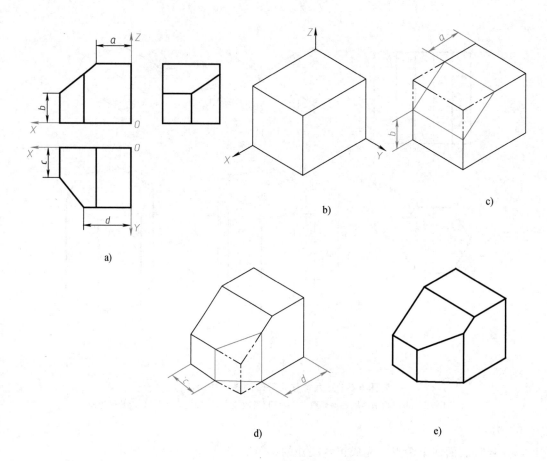

图 5-6 切割立体的正等轴测图作图步骤

a）三视图 b）完整立体的轴测图 c）切顶面三棱柱 d）切前面三棱柱 e）完成轴测图

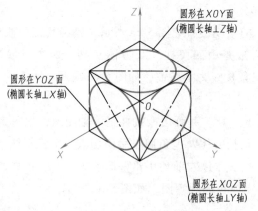

图 5-7 不同坐标面圆形的正等轴测图

圆，这种方法比较烦琐，一般采用"菱形法"近似画椭圆，绘图步骤见表 5-1。

【例 5-3】 根据圆柱的两视图，如图 5-8a 所示，绘制其正等轴测图。

分析：以圆柱体顶面圆的圆心为坐标原点，以中心线和轴线为坐标轴，如图 5-8a 所示。

**表 5-1　正等轴测图椭圆的绘图步骤**

| 步骤 1:作平面圆的外切正方形,切点为 $A$、$B$、$C$、$D$ | 步骤 2:画轴测轴 | 步骤 3:画轴测切点 $A_1$、$B_1$、$C_1$、$D_1$,并作菱形 $E$、$F$、$G$、$H$ |
|---|---|---|
| | | |
| 步骤 4:连接 $A_1F$、$D_1F$、$B_1H$、$C_1H$ 交于 1、2 两点,即得四个圆心点 $F$、$H$、1、2 | 步骤 5:分别以 $F$、$H$ 为圆心,以 $A_1F$ 为半径画大圆弧 | 步骤 6:分别以 1、2 为圆心,以 $1A_1$ 为半径画小圆弧,完成椭圆 |
| | | |

**作图步骤:**

1) 根据表 5-1 的绘图步骤,绘制顶面椭圆,如图 5-8b 所示。

2) 根据尺寸 $h$,将三段椭圆弧圆心 $O_1$、$O_2$、$O_3$ 均沿 $OZ$ 轴方向下移 $h$ 距离,并分别绘制三段椭圆弧,如图 5-8c 所示。

3) 画出左右两条椭圆弧的外公切线,擦去多余图线,完成正等轴测图,如图 5-8d 所示。

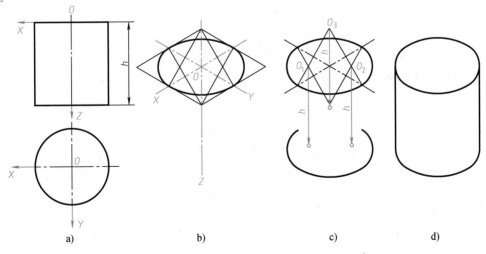

**图 5-8　圆柱正等轴测图的作图步骤**

a) 确定原点和坐标轴　b) 画顶面椭圆　c) 圆心下移 $h$ 画出底圆可见部分

d) 画外公切线,整理完成轴测图

4. 带圆角底板的画法

底板上的圆角即为 1/4 圆柱体，因此在绘制轴测图时，只要绘制 1/4 椭圆即可。

【例5-4】 根据底板的两视图，如图5-9a 所示，绘制其正等轴测图。

**分析**：以底板顶面后、右顶点为坐标原点，以三条棱线为坐标轴，如图5-9a 所示。

**作图步骤**：

1）绘制底板，如图5-9b 所示。

2）作底板两圆角圆弧的圆心 $O_1$、$O_2$，如图5-9c 所示。

3）将两圆心 $O_1$、$O_2$ 沿 $OZ$ 轴方向下移 $h$ 距离，分别画出四条椭圆弧，如图5-9d 所示。

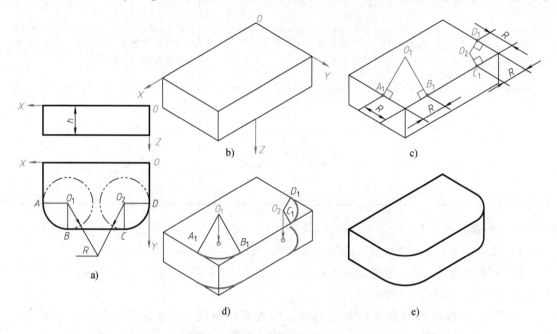

图 5-9　底板正等轴测图的绘图步骤

a）确定原点和坐标轴　b）画四棱柱　c）确定圆心　d）画圆角　e）整理完成轴测图

4）作外公切线，擦去多余图线，完成带圆角底板的正等轴测图，如图5-9e 所示。

## 三、组合体轴测图的画法

画组合体轴测图时，首先应对组合体进行形体分析，然后根据组合体的组合形式，采用上述坐标法、切割法和叠加法等几种方法画出轴测图。

【例5-5】 根据组合体的两视图，如图5-10a 所示，绘制其正等轴测图。

**分析**：运用形体分析法，将该组合体分为底板、带有通孔的形体、竖板三部分组成。该组合体结构各方向均不对称，故以底板底面后、右顶点为坐标原点，以底板三条棱线为坐标轴，如图5-10a 所示。

**作图步骤**：

1）应用坐标法画带圆角的底板并挖孔，如图5-10b 所示。

2）画带有通孔的形体，如图5-10c 所示。

3）应用叠加法画竖板，如图5-10d 所示。

4）擦除多余线，完成组合体轴测图，如图 5-10e 所示。

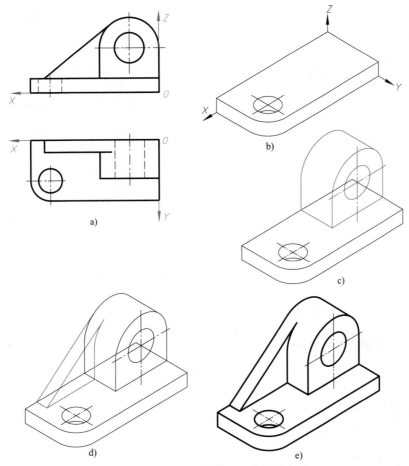

图 5-10　组合体正等轴测图的绘图步骤

a）确定原点和坐标轴　b）画底板　c）画带有通孔的形体　d）画竖板　e）整理完成轴测图

# 第三节　斜二等轴测图

采用斜投影，将物体上的参考直角坐标平面 $XOZ$ 与轴测投影面平行，$Z$ 轴铅垂放置，并按一定的方向投影，得到的图形称为斜二等轴测图，简称斜二测。

## 一、轴间角、轴向伸缩系数

1）轴间角：$\angle XOZ = 90°$，$\angle XOY = \angle YOZ = 135°$。

2）轴向伸缩系数：$p_1 = r_1 = 1$，$q_1 = 0.5$，如图 5-11 所示。

## 二、平行于坐标面圆的斜二等轴测图的画法

在斜二等轴测图中，凡平行于 $XOZ$ 平面的物体均能反映实形，因此当物体上仅有一个方向存在圆或曲线结构时，常用斜二等轴测图来表达，使作图更为简便。不同坐标面上圆形的斜二等轴测图，如图 5-12 所示。平行于 $XOZ$ 平面的圆的斜二等轴测图仍为相同半径的

圆；平行于 $XOY$ 平面和 $YOZ$ 平面的圆的斜二等轴测图则为椭圆。

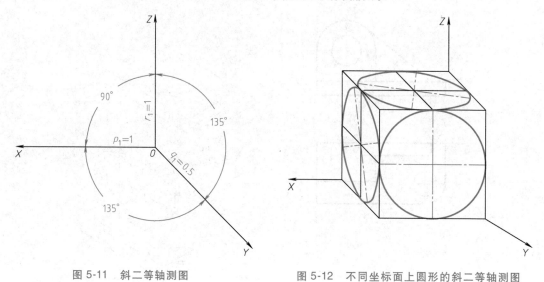

图 5-11 斜二等轴测图    图 5-12 不同坐标面上圆形的斜二等轴测图

### 三、组合体斜二等轴测图的画法

**【例 5-6】** 根据组合体的两视图，如图 5-13a 所示，绘制其斜二等轴测图。

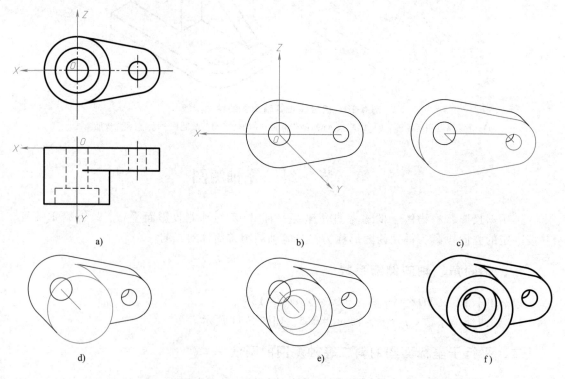

图 5-13 组合体斜二等轴测图的绘图步骤

a）确定原点和坐标轴  b）画底板实形  c）完成底板  d）画叠加圆柱

e）挖阶梯孔  f）完成轴测图

分析：将组合体视为由底板和空心圆柱两部分组成，底板上有两个圆柱孔，空心圆柱为阶梯孔。该组合体结构上下对称，且圆和圆弧均平行于 $XOZ$ 坐标面。绘制轴测图时，以底板后表面大圆弧的圆心作为坐标原点，以中心线和轴线为坐标轴，如图 5-13a 所示。

为了作图清晰，每完成一步均擦除不可见线。

**作图步骤：**

1）画轴测轴，并画出底板和圆柱孔的实形，如图 5-13b 所示。

2）将实形沿 $Y$ 轴方向平移 0.5 倍的底板厚度，画出底板前表面，并画出公切线，完成底板，如图 5-13c 所示。

3）将坐标原点沿 $Y$ 轴正方向平移 0.5 倍的圆柱高度，以此为圆心画出圆柱前表面，并画出公切线，完成底板和圆柱的叠加，如图 5-13d 所示。

4）在圆柱前表面画出空心圆柱的大孔轮廓线，并将圆心沿 $Y$ 轴负方向平移 0.5 倍的大孔深度，再画出大孔底面的可见大圆及阶梯孔的小圆，如图 5-13e 所示。

5）因圆柱阶梯孔的小孔与底板上的孔相通，故只需保留底板后表面的可见圆，最后完成组合体斜二等轴测图，最后如图 5-13f 所示。

# 第四节　轴测图的相关问题

## 一、轴测图的选择方案

工程上常用正等测和斜二测两种方法绘制轴测图，两者各有利弊。就作图简便而言，正等测的轴向伸缩系数简化为 1，且椭圆的近似画法较斜二测简单，故当需要表达的物体有两个方向以上的圆或圆弧结构时，选择正等测，如图 5-14 所示。斜二测有一个平面能反映圆或圆弧的实形，但其余两面的圆或圆弧，其椭圆的画法较为复杂，故当要表达的物体上仅有一个方向的圆或圆弧结构时，选择斜二测较为方便，如图 5-15 所示。

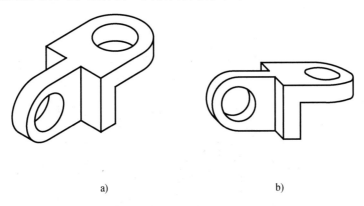

a)                                        b)

图 5-14　两个方向圆结构的正等测和斜二测的比较效果

a）正等测　b）斜二测

## 二、轴测剖视图

剖视图的画法及相关规定将在第六章介绍。轴测剖视图剖面线的方向按规定画法绘制：

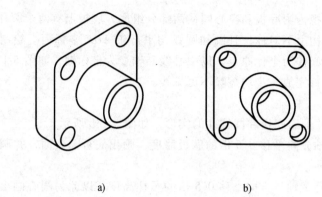

a)                                    b)

图 5-15  一个方向圆结构的正等测和斜二测的比较效果

a）正等测  b）斜二测

正等测剖面线，如图 5-16a 所示；斜二测剖面线，如图 5-16b 所示。

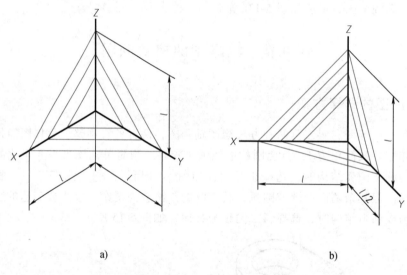

a)                                    b)

图 5-16  轴测剖视图剖面线的规定画法

a）正等测剖面线  b）斜二测剖面线

正等测剖视图，如图 5-17a 所示；斜二测剖视图，如图 5-17b 所示。

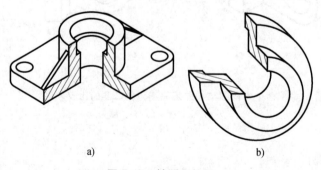

a)                                    b)

图 5-17  轴测剖视图

a）正等测剖视图  b）斜二测剖视图

### 三、轴测装配图

在轴测装配图中，可将剖面线画成方向相反或不同间隔来区别相邻的零件，如图 5-18 所示。

### 四、轴测图中的断裂画法

表示零件中间折断或局部断裂时，断裂处的边界线应画波浪线，并在可见断裂面内加画细点以代替剖面线，如图 5-19 所示。

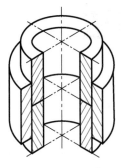
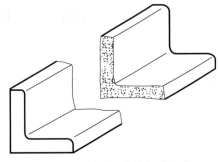

图 5-18　轴测剖视装配图　　　　　　　图 5-19　轴测图中的断裂画法

**121**

## 学 习 指 导

本章重点内容是正等轴测图的画法，难点是圆的轴测画法。

轴测图可增强立体感，进一步提高空间想象力和读图能力。由于轴测图具有比较直观的立体效果，并且比较容易绘制，使初学者更易看懂和想象，因此在日常生活和实际生产中更多地作为辅助图样应用。建议画轴测图时与三视图结合起来，两者相互转换更能体现轴测图的优势和实用性；在读图过程中，采用徒手画轴测图更方便快捷；掌握了轴测图的画法，对产品设计会有很大帮助。

#### 复习思考题

1. 正等测和斜二测图的轴向伸缩系数和轴间角分别是多少？两者在应用时怎样选择？
2. 轴测图的投影特性有哪些？怎样运用到画图中？
3. 分析三视图的平面圆与相应正等测图的椭圆长短轴方向有何联系？
4. 怎样快速地画出正等测图的 1/4 圆角？
5. 轴测剖视图的剖面线有什么规定画法？

# 第六章

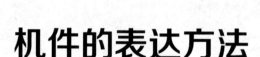

# 机件的表达方法

**学习要点**

◆ 掌握视图的四种表达方法及其相关规定。

◆ 重点掌握剖视图和断面图的表达方法。

◆ 掌握图样的规定画法和简化画法。

◆ 了解第三角投影作图方法。

在生产实际中，机器零件的形状和结构是多种多样的，对于复杂的机件仅用三视图是难以将它们表达清楚的。为了能准确、完整、清晰地表达出机件的内外结构形状，国家标准在《技术制图》和《机械制图》中规定了各种画法，下面主要介绍这些规定画法的内容和应用。

本章采用的国家标准主要有：《技术制图 通用术语》（GB/T 13361—2012）、《技术制图 图样画法 视图》（GB/T 17451—1998）、《机械制图 图样画法 视图》（GB/T 4458.1—2002）、《技术制图 图样画法 剖视图和断面图》（GB/T 17452—1998）、《机械制图 图样画法 剖视图和断面图》（GB/T 4458.6—2002）、《技术制图 图样画法 剖面区域的表示法》（GB/T 17453—2005）、《机械制图 剖面区域的表示法》（GB/T 4457.5—2013）、《技术制图 简化表示法》（GB/T 16675.1—2012）等。

## 第一节 视 图

视图通常用来表达机件的外部结构和形状，一般只画出机件的可见部分，必要时才用细虚线画出其不可见部分。

视图的种类有基本视图、向视图、局部视图和斜视图。

### 一、基本视图

为了表达机件上下、左右、前后六个基本方向的结构形状，可在原来三个投影面的基础上对应地再增设三个投影面，组成一个正六面体，正六面体的六个面称为基本投影面，将机件向基本投影面投射所得的视图称为基本视图。六个基本视图的名称及展开方式如图6-1所示。在同一张图纸内，基本视图按如图6-2所示的位置配置时，可不标注视图的名称。

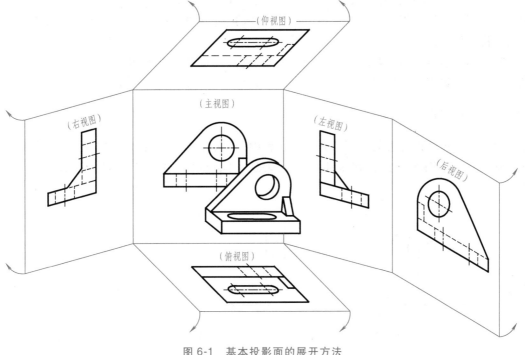

图 6-1  基本投影面的展开方法

**123**

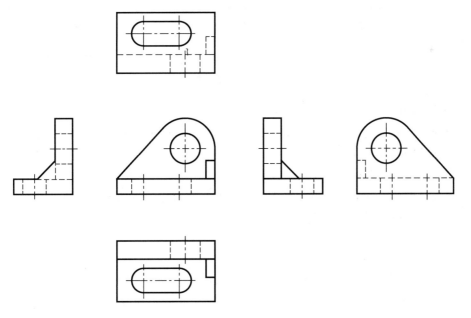

图 6-2  基本视图的配置

**绘制六个基本视图时应注意：**

1）投影对应关系：符合"三等"规律，即主、俯、仰、后视图"长对正"；主、左、右、后视图"高平齐"；左、右、俯、仰视图"宽相等"。

2）位置对应关系：对应机件前、后方位的是左、右、俯、仰视图，其远离主视图的那侧代表前面，靠近主视图的那侧代表后面；机件的左、右方位比较直观，但注意后视图的左侧对应机件的右面。

3）实际绘图时，应根据机件的形状和结构特点，按需选择视图，在完整、清晰地表达机件形状的前提下，使视图数量最少。一般优先选用主、俯、左三个基本视图。

## 二、向视图

向视图是可自由配置的视图。在设计过程中，当机件的六个基本视图不能按规定配置或不能画在同一张图纸上时，则采用向视图表达，同时在向视图上方进行标注，如图 6-3 所示。

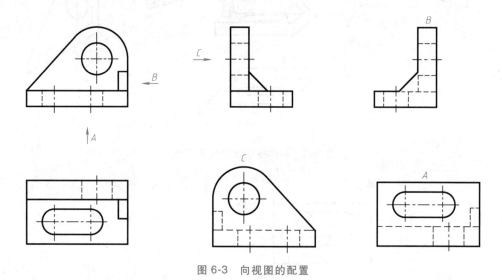

图 6-3　向视图的配置

**配置向视图时应注意：**

1）向视图的上方应标注该向视图的名称，即用大写拉丁字母"×"，在相应的视图附近用箭头指明投射方向，并标注相同的字母。

2）如果配置多个向视图，字母应按顺序注写。

3）表示投射方向的箭头尽量配置在主视图上；以向视图表达后视图时，箭头尽量配置在左视图上，如图 6-3 所示的"C 向视图"。

## 三、局部视图

局部视图是将机件的某一部分结构向基本投影面投射所得的视图，主要用于表达机件的局部外形。局部视图可以按基本视图的形式配置，也可按向视图的形式配置，如图 6-4 所示。

**配置局部视图时应注意：**

1）按基本视图的形式配置，中间又无其他图形隔开时，可省略标注，如图 6-4b 中无标注的局部视图。

2）按向视图的形式配置，局部视图应按向视图的要求进行标注，如图 6-4b 中的"A"

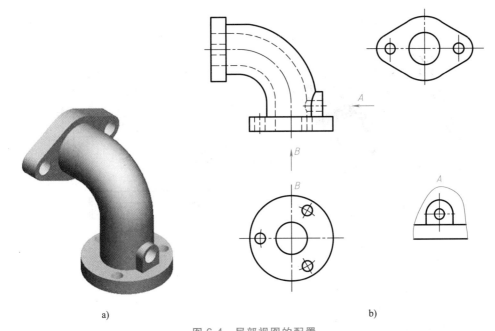

a)                                                                          b)

图 6-4  局部视图的配置

a）机件立体图   b）主视图及局部视图

和"*B*"向局部视图。

3）局部视图表达机件分离出来的部分结构，通常分离边界用波浪线或双折线来绘制，但波浪线不能超出机件的轮廓线，也不能穿空而过，如图 6-4b 中的"*A*"向局部视图。

4）当局部结构是完整的，且外形轮廓线封闭时，波浪线可省略不画，如图 6-4b 中的"*B*"向局部视图和无标注的局部视图。

### 四、斜视图

斜视图是机件向不平行于基本投影面的平面投射所得的视图，主要用于表达机件上倾斜结构的实形。例如，图 6-5a 所示的机件，如果采用图 6-5b 所示的基本视图来表达，显然机件上的倾斜结构在俯视图和左视图中均不能反映该结构的实形；若新增一个与倾斜结构平行且与正面垂直的投影面，将倾斜结构向新增投影面投射，就可得到能反映倾斜结构实形的视图，该视图仅是机件的一部分，故用波浪线将其断开，如图 6-5c 所示的"*A*"斜视图。

**配置斜视图时应注意：**

1）斜视图通常按向视图的形式配置并标注，字母始终为水平位置。

2）必要时，允许将斜视图旋转配置。表示斜视图名称的字母应靠近旋转符号的箭头端，旋转符号如图 6-5d 所示（*h* 为字体高度，$R=h$，符号笔画宽度为字高的 1/10 或 1/14），箭头指向应与斜视图旋转的实际方向一致，沿顺时针或逆时针方向均可。斜视图的几种形式如图 6-5c 所示。

3）当斜视图的局部结构是完整的，且外形轮廓线封闭时，波浪线可省略不画。

**125**

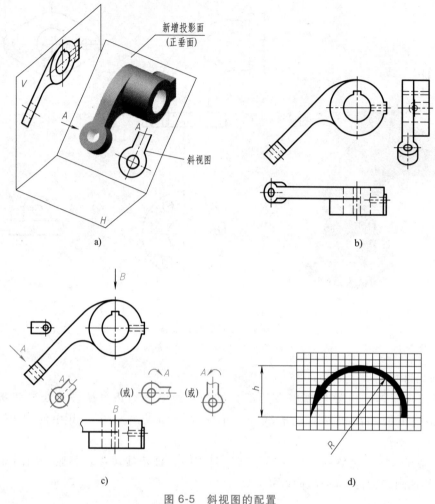

图 6-5　斜视图的配置

a）斜视图的形成　b）基本视图表达机件　c）斜视图及其标注　d）旋转符号

# 第二节　剖　视　图

如果用视图来表达机件，对于不可见部分需用细虚线来表示，若内部结构比较复杂，则视图中就会出现很多虚线，这些虚线还可能与其他图线重叠，这样既影响视图的清晰和识图，又不便于标注尺寸。因此，国家标准规定用剖视图来表达机件的内部结构和形状。本节将介绍剖视图的相关规定及应用。

## 一、剖视图表示法

### 1. 基本概念

假想用剖切面剖开机件，将处在剖切面和观察者之间的那部分移去，而将其余部分向投影面投影所得的图形称为剖视图，简称剖视。剖切机件的假想平面或曲面称为剖切面，剖切面起、讫和转折位置及投射方向用剖切符号表示；剖切面与机件接触的部分称为剖面区域，一般采用剖面符号填充该区域。剖视图的基本概念如图 6-6 所示。

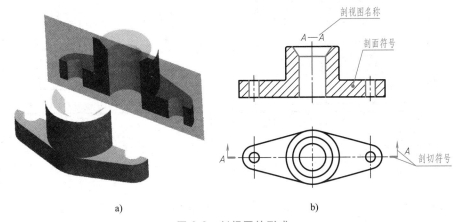

图 6-6　剖视图的形成

a）剖切机件　b）剖视图的基本概念

### 2. 剖视图的画法

（1）确定剖切面的位置　通常用平面（也可用柱面）作为剖切面，一般应通过机件内部孔、槽等结构的轴线或机件对称面，且使其平行于相应的基本投影面，以使这些结构的投影反映实形。

（2）画剖视图　用粗实线画出剖切到的孔、槽等结构的轮廓线，并将机件的可见轮廓线全部画出，如图 6-6b 所示的主视图。

（3）画剖面符号　国家标准规定了常用的剖面符号，见表 6-1。当不需表示材料类别时，可采用通用剖面线表示剖面区域，通用剖面线用相互平行的细实线绘制，且与主要轮廓线或剖面区域的对称线成 45°（间距应与剖面区域大小适宜）。

表 6-1　常用的剖面符号

| 金属材料(已有规定剖面符号者除外) | | 木质胶合板(不分层数) | |
| --- | --- | --- | --- |
| 线圈绕组元件 | | 基础周围的泥土 | |
| 转子、电枢、变压器和电抗器等的叠钢片 | | 混凝土 | |
| 非金属材料(已有规定剖面符号者除外) | | 钢筋混凝土 | |
| 型砂、填砂、粉末冶金、砂轮、陶瓷刀片、硬质合金刀片等 | | 砖 | |
| 玻璃及供观察用的其他透明材料 | | 格网(筛网、过滤网等) | |

（续）

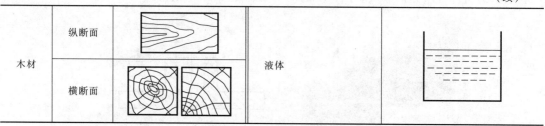

| 木材 | 纵断面 | | 液体 | |
| --- | --- | --- | --- | --- |
| | 横断面 | | | |

注：剖面符号仅表示材料的类型，材料的名称和代号另行注明。

**画剖视图时应注意：**

1）剖视图是假想将机件剖切后画出的视图，其他没有剖切的视图仍按完整的机件绘制。

2）剖视图中被挡住的不可见轮廓线一般在其他视图中已表达清楚，故可省略不画；只有对尚未表达清楚的结构才用虚线画出。

3）在剖切面后面的可见轮廓线应全部画出，不能遗漏，如图 6-7 所示，初学者经常漏画这些图线，必须引起重视。

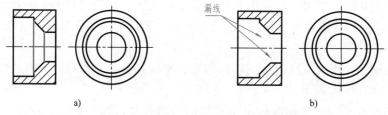

漏线

a)                                            b)

图 6-7　剖切面后面的轮廓线必须画出

a）正确画法　b）漏画轮廓线

4）同一机件用几个剖视图表达时，所有剖面线应一致（间距相等、方向相同），如图 6-8 所示；当某个剖视图的主要轮廓线为 45°时，该图的剖面线应画成 30°或 60°，如图 6-9 所示。

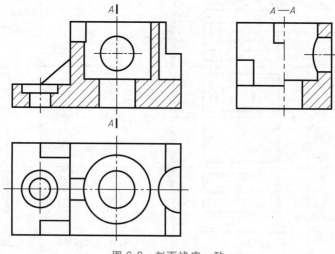

图 6-8　剖面线应一致

3. 剖视图的标注

（1）画剖切符号　剖切面的位置用剖切线（即表示剖切面位置的细点画线，也可省略不画）或粗短画（线宽 $d$，长度约 $6d$）表示；投射方向用箭头表示。如图 6-6b 所示的俯视图。

（2）注写名称　在剖视图的上方用大写拉丁字母标出剖视图的名称"×—×"，在剖切符号附近标注同样的字母"×"，如图 6-6b 所示。

**标注剖视图时应注意：**

1）当剖视图按投影关系配置，与相应视图之间无其他图形隔开时，可省略箭头标注。例如，图6-8、图 6-9 中的标注可省略箭头。

2）当单一剖切面通过机件的对称或基本对称面，且剖视图按投影关系配置，与相应视图之间无其他图形隔开时，可省略标注。例如，图 6-6、图6-7中的所有标注均可省略。

图 6-9　剖面线的特殊角度

## 二、剖视图的种类

根据剖切范围的不同，剖视图可分为全剖视图、半剖视图和局部剖视图。

1. 全剖视图

（1）定义　用剖切面完全将机件剖开所得的剖视图称为全剖视图，如图 6-10 所示。

（2）应用　全剖视图用于表达外形比较简单，内部结构比较复杂，且不对称方向的机件或外部形状相对简单的对称机件。例如，图 6-10 所示的机件，外形结构简单，而空腔结构较复杂，该机件前、后对称，上下和左右均不对称（此两个方位均在主视图中反映），故采用全剖主视图能表达出内部各结构特征（其形状在俯视图中已表达清楚）。

（3）标注　全剖视图的标注要求如上所述。例如，图 6-10 所示的剖视图可省略标注。

**129**

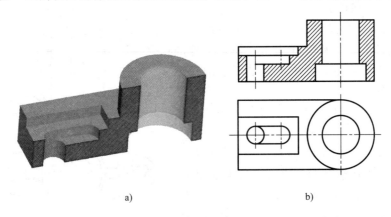

a)　　　　　　　　　　　　　　b)

图 6-10　全剖视图
a）机件立体图　b）全剖视图

2. 半剖视图

（1）定义 当机件具有对称平面时，向垂直于对称平面的投影面上投射所得的图形，并以对称中心线为界，一半画成剖视图，另一半画成视图，称为半剖视图，如图6-11所示。

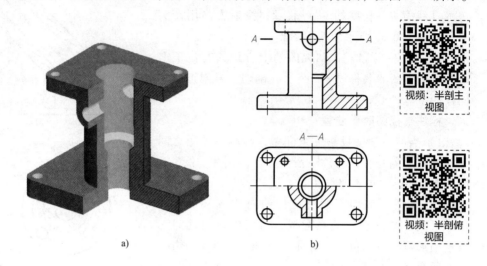

a)

b)

视频：半剖主视图

视频：半剖俯视图

图 6-11 半剖视图

a）机件立体图 b）半剖视图

（2）应用 当机件的内、外形状均需表达，且具有对称平面；或机件的形状接近于对称，且不对称部分已在其他图形中表达清楚时，均可采用半剖视图，如图6-12所示（肋的规定画法见本章第五节）。例如，图6-11所示的机件是左、右对称结构（前、后也对称），采用半剖主视图，既保留了外形及凸台，又显示了内部的空腔结构；同理，采用半剖俯视图，既保留了上端盖的形状，又表达了凸台的孔及中部圆柱的形状。请读者自己分析一下，若采用全剖主视图和俯视图会产生哪些问题？是否需要画左视图？

（3）标注 半剖视图的标注方法与全剖视图相同。例如，图6-11所示的半剖俯视图，因机件无上、下对称结构，故剖切面的位置必须标注。

**画半剖视图时应注意：**

1）半剖视图中的视图与剖视图的分界线必须画成细点画线，不能用粗实线表示。如果机件的轮廓线与对称中心线重合，则不宜采用半剖视图表达。

2）由于半剖视图同时表达了机件的内、外结构形状，故视图中的相应虚线可省略不画。

3）当机件的形状接近于对称，且不对称部分已在其他图形中表达清楚时，也可采用半剖视图。如图6-12所示，虽然机件的左、右不完全对称，但用半剖视图可以清楚地表达出其外形及内部结构（图中肋板的纵向剖切按不剖绘制，故绘制肋板时应注意左、右的区别）。

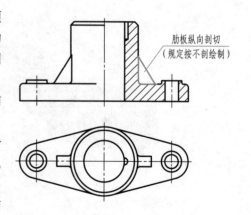

肋板纵向剖切
（规定按不剖绘制）

图 6-12 半剖视图表达基本对称的机件

130

3. 局部剖视图

（1）定义　用剖切面局部地剖开机件所得的剖视图称为局部剖视图，如图 6-13 所示。

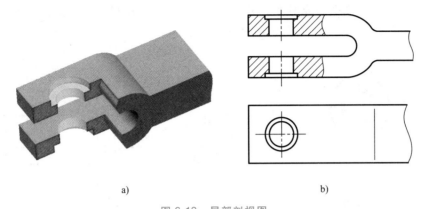

a)                                    b)

图 6-13　局部剖视图

a）机件立体图　b）局部剖视图

（2）应用　局部剖视图主要用于内、外形均需表达的不对称机件，这是一种比较灵活的表达方法，其剖切范围可根据实际需要选取，但在一个视图中不能过多地选用局部剖视图，否则给识图带来困难。

（3）标注　当采用一个剖切面剖切机件且剖切位置明显时，可省略标注。若需要标注时，与全剖视图的标注要求完全相同。

**画局部剖视图时应注意：**

1）局部剖视图的剖切部分与视图部分之间用细波浪线分界，波浪线应画在机件的实体处，不可超出轮廓线，也不应与轮廓线重合。局部剖视图中常见错误及正确画法如图 6-14 所示。

**131**

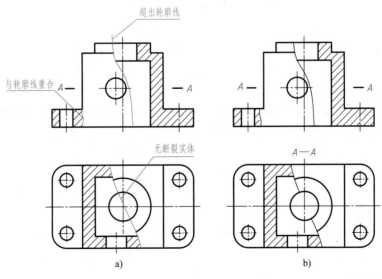

图 6-14　局部剖视图的正误对照

a）错误画法　b）正确画法

2）局部剖视图的被剖结构为回转体时，允许将该结构的轴线作为视图与局部剖视图的分界线，如图 6-15 所示。

3）在不必采用全剖视图或不宜采用半剖视图时，可采用局部剖视图，并尽可能地把机件的内、外轮廓线表达清楚，如图 6-16 所示。

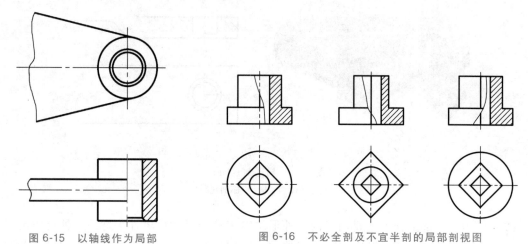

图 6-15　以轴线作为局部剖视图的分界线

图 6-16　不必全剖及不宜半剖的局部剖视图

### 三、剖切面的种类

国家标准规定的剖切面有：单一剖切面、几个平行的剖切平面、几个相交的剖切面。无论采用哪种剖切面剖开机件，均可获得全剖视图、半剖视图和局部剖视图。

#### 1. 单一剖切面

单一剖切面可以是单一平面或单一柱面。前述各种剖视图均是采用单一剖切平面且平行于基本投影面剖切的方法。若机件上有倾斜结构需要剖切时，可采用一个不平行于任何基本投影面但平行于倾斜结构，且垂直于某一基本投影面的剖切平面将机件剖开，然后将倾斜结构向平行于剖切平面的投影面投射，所得的剖视图反映倾斜结构的实形，如图 6-17 中的"A—A"全剖视图，既表达了凸台孔的真实结构，又表达了斜板的实形。

**绘制剖视图时应注意：**

1）用单一剖切平面倾斜剖切，剖视图必须标注，且最好配置在箭头所指的方向，并与基本视图保持投影关系。例如，图 6-17b 中的左上角"A—A"剖视图。为了合理利用图纸，也可将其平移到其他适当位置。例如，图 6-17b 中的右下角"A—A"剖视图。

2）在不引起误解时，也可将图形旋转，并在转正的剖视图上方标注旋转符号，字母应靠近旋转符号的箭头端。例如，图 6-17b 中的右上角"A—A ⌒"剖视图。

#### 2. 几个平行的剖切平面

当机件上有多种内部结构且分布层次不一时，用一个剖切平面不能将这些结构表达清楚，则要采用几个相互平行的剖切平面（平行于基本投影面）依次剖切，如图 6-18 所示。

**绘制剖视图时应注意：**

1）必须用剖切符号表示出几个剖切平面的起、迄和转折位置，并标注相同字母和剖视图的名称。若剖视图是按投影关系配置且中间无其他图形隔开时，可省略箭头，如图 6-18

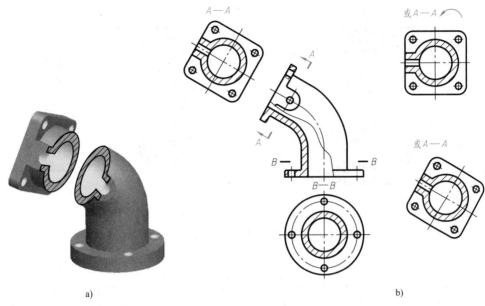

图 6-17　单一剖切平面获得的剖视图
a）机件立体图　b）剖视图

**133**

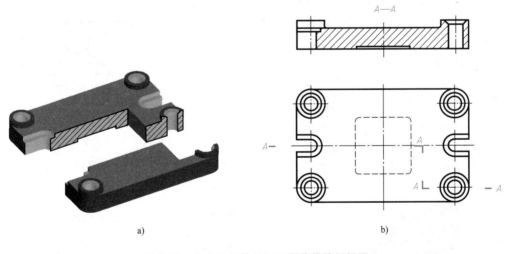

图 6-18　几个平行的剖切平面获得的剖视图
a）机件立体图　b）剖视图

所示。

2）剖切平面之间必须垂直转折，若转折处位置有限，而又不引起误解时，允许省略字母。在剖视图中不应画出剖切平面转折处的分界线，如图 6-19a 所示。

3）剖切平面转折处不能与视图中的轮廓线重合，如图 6-19b 所示。

4）剖视图中一般不应出现不完整要素。仅当两个要素在图形上具有公共对称中心线或轴线时，允许以对称中心线或轴线为分界线各画一半，如图 6-20 所示。

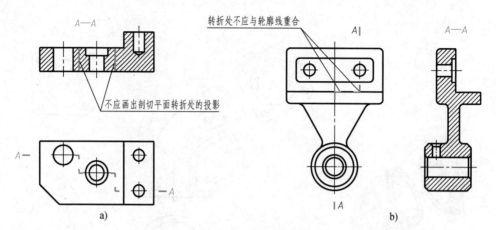

图 6-19 平行平面剖切常见错误画法

a）不应画出剖切平面转折处的投影 b）转折处不应与轮廓线重合

### 3. 几个相交的剖切面

当机件具有公共回转轴线，其上的多种结构分布在几个相交平面上时，用一个剖切面或几个平行的剖切面均不能将这些结构表达清楚，即可采用几个相交的剖切面（交线垂直于某个基本投影面）进行剖切，然后将倾斜的剖切面及其剖切结构一起沿轴线旋转到与其他剖切面共面，再绘制剖视图（注意：旋转后的结构位置发生变化），如图 6-21 所示。

**绘制剖视图时应注意：**

1）必须用剖切符号表示出几个剖切面的起、讫和转折位置，注写相同字母和剖视图的名称，标注投射方向，如图 6-21 所示。当转折位置有限而又不引起误解时，允许省略转折处的字母。

2）位于剖切面后面的其他结构一般仍按原位置画出投影。例如，图 6-21 中的局剖小

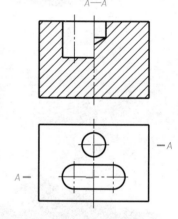

图 6-20 两结构要素具有
公共轴线

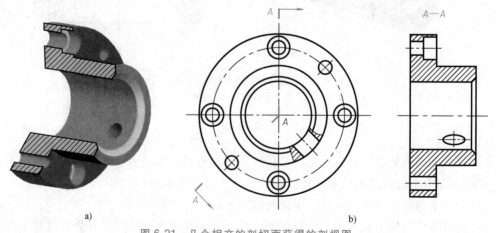

图 6-21 几个相交的剖切面获得的剖视图

a）机件立体图 b）剖视图

孔，在左视图中的投影是椭圆。

3）机件上的结构比较复杂时，可以采用连续几个相交的剖切面进行剖切，但剖视图应按展开画出，并在剖视图上方标注"×—×展开"，如图 6-22 所示。

4）若剖切后产生不完整要素，应将此结构要素按不剖绘制，如图 6-23 所示。

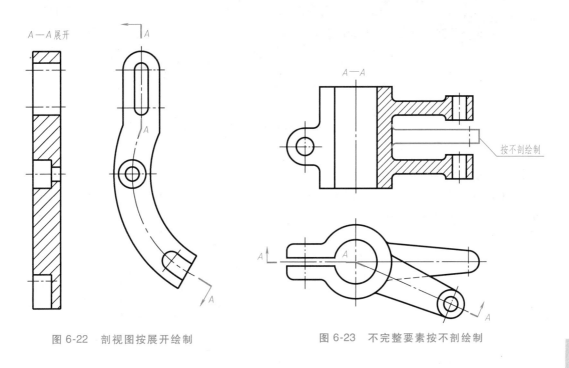

图 6-22　剖视图按展开绘制　　　　　图 6-23　不完整要素按不剖绘制

**135**

## 第三节　断　面　图

### 一、断面图的概念

利用假想剖切平面将机件的某处切断，仅画出剖切平面与机件接触部分的图形称为断面图，简称断面。断面图主要用于表达轴上槽或孔的深度以及机件上肋板、轮辐等结构的断面形状。如图 6-24 所示，在主视图中已表示了轴上的键槽和小孔的形状和位置，但不能表达其深度，此时可假想用两个剖切平面分别将轴切断，仅画出剖切断面的形状，即可完整、清晰地表达出键槽深度和小孔是通孔结构，如图 6-24b 所示。

断面图与剖视图的区别在于：断面图是机件上剖切处断面的投影；剖视图是剖切面后面机件的投影，既要画出断面的投影，还要画出所有的可见轮廓线，如图 6-24c 所示。

### 二、断面图的种类

断面图可分为移出断面图和重合断面图。

1. 移出断面图

移出断面图应画在视图之外，轮廓线用粗实线绘制，一般配置在剖切线（剖切线是表示剖切位置的线，用细点画线表示）的延长线上或其他位置，如图 6-25 所示。

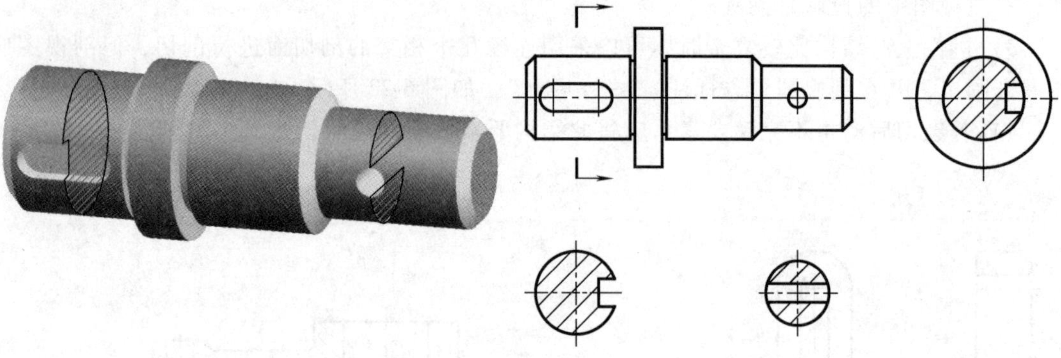

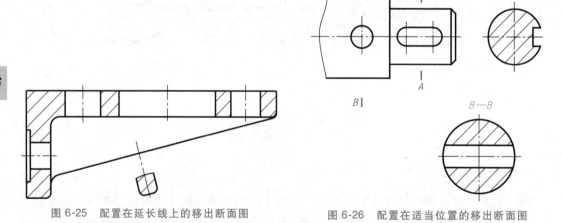

图 6-24 断面图的概念

a）机件 b）断面图 c）剖视图

**绘制移出断面图时应注意：**

1）移出断面图可按投影关系配置，如图 6-26 中的 *A—A*；必要时，也可配置在其他适当位置，如图 6-26 中的 *B—B*。

图 6-25　配置在延长线上的移出断面图

图 6-26　配置在适当位置的移出断面图

2）移出断面图对称时，也可画在视图的中断处（不必标注），如图 6-27 所示。

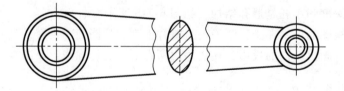

图 6-27　配置在视图中断处的移出断面图

3）由两个或多个相交的平面剖切所得的移出断面图，中间一般应断开，如图 6-28 所示。

4）当剖切平面通过由回转面形成的孔或凹坑的轴线时，则这些结构按剖视图绘制，如图 6-29 所示。

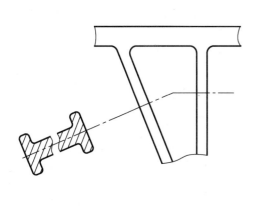

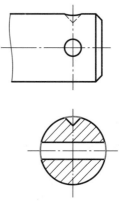

图 6-28　断开的移出断面图

图 6-29　按剖视图要求绘制的移出断面图（一）

5）当剖切平面通过非圆孔，会导致出现完全分离的断面时，则这些结构应按剖视图要求绘制，如图 6-30 所示。

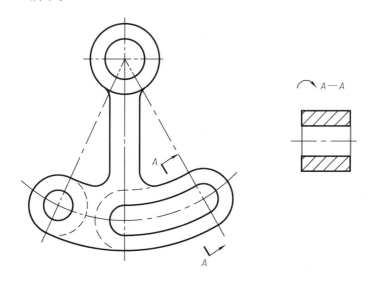

图 6-30　按剖视图要求绘制的移出断面图（二）

移出断面图的标注与剖视图的标注基本相同，完整的标注应包含：剖切符号、投射方向、字母及断面图的名称。

**标注移出断面图时应注意：**

1）当不对称移出断面图配置在剖切符号延长线上时，可省略字母，如图 6-24 所示。

2）当对称的移出断面图配置在剖切线的延长线上时，可省略标注，如图 6-25 所示。

3）任何位置的对称移出断面图或按投影关系配置的不对称移出断面图，均可省略箭头，如图 6-26 所示。

**提示：**移出断面图的相关规定比较多，读者在画图过程中要正确使用这些规定。例如，请读者分析如图 6-31 所示的移出断面图，它们在标注和画法上的不同之处。

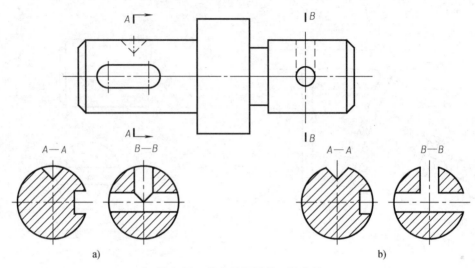

图 6-31 移出断面图的正误比较

a）正确 b）错误

2. 重合断面图

重合断面图应画在视图之内，轮廓线用细实线绘制。当断面形状简单且不影响图形清晰时，才可用重合断面图表达，如图 6-32 所示。

**绘制及标注重合断面图时应注意：**

1）当视图中的可见轮廓线与重合断面图的轮廓线重叠时，视图中的可见轮廓线仍应连续画出，不可间断。

2）不对称的重合断面图当投射方向明确时可省略标注，如图 6-33a 中的箭头可省略；对称的重合断面图不必标注，如图 6-33b 所示。

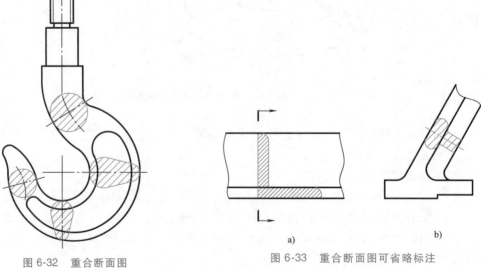

图 6-32 重合断面图

图 6-33 重合断面图可省略标注

a）不对称的重合断面图 b）对称的重合断面图

## 第四节　规定画法和简化画法

### 一、局部放大图

局部放大图是将图样中所表示的机件部分结构，用大于原图形的比例所绘出的图形。

局部放大图可画成视图，也可画成剖视图、断面图，它与被放大部分的表示方法无关，如图 6-34 所示为机件上有两处被放大的局部放大图。

局部放大图主要用于表达机件上的某些细小结构，或视图中不易表达清楚或不便于标注尺寸的情况。局部放大图应尽量配置在被放大部位的附近。

**绘制局部放大图时应注意：**

1）除螺纹牙型、齿轮和链轮的齿形外，应将被放大的部位用细实线圆圈出，并以国家标准规定的放大比例画出该部位的局部放大图。

2）当同一机件上有几个部位需要被放大时，应用罗马数字依次标明被放大的部位，并在局部放大图的上方标出

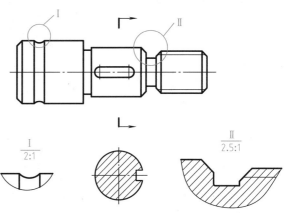

图 6-34　有两处被放大的局部放大图

相应的罗马数字和采用的比例，以示区别，如图 6-34 所示。若机件上只有一处部位被放大时，只需在局部放大图的上方注明所采用的比例。

3）必要时可用几个图形来表达同一个被放大部位的结构，如图 6-35 所示。

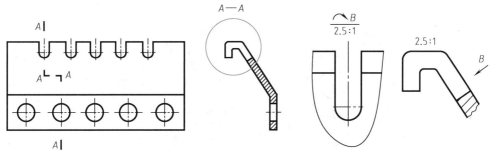

图 6-35　同一部位用几个局部放大图来表达

4）在局部放大图表达完整的前提下，允许在原视图中简化被放大部位的图形，如图 6-36 所示。

5）局部放大图采用的比例是指该图形尺寸与机件实际尺寸的线性之比，而与原图形采用的比例无关。

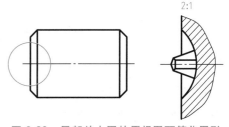

图 6-36　局部放大图的原视图可简化图形

## 二、剖视图和断面图的简化画法

1）对于机件上的肋、轮辐及薄壁等结构，如按纵向剖切，这些结构都不画剖面符号，而用粗实线将它与其邻接部分分开，如图 6-37 所示。

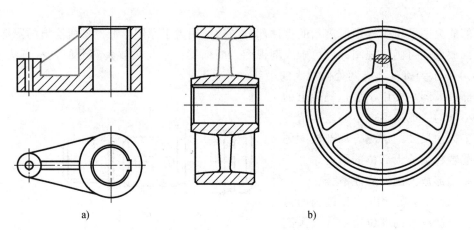

图 6-37　机件上肋、轮辐的纵向剖切

a）肋的剖切　b）轮辐的剖切

2）带有规则分布结构要素的回转零件，需要绘制剖视图时，可以将其结构要素旋转到剖切平面上绘制，如图 6-38 所示。

**140**

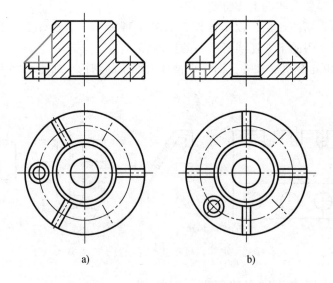

a）　　　　　　　　　　b）

图 6-38　带有规则结构要素的回转零件的剖视图

a）示例一　b）示例二

3）在剖视图的剖面区域中，可再做一次局部剖视。采用这种方法表达时，两个剖面区域的剖面线应同方向、同间隔，但要互相错开，并用引出线标注其名称，如图 6-39 所示。

4）在不致引起误解的情况下，剖面符号可以省略，如图 6-40 所示。

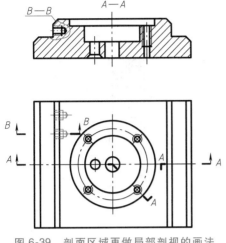

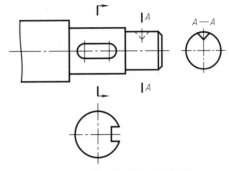

图 6-39　剖面区域再做局部剖视的画法　　　　　图 6-40　省略剖面符号的画法

### 三、重复性结构的画法

1）当机件具有若干相同结构（如齿、槽等）并按一定规律分布时，只需画出几个完整的结构，其余用细实线连接，在零件图中则必须注明该结构的总数，如图 6-41 所示。

2）若干直径相同且成规律分布的孔，可以仅画出一个或少量几个，其余只需用细点画线或"+"表示其中心位置，如图 6-42 所示。

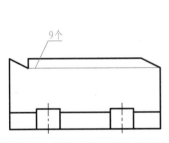

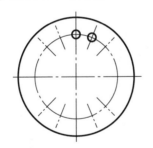

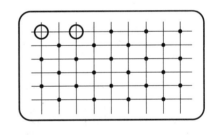

图 6-41　机件上相同结构的画法　　　　　图 6-42　直径相同且成规律分布的孔的画法

### 四、按圆周分布的孔的画法

圆柱形法兰和类似零件上均匀分布的孔，可以按如图 6-43 所示的方法表示。

### 五、网状物及滚花表面的画法

网状物、滚花等结构，一般采用在轮廓线附近用粗实线局部画出的方法表示，如图 6-44 所示，也可省略不画。

### 六、断裂的画法

较长的机件（轴、杆、型材、连杆等）沿长度方向的形状一致或按一定规律变化时，可断开后缩短绘制，但必须标注实际尺寸，断裂边界用细波浪线或细双折线绘制，如图 6-45 所示。

图 6-43　法兰上均匀分布的孔的画法

图 6-44　网状物及滚花表面的画法

图 6-45　连杆、轴的折断画法

## 七、对称机件的画法

在不致引起误解时，对称机件的视图可只画一半或四分之一，并在对称中心线的两端画出两条与对称中心线垂直的平行细实线，如图 6-46 示。

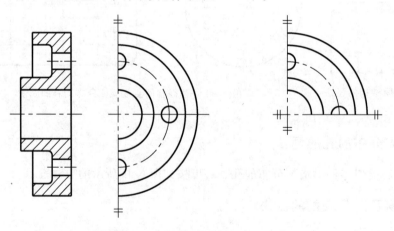

图 6-46　对称机件的画法

## 八、一些细部结构的画法

1）当回转体零件上的平面在图形中不能充分表达时，可用两条相交的细实线表示，如图 6-47 所示。

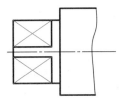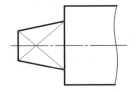

图 6-47　回转体上的平面画法

2）在不致引起误解时，图形中的过渡线、相贯线可以简化，如用圆弧或直线代替非圆曲线，如图 6-48 所示。

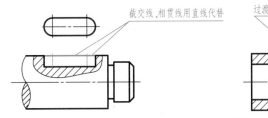

图 6-48　相贯线及过渡线的画法

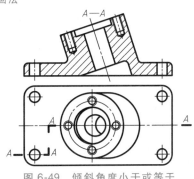

3）与投影面倾斜角度小于或等于 30°的圆或圆弧，手工绘图时，其投影可用圆或圆弧代替，如图 6-49 所示。

4）当机件上较小的结构及斜度等已在一个图形中表达清楚时，其他图形应当采用简化画法或省略画法，如图 6-50 所示。

5）在不致引起误解时，机件上的小圆角、小倒圆或 45°小倒角，在图中允许省略不画，但必须注明其尺寸，如图 6-51 所示。

图 6-49　倾斜角度小于或等于
30°的圆或圆弧的画法

**143**

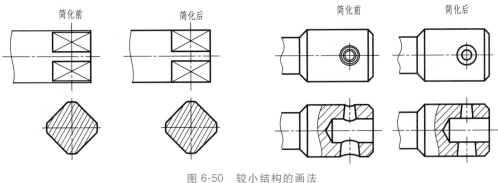

图 6-50　较小结构的画法

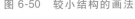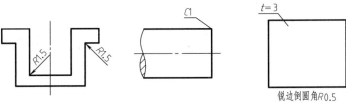

图 6-51　小圆角、45°小倒角的画法

6）机件上斜度或锥度等小的结构，若在一个图形中已表达清楚时，其他图形可按较小端画出，如图 6-52 示。

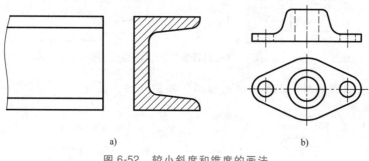

a)                                  b)

图 6-52  较小斜度和锥度的画法

a）较小斜度  b）较小锥度

# 第五节  表达方法综合应用举例

由于机件具有结构和形状的多样性，因此用图形表示机件时，应根据零件的结构特点，综合应用视图、剖视图、断面图、规定画法等各种表达方法，使得零件各部分的结构形状能表达确切且清晰，同时要求图形数量尽量减少、投影作图简洁方便。有时，同一零件可能有几种不同的表达方案，此时还应考虑尺寸标注，零件加工等问题。

选择主视图时，通常选择最能反映机件形状特征及主要部分相对位置特征的投射方向作为主视图的投射方向，尽量使机件的主要轴线或主要平面平行于基本投影面。

选择其他视图时应根据机件的结构特点，尽量做到"少而精"，避免重复画出已表达清楚的结构。

下面以两个示例来说明机件表达方法的综合应用。

**【例 6-1】** 确定如图 6-53 所示连杆的表达方案。

**分析：** 由立体图看出：连杆由四部分构成，即上、下两个圆筒（其轴线异面垂直）、凸台（其端面与基本投影面不平行）、十字形肋板（连接两圆筒）；以轴测方向看出：连杆在上下、前后方向不对称，左右方向除凸台之外为对称。

**绘图步骤：**

1）选择主视图。根据连杆的结构特点，以下方圆筒轴线侧垂放置作为主视图的投射方向，这样可以将连杆四部分的构成特征、位置特征及形状特征充分表达出来；在主视图中采用局部剖视图，用于表达下方圆筒的内部结构。

2）选择左视图。主要表达上方圆筒与肋板的前后位置关系；在左视图中采用局部剖视图（用两个相交的剖切面），用于表达上方圆筒及凸台上两个孔的内部结构。

3）选择斜视图。主要表达凸台的实形及两孔的位置。

4）选择移出断面图。主要表达十字肋板的断面形状，更直观

图 6-53  连杆立体图

地显示两肋板的厚度。

5）确定表达方案。通过对连杆结构及形状的综合分析，最终确定的表达方案如图6-54所示。

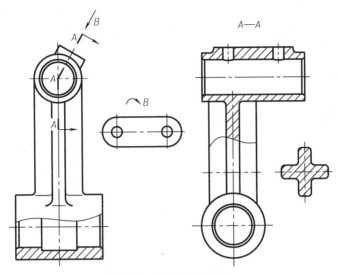

图 6-54　连杆的表达方案

【例 6-2】　确定如图 6-55a 所示四通管的表达方案。

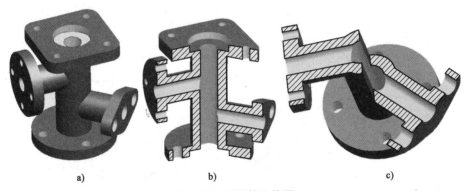

图 6-55　四通管立体图
a）外形　b）前后剖切　c）上下剖切

**分析**：该四通管由三部分构成：主管（上、下带法兰盘）、上支管（左端带法兰盘）、下支管（右端带法兰盘），其内部上、下、左、右贯通。

**绘图步骤**：

1）确定主视图。由于四通管的主管及上、下支管的轴线不共面，故根据该机件的结构特点，将下支管的轴线侧垂放置作为主视图的投射方向较为合理。主视图采用两个相交的剖切面得到 A—A 局部剖视图，用于表达四通管内部互通的关系，上端的局部剖视图用于表达该法兰盘的通孔结构，如图 6-55b 所示。

2）确定俯视图。俯视图采用两个平行的剖切面得到 B—B 全剖视图，既表达了底板的形状，又表达了上、下支管的相对位置，同时也表达了主管的内外径，如图 6-55c 所示。

3）其他视图。该四通管的主要结构形状已经由主、俯视图表达清楚，故可以省略左视图。但是除底部法兰盘的形状已明确外，其余三个法兰盘的形状在这两个视图中均没有表示清楚，因此采用 C 向局部视图可表达上端法兰的形状及安装孔的位置；采用 D—D 剖视图可表达左端法兰的外形及安装孔的位置，同时也充分表达了上支管的内外径；采用 E—E 斜剖视图主要表达右端法兰的外形、安装孔的位置及下支管的内外径。

4）确定表达方案。通过对四通管结构及形状的综合分析，最终确定的表达方法如图 6-56 所示。

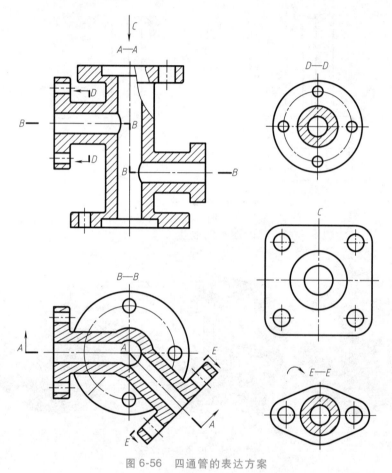

图 6-56　四通管的表达方案

# 第六节　第三角画法简介

采用多面正投影绘制图形时，国际上通用的两种表示法为：第一角画法（第一角投影）和第三角画法（第三角投影），国际标准化组织认定的首选为第一角画法。为了便于国际间的技术交流，本节简单介绍第三角画法。

## 一、第一角与第三角的投影区别

三个相互垂直相交的投影面，将空间分为八个分角，如图 6-57 所示。

第一角画法是将物体置于第一分角内，使机件处于观察者与投影面之间进行投射，即保持人-物体-投影面的位置关系。

第三角画法是将物体置于第三分角内，使投影面处于观察者与物体之间进行投射，即保持人-投影面-物体的位置关系（假设投影面是透明的）。

## 二、第三角基本视图的配置

第三角画法仍是将物体放在六面投影体系中，向六个基本投影面进行投射，得到六个基本视图，但六个基本投影面的展开方式与第一角画法有所不同，前视图位置不变（相当于第一分角的主视图），其他投影面做旋转，如图6-58所示。

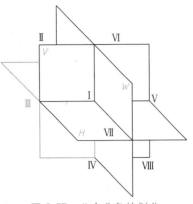

图 6-57　八个分角的划分

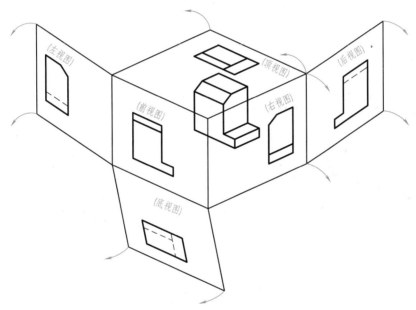

图 6-58　第三分角基本投影面的展开方法

在同一张图纸内，六个基本视图的配置如图6-59所示，一律不注视图名称，其位置关系如图6-58所示，各视图间仍然遵循"长对正、高平齐、宽相等"的三等规律。

**注意：** 第三角画法靠近主视图的一侧，表示物体的前面；远离主视图的一侧，表示物体的后面，与第一角画法的"外前、里后"恰好相反。

**【例6-3】** 分别用第一角和第三角画法绘制如图6-60a所示机件的三视图。

**绘图步骤：**

1）采用第一角画法：对机件分别从前方、上方和左方向基本投影面投射，相应得到主视图、俯视图和左视图，如图6-60b所示。

2）采用第三角画法：对机件分别从前方、上方和右方向基本投影面投射，相应得到前视图、顶视图和右视图，如图6-60c所示。

**提示：** 在图样中采用第三角画法时，必须在标题栏中标注投影符号，第一角投影可省略

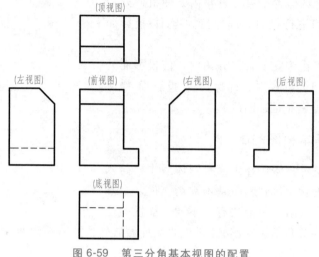

图 6-59 第三分角基本视图的配置

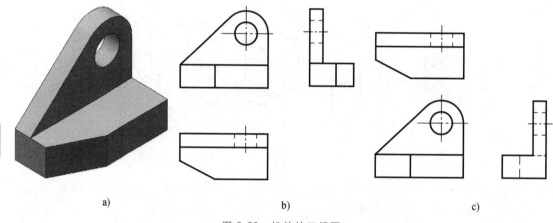

图 6-60 机件的三视图

a) 机件立体图 b) 第一角画法 c) 第三角画法

标注（投影符号的画法见第一章第一节的内容）。

## 学 习 指 导

本章重点内容是视图、剖视图、断面图、简化画法和其他规定画法等，难点是半剖视图和局部剖视图。

本章以机件为研究对象，它与组合体相比，结构更复杂、形状更多样，规定的表达方法也很多。由于规定繁多，容易混淆，建议读者在学习过程中能结合作图练习来体会和加深理解这些规定的内容及其应用特点，尤其要理解全剖视、半剖视、局部剖视和断面图的概念、适用范围和画图时的要点；最好用列表的方式做个综合比较，既清新又直观。若想灵活运用这些表达方法、用最简洁的图形表示出较复杂的机件，就要尽量多接触机件（也可用模型）或多读一些机件的视图，从不同的角度拟定几个表达方案，经对比、分析，最终确定出一个合理清晰的最佳方法，为后续绘制和阅读零件图打下基础。

## 复习思考题

1. 视图有哪几类？试比较它们的应用特点。

2. 局部视图与局部斜视图的投影面有何区别？

3. 哪些视图必须标注？什么情况下可以省略标注？

4. 剖视图有哪几类？试比较它们的不同应用场合。

5. 剖视图的标注包括哪几部分？什么情况下可以省略部分标注或所有标注？

6. 剖视图的剖切方法有哪几类？是否需要标注？

7. 试比较断面图和剖视图的区别。

8. 试比较两种断面图的不同画法。什么情况下可以省略部分标注或所有标注？

9. 一张图样中能否采用不同比例的局部放大图？

10. 画剖视图时，剖切平面纵向通过肋板、轮辐及薄壁时，这些结构应该如何画出？

11. 在半剖视图中，外形视图和内形剖视图用何种线型分界？各自是否需要画出虚线？

12. 哪些类型的图用到波浪线？画波浪线时应注意哪些问题？

13. 试对某一机件分别用第一分角和第三分角画出它们的基本视图，并比较它们的相同与不同之处。

14. 试对本章所涉及的国家标准规定做一归纳总结。

# 第七章

<<<<<<<<

# 零 件 图

**学习要点**

◆ 了解零件图的内容和作用。

◆ 掌握各类典型零件的表达方法。

◆ 重点掌握零件图尺寸标注的要求及方法。

◆ 了解常用零件工艺结构特点及加工方法。

◆ 了解表面粗糙度和极限与配合的意义，以及它们在图样中的标注要求。

◆ 了解零件上的典型工艺结构。

◆ 重点掌握零件图的读图方法。

◆ 了解零件测绘的相关知识。

本章采用的国家标准主要有：《技术制图 通用术语》（GB/T 13361—2012）、《技术制图 简化表示法 第 2 部分：尺寸注法》（GB/T 16675.2—2012）、《产品几何技术规范（GPS）技术产品文件中表面结构的表示法》（GB/T 131—2006）、《产品几何技术规范（GPS）表面结构 轮廓法 术语、定义及表面结构参数》（GB/T 3505—2009）、《产品几何技术规范（GPS）几何公差 形状、方向、位置和跳动公差标注》（GB/T 1182—2008）、《产品几何技术规范（GPS）极限与配合 第 1 部分和第 2 部分》（GB/T 1800.1—2009 和 GB/T 1800.2—2009）等。

## 第一节 零件图的作用和内容

任何产品都是由零件装配而成的，故零件是组成产品的最小单元，它可分为三类：普通零件、标准件和常用非标准件。例如，标准件是指在机器中被大量使用的紧固件或连接件，它们的参数和结构均已标准化；此外还有常用非标准件，诸如齿轮、轴承、弹簧等也被广泛使用，它们的一部分参数已标准化、系列化。本章将介绍普通零件的相关知识，重点介绍零件的视图表达，尺寸标注、技术要求、读零件图、零件测绘等内容。

### 一、零件图的作用

零件图是表示零件结构、大小及技术要求的图样。它是设计者根据产品对零件提出的要

求而提供给生产部门的技术文件，是制造和检验零件是否
合格的主要依据，是设计和生产过程中的重要技术资料。
从零件的毛坯制造、加工工艺的制定、毛坯图和工序图的
绘制、工卡具的设计及零件的检验等各环节，均离不开零
件图。

## 二、零件图的内容

如图 7-1 所示为一轴承座的立体图，其零件图如图7-2
所示。

图 7-1　轴承座立体图

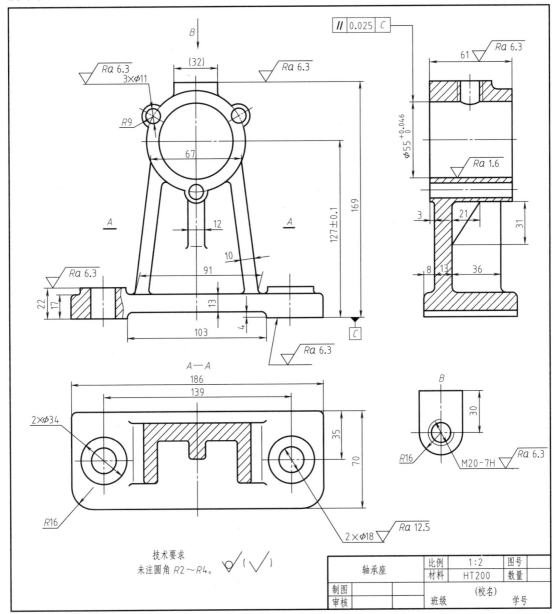

图 7-2　轴承座零件图

由图7-2可以看出，一张完整的零件图应包含的基本内容见表7-1。

表7-1 零件图的基本内容

| 零件图的基本内容 | 内 容 说 明 |
|---|---|
| 一组图形 | 根据《技术制图》《机械制图》等相关标准和规定，综合运用机件的各种表达方法，能正确、完整、清晰、简洁地表达出零件内、外部结构和形状的一组图形 |
| 完整的尺寸 | 要求正确、完整、清晰、合理地标出用于制造和检验零件时其各部分结构、形状大小和位置的全部尺寸 |
| 技术要求 | 用规定的符号、代号及文字注解等表示出该零件在制造和检验过程中应达到的技术指标上的要求。主要包括：表面结构要求、尺寸公差与配合、几何公差、热处理及表面处理等方面的技术要求 |
| 标题栏 | 按国家标准规定的标题栏格式，说明零件的名称、图号、材料、数量、绘图比例和必要的签署等 |

# 第二节　零件的视图选择

由于零件在生产实际中的结构形状多样性，故画图之前应分析零件的结构特征，针对零件的特点，选择一组合适的图形（如视图、剖视图、断面图等）将零件完整、清晰地表达出来。选用视图还要考虑绘图简单、读图方便、尺寸标注等多方面的问题。

## 一、视图的选择原则

### 1. 主视图的选择

一般以反映零件信息量最多的那个视图作为主视图，同时还应考虑以下几个因素：

（1）加工位置　根据零件在主要加工工序中的装夹位置来选择主视图，这样利于加工过程看图操作。一般回转体类零件主要在车床或磨床上加工，故优先考虑加工位置，无论其工作位置如何，一般将轴线水平放置。

（2）工作位置　根据零件在机器上的工作位置来选择主视图，这样利于了解该零件在机器中的工作情况，便于安装。一般结构较复杂的零件因需要多种加工方法和加工位置，所以优先考虑其工作位置和安装位置。

当零件的位置确定后，主视图应选择最能反映零件的形状、结构特征及各形体之间位置关系明确的方向作为投射方向。

### 2. 其他视图的选择

主视图确定后，其他视图的选择应有各自的表达重点，主要用于补充主视图尚未表达清楚的结构，选择时主要考虑以下几点：

1）视图数量不宜过多。以表达清楚为前提，避免繁琐、重复，导致主次不分。

2）优先选用基本视图。习惯上优先选择左视图和俯视图，尽量在基本视图上做剖视。

### 3. 视图的布置

待所有视图的选择方案确定后，视图的布置应考虑以下几点：

1）尽量按基本视图配置，其他图形尽量配置在相关视图附近，既清晰又便于识图。

2）合理利用图纸，并留出标注尺寸及注写技术要求图形符号的位置。

## 二、各类典型零件的视图选择

根据零件的结构特点和作用，将其分为：轴套类、盘盖类、叉架类、箱体类四类零件。下面举例说明各类零件的表达方法。

1. 轴套类零件

【例 7-1】 确定如图 7-3 所示涡轮轴零件的表达方案。

图 7-3 涡轮轴

**零件分析**：以涡轮轴为代表的轴套类零件的综合分析，见表 7-2。

表 7-2 轴套类零件的综合分析

| 零件种类 | 一般包括各种轴、丝杠、阀杆、曲轴、套筒、轴套等 |
| --- | --- |
| 零件用途 | 轴主要用于支撑传动件并与带轮、齿轮等结合传递动力（转矩）；套一般装在轴上或轴承孔内，用于定位、支撑、导向和保护传动件 |
| 毛坯加工 | 毛坯一般采用棒料，主要加工方法为车削、镗削和磨削 |
| 结构特点 | 通常由几段不同直径的同轴回转体组成，长度远大于直径<br>零件上常有台阶、轴肩、键槽、销孔、螺纹退刀槽、砂轮越程槽、中心孔、倒圆、倒角等结构 |
| 主视图选择 | 一般只用一个基本视图（主视图）表达其主体结构，按加工位置将轴线水平放置，键槽尽量在正前方，将先加工的一端放置在右侧。用剖视图或局部剖视图来表达零件的内部结构和局部结构。较长的零件可采用断开画法 |
| 其他视图选择 | 轴上的孔、槽等结构一般采用断面图来表达；其他结构如退刀槽、砂轮越程槽等，必要时可以采用局部放大图来表达 |

**153**

**表达方案**：由上述的综合分析，结合该涡轮轴的结构特征，最终确定该零件采用一个主视图和两个移出断面图才能表达清楚其结构形状，涡轮轴零件图如图 7-4 所示。

2. 盘盖类零件

【例 7-2】 确定如图 7-5 所示轴承盖零件的表达方案。

**零件分析**：以轴承盖为代表的盘盖类零件的综合分析，见表 7-3。

表 7-3 盘盖类零件的综合分析

| 零件种类 | 一般包括齿轮、手轮、带轮、法兰盘、端盖、压盖、阀盖等 |
| --- | --- |
| 零件用途 | 主要用于传递动力，连接和密封等 |
| 毛坯加工 | 毛坯多为铸造件，主要加工方法是车削，零件较薄时主要为刨削和铣削 |
| 结构特点 | 主体部分常由回转体（也有方形）组成，轴向长度小于直径。零件上常有键槽、轮辐、均布孔、轴孔、凸缘、销孔、肋板、倒角、砂轮越程槽等结构，并且常有一个与其他零件结合的端面 |

（续）

| 主视图选择 | 一般按加工位置将轴线水平放置选择主视图,再根据加工方便或工作位置确定左右两端的方向。对于不以车削为主的零件,则按工作位置或形状特征选择主视图。主视图一般采用全剖视图表达内部结构 |
|---|---|
| 其他视图选择 | 一般采用两个基本视图表达其结构特征。左视图或俯视图用于表达外形轮廓和其他结构,如孔、肋板、轮辐的分布及位置等。当两个视图不能完全反映出左右端面的结构形状时,可增加一个右视图。零件上的局部结构可采用局部视图、断面图、局部剖视图、局部放大图或简化画法等表示 |

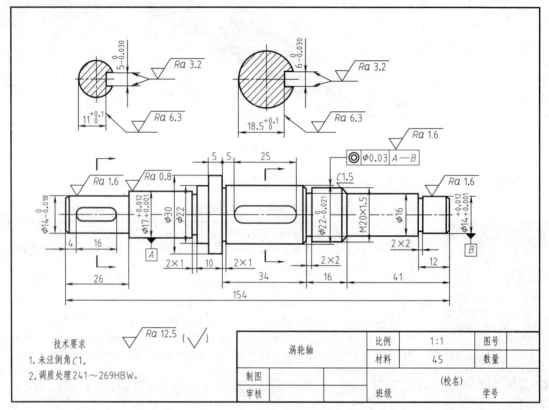

技术要求

1. 未注倒角C1。
2. 调质处理241~269HBW。

| 涡轮轴 | | 比例 | 1:1 | 图号 | |
|---|---|---|---|---|---|
| | | 材料 | 45 | 数量 | |
| 制图 | | | (校名) | | |
| 审核 | | 班级 | | 学号 | |

图 7-4　涡轮轴零件图

图 7-5　轴承盖

154

**表达方案：**由上述的综合分析，结合该轴承盖的结构特征，最终确定该零件采用主视图和左视图才能表达清楚其结构形状，轴承盖零件图如图 7-6 所示。

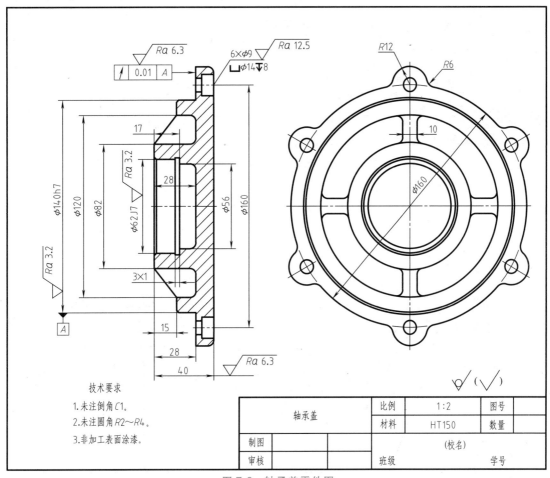

| 轴承盖 | | 比例 | 1:2 | 图号 | |
|---|---|---|---|---|---|
| | | 材料 | HT150 | 数量 | |
| 制图 | | | (校名) | | |
| 审核 | | 班级 | | 学号 | |

技术要求

1.未注倒角 C1。

2.未注圆角 R2～R4。

3.非加工表面涂漆。

图 7-6　轴承盖零件图

## 3. 叉架类零件

**【例 7-3】**　确定如图 7-7 所示托架零件的表达方案。

图 7-7　托架

**零件分析**：以托架为代表的叉架类零件的综合分析，见表7-4。

表7-4 叉架类零件的综合分析

| | |
|---|---|
| 零件种类 | 一般包括拨叉、连杆、拉杆、支架、支座、摇臂等 |
| 零件用途 | 拨叉主要用于操纵机器、调节速度；支架主要起连接和支承的作用 |
| 毛坯加工 | 毛坯多为铸件或锻件。毛坯形状比较复杂，需要车、铣、刨、钻孔等多种加工方法，加工位置难以分出主次 |
| 结构特点 | 该类零件形状不规则且复杂，通常由工作部分、支承部分、连接部分组成。工作部分常有轴孔、油槽、油孔等结构；支承部分常有肋板、耳板等结构；连接部分常有底板、螺孔、沉孔等结构 |
| 主视图选择 | 主视图以突出工作部分和支承部分的结构形状为主，并结合工作位置；内部结构常采用局部剖视图来表达 |
| 其他视图选择 | 一般采用两个以上的基本视图来表达主要结构形状。外部结构形状常用局部视图、斜视图等来表达；支承部分和连接部分常用断面图、剖视图等来表达 |

**表达方案**：由上述的综合分析，结合该托架的结构特征，最终确定该零件采用局剖主视图、局剖左视图、局部视图和移出断面图才能表达清楚其结构形状，托架零件图如图7-8所示。

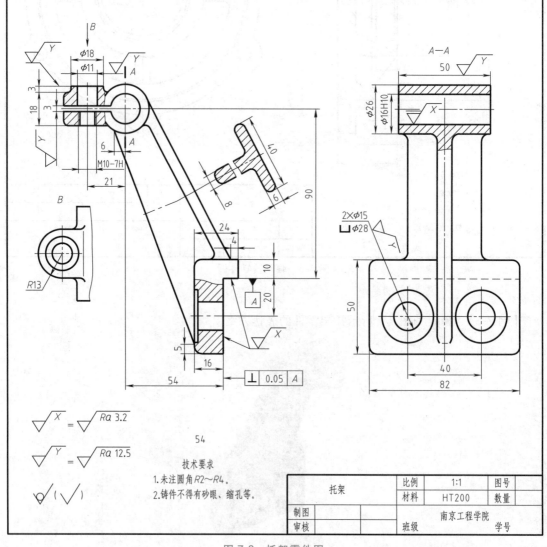

图7-8 托架零件图

4. 箱体类零件

【例 7-4】 确定如图 7-9 所示斜头壳座零件的表达方案。

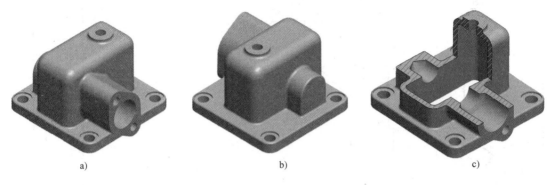

a)             b)             c)

图 7-9　斜头壳座

a) 零件前面　b) 零件后面　c) 零件内部

**零件分析：**以斜头壳座为代表的箱体类零件的综合分析，见表 7-5。

表 7-5　箱体类零件的综合分析

| | |
|---|---|
| 零件种类 | 一般包括各种阀体、泵体、壳体、箱体、缸体、机壳、机座、外壳等 |
| 零件用途 | 主要用于容纳、支承、保护、密封和固定其他零件 |
| 毛坯加工 | 毛坯多为铸件或焊接件，需经过各种机械加工方法，加工位置不尽相同 |
| 结构特点 | 这类零件结构形状最复杂，常有内腔、轴承孔、安装板、肋板、光孔、螺纹孔、凹坑、凸台等结构 |
| 主视图选择 | 主视图主要按工作位置确定，并能表达出形状特征；内部结构常采用剖视图来表达 |
| 其他视图选择 | 一般需要至少三个基本视图来表达。其他视图的确定，应根据零件的结构特征，选择合适的视图、剖视图、断面图等来表达 |

**表达方案：**由上述的综合分析，结合该斜头壳座的结构特征，最终确定该零件的主视图宜采用局部剖视，左视图采用全剖视，斜头壳座的其他结构形状可通过局部视图和俯视图来表达，斜头壳座零件图如图 7-10 所示。

上述四个实例介绍了四种不同类型零件的表达方法，在实际生产和设计中，遇到的零件千差万别，在选择视图时，应根据零件的具体情况做分析比较，有时同一个零件也有多种表达方案，因此需要灵活应用所学知识，多加实践，最终确定一个最佳方案。

【例 7-5】 根据如图 7-11 所示的支架零件，确定合适的表达方法。

**零件分析：**该支架的作用是支承传动轴，属于叉架类零件。上方的工作部分由空心圆柱用于安装轴承，下方的连接部分由矩形底板与机器固定，中间的支承部分由肋板起支承和加强作用。附属结构为前端面的 3 个螺孔，底板的凸台、安装孔和底部通槽。

**视图选择：**主视图按工作位置放置，投射方向选为与空心圆柱轴线平行，这样既清晰地表达了该零件的三个组成部分，又能反映主体的外形和螺纹孔的位置以及底板的通槽。主视图采用局部剖视用于表达安装孔；左视图采用全剖视用于表达空心圆柱内孔的阶梯结构及螺纹孔的深度；俯视图用于表达底板、凸台的形状和安装孔的位置。

**方案比较：**工作部分已在主、左视图中完全表达清楚，故俯视图没有必要再重复表达；支承部分的肋板在左视图中仅能表达出部分结构形状，不能完整表达其组合形状，因此需要

158

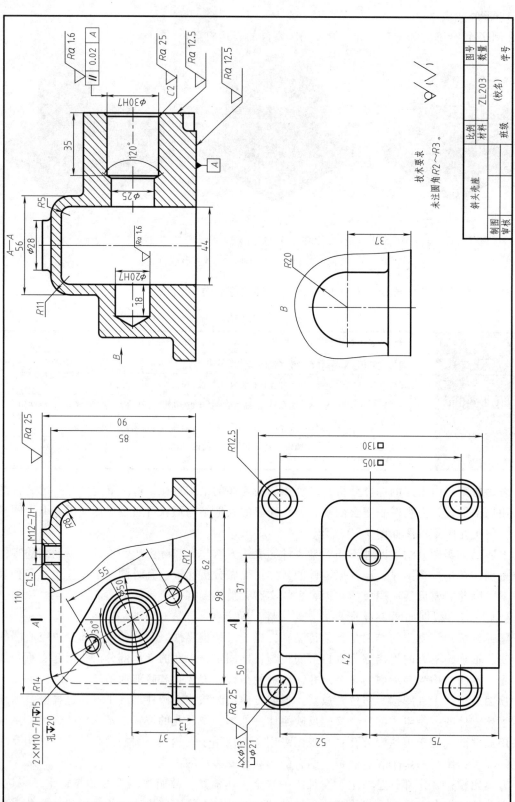

技术要求
未注圆角 R2～R3。

斜头壳座

图 7-10 斜头壳座零件图

图 7-11 支架

采用移出断面图或全剖俯视图解决此问题，两种表达方案如图 7-12 所示。由图看出：方案 A 图形多且分散，凸台形状不明确，底板通槽重复表达；方案 B 简明清晰，绘图方便，识图容易。

**方案确定：**通过上述分析比较，选择方案 B 较为合理。

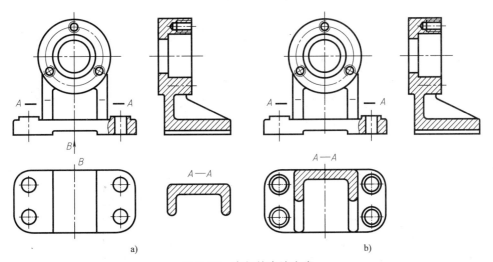

图 7-12 支架的表达方案

a）方案 A b）方案 B

**159**

# 第三节 零件图的尺寸标注

零件图上标注的尺寸是对零件加工、测量和检验的主要依据，尺寸标注的正确与否，直接影响零件的加工质量；标注的合理与否，直接影响零件测量和检验的准确程度。

对零件图进行尺寸标注时，不仅要符合组合体尺寸标注"正确、完整、清晰"的要求，还必须做到"合理"的要求。所谓"合理"，是指标注的尺寸，既要符合设计要求，以保证零件在机器或部件中的使用性能，又要符合工艺要求，以保证零件的加工和测量。能做到上述四个要求，需要具有相关的设计、加工制造、检验等知识以及丰富的生产实践经验。由于篇幅所限，在此仅介绍零件图尺寸标注的基本知识。

## 一、零件的尺寸基准

### 1. 主要基准和辅助基准

选择尺寸基准是零件图标注尺寸的首要任务。尺寸基准是指尺寸标注和测量的起始位置，通常选择零件的对称中心面（线）、孔的轴线、主要端面、零件底面、安装面等。每个零件均有长、宽、高三个方向的尺寸，因此，在每个方向上至少要有一个标注尺寸的起点，称为主要基准。有时根据零件的结构需要，在某些方向上还要增加若干个辅助尺寸基准，但必须保证主要尺寸基准和辅助尺寸基准之间有尺寸上的直接联系。

### 2. 设计基准

根据零件在机器中的作用和结构特点，为保证零件的设计要求而选定的基准称为设计基准。轴套类、盘盖类零件的设计基准是其轴线，它是径向尺寸的定位线，轴肩或端面是起定位作用的轴向基准，它是轴向尺寸的定位面；叉架类和箱体类零件的设计基准一般为工作部分的主要轴线、对称面或与机器部件连接的接触面，它们是零件在机器或部件中起定位作用的线或面。如图 7-13a 所示，轴承架零件的结构中Ⅰ、Ⅱ两个接触面和Ⅲ的对称中心面，它们分别是该零件在长、高、宽三个方向的设计基准。

### 3. 工艺基准

零件在加工过程中用以确定夹具定位以及在测量、检验尺寸时所选定的基准称为工艺基准。如图 7-13b 所示，加工套筒时，左侧外圆柱面为加工右侧外圆柱面时起定位作用的定位基准；而右端面是测量 $a$、$b$、$c$ 三段轴向尺寸的测量基准。

设计基准和工艺基准最好能重合，这样既可以满足设计要求，又便于加工制造。在标注尺寸时，如果不能保证两个基准统一，则以保证设计要求为主。

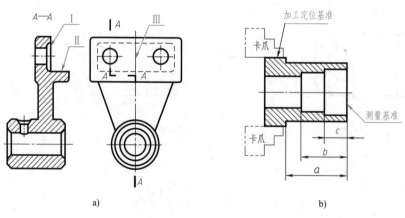

a)                    b)

图 7-13　尺寸基准的选择

a）设计基准　b）工艺基准

## 二、合理标注尺寸的原则

### 1. 重要尺寸直接注出

重要尺寸是指直接影响零件工作性能的尺寸，如具有配合关系表面的尺寸、零件各结构间的重要相对位置尺寸及零件的安装位置尺寸等。如图 7-14a 所示，轴承座的孔径 $\phi32H8$

（与其他零件有装配关系的配合尺寸）、孔的中心高 80（以零件底面为设计基准）及安装孔的中心距 130（以对称面为设计基准）均为重要尺寸，直接注出。如图 7-14b 所示的尺寸为不合理标注。

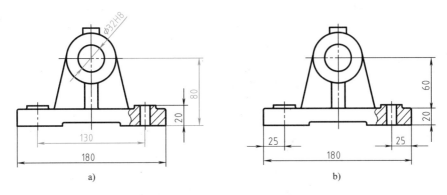

图 7-14　重要尺寸直接注出
a）合理　b）不合理

2. 尺寸标注应便于加工和测量

（1）标注尺寸应符合加工顺序　如图 7-15 所示的阶梯轴，按长度加工圆轴的先后顺序为 50、36、20，最后加工砂轮越程槽 2×1。

（2）标注尺寸应便于测量　如图 7-16a 所示的套筒，尺寸 A、B、C 便于在加工过程中的检测；如图 7-16b 所示的尺寸 A、B 不易测量。

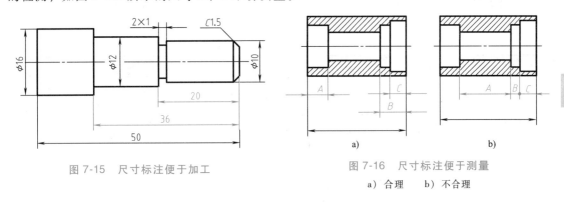

图 7-15　尺寸标注便于加工

图 7-16　尺寸标注便于测量
a）合理　　b）不合理

3. 避免出现封闭尺寸链

如图 7-17a 所示，既标注总长度 L，又标注各段长度 A、B、C，即形成了封闭尺寸链，如按这种标注的尺寸加工保证了各段尺寸，则由加工积累的误差均集中到总长度上而无法保证尺寸 L。因此，在标注尺寸时，应将次要的那段尺寸空出不标注，这样总长度和主要各段尺寸均能保证，如图 7-17b 所示。当总长尺寸无须保证时，可将其尺寸注成参考尺寸（尺寸数值加括号）以便于选料，如图 7-17c 所示。

4. 相互关联的尺寸不能同时注出

如果两个尺寸存在函数关系，不能同时标注，必要时可将其中的一个尺寸注成参考尺寸（尺寸数值加括号），如图 7-18 所示。

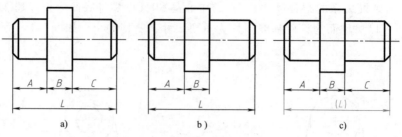

图 7-17 避免出现封闭尺寸链

a）不合理 b）合理 c）合理

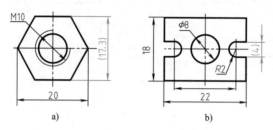

图 7-18 关联尺寸不能同时标注

a）螺母六边形 b）安装孔

## 三、零件上常见结构的尺寸标注

零件上常见结构类型的尺寸标注，应符合设计、制造和检验等要求，标注示例见表7-6。

表 7-6 零件上常见结构类型的尺寸标注

| 结构类型 | 标注示例 | 说明 |
|---|---|---|
| 45°倒角 | | $C$ 表示倒角角度为 45°，$C$ 后面的数字表示倒角的轴向距离 |
| 非 45°倒角 | | 非 45°倒角应分别标注倒角角度和轴向距离 |
| 退刀槽及砂轮越程槽 | | 按"槽宽×直径"或"槽宽×槽深"的形式标注 |

（续）

| 结构类型 | 标注示例 | 说明 |
|---|---|---|
| 半圆槽 | 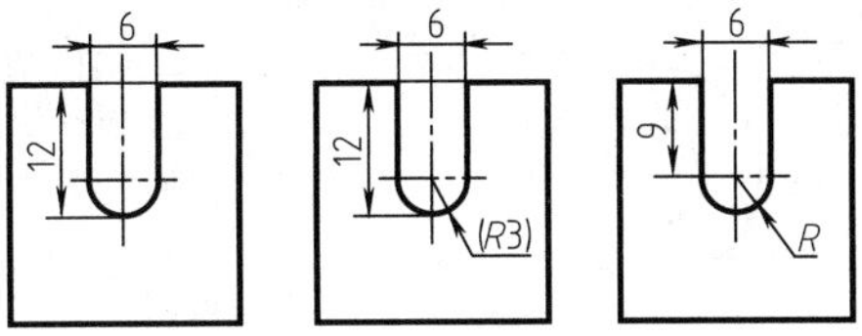 | 若半径等于槽宽一半,可不注半径,也可将其作为参考尺寸,或只注符号 $R$ 而不注尺寸数字 |
| 平键键槽 | 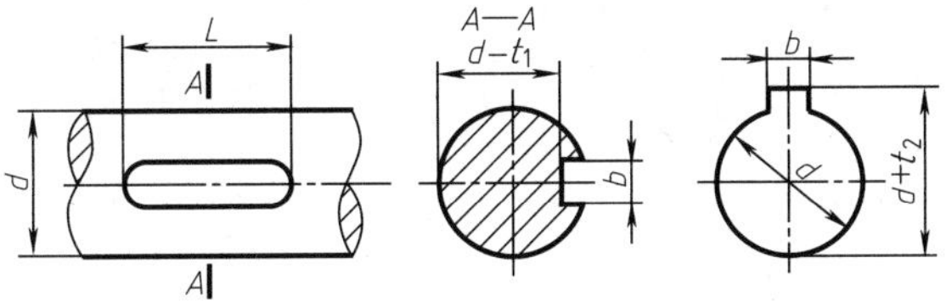 | 按图示标注平键键槽长度和深度,便于测量($t_1$、$t_2$ 查表确定) |
| 半圆键键槽 | 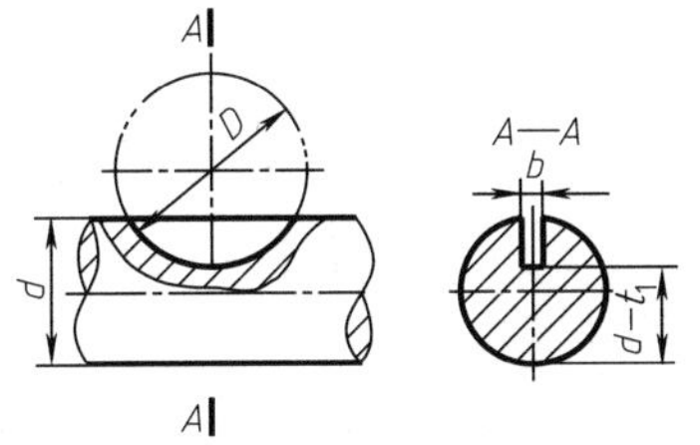 | 按图示标注半圆键键槽直径和深度,便于选择铣刀直径和测量($t_1$ 查表确定) |
| 销孔 | 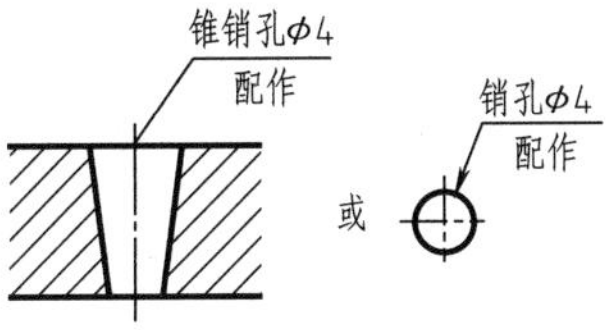 | 按图示标注圆锥销孔(仅注小端直径) |
| 光孔 | 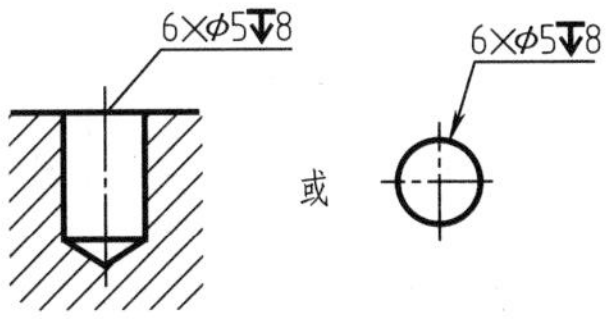 | 6孔,直径 $\phi5$mm,深度 8mm<br>注:"▼"为深度符号 |
| 锥形沉孔 | 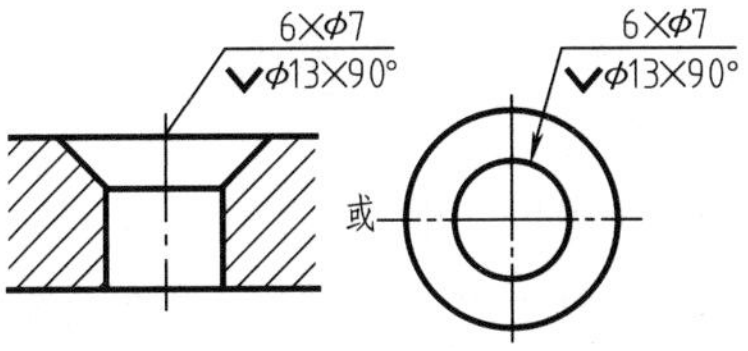 | 6孔,直径 $\phi7$mm,锥形沉孔直径 $\phi13$mm,锥角 90°<br>注:"∨"为锥形沉孔的符号 |
| 柱形沉孔 | 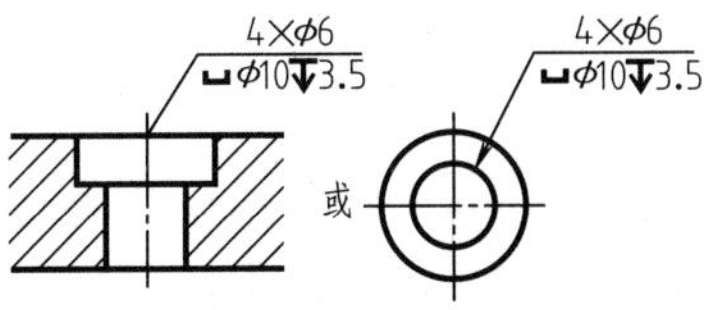 | 4孔,直径 $\phi6$mm,柱形沉孔直径 $\phi10$mm,深度 3.5mm<br>注:"⊔"为柱形沉孔的符号 |

163

（续）

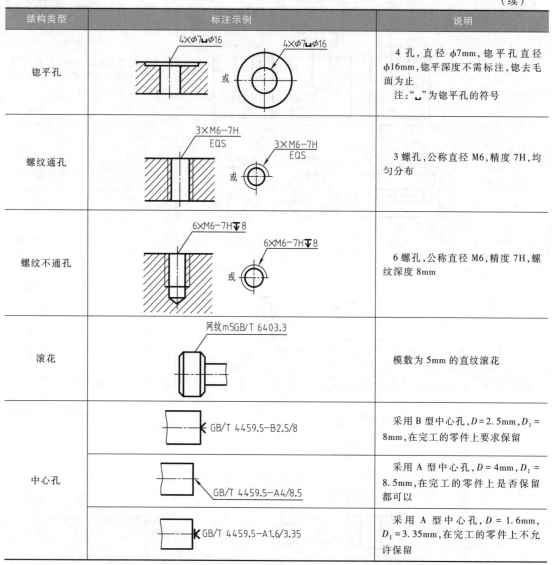

| 结构类型 | 标注示例 | 说明 |
|---|---|---|
| 锪平孔 | | 4 孔，直径 φ7mm，锪平孔直径 φ16mm，锪平深度不需标注，锪去毛面为止<br>注："⊔"为锪平孔的符号 |
| 螺纹通孔 | | 3 螺孔，公称直径 M6，精度 7H，均匀分布 |
| 螺纹不通孔 | | 6 螺孔，公称直径 M6，精度 7H，螺纹深度 8mm |
| 滚花 | | 模数为 5mm 的直纹滚花 |
| 中心孔 | | 采用 B 型中心孔，$D = 2.5$mm，$D_1 = 8$mm，在完工的零件上要求保留 |
| | | 采用 A 型中心孔，$D = 4$mm，$D_1 = 8.5$mm，在完工的零件上是否保留都可以 |
| | | 采用 A 型中心孔，$D = 1.6$mm，$D_1 = 3.35$mm，在完工的零件上不允许保留 |

## 第四节　零件图的技术要求

在机械图样中，对零件的加工要求是以规定的图形符号、文字、代号等标注在零件图中，用于说明该零件在加工过程中应达到的技术要求。本节主要介绍对零件表面结构（主要为表面粗糙度）、极限与配合、几何公差的基本要求。

### 一、对表面结构的要求

表面结构是指零件表面的几何形貌，即零件的表面粗糙度、表面波纹度、纹理方向、表面几何形状及表面缺陷等表面特征的总称。它是出自几何表面的重复或偶然的偏差，这些偏差形成该表面的三维形貌。

## 1. 表面粗糙度

零件的表面无论怎样精密加工，都会留下许多微观能看到的凹凸不平的加工痕迹，如图 7-19 所示，这种零件加工表面上具有较小间距和峰谷所组成的微观几何形状特征称为表面粗糙度。表面粗糙度与加工方法、切削工具和工件材料等各种因素有关。表面粗糙度是评定零件表面质量的一项重要技术指标，它对零件的耐磨性、抗腐蚀性、疲劳强度及装配与使用性能等均有重要影响。因此零件表面粗糙度的选用，应既要满足零件表面的功能要求，又要考虑加工成本。

## 2. 表面粗糙度的轮廓参数

国家标准规定了两个评定粗糙度轮廓的高度参数，即轮廓算术平均偏差 $Ra$ 和轮廓最大高度 $Rz$，如图 7-20 所示。

图 7-19　零件表面的峰谷

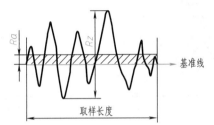

图 7-20　轮廓算术平均偏差 $Ra$ 和轮廓最大高度 $Rz$

（1）轮廓算术平均偏差 $Ra$　轮廓算术平均偏差是指在一个取样长度内，轮廓偏距绝对值的算术平均值，如图 7-20 所示。$Ra$ 用于评定表面微观不平度，在实际生产中，$Ra$ 最常用，且 $Ra$ 值越小，零件表面越光滑，质量也越高。

（2）轮廓最大高度 $Rz$　轮廓最大高度是指在一个取样长度内，最大轮廓峰顶线与最大轮廓谷底线之间的距离。当零件表面不允许出现较大加工痕迹时，$Rz$ 更实用。

## 3. 粗糙度参数的选用

不同的加工方法所能达到的表面粗糙度轮廓的算术平均偏差 $Ra$ 值，见表 7-7，根据该表可初步确定表面粗糙度 $Ra$ 值。

表 7-7　表面粗糙度 $Ra$ 值的选用及应用

| $Ra/\mu m$ | 表面特征 | 相应的加工方法 | 应　用 |
|---|---|---|---|
| 25、50 | 可见明显刀痕 | 粗车、镗、刨、钻等 | 粗制后得到的粗加工表面。为表面粗糙度要求最低的加工面，一般很少采用 |
| 12.5 | 微见刀痕 | 粗车、刨、铣、钻等 | 比较精确的粗加工表面，如非配合的加工表面，如轴端面、倒角、钻孔、齿轮及带轮侧面等 |
| 6.3 | 可见加工痕迹 | 车、镗、刨、钻、铣、锉、磨、粗铰、铣齿等 | 半精加工表面，如箱体、支架、端盖、套筒等和其他零件结合但无配合要求的表面；平键键槽的上下面、螺栓孔的表面等 |
| 3.2 | 微见加工痕迹 | 车、镗、刨、铣、刮、拉、磨、锉、滚压、铣齿等 | 半精加工表面，如键槽的工作表面，箱体上用于安装轴承的镗孔表面，齿轮的工作面等 |
| 1.6 | 可辨加工痕迹 | 车、镗、刨、铣、铰、拉、磨、滚压、铣齿等 | 接近于精加工表面。要求有配合的固定支承表面，如与衬套、定位销、轴承等配合的表面 |
| 0.8 | 可辨加工痕迹的方向 | 车、镗、拉、磨、立铣、铰、滚压等 | 要求配合性质稳定的配合表面，如与滚动轴承配合的表面，与圆柱销、圆锥销配合的表面等 |

4. 表面结构表示法的规定

（1）表面结构图形符号的画法 表面结构图形符号的比例画法如图 7-21 所示。

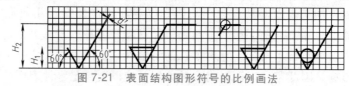

图 7-21 表面结构图形符号的比例画法

表面结构图形符号和附加标注的尺寸，见表 7-8。

表 7-8 表面结构图形符号和附加标注的尺寸 （单位：mm）

| 数字和字母高度 $h$ | 2.5 | 3.5 | 5 | 7 | 10 | 14 | 20 |
|---|---|---|---|---|---|---|---|
| 符号线宽 $d'$ | 0.25 | 0.35 | 0.5 | 0.7 | 1 | 1.4 | 2 |
| 字母线宽 $d$ | | | | | | | |
| 高度 $H_1$ | 3.5 | 5 | 7 | 10 | 14 | 20 | 28 |
| 高度 $H_2$ 取决于标注的内容（最小值） | 7.5 | 10.5 | 15 | 21 | 30 | 42 | 60 |

注：$H_2$ 取决于标注内容；水平线的长度取决于标注内容的长度。

（2）表面结构补充要求的注写位置 表面结构补充要求的注写位置如图 7-22 所示。

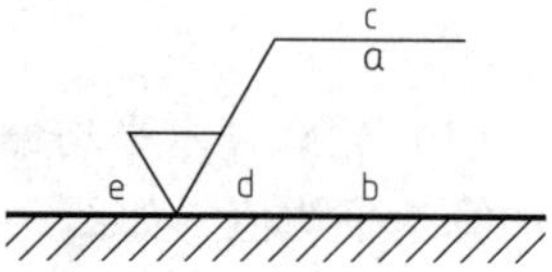

补充要求的注写内容：

1）位置 a。注写表面结构的单一要求。

2）位置 a 和 b。注写两个或多个表面结构要求。

3）位置 c。注写加工方法、表面处理、涂层或其他加工工艺要求，如车、磨、镀等。

图 7-22 表面结构补充
要求的注写位置

4）位置 d。注写所要求的表面纹理和方向。表面纹理符号含义："＝"表示平行、"⊥"表示垂直、"X"表示交叉、"M"表示多方向、"C"表示同心圆、"R"表示放射状、"P"表示颗粒、凸起、无方向等。

5）位置 e。注写所要求的加工余量，以 mm 为单位给出数值。

（3）表面结构图形符号及其意义 表面结构图形符号及其意义见表 7-9。

表 7-9 表面结构图形符号的意义及说明

| 符　号 | 意义及说明 |
|---|---|
|  $\checkmark$ | 基本符号，仅用于简化代号标注，没有补充说明时不能单独使用 |
|  $\sqrt{}$ | 扩展符号，基本符号上加一短横，表示指定表面是用去除材料的方法获得的。例如，车、铣、刨、磨、钻、抛光、腐蚀、电火花加工等 |
|  $\sqrt{○}$ | 扩展符号，基本符号上加一个圆圈，表示指定表面是用不去除材料的方法获得的。例如，铸、锻、冲压、热轧、冷轧、粉末冶金等；或是用保持原供应状况的表面（包括保持上道工序的状况） |
| 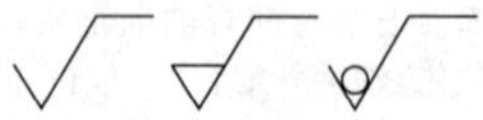 $\overline{\sqrt{}}$ | 完整符号，在上述三种符号的长边加一横线，用于标注补充信息。在文本中用文字表达时，三种图形符号分别用 APA，MRR，NMR 代替 |
| 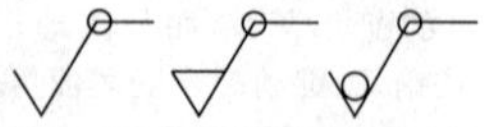 $\overline{\sqrt{○}}$ | 当不会引起歧义时，在完整符号上加一圆圈，表示某个视图上构成封闭轮廓的各表面具有相同要求，代号注在封闭轮廓线上即可 |

（4）表面粗糙度要求的代号及意义　表面粗糙度要求的代号及意义见表7-10。

表 7-10　表面粗糙度的代号及意义

| 代　号 | 意　义 |
|---|---|
| $\sqrt{}$ Ra 3.2 | 用去除材料的方法获得的表面,单向上限值,表面粗糙度参数 Ra 值为 3.2μm,16%规则 |
| $\sqrt{}$ Ra max6.3 | 用去除材料的方法获得的表面,单向上限值,表面粗糙度参数 Ra 值为 6.3μm,最大规则 |
| $\sqrt{}$ Rz 6.3 | 用不去除材料的方法获得的表面,单向上限值,表面粗糙度参数 Rz 值为 3.2μm,16%规则 |
| 铣 $\sqrt{}$ Rz 1.6 Ra 0.8 | 用去除材料的方法获得的表面,双向极限值,上极限值 Rz 为 1.6μm,下极限值 Ra 为 0.8μm,双向均为 16%规则,加工方法为铣削 |

（5）表面结构的标注规定

1）表面结构参数值的注写和读取方向与尺寸的注写和读取方向一致。

2）将代号标注在轮廓线上或轮廓线的延长线上,图形符号的尖端必须由材料外指向并接触表面。

3）将代号标注在带箭头或黑点的指引线上、尺寸线上、几何公差框格的上方、标题栏附近（当全部或多数表面有相同要求时）,此时图形符号的尖端没有从材料外指向并接触表面的要求。

4）在图样中允许使用简化代号标注,但必须以等式形式说明其意义。

5）由两种以上不同的加工工艺方法获得的同一表面,当需要明确每种工艺方法的表面结构要求时,应分别标注出代号。

表面结构在图样中的标注方法,见表7-11。

表 7-11　表面结构在图样中的标注方法

| 标注示例 | 说　明 |
|---|---|
| 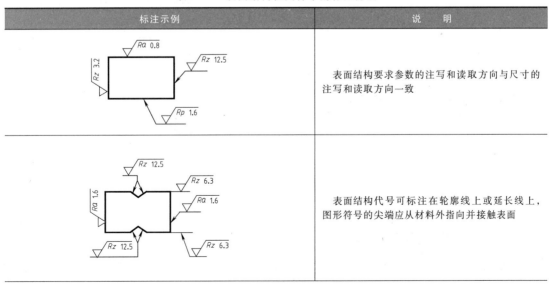 | 表面结构要求参数的注写和读取方向与尺寸的注写和读取方向一致 |
| | 表面结构代号可标注在轮廓线上或延长线上,图形符号的尖端应从材料外指向并接触表面 |

（续）

| 标注示例 | 说　明 |
|---|---|
| | 表面结构代号可标注在带黑点或箭头的指引线上 |
| | 在不致引起误解时,表面结构代号可以标注在给定的尺寸线上 |
| | 表面结构代号可以标注在几何公差框格的上方 |
| | 当多个表面有共同表面结构要求或图纸空间有限时,可采用简化标注<br>可用带字母的完整符号,以等式的形式,在图形或标题栏附近,对有相同表面结构要求的表面进行简化标注 |
| | 其他简化标注样式:只用表面结构符号,以等式的形式给出多个表面共同的表面结构要求 |
| | 当全部或多数表面具有相同要求时,将代号注写在标题栏附近。此时(除全部表面有相同要求外),代号后面应有圆括号,括号内可以是无任何其他标注的基本符号;也可以是图样中所注出的所有不同的代号 |
| | 当两种以上不同的加工工艺获得的同一表面,需要明确每种工艺方法的表面结构要求时,应分别标注 |

（续）

| 标注示例 | 说　明 |
|---|---|
|  | 　表面结构要求和尺寸可以一起标注在延长线上或分别标注在轮廓线和尺寸界线上 |

## 二、极限与配合

### 1. 互换性

零件的互换性是指同一规格大小相同的零件或部件，不经选择地任取一个，也不需任何其他加工就能装配到产品中，并能达到预期的使用要求（如工作性能、零件之间的松紧配合等）的性质。零件具有互换性，大大简化了零件、部件的制造和装配过程，产品的生产周期显著缩短，生产成本显著降低，同时产品也便于装配和维修，产品质量的稳定性也得到保证。

在零件加工的过程中，任何加工方法也无法保证其尺寸的零误差，为了满足零件的互换性和加工工艺的可能性及经济性，国家标准规定了有配合关系的零件允许其尺寸加工误差的范围及相关要求。

### 2. 极限与配合

极限与配合的标准适用于具有圆柱型和两平行平面型的线性尺寸要素。其基本术语如图7-23所示。

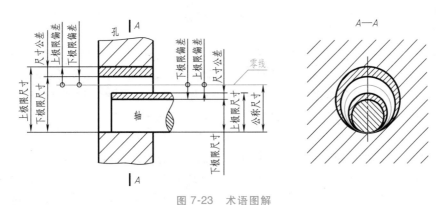

图 7-23　术语图解

　（1）公称尺寸　由图样规范确定的理想形状要素的尺寸。通过它应用上、下极限偏差可计算出极限尺寸。

　（2）极限尺寸　尺寸要素允许的尺寸的两个极端。提取组成要素的局部尺寸应位于其中，也可达到极限尺寸。

　1）上极限尺寸。尺寸要素允许的最大尺寸。

　2）下极限尺寸。尺寸要素允许的最小尺寸。

（3）偏差　某一尺寸减其公称尺寸所得的代数差。偏差可以为正、负或零值。

1）上极限偏差。上极限尺寸减其公称尺寸所得的代数差。

2）下极限偏差。下极限尺寸减其公称尺寸所得的代数差。

上、下极限偏差统称为极限偏差，轴用小写字母 es、ei 表示，孔用大写字母 ES、EI 表示。

（4）尺寸公差（简称公差）　它是允许尺寸的变动量。公差等于上极限尺寸减下极限尺寸之差，或等于上极限偏差减下极限偏差之差。公差是一个没有符号的绝对值。

（5）零线　在极限与配合图解中，表示公称尺寸的一条直线，以其为基准确定偏差和公差。

（6）标准公差（IT）　在极限与配合制中，所规定的任一公差。

（7）标准公差等级　在极限与配合制中，同一公差等级对所有公称尺寸的一组公差被认为具有同等精确程度。

公称尺寸至 3150mm 的标准公差等级分 IT01、IT0、IT1～IT18，共 20 级。标准公差等级代号由 IT 和数字（表示公差等级）组成（如 IT7），各级标准公差的数值可查阅附录。

（8）公差带　在公差带图解中（见图 7-24），由代表上极限偏差和下极限偏差或上极限尺寸和下极限尺寸的两条直线所限定的区域。它是由公差大小和其相对零线的位置确定的。

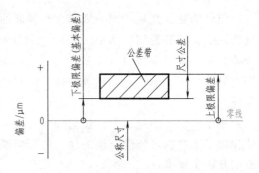

图 7-24　公差带图解

（9）基本偏差　在极限与配合制中，确定公差带相对零线位置的那个极限偏差。它可以是上极限偏差或下极限偏差，一般为靠近零线的那个偏差，如图 7-24 所示的基本偏差为下极限偏差。

基本偏差代号用拉丁字母表示，对孔用大写字母 A，……，ZC 表示；对轴用小写字母 a，……，zc 表示，各 28 个，如图 7-25 所示。其中 H 代表基准孔，h 代表基准轴。

（10）公差带代号　公差带代号由表示基本偏差的字母和表示公差等级的数字组成。例如，H7 为孔的公差带代号，g6 为轴的公差带代号。

3. 配合

公称尺寸相同的并且相互结合的孔和轴公差带之间的关系，称为配合。

虽然孔与轴配合的公称尺寸相同，但实际尺寸均有差异，将它们装配后可能会出现间隙（即孔的尺寸减去相配合的轴的尺寸之差为正）或过盈（即孔的尺寸减去相配合的轴的尺寸之差为负）。根据使用的要求不同，国家标准规定了以下三类配合。

（1）间隙配合　具有间隙（包括最小间隙为零）的配合。此时孔的公差带在轴的公差带之上，如图 7-26a 所示。基本偏差系列 A～H（a～h）用于间隙配合。

（2）过盈配合　具有过盈（包括最小过盈为零）的配合。此时孔的公差带在轴的公差带之下，如图 7-26b 所示。

（3）过渡配合　可能具有间隙或过盈的配合。此时孔的公差带与轴的公差带相互交叠，如图 7-26c 所示。

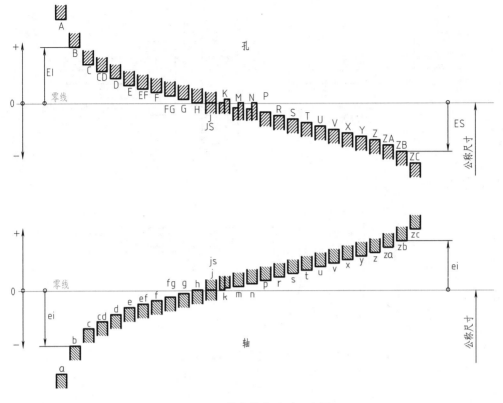

图 7-25　基本偏差系列示意图

注：孔的基本偏差由 A~H 表示下极限偏差，除 H 为零外其余均为正值；从 J~ZC 表示上极限偏差；JS 的上、下极限偏差分别为 +IT/2、−IT/2。轴的基本偏差从 a~h 表示上极限偏差，除 h 为零外其余均为负值；从 j~zc 表示下极限偏差；js 的上、下极限偏差分别为 +IT/2、−IT/2。孔和轴的极限偏差值可查阅附录。

基本偏差系列 J(j)~ZC(zc) 用于过渡配合和过盈配合。

4. 配合制

同一极限制的孔和轴组成配合的一种配合制度。一般情况下，优先采用基孔制，但为了与外购件相配，需要采用基轴制，如与滚动轴承外圈相配的轴承孔。

（1）基孔制配合　基本偏差为一定的孔的公差带，与不同基本偏差的轴的公差带形成各种配合的一种制度。

在极限与配合制中，是孔的下极限尺寸与公称尺寸相等，孔的下极限偏差为零的一种配合制度。基孔制配合中选作基准的孔称为基准孔，即下极限偏差为零的孔（以 H 表示），如图 7-27a 所示。

（2）基轴制配合　基本偏差为一定的轴的公差带，与不同基本偏差的孔的公差带形成各种配合的一种制度。

在极限与配合制中，是轴的上极限尺寸与公称尺寸相等，轴的上极限偏差为零的一种配合制度。基轴制配合中选作基准的轴称为基准轴，即上极限偏差为零的轴（以 h 表示），如图 7-27b 所示。

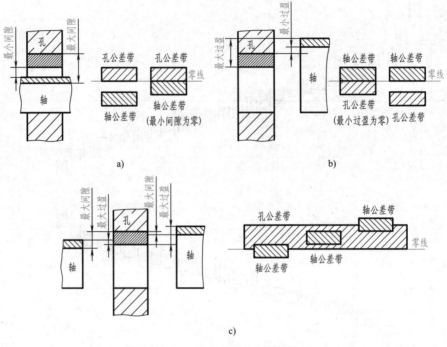

图 7-26　三类配合的公差带示意图

a）间隙配合　b）过盈配合　c）过渡配合

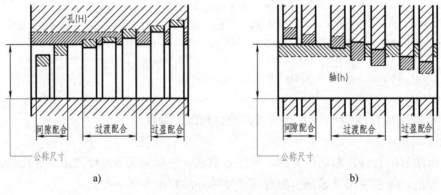

图 7-27　基孔制和基轴制的公差带图解

a）基孔制　b）基轴制

　　注意：图 7-27 中的水平实线代表孔或轴的基本偏差，虚线代表另一个极限，表示孔与轴之间可能的不同组合与它们的公差等级有关。

　　5. 极限与配合的标注

　　（1）在零件图中的标注　在零件图中，对有配合要求的尺寸，在其公称尺寸后面应加注公差带代号或极限偏差值，注写偏差数值的字体大小、位置及不同的标注形式，如图 7-28 所示。

　　（2）在装配图中的标注　在装配图中，在有配合要求的公称尺寸后面同时加注孔和轴的公差带代号，并用分数形式注出，分子为孔的公差带代号，分母为轴的公差带代号，常见

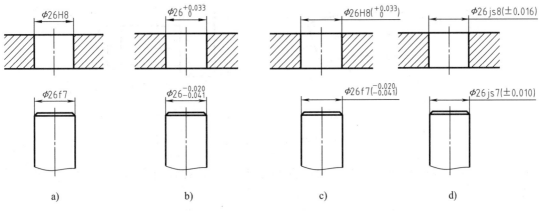

图 7-28　零件图中尺寸公差的标注

a）标注公差带代号　b）标注上、下极限偏差　c）标注公差带代号和上、下极限偏差　d）对称极限偏差的标注

的标注样式如图 7-29 所示。当某零件与标准件配合时，可以仅标注该零件的公差带代号。

（3）极限与配合的查表　当两个零件有配合要求时，根据它们的公称尺寸和各自的公差带代号，即可通过查表获取相应的上、下极限偏差值；公差值据此可以算出，也可通过查表获得。

【例 7-6】　已知孔与轴的配合尺寸为 $\phi32H7/g6$，说明其配合的种类和配合制，并确定孔与轴的上、下极限偏差值和公差值。

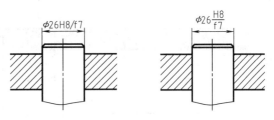

图 7-29　装配图中配合的标注

**分析**：孔的公差带代号为 $\phi32H7$，基本偏差代号为 H，公差等级为 IT7，属于基准孔；轴的公差带代号为 $\phi32g6$，基本偏差代号为 g，公差等级为 IT6。两者的配合为基孔制，由图 7-25 可知属于间隙配合。

**查表**：根据孔的极限偏差表，由公称尺寸 $\phi32mm$ 所在的列位置（大于 30~40mm），结合基本偏差代号 H 及公差等级 IT7 所确定的行位置，获取孔的上、下极限偏差值分别为：+0.025mm 和 0mm，公差值为 0.025mm；再根据轴的极限偏差表以同样方法，获取轴的上、下极限偏差值分别为：-0.009mm 和 -0.025mm，公差值为 0.016mm；计算出孔与轴配合的最大间隙为 0.050mm，最小间隙为 0.009mm。

上述孔和轴的标准公差值也可查表获得。

### 三、几何公差

#### 1. 基本概念

几何公差是指零件在加工过程中涉及的形状、方向、位置和跳动相对于理想状态的允许变动量，如图 7-30 所示。对于要求一般的零件来说，只要保证其尺寸公差即可满足使用要求，而对于要求较高的零件，除了保证尺寸公差外，还要保证其几何公差满足设计要求，否则会导致零件的装配、运行困难和产品的无法正常使用。

#### 2. 几何公差符号

（1）几何公差的几何特征符号　几何公差符号的内容有几何公差特征符号、公差

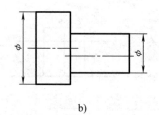

a)　　　　　　　　　　　　　　b)

图 7-30　几何公差的类型

a）形状公差　b）位置公差

框格、公差值、基准符号、附加符号。几何公差类型、特征符号及公差带的定义，见表 7-12。

几何公差的公差带是由一个或几个理想的几何线或面所限定的、由线性公差值表示其大小的区域。它的主要形状有：一个圆内的区域、两同心圆之间的区域、两等距线或两平行直线之间的区域、一个圆柱面内的区域、两同轴圆柱面之间的区域、两等距面或两平行平面之间的区域、一个圆球面内的区域。

表 7-12　几何公差类型、特征符号及公差带的定义

| 公差类型 | 几何特征 | 符号 | 有无基准 | 公差带的定义 |
|---|---|---|---|---|
| 形状公差 | 直线度 | —— | 无 | 直线度公差带（或有符号 $\phi$）为间距等于公差值 $t$ 的两平行直线或平面（或直径为公差值 $\phi t$ 的圆柱面内）所限定的区域 |
| | 平面度 | ▱ | 无 | 平面度公差带为间距等于公差值 $t$ 的两平行平面所限定的区域 |
| | 圆度 | ○ | 无 | 圆度公差带为在给定横截面内、半径差等于公差值 $t$ 的两同心圆所限定的区域 |
| | 圆柱度 | ⌭ | 无 | 圆柱度公差带为半径差等于公差值 $t$ 的两同轴圆柱面所限定的区域 |
| | 线轮廓度 | ⌒ | 无 | 无基准的线轮廓度公差带为直径差等于公差值 $t$、圆心位于具有理论正确几何形状上的一系列圆的两包络线所限定的区域 |
| | 面轮廓度 | ⌓ | 无 | 无基准的面轮廓度公差带为直径等于公差值 $t$、球心位于被测要素理论正确几何形状上的一系列圆球的两包络面所限定的区域 |
| 方向公差 | 平行度 | // | 有 | 1）线对基准线的平行度公差带（有符号 $\phi$）为平行于基准轴线、直径等于公差值 $\phi t$ 的圆柱面所限定的区域<br>2）线对基准面的平行度公差带为平行于基准平面、间距等于公差值 $t$ 的两平行平面所限定的区域<br>3）面对基准线（或基准面）的平行度公差带为间距等于公差值 $t$、平行于基准轴线（或基准面）的两平行平面所限定的区域 |

（续）

| 公差类型 | 几何特征 | 符号 | 有无基准 | 公差带的定义 |
|---|---|---|---|---|
| 方向公差 | 垂直度 | ⊥ | 有 | 1）线（或面）对基准线的垂直度公差带为间距等于公差值 $t$ 且垂直于基准（或轴）线的两平行平面所限定的区域<br>2）线对基准面的垂直度公差带（有符号 $\phi$）为直径等于公差值 $\phi t$、轴线垂直于基准平面的圆柱面所限定的区域<br>3）面对基准线（或基准面）的垂直度公差带为间距等于公差值 $t$ 且垂直于基准轴线（或平面）的两平行平面所限定的区域 |
| | 倾斜度 | ∠ | 有 | 线（或面）对基准线（或基准面）的倾斜度公差带为间距等于公差值 $t$ 的两平行平面所限定的区域。该两平行平面按给定角度倾斜于基准轴线（或基准平面） |
| | 线轮廓度 | ⌒ | 有 | 有基准体系的线轮廓度公差带为直径差等于公差值 $t$、圆心位于由两基准平面确定的被测要素理论正确几何形状上的一系列圆的两包络线所限定的区域 |
| | 面轮廓度 | ◠ | 有 | 有基准的面轮廓度公差带为直径等于公差值 $t$、球心位于由基准平面确定的被测要素理论正确几何形状上的一系列圆球的两包络面所限定的区域 |
| 位置公差 | 位置度 | ⊕ | 有或无 | 1）点的位置度公差带为直径等于公差值 $S\phi t$ 的圆球面所限定的区域。该圆球面中心的理论正确位置由三个不同方向的基准平面和理论正确尺寸确定<br>2）线的位置度公差带为间距等于公差值 $t$、对称于线的理论正确位置的两平行平面所限定的区域。线的理论正确位置由两个不同方向的基准平面和理论正确尺寸确定<br>3）线的位置度公差带（有符号 $\phi$）为直径等于公差值 $\phi t$ 的圆柱面所限定的区域。该圆柱面的轴线的位置由三个不同方向的基准平面和理论正确尺寸确定 |
| | 同心度<br>（用于中心点） | ◎ | 有 | 点的同心度公差带（有符号 $\phi$）为直径等于公差值 $\phi t$ 的圆周所限定的区域。该圆周的圆心与基准点重合 |
| | 同轴度<br>（用于轴线） | ◎ | 有 | 轴线的同轴度公差带（有符号 $\phi$）为直径等于公差值 $\phi t$ 的圆柱面所限定的区域。该圆柱面的轴线与基准轴线重合 |
| | 对称度 | ⚌ | 有 | 中心平面的对称度公差带为间距等于公差值 $t$、对称于基准中心平面的两平行平面所限定的区域 |
| | 线轮廓度 | ⌒ | 有 | 与方向公差带的定义相同 |
| | 面轮廓度 | ◠ | 有 | 与方向公差带的定义相同 |
| 跳动公差 | 圆跳动 | / | 有 | 1）径向圆跳动公差带为任一垂直于基准轴线的横截面内、半径差等于公差值 $t$、圆心在基准轴线上的两同心圆所限定的区域<br>2）轴向圆跳动公差带为与基准轴线同轴的任一半径的圆柱截面上，间距等于公差值 $t$ 的两圆所限定的圆柱面区域 |
| | 全跳动 | ⫽ | 有 | 1）径向全跳动公差带为半径差等于公差值 $t$、与基准轴线同轴的两圆柱面所限定的区域<br>2）轴向全跳动公差带为间距等于公差值 $t$、垂直于基准轴线的两平行平面所限定的区域 |

注：表中仅摘选标准的一部分，详细内容请查阅标准 GB/T 1182—2008。

（2）公差框格　用公差框格标注几何公差时，公差要求注写在划分成两格或多格的矩形框格内。各格自左至右顺序标注以下内容（常见样式如图7-31所示）。

1）几何特征符号。

2）公差值。以线性尺寸单位表示的量值。如果公差带为圆形或圆柱形，公差值前应加注符号"$\phi$"；如果公差带为圆球形，公差值前应加注符号"$S\phi$"。

3）基准。用一个字母表示单个基准或用几个字母表示基准体系或公共基准。

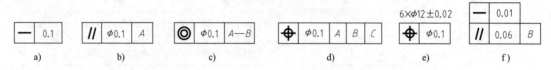

图7-31　公差框格的常见样式
a）无基准　b）单个基准　c）公共基准　d）基准体系　e）一个
公差用于几个相同要素　f）几个公差用于同一个要素

（3）几何公差的标注

1）被测要素。用指引线（终端带箭头）连接被测要素和几何公差框格，指引线引自框格的任意一侧，如图7-32所示。

2）基准要素。用一个大写字母表示。字母标注在基准方格内，与一个涂黑的或空白的三角形相连。表示基准的字母还应标注在公差框格内，如图7-33所示。

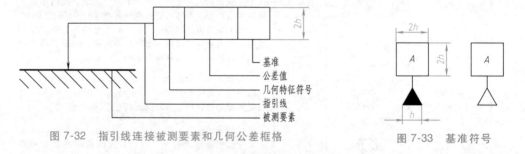

图7-32　指引线连接被测要素和几何公差框格　　　图7-33　基准符号

3. 几何公差的标注示例

几何公差的标注示例及要求，见表7-13。

表7-13　几何公差的标注示例及要求

| 标注示例 | 标注要求 |
| --- | --- |
|  | 当几何公差涉及轮廓线或轮廓面时,箭头指向该要素的轮廓线或其延长线(应与尺寸线明显错开);箭头也可指向引出线(引自被测面)的水平线 |
|  | 当几何公差涉及要素的中心线、中心面或中心点时,箭头应位于相应尺寸线的延长线上 |

（续）

| 标注示例 | 标注要求 |
|---|---|
| 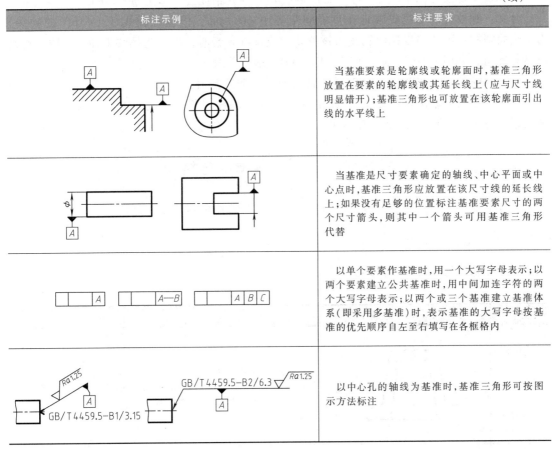 | 当基准要素是轮廓线或轮廓面时，基准三角形放置在要素的轮廓线或其延长线上（应与尺寸线明显错开）；基准三角形也可放置在该轮廓面引出线的水平线上 |
|  | 当基准是尺寸要素确定的轴线、中心平面或中心点时，基准三角形应放置在该尺寸线的延长线上；如果没有足够的位置标注基准要素尺寸的两个尺寸箭头，则其中一个箭头可用基准三角形代替 |
|  | 以单个要素作基准时，用一个大写字母表示；以两个要素建立公共基准时，用中间加连字符的两个大写字母表示；以两个或三个基准建立基准体系（即采用多基准）时，表示基准的大写字母按基准的优先顺序自左至右填写在各框格内 |
|  | 以中心孔的轴线为基准时，基准三角形可按图示方法标注 |

**【例 7-7】** 如图 7-34 所示为气门阀杆的零件图，解释图中四项几何公差的含义。

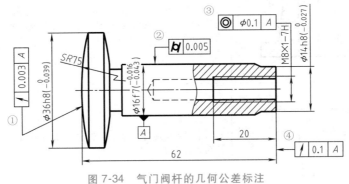

图 7-34　气门阀杆的几何公差标注

**解释：**

① $SR75$ 的球面相对于 $\phi16f7$ 圆柱轴线的圆跳动公差值为 0.003mm。

含义：在任一垂直于基准轴线 $A$ 的横截面内，$SR75$ 的球面应限定在半径差为 0.003mm、球心在基准轴线 $A$ 上的两同心球面之间。

② $\phi16f7$ 圆柱面的圆柱度公差值为 0.005mm。

含义：$\phi16f7$ 圆柱面应限定在半径差等于 0.005mm 的两同轴圆柱面之间。

③ M8×1 螺纹孔的轴线相对于 $\phi$16f7 圆柱轴线的同轴度公差值为 $\phi$0.1mm。

含义：螺纹孔的轴线应限定在直径间距等于 $\phi$0.1mm，以基准轴线 $A$（$\phi$16f7 的轴线）为轴线的圆柱面内。当以螺纹轴线为被测要素或基准要素时，默认为螺纹中径的轴线，否则应另有说明，如用"MD"表示大径，用"LD"表示小径。

④ $\phi$14h8 右端面相对于 $\phi$16f7 圆柱轴线的圆跳动公差值为 0.1mm。

含义：在与以基准轴线 $A$（$\phi$16f7 的轴线）同轴的任一圆柱形截面上，右端面应限定在轴向距离等于 0.1mm 的两个等圆之间。

# 第五节　零件的典型工艺结构

本节主要介绍零件毛坯在铸造成型和机械加工过程中的典型工艺结构。

## 一、铸造工艺结构

铸件常见工艺结构见表 7-14。

表 7-14　铸件常见工艺结构

| 类别 | 图例 | 说明 |
|------|------|------|
| 铸造圆角 | 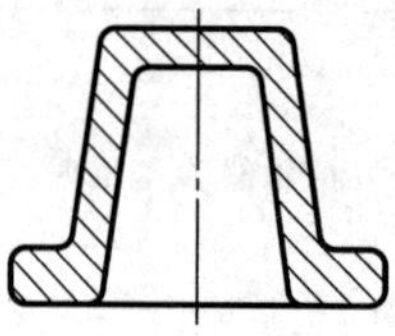 | 为了防止砂型在尖角处脱落，避免金属液体在尖角处冷却时产生裂纹和缩孔，在铸件各表面相交处均以圆角过渡，这种圆角称为铸造圆角。圆角半径一般在技术要求中统一说明 |
| 起模斜度 | 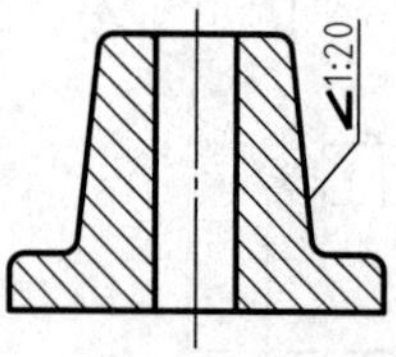 | 为了方便从砂型中取出模样，通常在铸件沿起模方向的内、外壁上均设计出约 1∶20 的斜度，这种斜度称为起模斜度。起模斜度一般不画出，也不标注 |
| 铸件壁厚 | 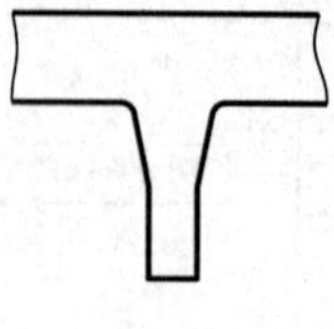 | 为了避免浇注铸件时因各部分的厚度不同导致冷却速度不均而产生缩孔和裂纹，尽量使铸件的壁厚均匀或逐渐变化一致 |
| 过渡线 | 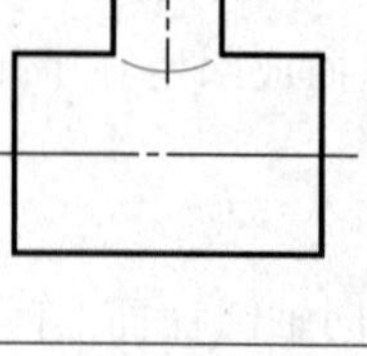 | 在铸造零件上，由于两表面相交存在过渡圆角，致使零件表面之间的交线不明显，这条交线称为过渡线。零件图中用细实线按无圆角过渡画出该交线，但两端与轮廓线断开 |

（续）

| 类别 | 图 例 | 说 明 |
|------|-------|-------|
| 凸台 | 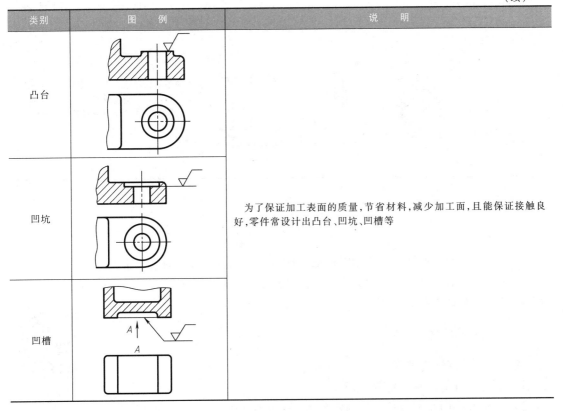 | 为了保证加工表面的质量,节省材料,减少加工面,且能保证接触良好,零件常设计出凸台、凹坑、凹槽等 |
| 凹坑 | | |
| 凹槽 | | |

## 二、机械加工工艺结构

机械加工工艺结构见表 7-15。

表 7-15　机械加工工艺结构

| 类型 | 图 例 | 说 明 |
|------|-------|-------|
| 倒角和倒圆 | | 为了去除毛刺、锐边和便于装配,在轴和孔的端部,一般都加工成倒角<br>为了避免因应力集中而产生裂纹,在轴肩、孔肩处加工成圆角过渡,即倒圆。倒圆可以不画,但需注出半径尺寸 |
| 退刀槽 | | 为了便于在车削加工内、外螺纹时的进刀和退刀,常在零件根部预先加工出退刀槽 |
| 砂轮越程槽 | | 为了便于在磨削加工时砂轮超越加工面,保证加工质量,常在零件根部预先加工出砂轮越程槽 |

（续）

| 类型 | 图 例 | 说 明 |
|---|---|---|
| 钻孔结构 | 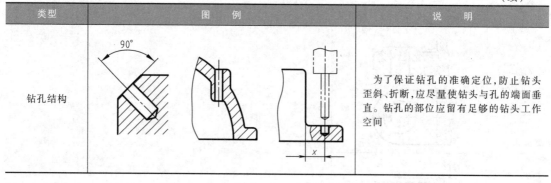 | 为了保证钻孔的准确定位,防止钻头歪斜、折断,应尽量使钻头与孔的端面垂直。钻孔的部位应留有足够的钻头工作空间 |

# 第六节 读零件图

在实际生产中,不仅需要绘制零件图的能力,还应具备读零件图的能力。通过阅读零件图,了解零件的结构形状、尺寸大小、功能特点及加工时所需达到的技术要求等内容,便于制定合理的加工工艺方案。

## 一、读零件图的要求

读零件图的具体要求有以下几个方面:

1）了解零件的名称、材料和用途。

2）分析零件的视图表达,读懂零件各部分的结构形状。

3）分析零件图的尺寸标注和技术要求,理解零件的设计意图和加工过程。

## 二、读零件图的方法和步骤

因零件的结构类型和功能不同,零件图的内容差异较大,但对于不同内容的零件图,读图的方法和步骤基本类似,见表7-16。

表7-16 读零件图

| 读图步骤 | 内 容 | 目 的 |
|---|---|---|
| 一 | 看标题栏 | 了解零件名称、材料、绘图比例,分析零件类型、功用、毛坯的加工等 |
| 二 | 视图分析 | 分析各图形的表达意义、剖切的位置、投影的方向等,构思零件各个部分的结构形状 |
| 三 | 尺寸分析 | 找出长、宽、高三个方向的尺寸基准,分析定形尺寸、定位尺寸、总体尺寸 |
| 四 | 技术要求分析 | 由标注了解对零件表面结构、尺寸公差、几何公差等各项不同的具体加工和精度要求;由文字了解对零件材料的处理、检验、加工等要求 |
| 五 | 综合归纳 | 对零件图做全面分析,归纳零件的制造要求,构思零件的整体形状和大小,必要时还应参考装配图或其他技术资料 |

## 三、读零件图举例

【例7-8】 根据如图7-35所示的零件图,分析并构思出零件立体。

视频:读零件图的要求、方法和步骤

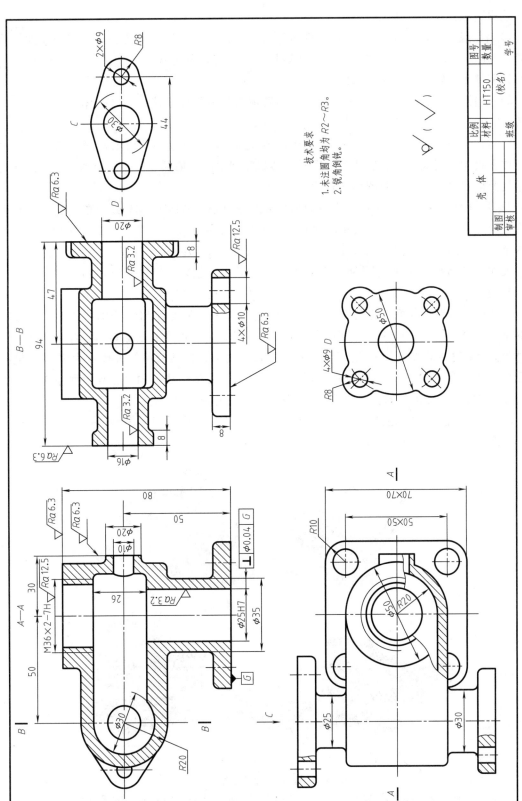

技术要求
1. 未注圆角均为 R2~R3。
2. 锐角倒钝。

壳 体

HT150

图 7-35 壳体零件图

**读图过程：**

1）看标题栏。由标题栏可知该零件名称为壳体，它是一种起支撑、连接其他零件和承受负荷的箱体类零件。该零件的材料为灰铸铁，可以确定其毛坯为铸造加工；由比例 1∶2 可知该零件图比实物缩小为原来的 1/2。

2）功能分析。该零件通过前、后法兰与管道或其他零件连接，通过壳体的孔进行流体的传输。

3）视图分析。由主、俯视图可以看出该零件的主体为直立筒体（右侧附带凸台）与左侧筒体垂直相交而成；前、后法兰及底板的形状分别由两个局部视图和俯视图表达；内部空腔结构及形状由三个基本视图剖切表达。

4）尺寸分析。长、宽、高三个方向的尺寸基准分别为 $\phi25H7$ 的轴线、前后近似的对称面和底面；底板共有 4 个供安装用的通孔，定形尺寸是 $4\times\phi10$，定位尺寸是 $50\times50$；前法兰有 4 个供连接的通孔，定形尺寸是 $4\times\phi9$，定位尺寸是 $\phi50$；后法兰有 2 个供连接的通孔，定形尺寸是 $2\times\phi9$，定位尺寸是 44；零件的总长、总宽、总高的尺寸分别为 115、94、80。

5）技术要求分析。零件的表面粗糙度有四种，最光滑面的表面粗糙度 $Ra$ 值为 $3.2\mu m$，最粗糙的面为铸造毛坯面；零件有一处几何公差的要求，即孔 $\phi25H7$ 的轴线相对于零件底面的垂直度公差值为 $\phi0.04$；孔的配合尺寸为 $\phi25H7$，它与轴形成基孔制的配合尺寸（公称尺寸为 $\phi25$，孔的公差带代号为 H7，基本偏差代号为 H，标准公称等级代号为 7）；螺纹孔的配合尺寸为 M26×2-7H，它与外螺纹形成配合尺寸（公称尺寸为 M26，细牙普通螺纹，螺距为 2，右旋，中径顶径的公差带代号为 7H，旋合长度为中等）。

6）形体构思。经上述几方面的分析可知，该零件的结构属于中等复杂程度，其整体结构、外形及内腔的形体构思如图 7-36 所示。

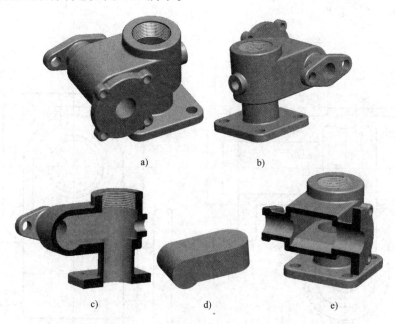

a)　　　　　　　　　　　　b)

c)　　　　　　　　　d)　　　　　　　　e)

图 7-36　壳体零件的形体构思

a) 零件立体图　b) 后视图外形　c) 主视图全剖　d) 内腔主要形体　e) 左视图全剖

# 第七节　零件测绘

零件测绘是根据已有的零件实物，借助工具测量出它的尺寸，绘制出零件草图，再通过分析制定出技术要求，最后完成零件工作图。通过零件测绘可以提高机器的仿制速度，降低经济成本，也可为自主设计或修配损坏的零件提供技术资料。

## 一、零件测绘的一般步骤

测绘的过程是先通过测量，然后绘制草图，再经过整理，最后用计算机绘制正规零件图。

### 1. 了解并分析零件

在测绘前，首先要了解零件的名称、材料、用途及其在机器中的位置和装配要求。分析零件各表面与其他零件之间的关系；然后再对零件的结构进行分析，设想出加工该零件的方法，从而为确定视图表达方案、选择尺寸基准、合理标注尺寸及正确制定技术要求等奠定良好的基础。

### 2. 确定视图表达方案

根据零件分析的结果，按照零件视图的选择原则，首先确定主视图的投射方向，再根据零件的复杂程度来选择其他视图、剖视图、断面图等表达方法，把零件的内、外结构形状完整、清晰、简便地表达出来。

### 3. 画零件草图

测绘工作常在生产现场进行，不便使用绘图工具绘图，主要以徒手的形式绘制草图。根据实物靠目测比例，在白纸或方格纸上画出零件的各个视图。画草图的过程中，应尽量保持零件各部分比例大致相同，切不可量一下画一笔，否则画图效率太低。

零件草图是画零件工作图的依据，必要时可根据草图直接加工零件。因此，零件草图的内容必须完整。

### 4. 画零件工作图

首先审查零件草图的视图表达、尺寸标注等是否完整、清晰、合理，技术要求是否齐全，必要时进行补充和修改，然后才能画零件工作图。

上述这些步骤并非绝对，可根据现场工作条件和个人习惯画出正确的零件图。

## 二、测绘过程常见问题的处理

### 1. 工艺结构问题

零件上的工艺结构在草图中均应画出，不能省略。

### 2. 零件缺陷问题

零件因制造产生的缺陷或在使用中造成的缺陷，在草图中均不画出。

### 3. 尺寸问题

1）有配合关系的尺寸，只测量出它们的公称尺寸，其配合性质及公差带应根据零件在机器中的作用进行分析后，查阅相关资料后确定。

2）不重要的尺寸测量后适当圆整或取整数。

3）对标准结构的尺寸，应将测量结果与标准值核对，一般采用标准结构的标准值。

4. 材料问题

根据测绘零件在机器中的作用或在设计中零件常用的材料来确定材料，也可采用类比的方法，对照同类产品来确定材料，这是零件测绘常用的方法。

### 三、常用的测量工具及使用

零件测绘的关键是测量零件的尺寸，正确选择和使用测量工具显得尤为重要。常用的测量工具有钢直尺、游标卡尺、内外卡钳、千分尺等，测量工具的用途见表 7-17。

表 7-17　测量工具的用途

| 名称 | 图　示 | 用　途 |
|------|--------|--------|
| 钢直尺 |  | 用于测量要求不高的长度尺寸 |
| 游标卡尺 | 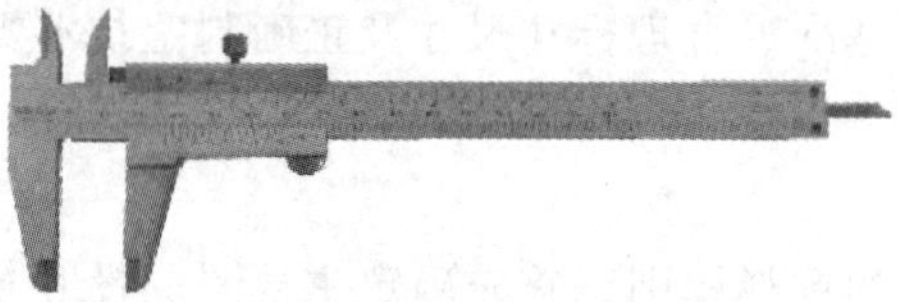 | 用于测量对精度要求比较高的长度、内径、外径及深度尺寸 |
| 内外卡钳 | 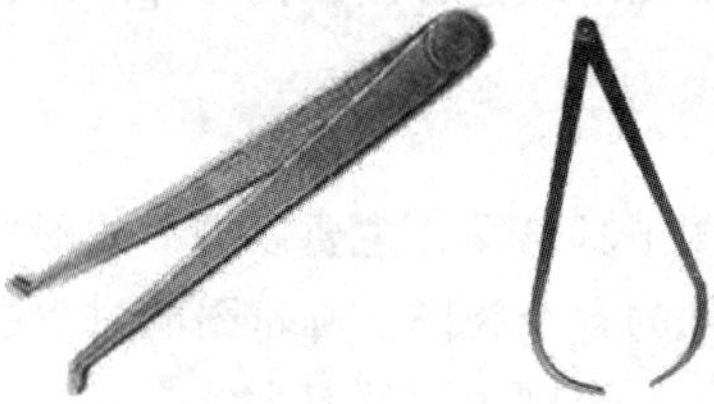 | 用于要求不高的零件尺寸的测量。内卡钳用于测量内径和凹槽，外卡钳用于测量外径和平面，需要将测量的长度尺寸在钢直尺上进行读数 |
| 千分尺 | 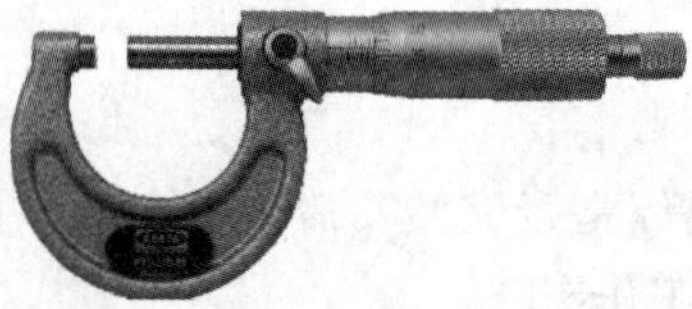 | 用于精密测量外径尺寸 |
| 螺距规 | 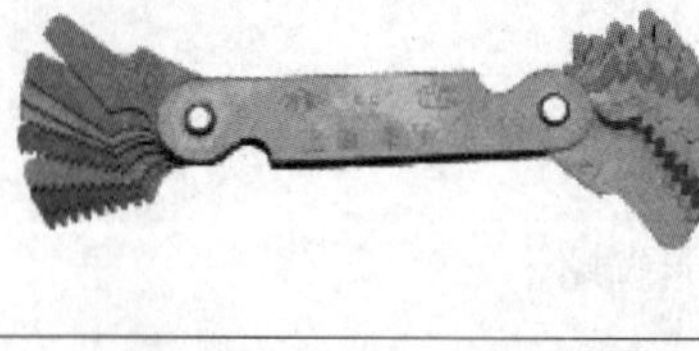 | 用于测量螺纹的螺距。当钢片上的牙型与被测螺纹牙型吻合，则钢片上的读数即为其螺距大小 |
| 圆角规 | 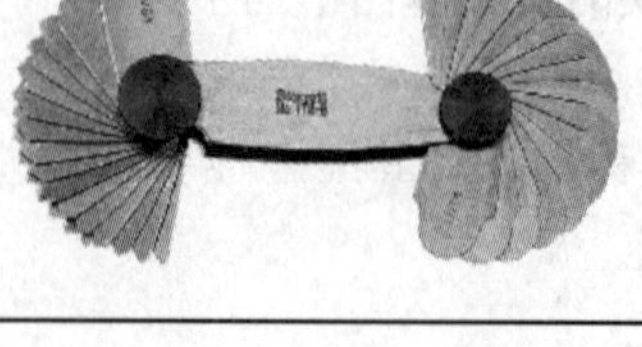 | 用于测量圆角半径尺寸。当钢片上的圆角与被测圆角面吻合，则钢片上的读数即为其半径大小 |

### 四、零件草图的绘制

零件草图非"潦草的图",它应包含与零件工作图一样的四个内容,区别在于画草图时不使用或部分使用绘图工具,仅凭目测确定零件实际大小和比例,徒手画的图形,精确度及效果会差一些。但零件草图仍要求做到图形正确、比例匀称、表达清晰、线型分明、尺寸完整、标注合理。

【例 7-9】 根据零件的立体图(见图 7-37),绘制其零件草图及工作图。

**绘制过程:**

1)布置视图,画出各视图的基准线,选择合适图幅,留出注写尺寸和标题栏的位置,如图 7-38a 所示。

2)目测比例,徒手或部分使用仪器画图。根据盘盖类的表达方法,将主视图画为全剖视,采用相交平面剖切的方法,两个视图如图 7-38b 所示。

3)画出尺寸界线、尺寸线和箭头,如图 7-38c 所示。

4)测量并标注尺寸,注写技术要求,填写标题栏,如图 7-38d 所示。

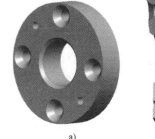

图 7-37 轴承盖立体图
a)外观形状 b)内部结构

5)结合零件对草图进行检查、修改,绘制零件工作图,如图 7-38e 所示。

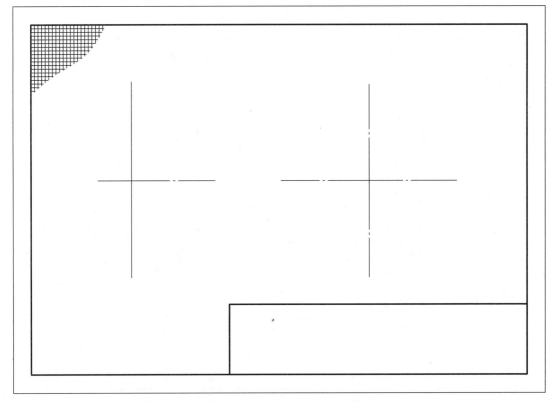

a)

图 7-38 轴承盖零件草图

a)画基准线

186

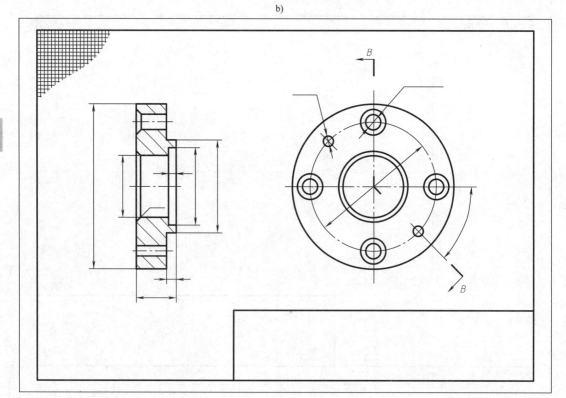

b)

c)

图 7-38 轴承盖零件草图

b）画视图 c）画尺寸线

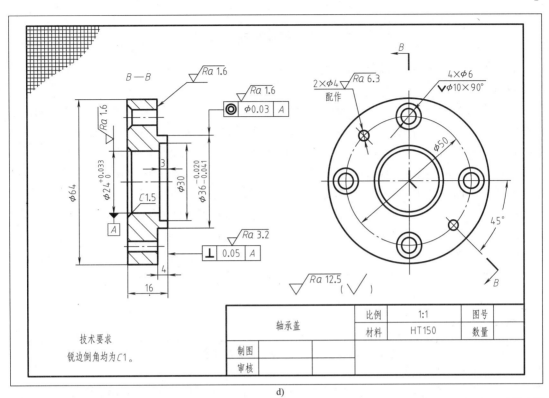

| | 轴承盖 | | 比例 | 1:1 | 图号 | |
|---|---|---|---|---|---|---|
| | | | 材料 | HT150 | 数量 | |
| 制图 | | | | | | |
| 审核 | | | | | | |

技术要求

锐边倒角均为C1。

d)

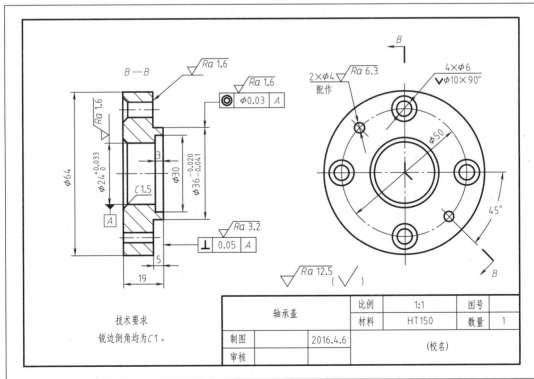

| | 轴承盖 | | 比例 | 1:1 | 图号 | |
|---|---|---|---|---|---|---|
| | | | 材料 | HT150 | 数量 | 1 |
| 制图 | | 2016.4.6 | | (校名) | | |
| 审核 | | | | | | |

技术要求

锐边倒角均为C1。

e)

及工作图的绘制（续）

d）量注尺寸，注写技术要求，填写标题栏　e）绘制零件工作图

# 学 习 指 导

本章重点是零件图的视图选择、尺寸标注、技术要求和读图。难点是合理地标注尺寸及复杂零件的读图。

零件图是本课程的核心，它是前面各章知识的综合应用，同时又增加了与生产实际相关的零件加工与制造的知识，如零件加工方法和应达到的技术要求、零件的工艺结构、零件的测绘、零件的毛坯制造等。本章内容虽然理论不深，但与生产加工联系紧密，如合理地标注尺寸，这需要丰富的生产经验，所以本章的学习方法要做适当改变，尽量积累一些关于生产方面的知识，比如通过金工实习的实践环节，对零件的冷、热加工有一定的了解；或者到生产现场或实习车间参观实习；还可以观看一些与零件加工相关的视频等。总之，只有对零件的生产过程有感性认识和大概了解，才易理解零件图的内容。通过本章的学习，应学会分析各类零件，合理地表达零件，尽可能地合理标注尺寸，读懂零件图中的技术要求，具备查阅技术标准的能力，初步具备零件测绘及绘制草图的能力。

## 复习思考题

1. 零件图在生产实际中的作用是什么？它包含了哪些内容？

2. 零件图的视图选择原则是什么？怎样确定主视图？

3. 零件大致分为几类？它们各有哪些结构特点？试分析比较它们的表达方案有什么不同？

4. 怎样选择零件的尺寸基准？标注尺寸时应注意哪些方面的问题？

5. 下面两种表面结构要求符号的含义是什么：$\sqrt{}\left(\sqrt{}\right)$，$\sqrt{Ra\ 3.2}$。

6. 理解极限与配合的相关概念。

7. 解释 $\phi18h7$、$\phi20H8\left(^{+0.021}_{\quad 0}\right)$、$\phi36H8/f7$ 的含义。

8. 零件的常见工艺结构有哪些？了解这些结构的作用和尺寸注法。

9. 读零件图时重点分析哪些内容？找几张不同类型的零件图做读图练习。

10. 从生产现场找一些零件进行测绘，加强动手能力和工程意识的培养，掌握徒手画零件草图的方法。

# 第八章

# 标准件和常用件的特殊表示法

**学习要点**

◆ 掌握螺纹、常用螺纹紧固件及其连接的规定画法和标注。

◆ 了解直齿圆柱齿轮及其啮合的规定画法。

◆ 了解键、销的画法和标记。

◆ 了解滚动轴承和圆柱螺旋压缩弹簧的规定画法。

本章采用的国家标准主要有：《机械制图　螺纹及螺纹紧固件表示法》（GB/T 4459.1—1995）、《机械制图　齿轮表示法》（GB/T 4459.2—2003）、《通用齿轮和重型机械用圆柱齿轮　模数》（GB/T 1357—2008）、《机械制图　滚动轴承表示法》（GB/T 4459.7—1998）、《滚动轴承　分类》（GB/T 271—2017）、《机械制图　弹簧表示法》（GB/T 4459.4—2003）、《冷卷圆柱螺旋弹簧技术条件　第 2 部分：压缩弹簧》（GB/T 1239.2—2009）、《普通圆柱螺旋压缩弹簧尺寸及参数（两端圈并紧磨平或制扁）》（GB/T 2089—2009）、《圆柱螺旋弹簧尺寸系列》（GB/T 1358—2009）等。

## 第一节　螺　纹

螺纹结构属于标准结构，其结构形状及尺寸均已标准化。

### 一、螺纹的形成及螺纹要素

#### 1. 螺纹的形成

螺纹是指在圆柱或圆锥表面上沿着螺旋线所形成的，具有规定牙型断面的连续凸起和沟槽。凸起部分称为螺纹的牙，其顶端称为牙顶，沟槽底部称为牙底。在圆柱表面上加工的螺纹称为圆柱螺纹；在圆锥表面上加工的螺纹称为圆锥螺纹。在圆柱（或圆锥）外表面形成的螺纹称为外螺纹，在圆柱（或圆锥）内表面形成的螺纹称为内螺纹。

常用的螺纹加工方法分为切削加工和挤压加工两类。图 8-1 所示为用车刀切削加工螺纹，将零件装夹在车床的卡盘上，卡盘带动零件做匀速旋转，同时螺纹车刀沿零件轴线做匀速直线运动，当螺纹车刀给零件一个适当的背吃刀量时，在零件表面即形成了螺纹。

图 8-2 所示为用丝锥攻螺纹，先用钻头钻出光孔（孔的锥顶角规定画成120°），再用丝

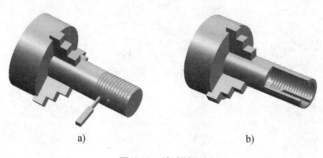

图 8-1 车削螺纹

a）车外螺纹 b）车内螺纹

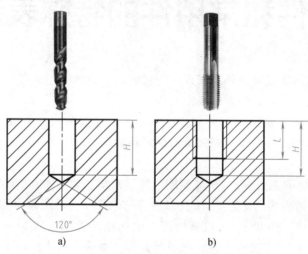

图 8-2 内螺纹的另一种加工方法

a）钻孔 b）攻螺纹

锥攻螺纹制成内螺纹。

2. 螺纹的工艺结构和结构要素

（1）螺纹的工艺结构

1）螺纹端部。为了便于装配，在内外螺纹的端部一般加工成倒角、倒圆，如图 8-3 所示。

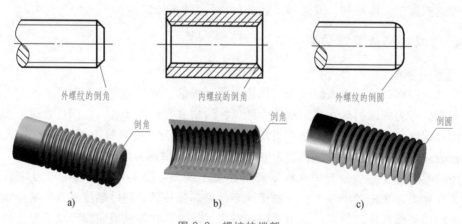

图 8-3 螺纹的端部

a）外螺纹的倒角 b）内螺纹的倒角 c）外螺纹的倒圆

2）螺尾和退刀槽。加工螺纹时，由于车刀的退出和丝锥的本身结构，都会造成螺纹最后几个牙型不完整，这一段螺纹称为螺纹的收尾，简称螺尾。螺尾为非正常工作部分。车削螺纹时，为了便于退刀、避免产生螺尾，可在螺纹的终止处预先车出一小槽，称为退刀槽，如图 8-4 所示。

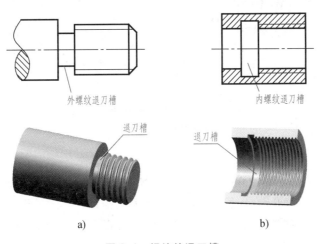

图 8-4　螺纹的退刀槽

a）外螺纹退刀槽　b）内螺纹退刀槽

（2）螺纹的结构要素

1）牙型。在通过螺纹轴线的断面上，螺纹轮廓的形状称为螺纹的牙型，常见的有三角形、梯形、锯齿形等，如图 8-5 所示。螺纹牙型标志着螺纹特征，它以不同的代号来表示，称为螺纹特征代号，如"M""Tr""B"等。在螺纹牙型上，相邻两牙相邻两侧面间的夹角称为牙型角，不同种类螺纹的牙型角各不相同。

图 8-5　螺纹的牙型

2）直径。螺纹的直径分为大径（$d$ 或 $D$）、小径（$d_1$ 或 $D_1$）、中径（$d_2$ 或 $D_2$），如图 8-6 所示。

① 大径（公称直径）。与外螺纹牙顶或内螺纹牙底相切的假想圆柱面的直径，称为螺纹的大径，也称公称直径。外螺纹的大径用 $d$ 表示，内螺纹的大径用 $D$ 表示。

② 小径。与外螺纹牙底或内螺纹牙顶相切的假想圆柱面的直径，称为螺纹的小径。外螺纹的小径用 $d_1$ 表示，内螺纹的小径用 $D_1$ 表示。

③ 中径。假想在大径和小径之间有一圆柱面，其母线上螺纹牙型的凸起宽度与沟槽宽度相等，这一圆柱面的直径称为螺纹中径。外螺纹的中径用 $d_2$ 表示，内螺纹的中径用 $D_2$ 表示。中径是反映螺纹精度的主要参数。

3）线数 $n$。形成螺纹时，螺旋线的条数称为线数。螺纹有单线和多线之分，沿同一条螺旋线形成的螺纹，称为单线螺纹；沿两条以上螺旋线形成的螺纹，称为多线螺纹，如图

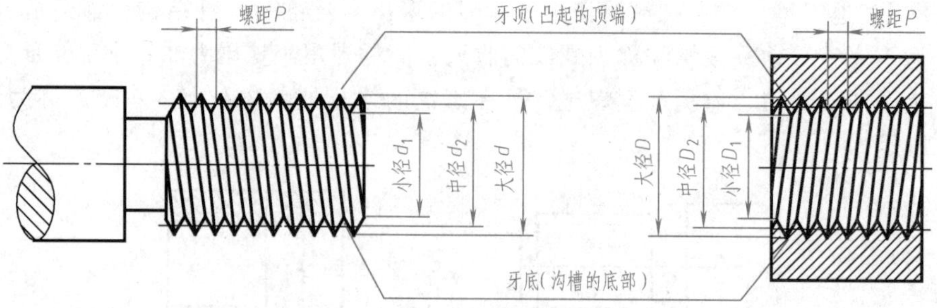

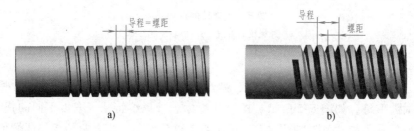

图 8-6　螺纹的直径

a）外螺纹　b）内螺纹

8-7 所示。

4）螺距 $P$ 和导程 $P_h$。螺纹相邻两牙在中径线上对应两点间的距离，称为螺距，用 $P$ 表示。同一条螺旋线上相邻两牙在中径线上对应两点间的距离，称为导程，用 $P_h$ 表示。单线螺纹的导程等于螺距，多线螺纹的螺距、导程和线数之间的关系为：$P_h = nP$，如图 8-7 所示。

图 8-7　螺纹的线数、螺距和导程

a）单线螺纹　b）双线螺纹

5）旋向。螺纹旋向有左旋和右旋之分，如图 8-8 所示。内、外螺纹旋合时，顺时针旋入的螺纹称为右旋螺纹；逆时针旋入的螺纹称为左旋螺纹。判断螺纹旋向时，可将其沿轴线竖起，螺纹可见部分由左向右上升为右旋，反之为左旋。工程上常用右旋螺纹。

内、外螺纹须配合使用，只有螺纹要素完全相同的内、外螺纹才能旋合。

在螺纹的各要素中，牙型、大径和螺距为基本要素，这三个基本要素都符合国家标准的螺纹称为标准螺纹；牙型符合国家标准，而大径或螺距不符合国家标准的螺纹称为特殊螺纹；牙型不符合国家标准的螺纹称为非标准螺纹（如矩形螺纹）。

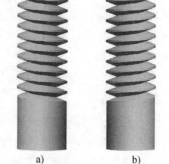

图 8-8　螺纹的旋向

a）左旋螺纹　b）右旋螺纹

## 二、螺纹的表示法

### 1. 螺纹的规定画法

国家标准规定了螺纹在图样中的特殊表示法，见表 8-1。

表 8-1　螺纹的规定画法

| 种 类 | 规 定 画 法 | 说 明 |
|---|---|---|
| 外螺纹 | 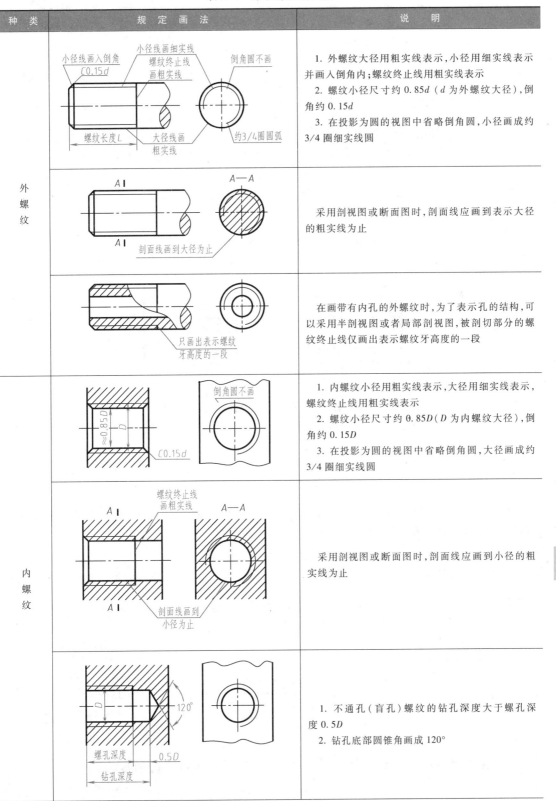 | 1. 外螺纹大径用粗实线表示，小径用细实线表示并画入倒角内；螺纹终止线用粗实线表示<br>2. 螺纹小径尺寸约 $0.85d$（$d$ 为外螺纹大径），倒角约 $0.15d$<br>3. 在投影为圆的视图中省略倒角圆，小径画成约 $3/4$ 圈细实线圆 |
| | | 采用剖视图或断面图时，剖面线应画到表示大径的粗实线为止 |
| | | 在画带有内孔的外螺纹时，为了表示孔的结构，可以采用半剖视图或者局部剖视图，被剖切部分的螺纹终止线仅画出表示螺纹牙高度的一段 |
| 内螺纹 | | 1. 内螺纹小径用粗实线表示，大径用细实线表示，螺纹终止线用粗实线表示<br>2. 螺纹小径尺寸约 $0.85D$（$D$ 为内螺纹大径），倒角约 $0.15D$<br>3. 在投影为圆的视图中省略倒角圆，大径画成约 $3/4$ 圈细实线圆 |
| | | 采用剖视图或断面图时，剖面线应画到小径的粗实线为止 |
| | | 1. 不通孔（盲孔）螺纹的钻孔深度大于螺孔深度 $0.5D$<br>2. 钻孔底部圆锥角画成120° |

（续）

| 种 类 | 规 定 画 法 | 说 明 |
|---|---|---|
| 内外螺纹旋合 | 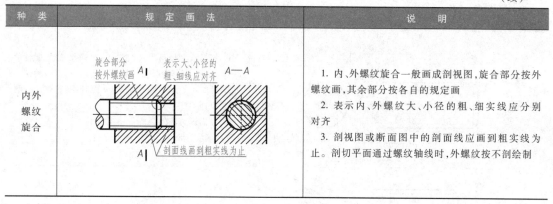 | 1. 内、外螺纹旋合一般画成剖视图，旋合部分按外螺纹画，其余部分按各自的规定画<br><br>2. 表示内、外螺纹大、小径的粗、细实线应分别对齐<br><br>3. 剖视图或断面图中的剖面线应画到粗实线为止。剖切平面通过螺纹轴线时，外螺纹按不剖绘制 |

**2. 螺纹孔相交的画法**

螺纹孔相交时，只需画出钻孔的交线，如图 8-9 所示。

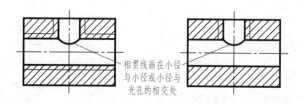

图 8-9　螺纹孔相交的画法

**3. 螺尾的画法**

螺尾部分一般不必画出，当需要表示螺尾时，该部分的牙底用与轴线成 30° 的细线绘制，如图 8-10 所示。

**注意**：在 GB/T 4459.1—1995 中规定，凡是图样中所标注的螺纹长度，均指不包括螺尾在内的有效螺纹的长度。

**4. 螺纹牙型的表示法**

在需要表示螺纹牙型，并注出所画的尺寸及要求时，可按图 8-11 所示画成局部剖视图或局部放大图。

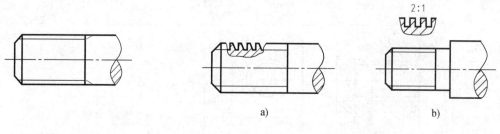

图 8-10　螺尾的画法

图 8-11　螺纹牙型表示

a）局部剖视图　b）局部放大图

194

### 三、螺纹的种类

标准螺纹的各要素如大径、螺距等均已规定，设计选用时应查阅相应标准。上述几种螺纹在图样中一般只需标注螺纹标记代号，即能区别出各种牙型。螺纹分为三大类，常用的螺纹分类如下：

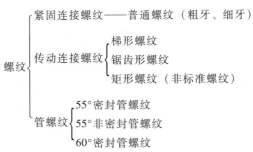

其中，普通螺纹牙型角为 60°。同一种大径的普通螺纹，一般有几种螺距，螺距最大的一种称为粗牙普通螺纹，其余的称为细牙普通螺纹（主要用于细小的精密零件或薄壁零件）。

梯形螺纹是常用的传动螺纹，其牙型为等腰梯形，牙型角为 30°；锯齿形螺纹的牙型为不等腰梯形，牙型角为 33°。

55°密封管螺纹牙型为三角形，牙型角为 55°，这种螺纹旋合后有密封能力，常用于压力在 1.57MPa 以下的管道，如日常生活中用的水管、煤气管、润滑油管等。

55°非密封管螺纹牙型为三角形，牙型角为 55°，常用于电线管等不需要密封的管路系统中的连接。

60°密封管螺纹的牙型为三角形，适用于管子、阀门、管接头、旋塞及其他管路附件的密封螺纹连接。

### 四、螺纹的图样标注

图样中的螺纹采用规定画法，对其五个要素，国家标准规定以不同螺纹的标记来表达。完整的螺纹标记由特征代号、尺寸代号、公差带代号和其他信息组成。

**1. 普通螺纹的完整标记**

普通螺纹完整标记的内容和格式为

| 螺纹特征代号 | 尺寸代号 |－| 公差带代号 |－| 旋合长度代号 |－| 旋向代号 |

各项说明如下

（1）螺纹特征代号  以字母"M"表示。

（2）尺寸代号  单线螺纹尺寸代号为"公称直径×螺距"，同一大径的粗牙普通螺纹只有一种螺距，不需标注；细牙有多种螺距，必须标注；多线螺纹尺寸代号为"公称直径×Ph 导程 P 螺距"。

（3）公差带代号  由中径和顶径公差带代号组成，若两个代号相同只注写一个。

**注意：** 公差带代号中的外螺纹用小写字母、内螺纹用大写字母表示基本偏差代号。

（4）旋合长度代号  普通螺纹的旋合长度分为短、中、长三组，分别用代号 S、N、L

表示（常用螺纹的旋合长度可查阅 GB/T 197—2003）。中等旋合长度（N）不标注。

（5）旋向代号 左旋螺纹应标注旋向代号"LH"；右旋螺纹不标注。

螺纹副的标记：用斜线将其公差带代号分开，左边为内螺纹，右边为外螺纹，如 M18-6H/5g6g。

2. 梯形螺纹和锯齿形螺纹的完整标记

梯形螺纹和锯齿形螺纹完整标记的内容和格式为

| 螺纹特征代号 | 尺寸代号 |-| 旋向代号 |-| 公差带代号 |-| 旋合长度代号 |

各项说明如下：

（1）螺纹特征代号 梯形螺纹以字母"Tr"表示，锯齿形螺纹以字母"B"表示。

（2）尺寸代号 单线螺纹尺寸代号为"公称直径×螺距"，多线螺纹尺寸代号为"公称直径×导程（P 螺距）"。

（3）旋向代号 左旋螺纹应标注旋向代号"LH"，右旋螺纹不标注。

（4）公差带代号 只标注中径公差带代号。

（5）旋合长度代号 只有中、长两组旋合长度。长旋合长度代号为"L"，中等旋合长度（N）不标注。

3. 管螺纹的完整标记

寸制密封管螺纹完整标记的内容和格式为

| 螺纹特征代号 | 尺寸代号 |-| 旋向代号 |

寸制非密封管螺纹完整标记的内容和格式为

| 螺纹特征代号 | 尺寸代号 |-| 中径公差带代号 |-| 旋向代号 |

各项说明如下：

（1）螺纹特征代号

Rp——55°密封圆柱内管螺纹

Rc——55°密封圆锥内管螺纹

G——55°非密封管螺纹

$R_1$——与圆柱内螺纹 Rp 相配合的圆锥外螺纹

$R_2$——与圆锥内螺纹 Rc 相配合的圆锥外螺纹

（2）尺寸代号 管螺纹的尺寸代号，一般指管子通孔的近似直径，并非螺纹大径，画图时需查阅国家标准。

（3）公差带代号 非密封圆柱内螺纹的中径公差带代号可省略不标；非密封圆柱外螺纹中径公差带代号分为 A、B 两种，必须标注。

（4）旋向代号 左旋螺纹应标注旋向代号"LH"，右旋螺纹不标注。

密封管螺纹副的标记：用斜线将其特征代号分开，左边为内螺纹，右边为外螺纹。例如，$Rp/R_1$3 LH。

非密封管螺纹副的标记：只标注外螺纹的标记代号。

4. 常用螺纹标注示例

普通螺纹、管螺纹、梯形螺纹和锯齿形螺纹的规定标注示例见表 8-2。

表 8-2　常用螺纹规定标注示例

| 螺纹种类 | | | 螺纹代号 | 标记图例 | 标记形式 | 标记说明 |
|---|---|---|---|---|---|---|
| 紧固连接螺纹 | 普通螺纹 | 粗牙 | M | M16-5g6g-S | M16-5g6g-S | 粗牙普通螺纹,公称直径 16mm,单线,右旋,中径和顶径公差带代号分别为 5g 和 6g,短旋合长度<br>粗牙普通螺纹不标注螺距 |
| | | | | M16-6H-L-LH | M16-6H-L-LH | 粗牙普通螺纹,公称直径 16mm,单线,左旋,中径和顶径公差带代号均为 6H,长旋合长度 |
| | | 细牙 | | M16×Ph2P1-5g6g-S | M16×Ph2P1-5g6g-S | 细牙普通螺纹,公称直径 16mm,螺距 1mm,导程 2mm,双线,右旋,中径和顶径公差带代号分别为 5g 和 6g,短旋合长度 |
| | 管螺纹 | 55°非密封管螺纹 | G | G1/2A　从大径引出标注 | G1/2 A | 55°非密封外管螺纹,尺寸代号 1/2,公差等级为 A 级,右旋<br>外管螺纹的公差等级分为 A 级和 B 级,需标注 |
| | | | | G1/2LH　从大径引出标注 | G1/2 LH | 55°非密封内管螺纹,尺寸代号 1/2,公差等级为 A 级,左旋<br>内管螺纹的公差等级只有一种,不需标注 |
| | | 55°密封管螺纹 | Rp Rc R₁ R₂ | Rc3/4　从大径引出标注 | Rc3/4 | 55°密封圆锥内管螺纹,尺寸代号为 3/4,右旋 |

用指引线引出标注

**197**

（续）

| 螺纹种类 | | 螺纹代号 | 标 记 图 例 | 标记形式 | 标 记 说 明 |
|---|---|---|---|---|---|
| 传动连接螺纹 | 梯形螺纹 | 单线 | Tr | 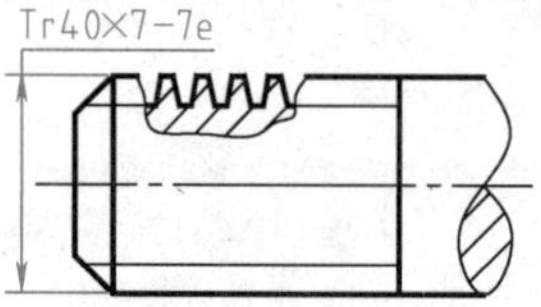 Tr40×7-7e | Tr40×7-7e | 梯形螺纹，公称直径 40mm，螺距 7mm，单线，右旋，中径公差带为 7e，中等旋合长度 |
| | | 多线 | | 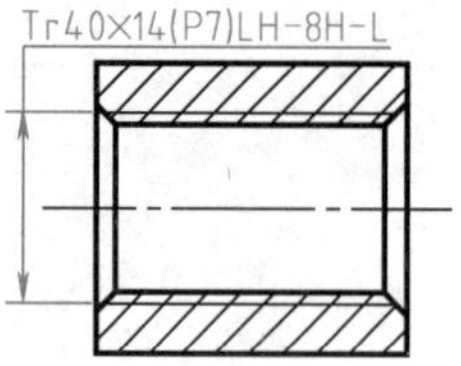 Tr40×14(P7)LH-8H-L | Tr40×14(P7)LH-8H-L | 梯形螺纹，公称直径 40mm，导程 14mm，螺距 7mm，双线，左旋，中径公差带代号为 8H，长旋合长度 |
| | 锯齿形螺纹 | 单线 | B | 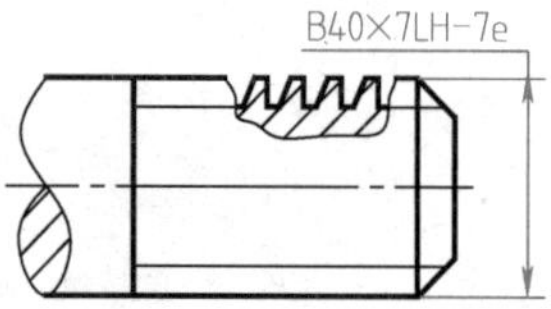 B40×7LH-7e | B40×7LH-7e | 锯齿形螺纹，公称直径 40mm，螺距 7mm，左旋，中径公差带代号为 7e，中等旋合长度（N 不标注） |
| | | 多线 | | 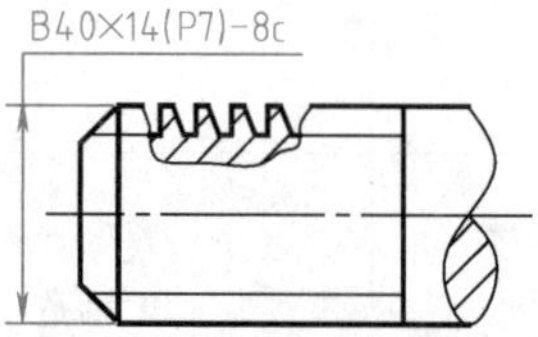 B40×14(P7)-8c | B40×14(P7)-8c | 锯齿形螺纹，公称直径 40mm，导程 14mm，螺距 7mm，双线，右旋，中径公差带代号为 8c，中等旋合长度（N 不标注） |

# 第二节　螺纹紧固件

## 一、常用螺纹紧固件及其规定标记

### 1. 螺纹紧固件

螺纹紧固件通过螺纹实现零件之间的连接和紧固。常用的螺纹紧固件有螺栓、双头螺柱、螺钉、螺母和垫圈等，如图 8-12 所示，并由专门的企业大批生产，使用单位可按生产要求根据相关标准选用。在机械设计中选用这些标准件时，不需要画出其零件图，但要写出规定的标记，便于外购。

### 2. 规定标记

常用螺纹紧固件的规定标记示例见表 8-3。

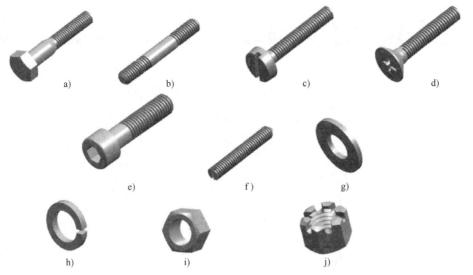

图 8-12  常见螺纹紧固件

a）六角头螺栓  b）双头螺柱  c）开槽圆柱头螺钉  d）开槽沉头螺钉  e）内六角圆柱头螺钉
f）紧定螺钉  g）平垫圈  h）弹簧垫圈  i）六角螺母  j）六角开槽螺母

表 8-3  常用螺纹紧固件的规定标记示例

| 名　称 | 图　例 | 规定标记及说明 |
|---|---|---|
| 六角头螺栓 | | 螺栓　GB/T 5782　M8×30<br>名称:螺栓<br>国标代号:GB/T 5782<br>螺纹规格:M8<br>公称长度:30mm |
| 双头螺柱<br>（$b_m = 1d$） | | 螺柱　GB/T 897　M10×40<br>名称:螺柱<br>国标代号:GB/T 897<br>螺纹规格:M10<br>公称长度:40mm |
| 开槽圆柱头螺钉 | | 螺钉　GB/T 65　M10×45<br>名称:螺钉<br>国标代号:GB/T 65<br>螺纹规格:M10<br>公称长度:45mm |
| 开槽沉头螺钉 | | 螺钉　GB/T 68　M10×50<br>名称:螺钉<br>国标代号:GB/T 68<br>螺纹规格:M10<br>公称长度:50mm |
| 开槽锥端紧定螺钉 | | 螺钉　GB/T 71　M10×35<br>名称:螺钉<br>国标代号:GB/T 71<br>螺纹规格:M10<br>公称长度:35mm |

**199**

（续）

| 名 称 | 图 例 | 规定标记及说明 |
|---|---|---|
| 六角螺母 | 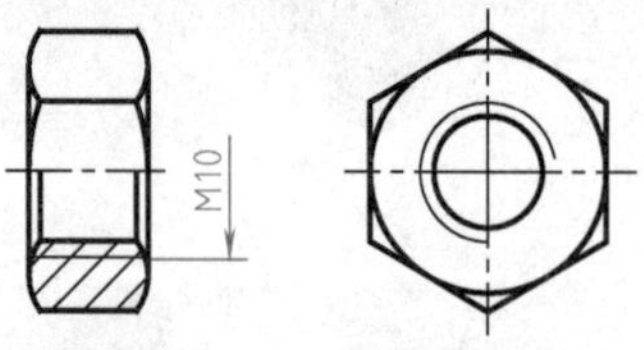 | 螺母 GB/T 6170 M10<br>名称:螺母<br>国标代号:GB/T 6170<br>螺纹规格:M10 |
| 平垫圈 | 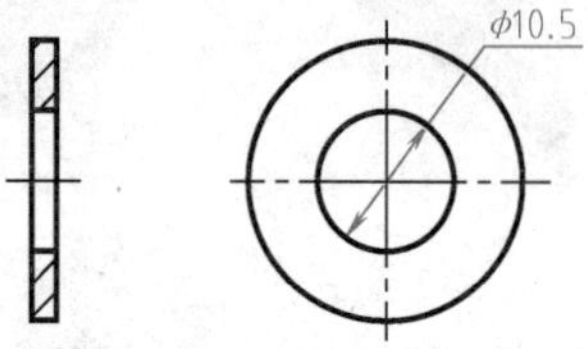 $\phi10.5$ | 垫圈 GB/T 97.1 10-140HV<br>名称:垫圈<br>国标代号:GB/T 97.1<br>公称尺寸:$\phi10.5$<br>螺纹规格:10(M10)<br>性能等级:140HV(硬度)级 |
| 标准型弹簧垫圈 | 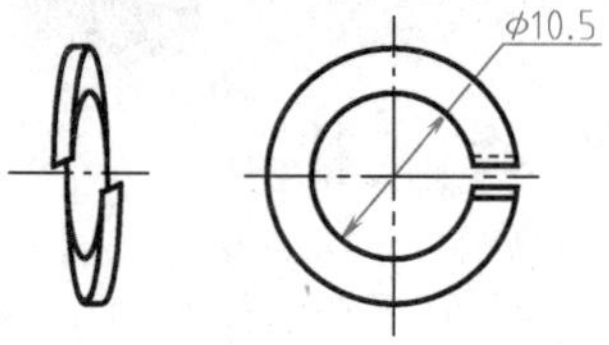 $\phi10.5$ | 垫圈 GB/T 93 10<br>名称:垫圈<br>国标代号:GB/T 93<br>公称尺寸:$\phi10.5$<br>螺纹规格:10(M10) |

## 二、螺纹紧固件及其连接表示法

1. 螺纹紧固件的规定画法

根据螺纹紧固件的规定标记,可从附录C或有关标准中查出它们的结构形式和全部尺寸。绘图时一般不按实际尺寸画出,而是采用比例画法,即螺纹紧固件的各部分尺寸(除公称长度L外)均按与螺纹规格($d$或$D$)成一定比例关系来确定。

2. 螺纹紧固件的连接画法

绘制螺纹紧固件的连接图时,应遵循下列基本规定:

1)两零件接触表面画一条线,非接触表面画两条线。

2)在剖视图中,相邻两个零件的剖面线方向相反,或方向一致间隔不等;同一个零件在不同剖视图中的剖面线方向和间隔必须一致。

3)剖切平面沿螺纹紧固件的轴线或实心零件的轴线剖切时,这些零件按不剖绘制,只画外形;必要时,可采用局部剖视。

3. 螺纹紧固件的连接类型

螺纹紧固件的连接类型主要有:

(1)螺栓连接 螺栓连接用于两个零件不太厚并允许钻成通孔的场合。螺栓连接中各零件的比例画法及螺母、螺栓的简化画法如图8-13所示。

螺栓连接的比例画法和简化画法如图8-14所示。

螺栓的公称长度:

$$l \geqslant t_1 + t_2 + h + m + a$$

式中,$t_1$、$t_2$是两个被连接件的厚度;$h$是平垫圈的厚度;$m$是螺母的厚度;$a$是螺栓伸出端的长度,一般取$a=(0.3\sim0.4)d$,$d$为螺栓的公称直径。计算出$l$值后,再从螺栓长度标准系列值中选取相近的标准长度。

200

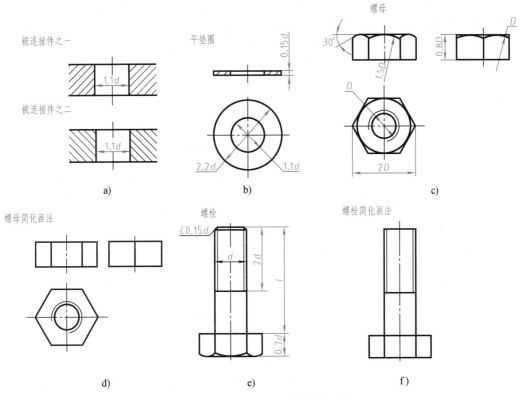

图 8-13　螺栓连接中各零件的画法

a）被连接件　b）平垫圈　c）螺母　d）螺母简化画法　e）螺栓　f）螺栓简化画法

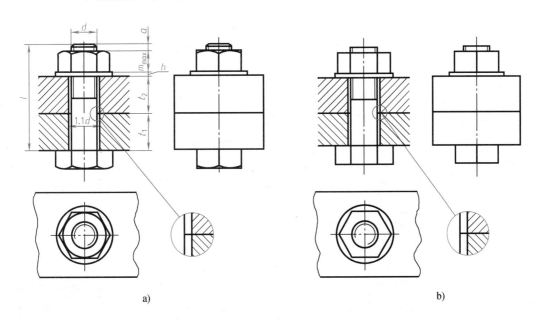

**201**

图 8-14　螺栓连接的画法

a）螺栓连接的比例画法　b）螺栓连接的简化画法

（2）双头螺柱连接 双头螺柱连接用于被连接件之一较厚且不宜钻成通孔的场合。螺柱的两端均制有螺纹，一端为旋入端，全部旋入螺孔内；另一端为紧固端。被连接的较厚零件加工螺孔，另一零件加工通孔。双头螺柱连接中各零件的比例画法及螺母、双头螺柱的简化画法如图 8-15 所示。

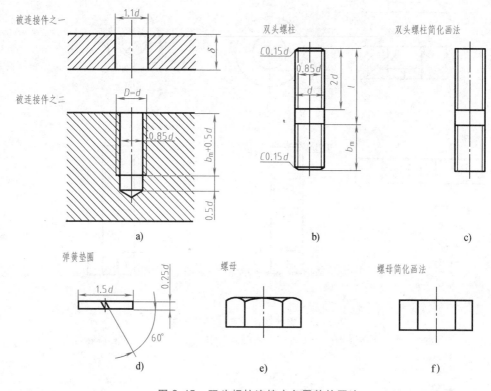

图 8-15　双头螺柱连接中各零件的画法

a）被连接件　b）双头螺柱　c）双头螺柱简化画法　d）弹簧垫圈　e）螺母　f）螺母简化画法

双头螺柱连接的比例画法和简化画法如图 8-16 所示。

**注意**：旋入端的螺纹终止线应与螺孔的端面平齐，螺孔底部为120°锥角。

根据被旋入零件的材料不同，国家标准规定了四种旋入端长度 $b_m$：

$b_m = d$（GB/T 897—1988）用于钢和青铜

$b_m = 1.25d$（GB/T 898—1988）或 $b_m = 1.5d$（GB/T 899—1988）用于铸铁

$b_m = 2d$（GB/T 900—1988）用于铝

其中，$d$ 是双头螺柱的公称直径。

螺柱的公称长度 $l$：

$$l \geq t + h + m + a$$

式中，$t$ 是钻有通孔的较薄被连接件的厚度；$h$ 是弹簧垫圈的厚度；$m$ 是螺母的厚度；$a$ 是螺柱的伸出端长度，一般可取 $a = (0.3 \sim 0.4)d$，$d$ 是螺栓的公称直径。计算出的 $l$ 值的选用方法与螺栓连接相同。

（3）螺钉连接 螺钉按用途可分为连接螺钉和紧定螺钉两类。

1）连接螺钉。连接螺钉一般用于受力不大且不需经常拆卸的场合。常见的两种螺钉

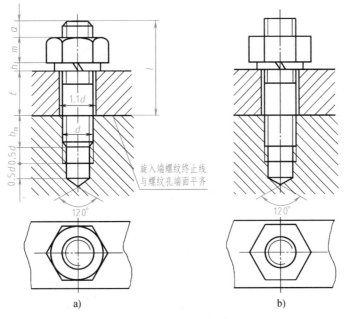

图 8-16　双头螺柱连接的画法

a）比例画法　b）简化画法

连接如图 8-17 所示。旋入螺孔一端的画法与双头螺柱相似，但螺纹终止线必须高于螺孔孔口，以使连接可靠。

**注意**：在俯视图中，螺钉头部的螺钉旋具槽按规定应画成与水平线倾斜 45°。

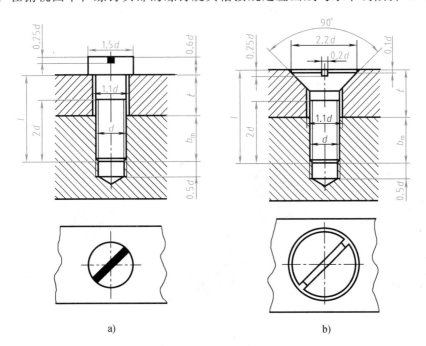

图 8-17　螺钉连接的画法

a）开槽圆柱头螺钉连接　b）开槽沉头螺钉连接

203

螺钉的公称长度 $l$：

$$l \geqslant t + b_m$$

式中，$t$ 是钻有通孔的较薄零件的厚度；$b_m$ 是旋入长度，其确定与双头螺柱连接相同，当被旋入零件的材料为钢和青铜时，取 $b_m = d$，材料为铸铁时，取 $b_m = 1.25d$ 或 $b_m = 1.5d$，材料为铝时，取 $b_m = 2d$。

2）紧定螺钉。用来固定两零件的相对位置，使其不产生相对运动。使用时，螺钉拧入一个零件的螺孔中，将其尾端压进另一零件的凹坑或插入另一零件的小孔中。紧定螺钉连接如图 8-18 所示。

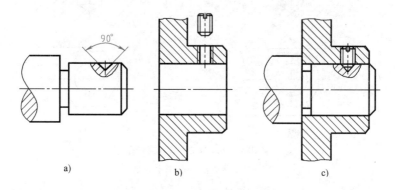

图 8-18　紧定螺钉连接的画法

# 第三节　齿　　轮

齿轮是机器或部件中广泛使用的传动零件，可以用来传递动力，改变转速和回转方向。齿轮属于常用非标准件，其参数中模数和压力角已标准化。

齿轮的种类很多，常见的三种齿轮传动形式如图 8-19 所示。

圆柱齿轮传动——用于两平行轴之间的传动；

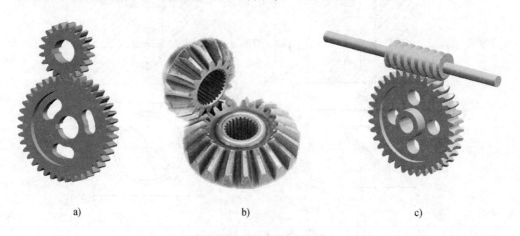

图 8-19　常见的齿轮传动

a）圆柱齿轮传动　b）锥齿轮传动　c）蜗轮蜗杆传动

锥齿轮传动——用于两相交轴之间的传动；

蜗轮蜗杆传动——用于两交叉轴之间的传动。

## 一、直齿圆柱齿轮主要术语

圆柱齿轮按其齿形方向可分为：直齿、斜齿和人字齿，这里主要介绍直齿圆柱齿轮，如图 8-20 所示。

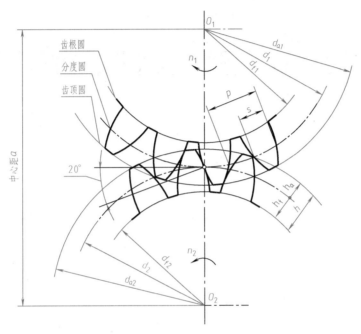

图 8-20　直齿圆柱齿轮术语图解

（1）齿顶圆（直径 $d_a$）　通过轮齿顶部的圆。

（2）齿根圆（直径 $d_f$）　通过轮齿根部的圆。

（3）分度圆（直径 $d$）　标准齿轮上通过齿厚等于齿槽宽度所在位置的圆。分度圆是设计和制造齿轮时计算尺寸的依据。

（4）齿高 $h$、齿顶高 $h_a$、齿根高 $h_f$　齿顶圆和齿根圆之间的径向距离称为齿高；齿顶圆和分度圆之间的径向距离称为齿顶高；齿根圆和分度圆之间的径向距离称为齿根高；$h = h_a + h_f$。

（5）齿距 $p$　分度圆上相邻两齿间对应点的弧长称为齿距。齿距 $p$＝齿槽宽 $e$＋齿厚 $s$。

（6）齿数 $z$　齿轮的轮齿个数称为齿数。

（7）模数 $m$　齿轮的重要参数之一，$m = p/\pi$。因此，当齿数一定时，模数 $m$ 增大，则齿距 $p$ 增大，齿轮的承载能力就大。模数的数值已标准化，见表 8-4 所示。

表 8-4　齿轮模数系列　　　　　　　　　　　　　（单位：mm）

| 第一系列 | 1　1.25　1.5　2　2.5　3　4　5　6　8　10　12　16　20　25　32　40　50 |
|---|---|
| 第二系列 | 1.125　1.375　1.75　2.25　2.75　3.5　4.5　5.5　(6.5)　7　9　11　14　18　22　28　36　45 |

注：选用模数时，应优先选用第一系列，括号里的模数尽可能不用。

（8）压力角 α 一对啮合齿轮的轮齿齿廓在接触点 C 处的公法线与两分度圆的内公切线之间的夹角称为压力角。渐开线齿轮分度圆上压力角为20°。

（9）中心距 a 一对啮合齿轮轴线之间的最短距离称为中心距。

一对正确啮合的齿轮，它们的模数和压力角都必须相等。

## 二、直齿圆柱齿轮各部分的尺寸计算

齿轮各部分的尺寸均根据模数和齿数计算，见表8-5。

表 8-5 标准直齿圆柱齿轮几何要素的尺寸计算（基本参数：模数 $m$，齿数 $z$）

| 名 称 | 代 号 | 计 算 公 式 |
|---|---|---|
| 分度圆直径 | $d$ | $d = mz$ |
| 齿顶圆直径 | $d_a$ | $d_a = m(z+2)$ |
| 齿根圆直径 | $d_f$ | $d_f = m(z-2.5)$ |
| 齿顶高 | $h_a$ | $h_a = m$ |
| 齿根高 | $h_f$ | $h_f = 1.25m$ |
| 齿高 | $h$ | $h = h_a + h_f = 2.25m$ |
| 齿距 | $p$ | $p = \pi m$ |
| 齿厚 | $s$ | $s = p/2$ |
| 中心距 | $a$ | $a = m(z_1 + z_2)/2 = (d_1 + d_2)/2$ |

## 三、圆柱齿轮表示法

### 1. 单个齿轮的规定画法

单个齿轮的规定画法如图8-21所示。

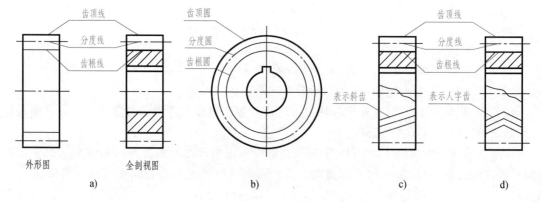

图 8-21 单个圆柱齿轮的画法

a）主视图 b）左视图 c）斜齿 d）人字齿

1）用粗实线画齿顶圆和齿顶线。

2）用细点画线画分度圆和分度线。

3）在全剖的主视图中（见图8-21a 右），当剖切平面通过齿轮的轴线时，轮齿按不剖画，齿根线用粗实线画。

4）不剖时，用细实线画齿根圆和齿根线（见图8-21a 左、b），也可省略不画。

5）斜齿与人字齿的齿线形状，可用三条与齿线方向一致的细实线表示（见图8-21c、d）。

6）其他部分根据实际情况，按投影关系绘制。

2. 啮合齿轮的规定画法

一对标准齿轮正确啮合时，它们的分度圆相切，此时分度圆又称节圆。啮合齿轮的规定画法为（见图8-22）：

1）非啮合区按单个齿轮的画法绘制。

2）啮合区主视图采用全剖视图时，两齿轮的分度线重合，用细点画线表示，一般将主动齿轮的齿顶线画成粗实线，从动齿轮的齿顶线画成细虚线，两个齿轮的齿根线均画成粗实线（见图8-22a 右）；主视图画外形图时，啮合区两齿轮重合的节线画成粗实线，两齿轮的齿顶线和齿根线省略不画（见图8-22a 左）。左视图在啮合区有两种画法，一种在啮合区画出齿顶线，一种在啮合区不画齿顶线（见图8-22b、c）。

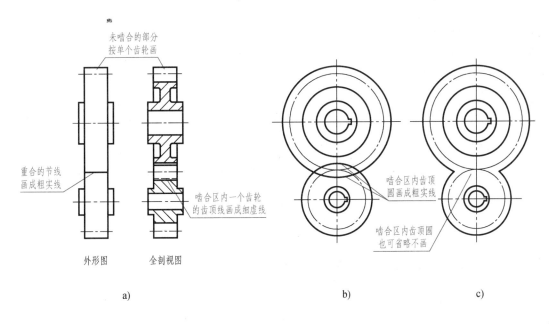

图 8-22  圆柱齿轮的啮合画法

a）主视图  b）左视图表达方法一  c）左视图表达方法二

3）斜齿和人字齿可以在主视图的外形图上用细实线表示齿轮的方向，画法同单个齿轮。

## 四、标准直齿圆柱齿轮的测绘

根据现有齿轮通过测量、计算，确定其主要参数及各部分尺寸，绘制所需视图的过程称为测绘，其步骤如下：

1）数齿数 $z$。

2）测量 $d_a$。偶数齿可直接量取；奇数齿可分步量取。

3）计算 $m$。由 $m = d_a/(z+2)$，算出 $m$，再查表取一接近的标准模数。

4）根据齿数和模数计算齿轮各部分尺寸及测量其他部分尺寸。

5）绘制齿轮的零件图（齿轮参数表一般放在图样右上角），如图 8-23 所示

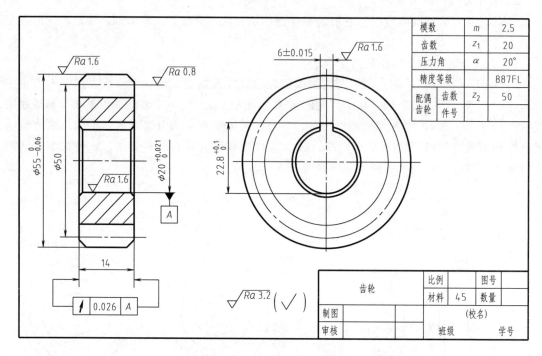

图 8-23　直齿圆柱齿轮零件图

# 第四节　键　和　销

键和销属于标准件，其结构形式和尺寸均可从相关标准中查阅。

## 一、键及键连接

### 1. 键和键槽

键用于连接轴和安装在轴上的零件（如齿轮、带轮等），使它们一起转动，起传递转矩的作用。常用的键有普通平键、半圆键和钩头型楔键，如图 8-24 所示。常用键的形式和规定标记见表 8-6。

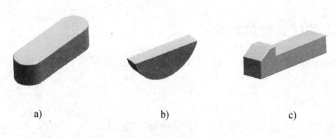

图 8-24　常用的键

a）普通平键　b）半圆键　c）钩头型楔键

表 8-6　常用键的形式和规定标记

| 名称和国标 | 图　　例 | 规定标记 |
|---|---|---|
| 普通平键<br>GB/T 1096—2003 | | GB/T 1096　键 $b \times h \times L$ |
| 半圆键<br>GB/T 1099.1—2003 | | GB/T 1099.1　键 $b \times h \times D$ |
| 钩头型楔键<br>GB/T 1565—2003 | | GB/T 1564　键 $b \times L$ |

使用键连接时，需在轴和轮毂上加工键槽。绘制键连接图时，应根据轴径查阅相关国家标准，确定轴和轮毂的键槽尺寸及极限偏差。普通平键连接时，键槽的结构和尺寸如图8-25所示。

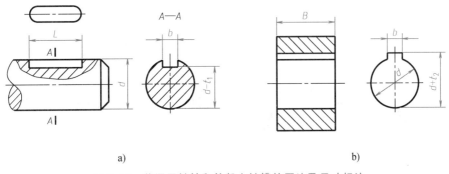

a)　　　　　　　　　　　　　　　　b)

图 8-25　普通平键轴和轮毂上键槽的画法及尺寸标注

a）轴上键槽　b）轮毂上键槽

2. 键连接的规定画法

（1）普通平键连接　键的两侧面是工作面，连接时与轴和轮毂的键槽侧面接触；键的底面也与轴的键槽底面接触，绘制键连接图时，这些接触的表面均应画成一条线。键的顶面为非工作面，与轮毂的键槽顶面不接触，应画两条线表示其间隙，如图 8-26a 所示。

（2）半圆键连接　半圆键与普通平键连接的情况基本相同，其画法如图 8-26b 所示。

（3）钩头型楔键连接　钩头型楔键的顶面有 1∶100 的斜度，键的顶面和底面是工作面，分别与轮毂的键槽顶面和轴的键槽底面接触，这些接触的表面均应画成一条线。键的两侧面为非工作面，连接时与键槽的侧面不接触，应画两条线表示其间隙，如图 8-26c 所示。

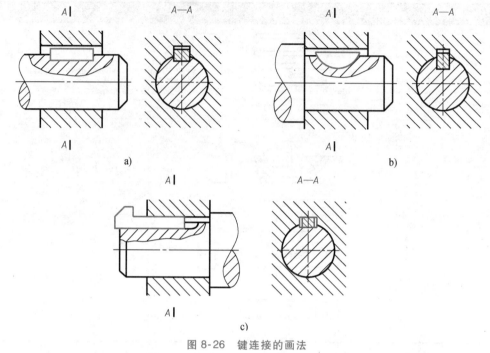

图 8-26 键连接的画法

a）普通平键连接 b）半圆键连接 c）钩头楔键连接

## 二、销及销连接

常用的销有圆柱销、圆锥销和开口销（与槽型螺母配合使用，起防松作用），如图 8-27 所示。销主要用于零件间的连接或固定，也可作为安全装置中的过载剪断元件。

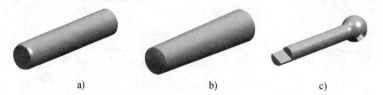

图 8-27 常用的销

a）圆柱销 b）圆锥销 c）开口销

常用销的形式及规定标记示例见表 8-7。

表 8-7 常用销的形式及规定标记示例

| 名称和国标 | 形式（简图） | 规定标记及说明 |
| --- | --- | --- |
| 圆柱销<br>GB/T 119.1—2000 |  | 公称直径 $d = 8mm$，公差为 m6，公称长度 $l = 30mm$，材料为钢，不经淬火，不经表面处理的圆柱销的规定标记为<br>销 GB/T 119.1 8m6×30 |

（续）

| 名称和国标 | 形式（简图） | 规定标记及说明 |
|---|---|---|
| 圆锥销<br>GB/T 117—2000 | | 公称直径 $d = 10mm$，公称长度 $l = 60mm$，材料为 35 钢，热处理硬度为 28～38HRC、表面氧化处理的 A 型圆锥销的标记为<br>      销  GB/T 117  10×60 |
| 开口销<br>GB/T 91—2000 | | 公称规格为 5mm，公称长度 $l = 50mm$，材料为低碳钢，不经淬火、不经表面处理的开口销的规定标记为<br>      销  GB/T 91  5×50 |

圆柱销和圆锥销的连接画法如图 8-28 所示。

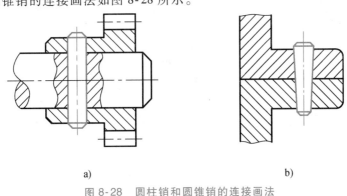

a)                        b)

图 8-28   圆柱销和圆锥销的连接画法

a）圆柱销连接  b）圆锥销连接

**注意：**

1）当剖切平面沿销的轴线剖切时，销按不剖绘制。

2）用销连接和定位的两个零件上的销孔，通常一起加工，并在零件图上注写"装配时作"或"与××件配作"。

# 第五节  滚 动 轴 承

滚动轴承是一种支承旋转轴的组件，因其具有结构紧凑、摩擦阻力小、转动灵活、使用寿命长等特点，在机械设备中被广泛应用。

## 一、滚动轴承的结构和类型

滚动轴承通常由外圈、内圈、滚动体及保持架组成。一般外圈装在机座的轴孔内，固定不动；内圈套在轴上，随轴一起转动；保持架将滚动体隔开，使其均匀分布在圆周方向。滚动轴承的分类主要有：

1. 按所承受载荷方向不同分类

（1）向心轴承  主要用于承受径向载荷，如深沟球轴承（见图 8-29a）。

（2）推力轴承 主要用于承受轴向载荷，如圆锥滚子轴承（见图 8-29b）和推力球轴承（见图 8-29c）。

2. 按滚动体不同分类

（1）球轴承 滚动体为球的轴承。

（2）滚子轴承 滚动体为滚子的轴承。（又分为圆柱滚子轴承、圆锥滚子轴承等）。

a)            b)            c)

图 8-29 滚动轴承的结构

a）深沟球轴承 b）圆锥滚子轴承 c）推力球轴承

## 二、滚动轴承的代号和标记

国家标准规定，滚动轴承的代号组成和排列顺序如下：

前置代号    基本代号    后置代号

滚动轴承的基本代号表示轴承的基本类型、结构和尺寸，一般情况下只标记轴承的基本代号；当轴承的结构形状、尺寸、公差、技术性能等有改变时，用前置和后置代号在基本代号左右添加补充代号。本书仅介绍基本代号的相关内容，其他内容可查阅有关国家标准。

1. 滚动轴承的基本代号

滚动轴承的基本代号组成和排列顺序如下：

类型代号    尺寸系列代号    内径代号

（1）类型代号 用阿拉伯数字或大写拉丁字母表示，见表 8-8。

表 8-8 滚动轴承类型代号

| 代号 | 轴承类型 | 代号 | 轴承类型 |
|---|---|---|---|
| 0 | 双列角接触球轴承 | 6 | 深沟球轴承 |
| 1 | 调心球轴承 | 7 | 角接触球轴承 |
| 2 | 调心滚子轴承和推力调心滚子轴承 | 8 | 推力圆柱滚子轴承 |
| 3 | 圆锥滚子轴承 | N | 圆柱滚子轴承，双列或多列用 NN 表示 |
| 4 | 双列深沟球轴承 | U | 外球面球轴承 |
| 5 | 推力球轴承 | QJ | 四点接触球轴承 |

（2）尺寸系列代号 由两位数字组成，前者表示宽（高）度系列代号，后者表示直径系列代号。

（3）内径代号　　由两位数字组成，表示轴承的公称直径（轴承内圈孔径）。内径代号为 00、01、02、03 时，轴承的公称直径分别是 10mm、12mm、15mm、17mm；内径代号大于或等于 4 时，公称直径＝内径代号×5（在 20～480mm 范围内）。

例如：轴承　6208

代号含义：6——类型代号，表示深沟球轴承；

　　　　　2——尺寸系列代号，为 02 系列，对深沟球轴承首位为 0 时可省略；

　　　　　08——内径代号，公称直径 $d = 8×5mm = 40mm$。

2. 滚动轴承的标记

滚动轴承的完整标记应为：名称、代号、国家标准号。

轴承标记示例：

滚动轴承　6208　GB/T 276—2013；滚动轴承　30308　GB/T 297—2015

## 三、滚动轴承表示法

在装配图中画滚动轴承时，先根据国家标准查出其外径 $D$、内径 $d$ 和宽度 $B$ 或 $T$ 等主要尺寸，再采用简化画法（分为通用画法和特征画法，在同一图样中一般只采用其中一种画法）或规定画法进行绘制。几种常用滚动轴承的规定画法及基本代号见表 8-9。

表 8-9　常用滚动轴承的规定画法及基本代号

| 轴承名称、类型及标准号 | 规定画法 | 特征画法 | 类型代号 | 尺寸系列代号 | | 基本代号 |
| --- | --- | --- | --- | --- | --- | --- |
| | | | | 宽（高）度系列代号 | 直径系列代号 | |
| 深沟球轴承 60000 型 GB/T 276 —2013 | | | 6 | | (0)1 | 6000 |
| | | | | | (0)2 | 6200 |
| | | | | | (0)3 | 6300 |
| | | | | | (0)4 | 6400 |
| | | | | 11 | | 61100 |
| | | | | 14 | | 61400 |
| | | | | 16 | | 61600 |
| 圆锥滚子轴承 30000 型 GB/T 297 —2015 | 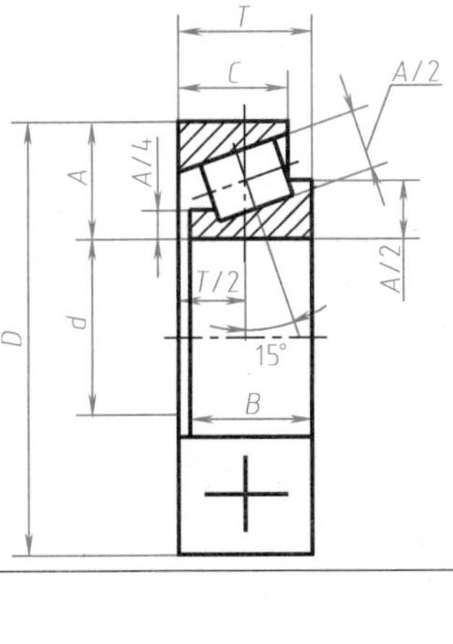 | 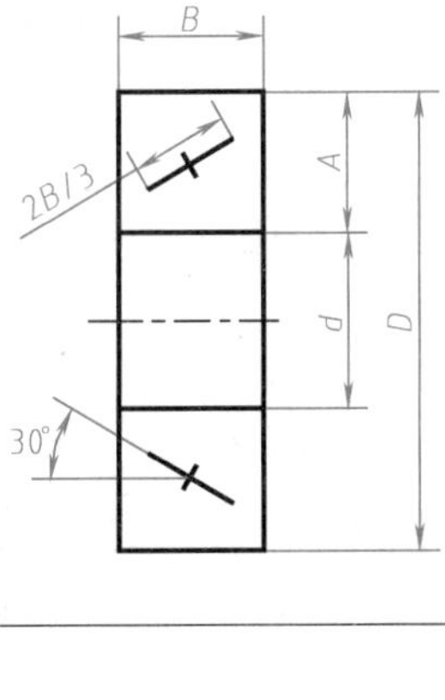 | 3 | 01 | | 30100 |
| | | | | 05 | | 30500 |
| | | | | 08 | | 30800 |
| | | | | 21 | | 32100 |
| | | | | 22 | | 32200 |
| | | | | 24 | | 32400 |
| | | | | 32 | | 33200 |

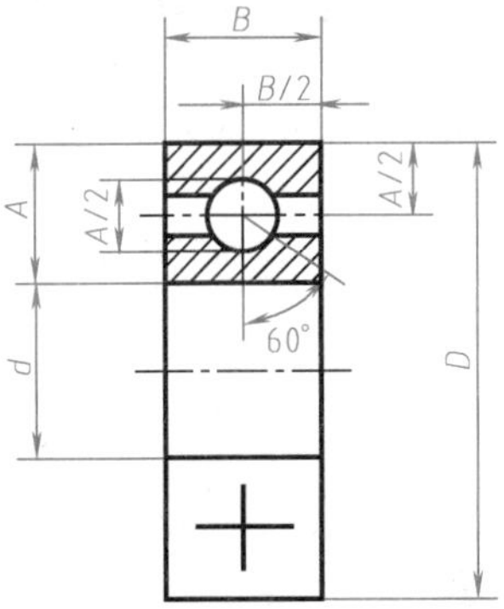

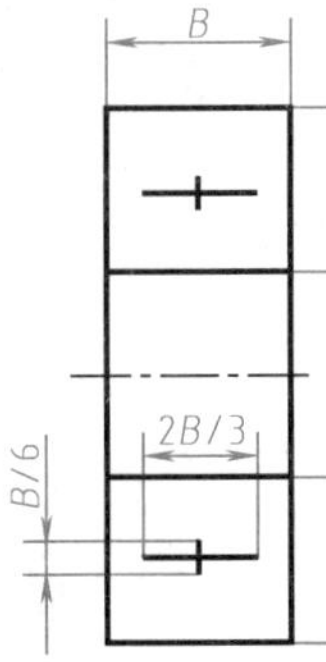

（续）

| 轴承名称、类型及标准号 | 规 定 画 法 | 特 征 画 法 | 类型代号 | 尺寸系列代号 | | 基本代号 |
|---|---|---|---|---|---|---|
| | | | | 宽(高)度系列代号 | 直径系列代号 | |
| 推力球轴承 50000 型 GB/T 301 —2015 | | | 5 | | 03 07 09 22 25 34 40 | 50300 50700 50900 52200 52500 53400 54000 |

**注意**：在规定画法的剖视图中，滚动体不画剖面线；内、外圈的剖面区域内可画成方向和间隔相同的剖面线，在不致引起误解时，允许省略不画。

# 第六节 弹 簧

弹簧是一种常用件，主要起减振、夹紧、储能和测力等作用。其特点是受力后产生弹性变形，当外力去除后能立即恢复原状。

弹簧的种类很多，常见的有螺旋弹簧和平面涡卷弹簧等，如图 8-30 所示。本节将介绍圆柱螺旋压缩弹簧的有关知识。

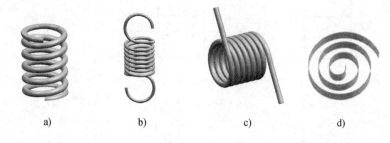

a)        b)        c)        d)

图 8-30 常见的弹簧

a）圆柱螺旋压缩弹簧   b）圆柱螺旋拉伸弹簧   c）圆柱螺旋扭转弹簧   d）平面涡卷弹簧

## 一、圆柱螺旋压缩弹簧主要参数及计算

圆柱螺旋压缩弹簧（两端圈并紧磨平或制扁）的基本尺寸如图 8-31 所示。

根据规定，圆柱螺旋弹簧主要参数及计算如下：

1. 材料直径 $d$

弹簧丝的直径。其规格按标准规定选取。

2. 弹簧直径

（1）弹簧中径 $D$　弹簧内、外径的平均值，$D=(D_1+D_2)/2$。系列值查 GB/T 1358—2009。

（2）弹簧内径 $D_1$　弹簧内圈直径，$D_1=D-d$。

（3）弹簧外径 $D_2$　弹簧外圈直径，$D_2=D+d$。

3. 圈数

（1）有效圈数 $n$　用于计算弹簧总变形量的簧圈数量。系列值按规定选取。

（2）支承圈数 $n_z$　弹簧端部用于支承或固定的圈数，与端圈结构形式有关，$n_z \geqslant 1.5$ 圈。

（3）总圈数 $n_1$　沿螺旋线两端之间的螺旋圈数，$n_1=n+n_z$。例如，两端圈磨平 $n_1=n+2$。

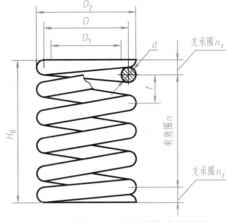

图 8-31　圆柱螺旋压缩弹簧术语图解

4. 自由高度（长度）$H_0$

弹簧无负荷作用时的高度（长度），其近似值计算公式为

$H_0=nt+1.5d$（$n_z=2$ 时），再按 GB/T 1358—2009 规定取值。

5. 工作高度（长度）$H$

弹簧承受工作负荷作用时的高度（长度）。

6. 节距 $t$

两相邻有效圈截面中心线的轴向距离。

$$t=(H_0-1.5d)/n\,(n_z=2\text{时})$$

## 二、圆柱螺旋压缩弹簧表示法

根据规定，圆柱螺旋弹簧可按图 8-32 所示绘制，并注意：

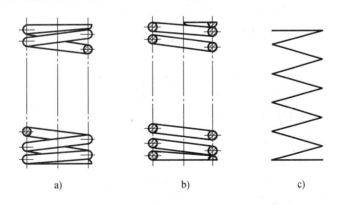

图 8-32　弹簧的规定画法

a）视图　b）剖视图　c）示意图

1）在平行于螺旋弹簧轴线的投影面的视图中，其各圈的轮廓线应画成直线。

2）螺旋弹簧有左旋和右旋之分，均可画成右旋，对保证的旋向（左旋）要求应在"技术要求"中注明。

3）对于螺旋压缩弹簧，如要求两端并紧且磨平时，不论支承圈的圈数多少和末端贴紧情况如何，均按规定绘制。

4）有效圈数 $n>4$ 时，中间各圈可省略不画，圆柱螺旋弹簧的中间部分允许适当缩短图形的长度。

5）在装配图中被弹簧挡住的结构按不可见处理，可见部分应从弹簧的外轮廓线或从弹簧钢丝断面的中心线画起（见图8-33a）；当材料直径在图形上 $d \leqslant 2mm$ 时，其断面允许涂黑表示（见图8-33b）；当材料尺寸较小时，允许采用示意图表示（见图8-33c）。

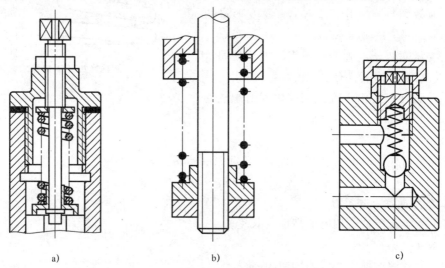

a)                    b)                    c)

图 8-33 装配图中弹簧的画法

a) 被弹簧挡住结构    b) 簧丝断面涂黑    c) 弹簧示意图表示

### 三、圆柱螺旋压缩弹簧的标记

圆柱螺旋弹簧的标记应符合国家标准规定。例如，圆柱螺旋压缩弹簧的标记为

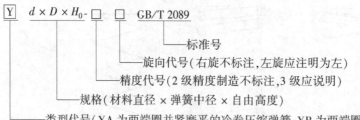

$$\underline{Y}\quad d \times D \times H_0 \text{-} \square \quad \square \quad GB/T\ 2089$$

标准号

旋向代号(右旋不标注,左旋应注明为左)

精度代号(2级精度制造不标注,3级应说明)

规格(材料直径 × 弹簧中径 × 自由高度)

类型代号(YA 为两端圈并紧磨平的冷卷压缩弹簧,YB 为两端圈并紧制扁的热卷压缩弹簧)

【例8-1】 解释并绘制弹簧，标记为 YA 1.2×8×40 左 GB/T 2089。

**解释：** YA 型弹簧，材料直径为 1.2mm，弹簧中径为 8mm，自由高度为 40mm，精度等级为 2 级，左旋，两端圈并紧磨平的冷卷压缩弹簧。

确定参数：根据弹簧规格可知，支承圈数 $n_z$ 为 2；由 GB/T 2089—2009 查表获得有效圈数 $n = 12.5$；由公式计算出节距 $t$ 为 3mm。

**作图步骤：**

1）以 $D$ 和 $H_0$ 为边长，画出矩形，如图8-34a所示。

2）根据材料直径 $d$，画出两端支承部分的圆和半圆，如图 8-34b 所示。

3）根据节距 $t$，画有效圈部分的圈数（省略中间各圈），如图 8-34c 所示。

4）按右旋画弹簧钢丝断面圆的切线，并画剖面线，如图 8-34d 所示。

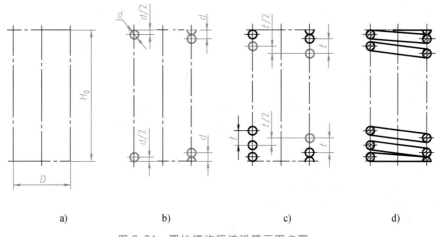

a)        b)        c)        d)

图 8-34　圆柱螺旋压缩弹簧画图步骤

a）画矩形　b）画支承圈部分　c）画有效圈部分　d）按右旋连切线，画剖面线

## 学 习 指 导

标准件和常用件在机器中使用量非常大，为方便生产和使用，它们的结构和尺寸已全部或部分标准化。在画图时，标准结构不需要画出真实结构的投影，只要按照国家标准规定的画法，并按国家标准规定的代号或标记方法进行标注即可。它们的结构和尺寸可按其规定标记查阅相应的国家标准或机械零件手册得出。

本章的重点是标准件、常用件的规定画法和标记，画图过程中需要严格按照国家标准要求绘制，作为初学者要注意以下两点：在螺纹、螺纹紧固件和齿轮的画法中有粗实线和细实线的分别，需要有意识地加以区分；标准件和常用件在装配图中的画法。

### 复习思考题

1. 试述内、外螺纹旋合的规定画法。

2. 说明下列螺纹标记的含义：M10×1-5g6g-L-LH　　Tr40×7（P7）-8H　　Rc3/4

3. 螺栓连接、双头螺柱连接和螺钉连接分别适用于哪种场合？这三种连接的规定画法有何不同？

4. 齿轮的基本参数有哪些？一对齿轮啮合时啮合区应如何绘制？

5. 键的作用是什么？有哪些种类？试查表确定公称直径 $d$ 为 30mm 时，普通平键的尺寸。

6. 滚动轴承有哪几种画法？深沟球轴承的特征画法应如何绘制？

7. 按规定画法徒手绘制圆柱螺旋压缩弹簧。

# 第九章

## 装　配　图

**学习要点**

◆ 了解装配图的作用与内容。

◆ 掌握装配图的规定画法和特殊画法。

◆ 掌握装配图中尺寸标注的要求。

◆ 掌握零、部件序号编排规则，正确填写明细栏。

◆ 了解部件测绘的过程，重点掌握装配图的绘制方法。

◆ 重点掌握装配图的读图方法和拆画零件图的技巧。

◆ 了解零件装配的合理性。

　　本章采用的标准主要有《技术制图　简化表示法　第 1 部分：图样画法》（GB/T 16675.1—2012）、《机械制图　剖面区域的表示法》（GB/T 4457.5—2013）、《机械制图　装配图中零、部件序号及其编排方法》（GB/T 4458.2—2003）、《技术制图　明细栏》（GB/T 10609.2—2009）等。

## 第一节　装配图的作用和内容

### 一、装配图的作用

　　装配图是表示产品及其组成部分的连接、装配关系及其技术要求的图样，它是设计、装配、检验、安装调试及使用维修机器或部件的重要技术文件。

　　在设计产品时，一般先根据产品的功能要求确定其工作原理、结构形式和主要零件的结构特征，画出装配草图，并由装配草图整理成装配图；然后再根据装配图进行零件设计，并画出零件图。在制造产品时，先根据零件图加工出合格的零件，然后再依据装配图组装成产品。在使用产品时，也是根据装配图进行安装、调试、使用和维护。

　　下面以滑动轴承为例，进一步了解装配图的作用。滑动轴承主要由轴承座、轴承盖、上轴瓦、下轴瓦、螺栓组件等组成，如图 9-1 所示。滑动轴承各零件之间的连接和装配关系如图 9-2 所示。滑动轴承主要作用是支撑旋转轴，轴置于轴瓦之间被固定其中央，即可在上、下轴瓦形成的圆孔中旋转，轴承座和轴承盖通过螺栓连接。

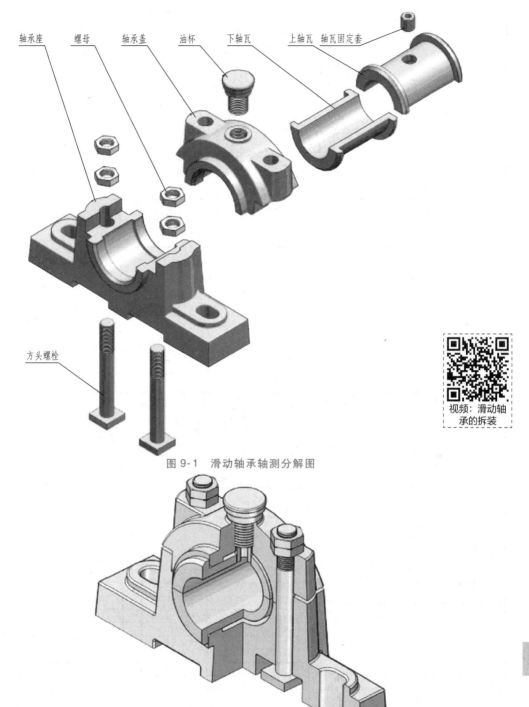

图 9-1　滑动轴承轴测分解图

视频：滑动轴承的拆装

图 9-2　滑动轴承轴测剖视装配图

219

## 二、装配图的内容

一张较完整的装配图的基本内容见表 9-1。例如，滑动轴承装配图如图 9-3 所示。

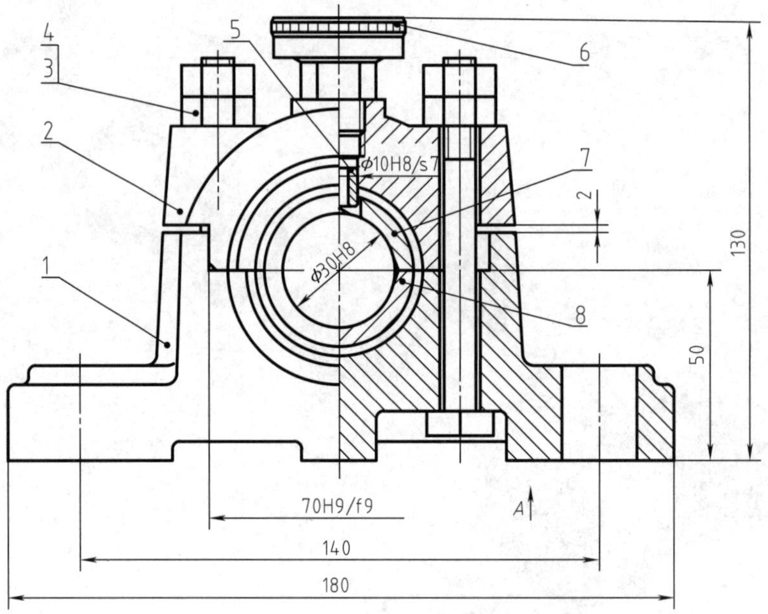

拆去轴承盖、上轴瓦等

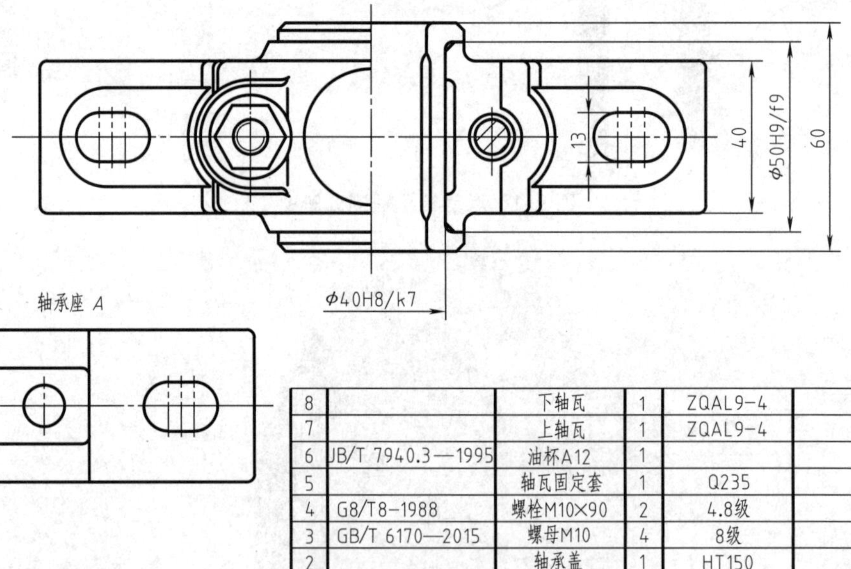

轴承座 A

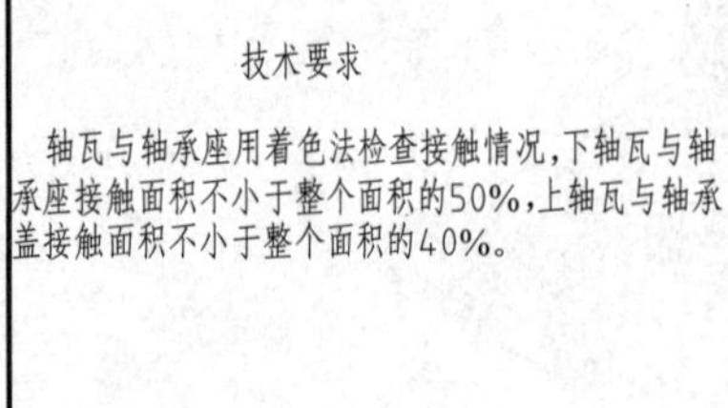

技术要求

轴瓦与轴承座用着色法检查接触情况,下轴瓦与轴承座接触面积不小于整个面积的50%,上轴瓦与轴承盖接触面积不小于整个面积的40%。

| 8 | | 下轴瓦 | 1 | ZQAL9-4 | |
|---|---|---|---|---|---|
| 7 | | 上轴瓦 | 1 | ZQAL9-4 | |
| 6 | JB/T 7940.3—1995 | 油杯A12 | 1 | | |
| 5 | | 轴瓦固定套 | 1 | Q235 | |
| 4 | G8/T8—1988 | 螺栓M10×90 | 2 | 4.8级 | |
| 3 | GB/T 6170—2015 | 螺母M10 | 4 | 8级 | |
| 2 | | 轴承盖 | 1 | HT150 | |
| 1 | | 轴承座 | 1 | HT150 | |
| 序号 | 代 号 | 名 称 | 数量 | 材 料 | 备 注 |

| 标记 | 处数 | 分区 | 更改文件号 | 签名 | 年月日 | | | | 滑动轴承 |
|---|---|---|---|---|---|---|---|---|---|
| 设计 | | | 标准化 | | | 阶段标记 | 重量 | 比例 | |
| 审核 | | | | | | | | 1:2 | |
| 工艺 | | 批准 | | | | 共1张 第 张 | | | |

图 9-3 滑动轴承装配图

表 9-1　装配图的基本内容

| 装配图的基本内容 | 内容说明 |
|---|---|
| 一组图形 | 用各种常用的表达方法和特殊画法,选用一组适当的图形,正确、完整、清晰和简便地表达出机器或部件的工作原理,关键零件的主要结构形状,零件之间的装配、连接关系等 |
| 必要的尺寸 | 装配图中的尺寸包括与机器或部件的规格(性能)、外形、装配和安装有关的尺寸,以及经过设计计算确定的重要尺寸等 |
| 技术要求 | 用文字或符号说明机器或部件性能、装配、安装、检验、调试和使用等方面的要求 |
| 零件序号、明细栏和标题栏 | 在装配图中将各零件按一定的格式、顺序进行编号;在明细栏中依次填写零件的序号、代号、名称、数量、材料、重量、标准规格和标准编号等;在标题栏中填写机器或部件的名称、比例、图号及相关人员的签名等 |

# 第二节　装配图的表达方法

机器或部件的装配图主要是表达其内外结构形状、工作原理和装配关系等,前面所述零件的各种表达方法和选用原则,均适用于装配图。

与零件图相比,装配图所表达的是由一定数量的零件所组成的机器或部件。两种图的内容和作用不同,侧重点也各不相同。装配图是以表达机器或部件的工作原理和主要装配关系为中心,把机器或部件的内部构造、外部形状和关键零件的主要结构形状表达清楚,不要求把每个零件的形状完全表达清楚。因此,装配图有其特殊的表达方法。

## 一、规 定 画 法

### 1. 接触表面与非接触表面的画法

两零件接触表面画一条线,间隙配合即使间隙较大也必须画一条线;非接触表面画两条线,即使间隙再小也必须画两条线。

例如,图 9-3 所示的轴承固定套与轴承盖的接触面画一条线;而轴承固定套与上轴瓦表面不接触,画两条线。如图 9-4 所示的 *A—A* 断面图中,键的底面及两侧面分别与轴及轮毂接触,故画一条线;键的顶面与轮毂不接触,故画两条线;轴与孔有配合要求,即使是间隙配合也画一条线。

### 2. 剖面线的画法

相互邻接的金属零件的剖面线,其方向应相反,或方向一致而间隔不同。同一零件的剖面线无论在哪个图形中表达,其方向、间隔必须相同。

例如,图 9-3 所示装配图中的相邻零件的剖面线均不相同。如图 9-4 所示的图中,同一零件的剖面线在两个图中保持一致;三个零件用三种剖面线以示区别。

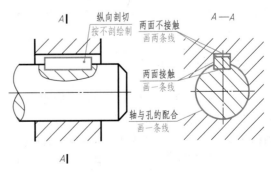

图 9-4　装配图的规定画法

**3. 标准件和实心零件的画法**

对于螺纹紧固件等标准件以及轴、连杆、拉杆、手柄、钩子、键、销等实心零件，若按纵向剖切，且剖切平面通过其对称平面或轴线时，则这些零件均按不剖绘制。如果需要特别表明零件的构造，如凹槽、键槽、销孔等，则可采用局部剖视表达。

例如，图 9-3 所示的油杯、螺栓连接件均按不剖绘制。如图 9-4 所示的主视图中，键及轴被纵向剖切，故这些零件按不剖绘制，但为了表达轴上键槽的结构，可采用局部剖视。

## 二、特殊画法

**1. 拆卸画法**

在装配图中，当某些零件遮住了需要表达的其他结构或装配关系，可将该零件假想地拆卸掉，画出所要表达的部分，并在该视图上方加注"拆去××"等，如图 9-3 所示的俯视图。

**2. 沿结合面剖切画法**

为了清楚表达装配图的内部结构，可采用沿某些零件的结合面剖切画法。结合面不画剖面线，被剖切到的螺栓等实心件因横向受剖须画剖面线。它与拆卸画法的区别在于它是剖切而非拆卸。例如，图 9-3 所示的俯视图，就是沿轴承座和轴承盖的结合面剖切后画出的半剖视图。

**3. 假想画法**

在装配图中，如果要表达运动零件的极限位置与运动范围时，可用细双点画线画出其外形轮廓；另外，若要表达与相关零部件的安装连接关系时，也可采用细双点画线画出其轮廓。如图 9-5 所示，用细双点画线画出螺杆的轮廓，以表达其运动轨迹。

**4. 夸大画法**

对于装配图上的薄垫片、小间隙、细金属丝，以及斜度、锥度很小的表面，难以按实际尺寸表达清楚时，允许采用夸大画法将其表达。比如薄片加厚，间隙加大，细丝断面涂黑，斜度、锥度表示出明显的程度等。

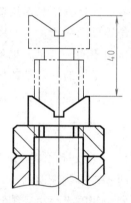

图 9-5 装配图的假想画法

**5. 单独零件的画法**

在装配图中，为了表达某个零件的形状，可以单独画出该零件的某一视图，但必须在所画视图的上方注出该零件的名称，在相应视图的附近用箭头指明投射方向，并注上同样的字母。例如，图 9-3 所示装配图中轴承座的 A 向视图，需标注"轴承座 A"。

## 三、简化画法

1）在装配图中，零件的倒角、圆角、退刀槽等工艺结构，允许省略不画。

2）在装配图中，对于若干相同的零、部件组，可仅详细地画出一组，其余只需用细点画线表示出其位置，并给出零、部件组的总数，如"共 3 组"。

3）在装配图中，可省略螺栓、螺母、销等紧固件的投影，而用细点画线和指引线指明它们的位置。此时，表示紧固件组的公共指引线应根据其不同类型从被连接的某一端引出，如螺钉、螺柱、销连接从其装入端引出，螺栓连接从其有螺母一端引出。例如，图 9-3 所示的螺栓连接，公共指引线从螺母引出。

4）不通的螺纹孔允许不画出钻孔深度，仅画出螺纹深度即可。

5）在装配图中，宽度小于或等于 2mm 的狭小面积的剖面区域，可用涂黑代替剖面符号。

6）在装配图中，当剖切平面通过的某些部件为标准产品或该部件已由其他图形表示清楚时，可按不剖绘制。例如，图 9-3 所示的油杯。

7）在装配图的剖视图中，螺旋弹簧仅需画出其断面，被弹簧挡住的结构一律不画出。

8）如仅需画出被剖切后的一部分图形，其边界又不画断裂边界线时，则应将剖面线绘制整齐。

# 第三节　装配图的尺寸标注和技术要求

在第七章中已介绍过零件图中标注尺寸和编写技术要求的方法，但装配图与零件图的表达重点、使用场合等方面的不同，决定了装配图的尺寸标注和技术要求与零件图相比亦有所区别。

## 一、装配图的尺寸标注

装配图用以说明机器或部件的规格（性能）、工作原理、装配关系和安装等要求，故装配图中要标注的尺寸类型见表 9-2。

## 二、装配图的技术要求

装配图中的技术要求是用文字或符号来说明对机器或部件的性能、装配、调试、使用等方面的具体要求和条件，见表 9-3。

表 9-2　装配图中的尺寸标注类型

| 尺寸类型 | 尺　寸　说　明 | 尺　寸　示　例 |
| --- | --- | --- |
| 性能或规格尺寸 | 表示机器或部件的工作性能或规格大小的尺寸,它在设计时就已确定,是设计、了解和选用机器或部件的依据 | 图 9-3 中,公称直径 $\phi$30H8 为滑动轴承的规格尺寸 |
| 装配尺寸 | 表示机器或部件中有关零件间装配关系的尺寸。一般有下列几种:<br>1)配合尺寸。表示两零件间配合性质的尺寸,一般在公称尺寸数字后面都注明配合代号。配合尺寸是装配和拆画零件时确定零件尺寸偏差的依据<br>2)相对位置尺寸。表示设计或装配机器时需要保证的零件间较重要相对位置、距离、间隙等的尺寸,也是装配、调整和校图时所需要的尺寸<br>3)装配时需加工的尺寸。有些零件需装配后再进行加工,此时在装配图中要标注加工尺寸 | 1)图 9-3 中,轴承座与轴瓦的配合尺寸 $\phi$40H8/k7 等<br>2)图 9-3 中,轴承座与轴承盖之间的距离 2mm、中心高 50mm<br>3)例"××装配时加工","××"为零件上的具体尺寸 |
| 安装尺寸 | 表示机器或部件安装在地基或与其他部件相连接时所涉及的尺寸 | 图 9-3 中,轴承底部安装孔的中心距 140mm、长圆孔宽度尺寸 13mm 等 |

（续）

| 尺寸类型 | 尺寸说明 | 尺寸示例 |
|---|---|---|
| 外形尺寸 | 表示机器或部件外形的总长、总宽和总高尺寸，它是进行包装、运输和安装设计的依据 | 图9-3中，轴承的外形尺寸为180、60、130 |
| 其他重要尺寸 | 是设计过程中经过计算确定或选定的尺寸，以及其他必须保证的尺寸，但又不包含在上述几类尺寸中的重要尺寸。例如，运动零件的位移尺寸、关键零件的重要结构尺寸等 | 图9-5中，尺寸40表示螺杆的运动范围 |

**注意**：表中5类尺寸，并非每张装配图中缺一不可，有时同一尺寸可能具有几种含义，分属于几类尺寸。在标注尺寸时，必须明确每个尺寸的作用，对装配图没有意义的结构尺寸不必注出。

表9-3  装配图中的技术要求

| | |
|---|---|
| 性能要求 | 指机器或部件的规格、参数、性能指标等 |
| 装配要求 | 指装配方法和顺序，装配时加工的有关说明，装配时应保证的精确度、密封性等要求 |
| 调试要求 | 指装配后进行试运转的方法和步骤，应达到的技术指标和注意事项等 |
| 使用要求 | 指对机器或部件的操作、维护和保养等有关要求 |
| 其他要求 | 对机器或部件的涂饰、包装、运输、检验等方面的要求，以及对机器或部件的通用性、互换性的要求等 |

**注意**：编制装配图中的技术要求时，上述各项内容并非每张装配图全部注写。技术要求中的文字注写应准确、简练，一般写在明细栏的上方或图样下方空白处，也可另写成技术要求文件作为图样的附件。

# 第四节  装配图的零、部件序号和明细栏

在生产中，为便于图样管理、生产准备、机器装配和看懂装配图，对装配图上各零、部件都要编注序号和代号（代号即该零件或部件的图号或国标代号）。同时要编制相应的明细栏。

## 一、零、部件序号的编写

为便于统计和看图方便，将装配图中的零、部件按顺序进行编号并标注在图样上。

1. 零、部件序号编写的基本要求

1）装配图中所有的零部件均应编号。

2）装配图中一个部件可以只编写一个序号；同一装配图中相同的零、部件用一个序号，一般只标注一次；多处出现的相同的零、部件，必要时也可重复标注。

3）装配图中零、部件的序号应与明细栏（表）中的序号一致。

2. 序号的编排方法

1）零部件序号的表示方法有以下三种。

① 在水平的基准（细实线）上注写序号，序号字号比该装配图中所注尺寸数字的字号

大一号，如图 9-6a 左图所示。

② 在圆（细实线）内注写序号，序号字号比该装配图中所注尺寸数字的字号大一号或两号，如图 9-6a 中图所示。

③ 在指引线的非零件端的附近注写序号，序号字号比该装配图中所注尺寸数字的字号大一号或两号，如图 9-6a 右图所示。

2）同一装配图中编排序号的形式应一致。

3）序号应按水平或竖直方向排列整齐，并按顺时针或逆时针方向顺序排列，如图 9-3 所示。

3. 指引线的画法（见图 9-6b）

1）指引线用细实线绘制。

2）指引线应自所指部分的可见轮廓内引出，并在末端画一圆点。若所指部分（很薄的零件或涂黑的断面）内不便画圆点时，可在指引线的末端画出箭头，并指向该部分的轮廓。

3）指引线不能相交，当指引线通过有剖面线的区域时，它不应与剖面线平行。

4）指引线可以画成折线，但只可曲折一次。

5）一组紧固件以及装配关系清楚的零件组，可以采用公共指引线，如图 9-6c 所示。

为确保无遗漏地按顺序编写，可先画出指引线和末端的水平基准线或小圆，并在图形的外围整齐排列，待检查、确认无遗漏、无重复后，再统一编写序号，填写明细栏。

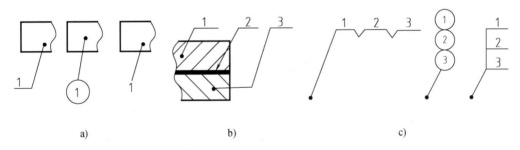

图 9-6　零部件序号
a）序号的注写方法　b）单个指引线的画法　c）公共指引线的画法

## 二、明细栏

1. 明细栏的基本要求

装配图中一般应有明细栏，其配置应注意以下几点：

1）明细栏一般配置在标题栏的上方，按由下而上的方向顺序填写。当由下而上延伸位置不够时，可紧靠在标题栏的左边自下而上延续。

2）明细栏中的序号应与图中的零件序号一致。

3）最上面的边框线和内框用细实线，外框用粗实线。

4）当装配图中不能在标题栏的上方配置明细栏时，可作为装配图的续页按 A4 幅面单独给出，其顺序应是由上而下延伸，还可连续加页，但应在明细栏的下方配置标题栏，并在标题栏中填写与装配图相一致的名称和代号。

225

5）当有两张或两张以上同一图样代号的装配图时，明细栏应放在第一张装配图上。

2. 明细栏的组成

明细栏一般由序号、代号、名称、数量、材料、重量（单件、总计）、分区、备注等组成，也可按实际需要增加或减少。装配图中明细栏各部分的尺寸与格式，如图9-7所示。

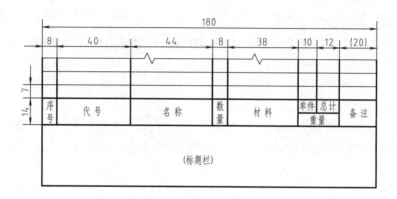

图 9-7　明细栏格式

对于学校使用的装配图标题栏及明细栏，可采用如图9-8所示的简化格式。

图 9-8　学校用装配图的标题栏及明细栏

3. 明细栏的填写

序号：填写图样中相应组成部分的序号，应按图中的编号顺序填写。

代号：填写图样中相应组成部分的图样代号或标准编号。

名称：填写图样中相应组成部分的名称，必要时，也可写出其形式与尺寸。

数量：填写图样中相应组成部分在装配中所需要的数量。

材料：填写图样中相应组成部分的材料标记。

重量：填写图样中相应组成部分单件和总件数的计算重量。以千克（公斤）为计量单位时，允许不写出其计量单位。

备注：填写该项的附加说明或其他有关的内容，如对于外购件，则填写"外购"字样等。

# 第五节　装配工艺结构

在设计和绘制装配图的过程中，应考虑到装配工艺结构的合理性，以保证机器和部件的性能良好，并给零件的装配和装拆带来方便。常见的装配工艺结构及画法见表 9-4。

表 9-4　常见的装配工艺结构及画法

| 结构类型 | | 图　例 | 说明 |
|---|---|---|---|
| 接触面及配合面 | 平面接触 | 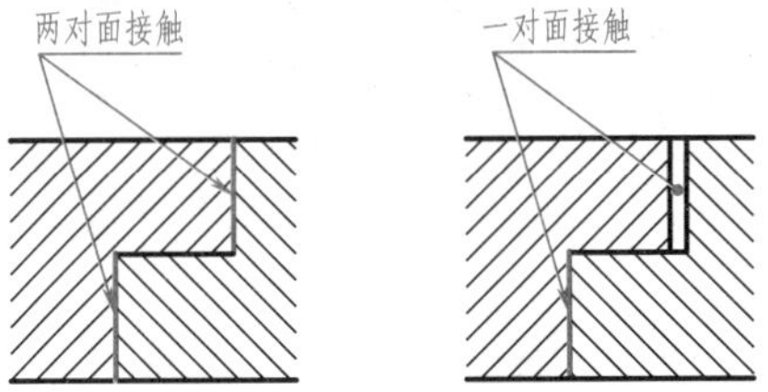<br>不合理　　合理 | 两零件平面接触时，在同一方向上只能有一对接触面，这样既可以保证零件间的接触良好，又便于加工制造，降低成本 |
| | 柱面接触 | 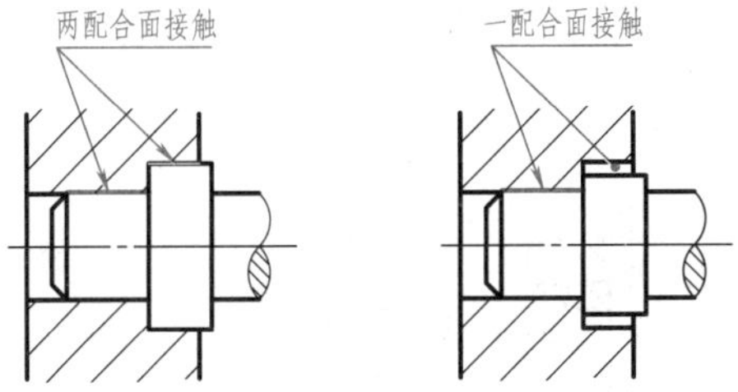<br>不合理　　合理 | 两零件圆柱面接触时，在同一径向上只能有一个配合面，才能保证两零件间的接触良好 |
| | 锥面接触 | 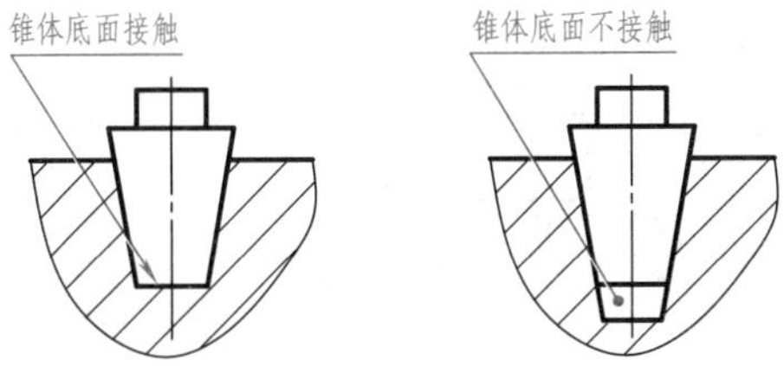<br>不合理　　合理 | 两零件圆锥面接触时，圆锥体的端面与锥孔之间必须留有间隙，才能保证锥面之间的接触良好 |
| | 轴端接触面 | 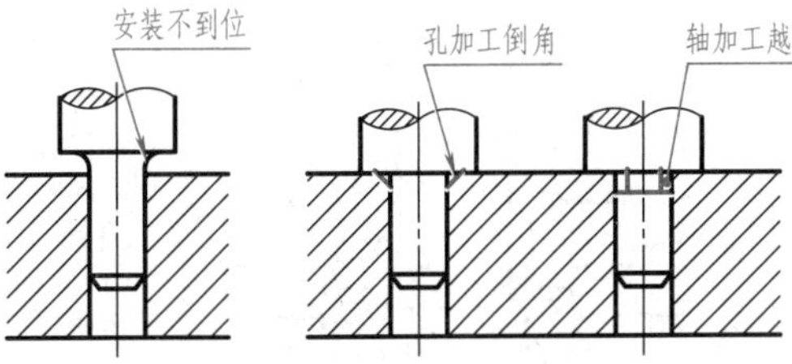<br>不合理　　合理 | 轴肩端面与孔端面接触时，应在孔的端部加工倒角或将轴肩根部切槽，以保证两零件间的接触良好 |

（续）

| 结构类型 | 图　例 | 说　明 |
|---|---|---|
| 拆装空间 | 空间合适 空间过小 空间过小　空间合适 不合理　合理 | 为了便于拆装零件,必须留出拆卸工具的活动空间和螺纹紧固件所需的拆装空间 |
| 孔(轴)肩定位 | 孔(轴)肩高度过大　孔(轴)肩高度合适 不合理　合理 | 滚动轴承以孔肩或轴肩定位时,孔肩或轴肩的高度应小于轴承外圈或内圈的厚度,以便于维修时拆卸方便 |
| 沉孔与凸台 | 沉孔　凸台 | 为了保证紧固件与被连接件之间的良好接触,常在被连接件表面制成沉孔或凸台等结构,这样既减少了加工面积,又改善了接触情况 |
| 密封结构 | 填料密封　垫片密封 | 将填料充满填料腔,用压盖和圆螺母压紧,以防止流体向外渗漏。压盖与壳体端面和轴颈之间均有间隙<br>将垫片置于两零件端面之间,再利用紧固件连接两零件并压紧以保证密封 |

（续）

| 结构类型 | 图　例 | 说明 |
|---|---|---|
| 防松结构 | 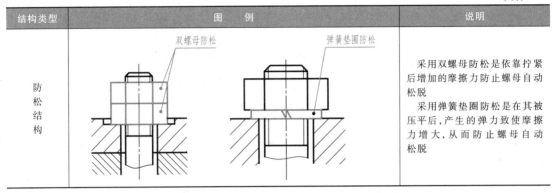 | 采用双螺母防松是依靠拧紧后增加的摩擦力防止螺母自动松脱<br>采用弹簧垫圈防松是在其被压平后，产生的弹力致使摩擦力增大，从而防止螺母自动松脱 |

# 第六节　部件测绘和绘制装配图

部件测绘是指根据现有的装配体进行拆卸、测量、画出零件草图，经整理后画出装配图和零件图的过程。部件测绘对学习先进技术、改进设备、产品仿制等有很重要的作用，因此，作为工程应用型的技术人员，必须学会这一必备的技能。

由于装配图是以表达工作原理、零件的装配关系为主的，因此绘制装配图应根据零件图或零件草图和装配示意图（以单线条示意性地画出部件或机器的图样）来完成。

## 一、部件测绘的方法和步骤

### 1. 了解和分析测绘对象

测绘之前应对部件进行分析研究，阅读相关的说明书、资料，参阅同类产品图样，全面了解该部件的用途、工作原理、结构特点、零件间的装配关系、相对位置、拆卸方法等。如图 9-2 所示的滑动轴承，其主要特点是用以支承轴，具有工作平稳可靠、能承受较大冲击载荷等性能；其中分式结构是为了拆装方便，轴承盖与轴承座之间以凹凸面结合是保证这两个零件上下对中并防止横向移动；上轴瓦开有导油孔及设有导油槽，通过油杯进行润滑；上下轴瓦采用耐磨、耐腐蚀的材料以延长工作寿命；采用双螺母用于防松。

### 2. 拆卸零、部件，画装配示意图

拆卸零、部件是进一步了解工作原理、零件结构及装配关系的过程。拆卸前应测量一些重要的装配尺寸，如零件间的相对位置、极限位置、装配间隙等，对过盈配合的零件不必拆卸。拆卸应按顺序进行，为了避免遗忘，可及时记录并画出示意图；滑动轴承的装配示意图如图 9-9 所示（其零件序号与图 9-3 所示的装配图一致）。

### 3. 画零件草图

除了标准件和外购件外，其余零件均应画

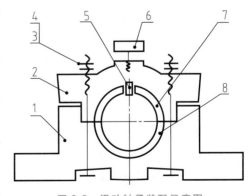

图 9-9　滑动轴承装配示意图

**229**

出零件草图，它们是画零件图和装配图的依据，零件草图与零件工作图的内容应一致。此外零件的工艺结构，如倒角、退刀槽、中心孔等要表达清楚，并且按照零件图的表达方案，徒手绘制。

画零件草图时应注意有配合的零件，其公称尺寸要一样，有些尺寸要通过计算（如齿轮的参数、中心距等）确定，标准件的规格尺寸要经查阅标准后确定，同时还应注写技术要求和标题栏（参照第七章的零件测绘相关内容）。

4. 绘制装配图和零件图

根据零件草图和装配示意图画出装配图，画图过程是一个虚拟的部件装配过程，也是对零件草图发现错误、给予纠正的过程。最后根据装配图和零件草图画出零件工作图。

## 二、由零件图绘制装配图的方法和步骤

下面以球阀为例，介绍绘制装配图的一般方法和步骤。球阀轴测分解图及主要零件图分别如图 9-10 ~ 图 9-16 所示。

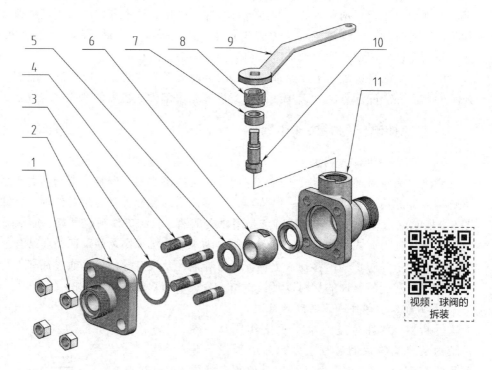

图 9-10 球阀轴测分解图

1—螺母 2—端盖 3—调整垫片 4—螺柱 5—密封圈 6—阀芯
7—填料 8—压紧套 9—手柄 10—柄杆 11—阀体

1. 了解装配关系和工作原理

对要绘制的机器或部件的工作原理、装配关系及主要零件的形状、零件与零件之间的相对位置、定位方式等进行深入细致地分析。

图 9-17 所示为球阀的轴测剖视装配图。阀是用于管道系统中启闭和调节流体流量的部件，球阀是其中的一种，其装配线主要有两条，球阀阀芯为球形。水平装配线自左向右：阀

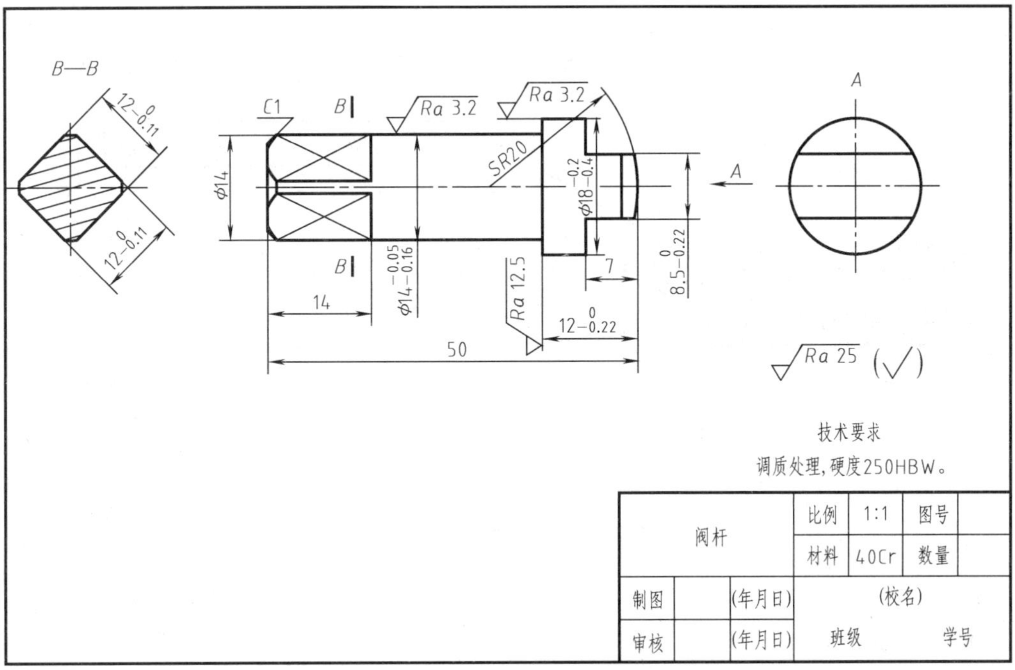

图 9-11　阀杆

体、阀盖均带有方形凸缘，靠四个螺柱及螺母连接；中间的调整垫片用于调节阀盖与阀体之间空腔的大小，保证阀芯的正常转动和阀体的密封；垂直装配线由上而下：手柄方孔套入阀杆方头，阀杆榫头插入阀芯的槽口，阀杆四周靠压紧套的旋入压紧填料达到密封要求。工作时，顺时针扳动手柄，带动阀芯旋转，从而控制和调节管道中流体的流量。

　　2. 拟定表达方案

　　(1) 确定主视图　主视图的选择应能清晰地表达部件的结构特点、工作原理和主要装配关系，并尽可能按工作位置放置，使主要装配线处于水平或垂直位置。

　　(2) 确定其他视图　选用其他视图是为了更清楚、完整地表达装配关系和主要零件的结构形状，具体表达方法可采用剖视、断面、拆去某些零件等多种方法。

　　球阀的工作位置多变，但一般将其通路放成水平位置，手柄在上。主视图沿球阀对称面作全剖视，这样可清楚地反映出两条装配线上主要零件的装配关系和球阀的工作原理；左视图为半剖视，并采用拆卸画法，即可表达外部形状及螺柱的安装定位，又反映了内部零件的结构；俯视图为局部剖视，用于表达手柄和定位凸块的关系。

　　装配图的视图选择原则是在便于读图的前提下，正确、完整、清晰地表达出机器或部件的工作原理、传动路线、零件间的装配连接关系及关键零件的主要结构形状，并力求绘图简单。确定表达方案时可多设计几套，通过分析对比各种方案，选用最佳表达方案。

　　3. 确定比例、图幅，画出图框

　　根据部件的大小、图形数量，确定绘图比例和图幅大小；画出图框、标题栏；画出明细栏大致轮廓。该球阀装配图采用 1:2 的比例，A4 幅面图纸。

　　4. 布置视图

　　画出各视图的主要基准线和中心线，并在各视图之间留有适当间隔，以便标注尺寸和进行零件编号，如图 9-18a 所示。

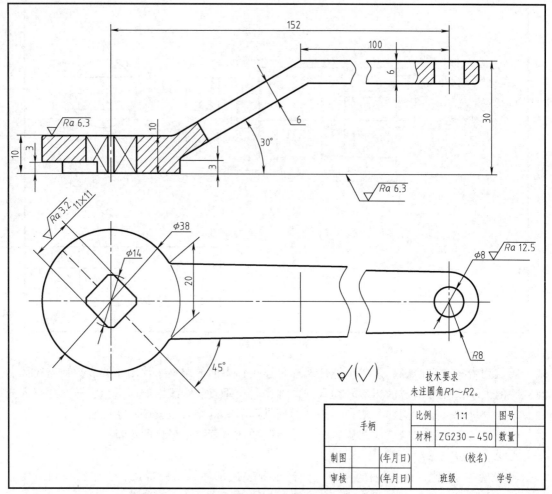

图 9-12 手柄

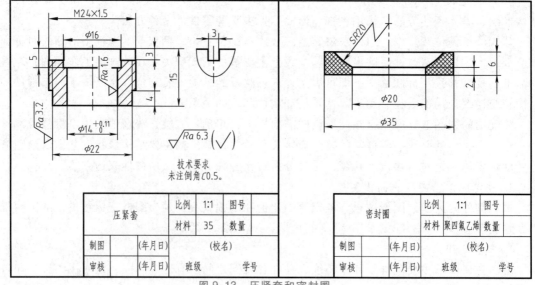

图 9-13 压紧套和密封圈

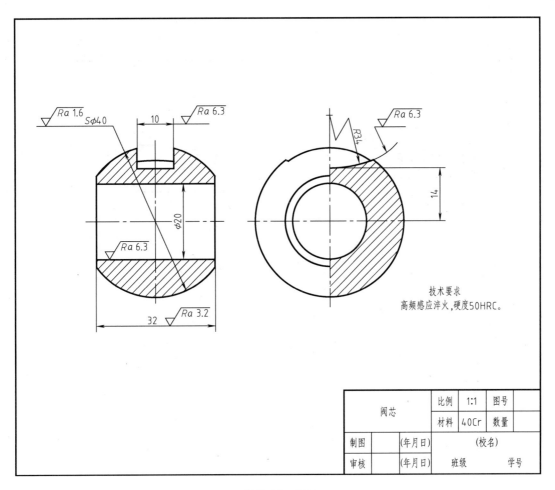

图 9-14　阀芯

**5. 画出各视图**

一般采用两种方法：

（1）由内向外画　以装配线的核心零件开始，按装配关系逐层扩展画出各个零件，再画壳体等包容、支撑件。这种方法多用于新产品设计。

（2）由外向内画　从壳体、机座、支架等起包容、支撑作用的主要零件画起，再按装配线或装配关系逐步画出其他零件。这种方法多用于对机器或部件的测绘。

无论哪种方法，一般先画主视图或能清楚反映装配关系的视图，再画其他视图，逐个进行。画图过程中，尽量做到几个视图按投影关系一起绘制。

球阀的主要零件为阀体，故先画阀体（被其他零件挡住的线可不画）如图 9-18b 所示；后画阀盖如图 9-18c 所示；再沿阀杆方向的装配关系画出其他零件；最后画手柄的极限位置、螺栓连接等次要的零件，如图 9-18d 所示。

**6. 完成装配图**

检查无误后加深图线，画剖面线，标注尺寸，对零件进行编号，编写技术要求，填写明细栏、标题栏等，球阀装配图如图 9-18e 所示。

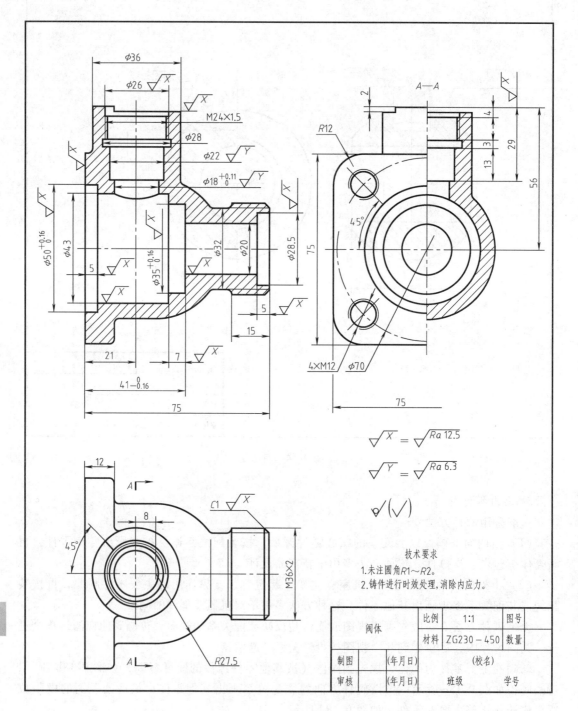

图 9-15  阀体

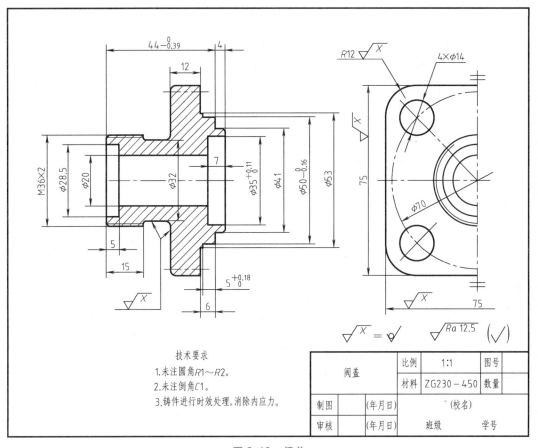

技术要求
1.未注圆角R1~R2。
2.未注倒角C1。
3.铸件进行时效处理,消除内应力。

| 阀盖 | | 比例 | 1:1 | 图号 | |
|---|---|---|---|---|---|
| | | 材料 | ZG230－450 | 数量 | |
| 制图 | | (年月日) | | ˝(校名) | |
| 审核 | | (年月日) | 班级 | | 学号 |

图 9-16　阀盖

**235**

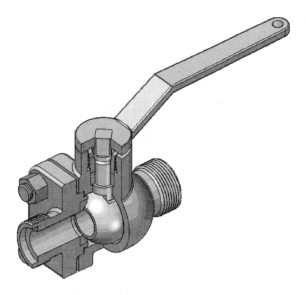

图 9-17　球阀轴测剖视装配图

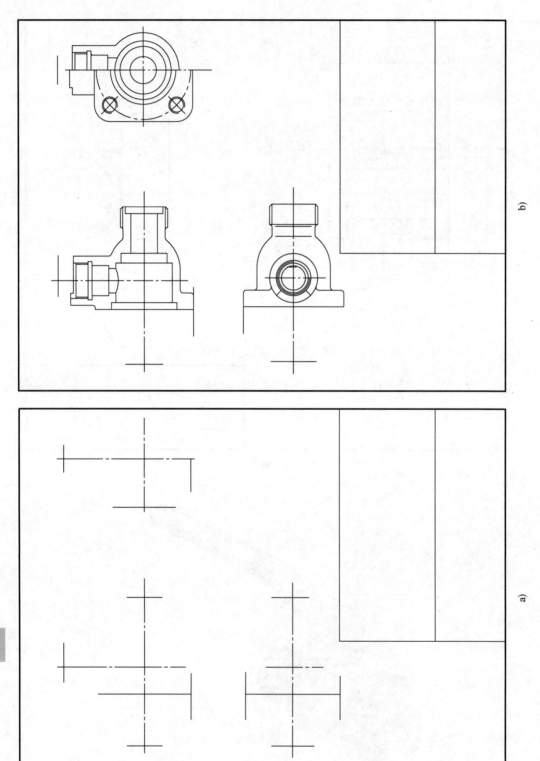

a)

b)

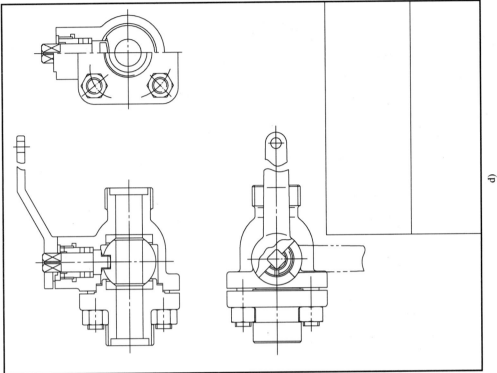

d)

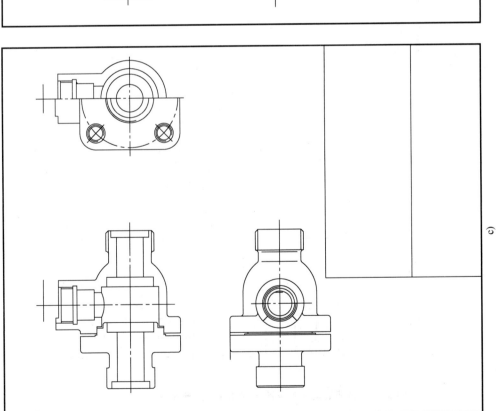

c)

图 9-18 球阀装配图的绘图步骤和球阀装配图

a) 画出明细栏、标题栏，定位各视图的主要中心线及基准线 b) 三个视图联系起来，画主要零件阀体的轮廓线
c) 根据阀体与阀盖相对位置画出阀盖的三视图 d) 沿装配关系画出其他零件，最后画出手柄的极限位置

**237**

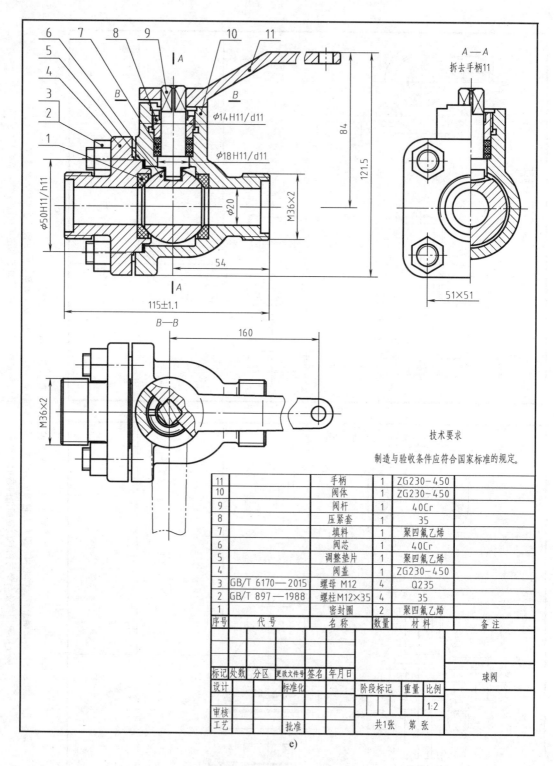

| 11 | | 手柄 | 1 | ZG230-450 | |
|---|---|---|---|---|---|
| 10 | | 阀体 | 1 | ZG230-450 | |
| 9 | | 阀杆 | 1 | 40Cr | |
| 8 | | 压紧套 | 1 | 35 | |
| 7 | | 填料 | 1 | 聚四氟乙烯 | |
| 6 | | 阀芯 | 1 | 40Cr | |
| 5 | | 调整垫片 | 1 | 聚四氟乙烯 | |
| 4 | | 阀盖 | 1 | ZG230-450 | |
| 3 | GB/T 6170—2015 | 螺母 M12 | 4 | Q235 | |
| 2 | GB/T 897—1988 | 螺柱 M12×35 | 4 | 35 | |
| 1 | | 密封圈 | 2 | 聚四氟乙烯 | |
| 序号 | 代 号 | 名 称 | 数量 | 材 料 | 备 注 |

技术要求

制造与验收条件应符合国家标准的规定。

| 标记 | 处数 | 分区 | 更改文件号 | 签名 | 年月日 | | | | | 球阀 |
|---|---|---|---|---|---|---|---|---|---|---|
| 设计 | | | 标准化 | | | 阶段标记 | 重量 | 比例 | | |
| | | | | | | | | 1:2 | | |
| 审核 | | | | | | | | | | |
| 工艺 | | | 批准 | | | 共1张 第 张 | | | | |

e)

图 9-18  球阀装配图的绘图步骤和球阀装配图（续）

e）加粗，画剖面线，标尺寸，对零件编号，编写技术要求，填写明细栏、标题栏等

238

# 第七节　读装配图

在生产、使用和维修机械设备的过程中，都涉及到阅读装配图。不同部门的技术人员读图的目的各不相同，如仅了解机器或部件的用途和工作原理；或了解零件的连接方法和拆卸顺序；或了解某个零件的结构特点，以便拆画零件图等。因此阅读装配图是工程技术人员应具备的基本技能。

## 一、读装配图的基本要求

一般读装配图要做到以下基本要求：

1）能够结合产品说明书等资料，了解机器或部件的用途、性能、结构和工作原理。

2）掌握各零件间的相对位置、装配关系以及装拆顺序等。

3）分清各零件的名称、数量、材料、主要结构形状和用途。

4）了解与本装配图相关设备的大致功能和构造。

## 二、读装配图的方法和步骤

一般按以下方法和步骤阅读装配图：

1. 概括了解

从标题栏、技术要求和有关的说明书中了解机器或部件的名称和大致用途；从明细栏和图中的序号了解机器或部件的组成情况；从视图配置和尺寸标注，了解机器或部件的结构特点、大小和大致的工作原理。

2. 分析视图

分析装配图中采用了哪些表达方法、各视图间的投影关系和剖视图的剖切位置，明确每个视图所表达的重点内容。

3. 分析装配关系和工作原理

在概括了解的基础上，进一步研究机器或部件的装配关系和工作原理，这是读装配图的关键，常用方法有：

1）从主视图开始，联系其他视图，并对照各个零件的投影关系，了解装配干线。

2）根据配合代号，了解零件间的装配关系和连接情况。

3）根据常见结构的表达方法和规定画法来识别零件，了解零件的定位、调整和密封等情况。

对于较简单的装配图，主视图基本能反映出工作原理和装配关系；对于较复杂的装配图，应对照各视图从最能反映工作原理的视图入手，分析机器或部件中零件的运动情况，从而了解机器或部件的工作原理。一般从反映装配关系的视图开始，分析各条装配干线，弄清零件相互间的配合要求、定位和连接方式等。

4. 分析零件

根据零件剖面线的不同，分清零件轮廓范围；根据零件序号对照明细栏，了解零件的作用，确定零件在装配图中的位置和范围；根据零件结构的对称性、两零件接触面大致相同等特点，构思零件的结构形状；从主要零件开始，按照零件装配或连接的关系，逐个分析零件的功能、地位、与相邻零件的装配关系等，进而想出它们的主要结构形状。

5. 归纳总结

通过上述分析，在了解装配关系和工作原理的基础上，还要对尺寸、技术要求、装配工艺、使用维护等方面进行分析和研究，真正理解设计意图和装配工艺，形成对机器或部件的整体认识，完成读装配图的过程，为拆画零件图打下基础。

【例9-1】 读气缸装配图，如图9-19所示。

1. 概括了解

通过阅读标题栏、明细栏并根据相关知识背景可知：气缸是一能量转换装置，具有一定压力的气体推动活塞使活塞杆做直线往复运动，从而带动与之相连的工作装置进行工作。它由13种零件组成，其中6种为标准件。主要零件是缸体5、前盖3、后盖11、活塞8、活塞杆1等。

2. 分析视图

该装配图采用了两个基本视图，两个局部视图和一个局部斜视图。主视图采用 $A$—$A$ 相交平面剖切，反映了气缸的装配干线和各零件的连接方式，即缸体5通过螺钉12分别与前盖3和后盖11连接形成一封闭的圆柱形空腔，螺母10将活塞杆1与活塞8连接在一起；左视图只画外形，主要表达气缸的外形特征和螺钉连接的分布情况；$B$ 向斜视图反映了出气口（或进气口）的形状；$C$ 向和 $D$ 向局部视图分别反映了安装槽的形状。

3. 分析工作原理和装配关系

通过主视图可以看出，当压缩空气从左侧前盖3的气口进入，推动活塞8带动活塞杆1向右移动，使空气从后盖11的气口排出。密封圈7密封活塞左右两侧高低压腔；垫片4用于缸体5和前、后盖的密封；密封圈2密封于活塞杆周围；活塞杆1穿过活塞8和垫圈9并与螺母10通过螺纹连接；活塞杆通过螺纹孔 M12×1.5-7H 与工作装置相连完成动力的传递。

4. 分析零件

根据气缸工作原理，沿轴向装配线看出：零件的主要功能结构以回转体为主，如活塞杆1、缸体5、活塞8等零件的主要结构均为回转体，而前盖和后盖的功能相同，其结构形状也类似，仅有局部结构不同而已。

现以前盖为例介绍分析其零件的方法：装配图中主视图、左视图和 $C$ 向、$D$ 向局部视图均用于表达前盖上的结构，根据前盖的作用和与其他零件的装配关系可以看出，前盖的主要形状为上圆下方，左右各有一个圆柱凸台，中间为通孔，左下方前后各有一安装底板，底板上开有用于安装固定的半圆头长槽，形状如 $C$ 向局部视图所示；该零件前上方有一气体通路，与外连接采用管螺纹，其外部有一凸起结构，形状如图中 $B$ 向斜视图所示。构思前盖的轴测图如图9-20所示。

5. 归纳总结

气缸装配图有5处配合尺寸，活塞的有效行程为36，总长尺寸为160，装配轴线与安装基础的相对位置尺寸为43，气缸的安装尺寸及螺纹规格均很清楚。气缸的拆卸顺序为：先拆前盖，抽出活塞和活塞杆，再拆卸活塞和后盖；安装顺序与之相反。气缸的使用检验等详见技术要求，不再赘述。

综上所述，读懂了气缸的装配图，为拆画零件图打下良好基础。

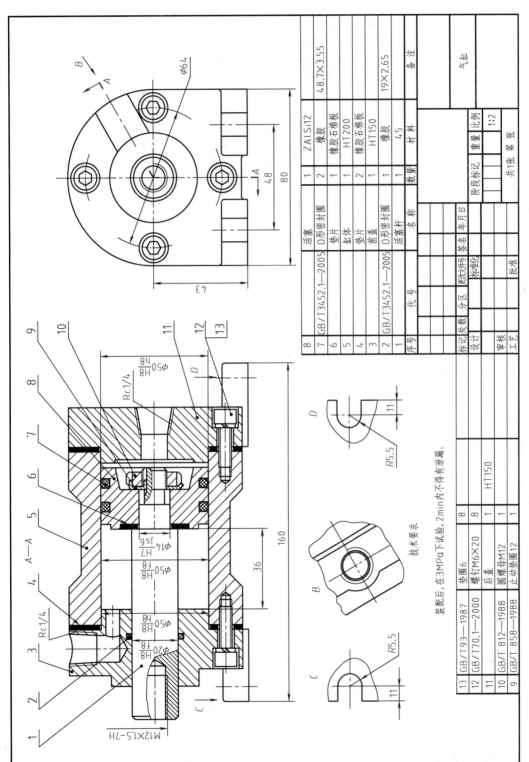

图 9-19 气缸装配图

技术要求

装配后,在3MPa下试验,2min内不得有泄漏。

| 序号 | 代号 | 名称 | 数量 | 材料 | 备注 |
|------|------|------|------|------|------|
| 13 | GB/T93—1987 | 垫圈6 | 8 | | |
| 12 | GB/T70.1—2000 | 螺钉M6×20 | 8 | | |
| 11 | | 后盖 | 1 | HT150 | |
| 10 | GB/T 812—1988 | 圆螺母M12 | 1 | | |
| 9 | GB/T 858—1988 | 止动垫圈12 | 1 | | |
| 8 | | 活塞 | 1 | ZAlSi12 | |
| 7 | GB/T3452.1—2005 | O形密封圈 | 2 | 橡胶 | 4.8.7×3.55 |
| 6 | | 垫片 | 1 | 橡胶石棉板 | |
| 5 | | 缸体 | 1 | HT200 | |
| 4 | | 垫片 | 2 | 橡胶石棉板 | |
| 3 | | 前盖 | 1 | HT150 | |
| 2 | GB/T3452.1—2005 | O形密封圈 | 1 | 橡胶 | 19×2.65 |
| 1 | | 活塞杆 | 1 | 45 | |
| 序号 | 代号 | 名称 | 数量 | 材料 | 备注 |

| | | | | | 气缸 | |
|---|---|---|---|---|---|---|
| 标记 | 处数 | 分区 | 更改文件号 | 签名 | 年月日 | |
| 设计 | | 标准化 | | 阶段标记 | 重量 | 比例 |
| 审核 | | | | | | 1:2 |
| 工艺 | | 批准 | | 共1张 | 第 张 | |

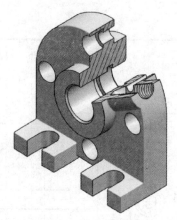

图 9-20 前盖轴测图

# 第八节 由装配图拆画零件图

由装配图拆画零件图是设计工作中的一个重要环节，也是一个难点内容，这需要在读懂装配图的基础上才能进行，作为工程技术人员必须掌握这一技能。

下面介绍拆画零件图的方法和步骤。

## 一、读懂装配图

拆画零件图的首要任务是读懂装配图，读图的方法和步骤已在前面介绍，在这个基础上重点分析被拆画零件在装配图中的作用和与其他零件的连接关系。

## 二、分离零件

根据装配图中的零件编号、剖面线的方向和间距等信息，从装配图中分离出所要拆画零件的投影轮廓，再根据该零件的作用和工作情况构思出它的结构形状，然后将被遮挡和遗漏的图线补完整。

## 三、确定表达方案

拆画零件图时不能简单地照搬装配图的表达方法，应根据零件的结构形状、工作位置等综合考虑以确定视图的表达方案（可参照第七章零件图的视图选择）。有些零件（如箱体类）的表达方案只需对装配图做适当调整即可，也有很多零件需要重新确定方案。

## 四、还原工艺结构

在装配图中被省略的零件工艺结构（如倒角、铸造圆角、斜度、退刀槽、砂轮越程槽等）在拆画零件图时，应结合设计要求和加工装配工艺要求，补画出这些结构，这样才能使零件的结构形状更加完整。

## 五、标注尺寸

装配图中的尺寸只有一些重要尺寸，而拆画零件图的尺寸应符合零件的尺寸标注要求。

一般情况下拆画零件的尺寸标注由以下几方面确定：

1）抄写。装配图中有些尺寸可以直接抄写到零件图中。

2）查阅。与标准件相连接的尺寸（如螺栓孔、键槽、销孔等）可通过查阅标准确定，且不得圆整；凡有配合代号的尺寸应查表注出上、下极限偏差；还原的工艺结构尺寸也应查表获取。

3）计算。某些尺寸可通过计算确定，如齿轮、弹簧等零件的相关尺寸，应由给定的参数通过计算确定。

4）测量。零件上的一般结构尺寸，可按装配图的比例从图中量取，经圆整后标注。无法量取的尺寸可根据部件的性能要求自行确定。

### 六、注写技术要求和标题栏

标注零件的尺寸公差、表面粗糙度、几何公差等技术要求，需要较丰富的专业知识和生产经验。在此仅做简单介绍：表面粗糙度 $Ra$ 值是根据零件表面的作用和要求确定的，一般来说，与轴承配合的表面取 $Ra1.6\mu m$ 以上，有配合要求的相对运动的表面取 $Ra3.2\mu m$ 以上，无相对运动的接触表面取 $Ra6.3\mu m$；非接触表面取 $Ra6.3\mu m$ 以下；凡配合表面均要选择恰当的公差等级和基本偏差；其他技术要求也可通过查阅相关手册或参考同类产品的图样来确定。

标题栏的填写应与装配图明细栏中的内容一致。

**【例 9-2】** 根据如图 9-21 所示的机油泵装配图，拆画泵体（零件 1）零件图。

**拆画步骤：**

1）读装配图。泵的作用是加压，机油泵是给机油加压后循环输送到润滑系统的一个部件。由图及明细栏可知：机油泵由 17 种零件组成，其中螺栓、销等为标准件；机油泵由四个图形表达：局部剖的主视图和俯视图、全剖的左视图及表达单独零件的断面图；主视图主要表达了机油泵的外形及里面两个齿轮轴系的装配关系，左视图表达了机油的进、出油路及安全装置，俯视图表达了泵体和泵盖的外形及安装孔的位置，断面图表达了泵体上下连接部分的结构形状。

2）分离泵体。根据装配图的投影关系及剖面线的特征，找出泵体的轮廓将其分离出来，如图 9-22a 所示。在泵体内装有一对啮合齿轮，并有间隙配合要求；主、从动轴与泵体轴孔的配合分别为间隙配合和过盈配合；进油孔位于泵体底部后侧；出油孔位于泵体前面；泵体上方通过螺栓与泵盖连接；由此构思出该零件的结构形状，如图 9-23 所示。

3）确定表达方案。泵体属于箱体类零件，主视图以工作位置为主，采用局部剖视，主要表达腔体、轴孔、外形等结构；左视图采用全剖视，主要表达进、出油孔和溢流孔的位置及肋板的形状；俯视图采用局部剖视，主要表达箱体和底板的外形及肋板、轴孔、上下安装孔的位置；移出断面图表达了箱体连接部分的形状和三个孔的位置，由此看出该泵体的视图表达方法基本与装配图一致，故只需补画出分离图形中被遮挡或缺漏的图线，如图 9-22b 所示。

4）完善图形。调整主视图局部剖视的范围，注写剖切符号，还原零件的工艺结构，加深轮廓线等，如图 9-22c 所示。

5）标注已知尺寸。装配图中已标注的一些尺寸可以直接标注到零件图中，如图 9-22d 所示。

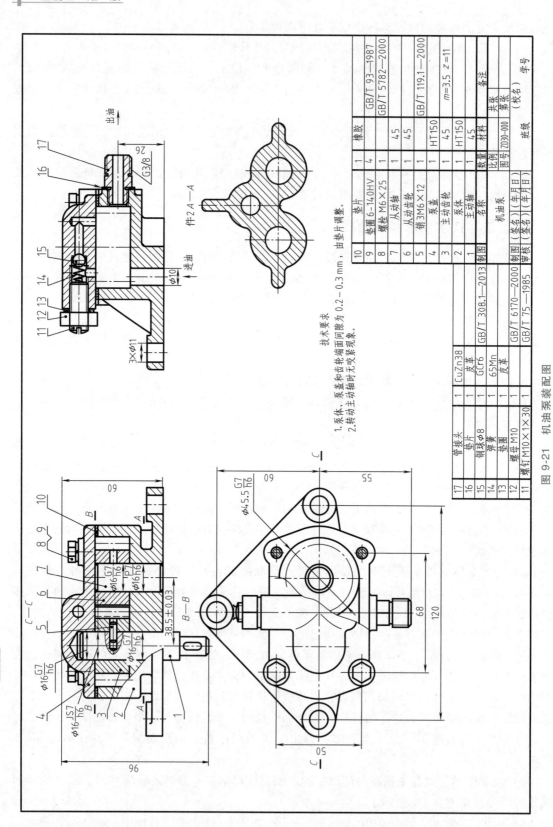

技术要求

1. 泵体、泵盖和齿轮齿轮端面间隙为 0.2~0.3 mm，由垫片调整。
2. 转动主动轴时无咬紧现象。

件2 A—A

出油

G3/8

进油

Φ10

3×Φ11

Φ4.5,5 h6

Φ16 G7/h6

Φ16 G7/h6

Φ16 G7/h6

Φ16 G7/h6

Φ16 G7/h6

Φ16 JS7/h6

38.5±0.03

| 17 | 管接头 | 1 | CuZn38 | | |
| 16 | 垫片 | 1 | 皮革 | | |
| 15 | 钢球 Φ8 | 1 | GCr6 | GB/T 308.1—2013 | |
| 14 | 弹簧 | 1 | 65Mn | | |
| 13 | 垫囊 | 1 | 皮革 | | |
| 12 | 螺母 M10 | 1 | | GB/T 6170—2000 | |
| 11 | 螺钉 M10×1×30 | 1 | | GB/T 75—1985 | |
| 10 | 垫片 | 1 | 橡胶 | | |
| 9 | 垫圈 6-140HV | 4 | | GB/T 93—1987 | |
| 8 | 螺栓 M6×25 | 1 | | GB/T 5782—2000 | |
| 7 | 从动轴 | 1 | 45 | | |
| 6 | 从动齿轮 | 1 | 45 | | m=3.5 z=11 |
| 5 | 销3M6×12 | 1 | | GB/T 119.1—2000 | |
| 4 | 泵盖 | 1 | HT150 | | |
| 3 | 主动齿轮 | 1 | 45 | | m=3.5 z=11 |
| 2 | 泵体 | 1 | HT150 | | |
| 1 | 制图 | 1 | 45 | | |
| 序号 | 名称 | 数量 | 材料 | | 备注 |

| | | | 机油泵 | | | |
| 制图 | (签名) | (年月日) | 比例 | | | |
| 审核 | (签名) | (年月日) | 图号 | ZD30-000 | | |
| | | | 班级 | | (校名) | 学号 |
| | | | | 共张 第张 | | |

图 9-21　机油泵装配图

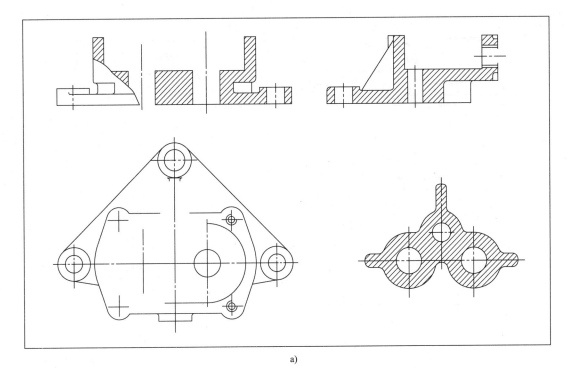

a)

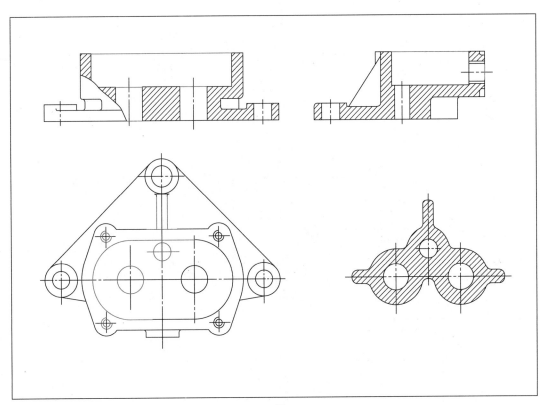

b)

图 9-22 拆画泵体零件图

a）分离泵体　b）补画漏线

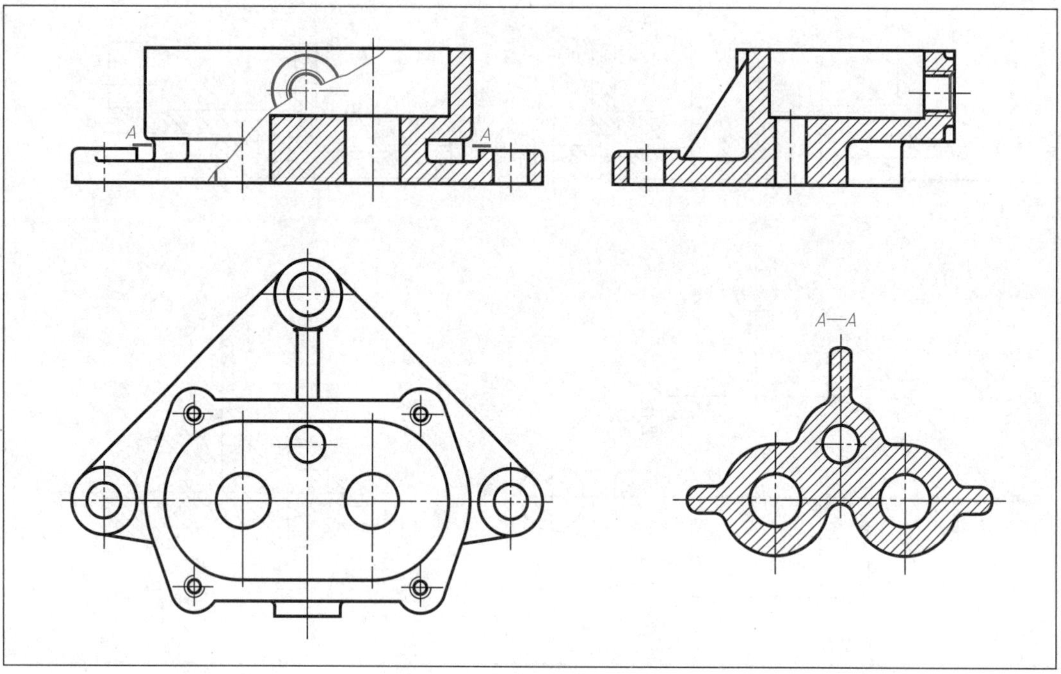

c)

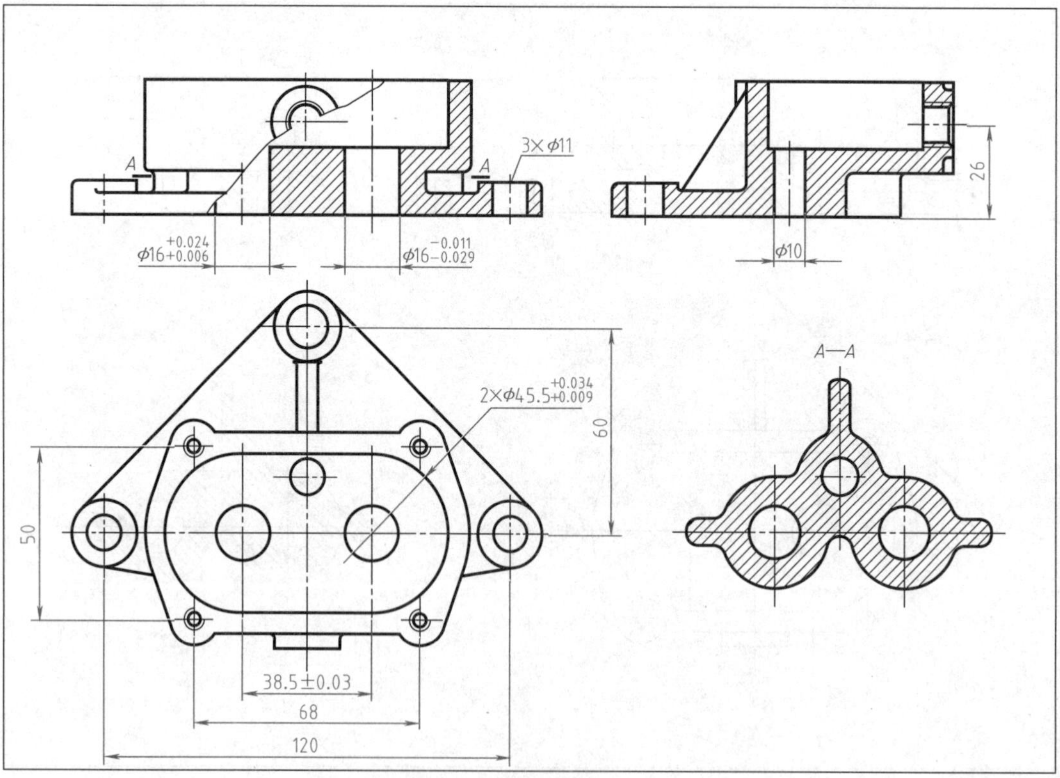

246

d)

图 9-22 拆画

c）完善图形　d）标注已知尺寸

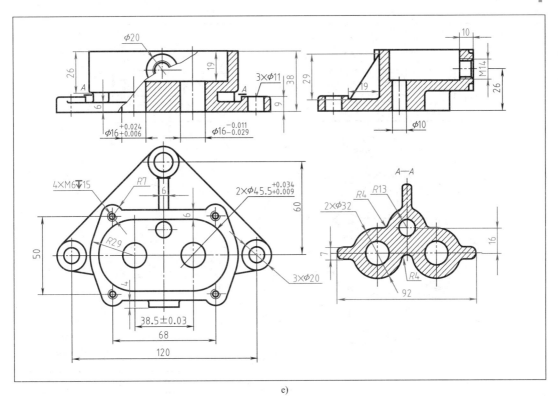

e)

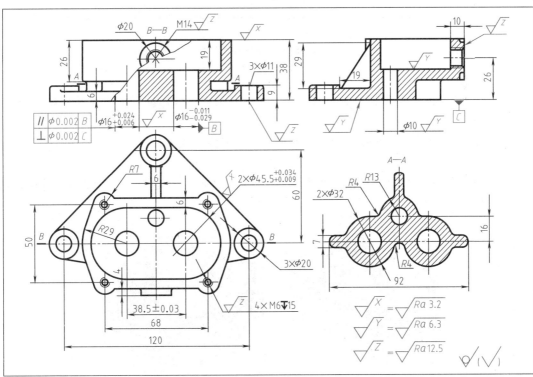

f)

**泵体零件图**（续）

e）标注其他尺寸　f）注写技术要求

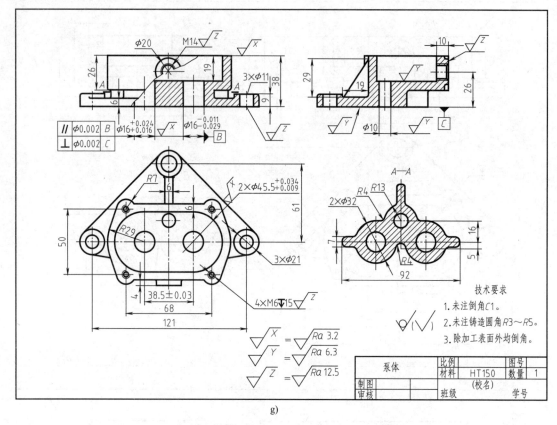

g)

图 9-22 拆画泵体零件图（续）

g）完成泵体零件图

6）标注全部尺寸。根据查表、测量、计算等方法将零件图的其他所有尺寸标注出来，如图 9-22e 所示。

7）注写技术要求。根据泵体的工作要求，注写表面粗糙度代号、几何公差符号等，如图 9-22f 所示。

8）填写标题栏、完成零件图。注写其他技术要求，填写标题栏，完成泵体零件图，如图 9-22g 所示。

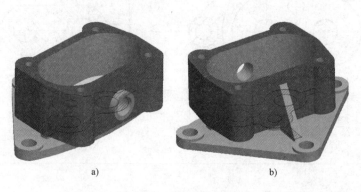

a)                    b)

图 9-23 泵体立体效果图

a）泵体的前面 b）泵体的后面

【例 9-3】 根据气缸装配图（见图 9-19），拆画前盖（零件 3）零件图。

**拆画步骤：**

1）读装配图。因前面已经分析了气缸的工作原理及其装配关系，在此不再赘述。

2）分离零件。根据装配图的投影关系及剖面线的特征，找出前盖的投影轮廓。从相邻零件的装配关系可知：拆去左侧 4 个螺钉 12、活塞杆 1 和密封圈 2，剩下的部分就是前盖的投影轮廓，如图 9-24 所示（零件的立体图如图 9-20 所示）。

**注意：**分离出的主视图并非完整的图形，应根据投影补画出回转体结构所缺漏的图线。

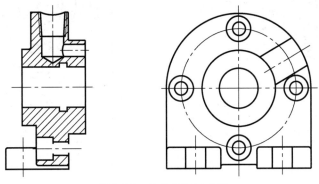

图 9-24  前盖的投影轮廓

3）选择表达方案。前盖主要由回转体和底板两部分组成，基本属于盘盖类零件，选取主、左两个基本视图已将内外结构形状表达清楚；对于局部结构，可采用原装配图的表达方案，即增加 B 向斜视图和 C 向局部视图表达。

4）还原工艺结构。因前盖为铸造零件，应还原铸造工艺结构，如圆角等。此外因前盖孔与活塞杆有配合要求，故通孔两端增加了倒角。

5）标注完整尺寸。选取底部安装面为高度方向尺寸基准；以前后近似对称面作为宽度方向基准；在长度方向上，前盖右侧有两个端面，其中与垫片接触的面比较重要可作为长度基准。然后标注配合尺寸、定位尺寸、定形尺寸、总体尺寸等全部尺寸。

6）注写技术要求。根据前盖的工作要求，注写表面粗糙度代号、几何公差代号及其他技术要求。

7）填写标题栏、完成零件图。经检查确认无误后，完成气缸零件图，如图 9-25 所示。

## 学 习 指 导

本章重点是装配图的表达方法、尺寸和零件序号的标注、明细栏的填写、装配工艺结构、画装配图、读装配图。难点是读装配图和拆画零件图。

装配图是机械图部分的综合性内容。通过本章的学习，应掌握装配图的特殊画法、规定画法和简化画法，了解装配工艺结构，能掌握中等复杂程度装配图的绘制及所有标注。读懂装配图是本课程的目标之一，也是本章的难点，建议在绘制和阅读装配图之前，找一些简单的装配体进行拆、装练习，只有对装配体有充分的了解，才能搞清楚零件之间的装配关系，再通过画装配图进一步体会零件之间的配合问题，以画图带动看图，才能逐渐提高阅读装配图的能力。拆画零件图需要较强的综合运用能力和空间思维能力，可以先从拆画简单的零件入手，待掌握了基本方法再逐步提高零件的复杂程度，最终完成本章的教学要求。

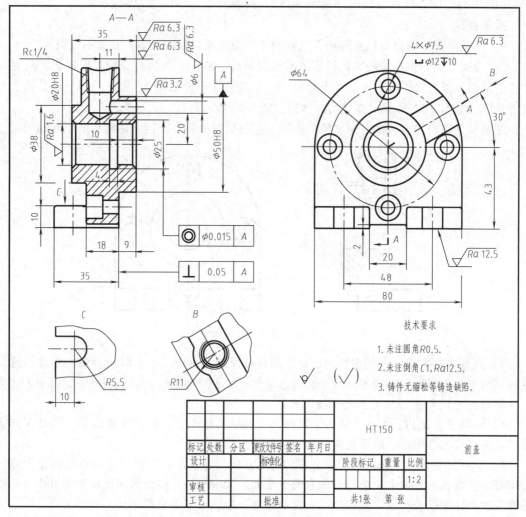

图 9-25 前盖零件图

## 复习思考题

1. 装配图在内容、作用、视图表达及尺寸标注等方面与零件图相比，有哪些相同与不同的地方？

2. 绘制装配图时，有哪些特殊的表达方法？

3. 装配图应标注哪几类尺寸？

4. 装配图中的零件如何编号？标注时有什么规定？

5. 根据零件图拼画装配图的方法和步骤是什么？

6. 如何分析装配图中各零件之间有无装配要求？

7. 拆画装配图中的某个零件时，该零件的视图表达方法与其在装配图中的视图表达是否一致？应考虑哪些因素？

8. 拆画零件图时，怎样确定零件的尺寸？依据是什么？注写技术要求时，应考虑哪些方面的因素？

9. 阀和泵是在工程应用中常见的两类装配体，试比较它们的工作原理和结构特点。

# 计算机绘图

**学习要点**

◆ 了解 AutoCAD 2014 的绘图界面和基本设置。

◆ 重点掌握二维图形的绘制、编辑、标注等常用命令的操作。

◆ 掌握二维图形的打印设置与输出。

◆ 了解三维形体建模的方法。

CAD 是计算机辅助设计（Computer Aided Design）的简称，AutoCAD 2014 是美国 Autodesk 公司推出的较高版本的软件，自 1982 年第 1 版问世，经历了不断的版本升级，其二维绘图、尺寸标注、输出与打印、三维建模、数据库管理、互联网等功能更加强大，应用范围愈加广泛，尤其在机械、建筑、电气、化工等领域，仍是国际上在产品设计和技术开发等方面较流行的绘图工具。

本章以 AutoCAD 2014 中文版为基础，介绍计算机绘图的基础知识、绘图和标注功能、图形输出、三维形体建模等功能，并结合示例介绍绘制机械图的方法和技巧，为广大读者的后续学习打下基础。

## 第一节 AutoCAD 2014 中文版的基础知识

### 一、AutoCAD 2014 的启动及工作界面

双击桌面（已安装 AutoCAD 2014）上的图标（见图 10-1）或单击"开始"→"程序"→"Autodesk"→"AutoCAD 2014-Simplified Chinese"→"AutoCAD 2014"，即可启动 AutoCAD 2014，该软件自动创建一个图形文件"Drawing1. dwg"，初始界面如图 10-2 所示，主要功能及操作见表 10-1。

图 10-1　AutoCAD 2014 图标

提示：因 AutoCAD 较低版本（2007 版以下）中的绘制二维图只有经典界面，而大多数读者已习惯这一界面，故本教材后面介绍的内容均以经典界面为主，其主要组成部分如图 10-3 所示；对于初学 AutoCAD 的读者，建议使用"二维草图与注释"界面，它更接近升级版的办公软件界面，易上手和操作。两者界面的命令和图标通用。

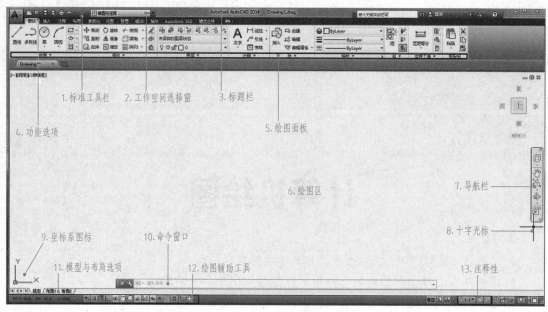

图 10-2 AutoCAD 2014 初始界面（草图与注释）

表 10-1 初始界面主要功能及操作

| 名 称 | 用途及调用方法 |
|---|---|
| 1. 标准工具栏 | 用于新建、打开、保存、另存为、打印文件等 |
| 2. 工作空间选择窗 | 用于选择绘图工作界面，共计四种：草图与注释、三维基础、三维建模、AutoCAD 经典 |
| 3. 标题栏 | 显示软件名称、存盘路径及文件名、软件窗口控制按钮（➖ 最小化、🔲 最大化、❌ 关闭） |
| 4. 功能选项 | 共计 12 个选项，每一选项均有对应的子选项 |
| 5. 绘图面板 | 在功能选项下，以图标及预览图相结合的方式表达该命令的内容，并提示该命令的帮助功能 |
| 6. 绘图区 | 屏幕上的空白区域，背景默认为黑色。若改变背景颜色，操作方法参见本节"四、绘图环境设置"的相关内容 |
| 7. 导航栏 | 用于以不同方式查看图形，如平移、缩放图形等 |
| 8. 十字光标 | 绘图时用于指定点或定位点；编辑图形时光标变为小方框用于选择对象 |
| 9. 坐标系图标 | 为用户提供两个坐标系：固定的世界坐标系 WCS（默认状态）和可定义的用户坐标系 UCS |
| 10. 命令窗口 | 用于显示已执行的命令、接收用户新命令及提示信息。在菜单或工具栏中执行的命令也在此显示 |
| 11. 模型与布局选项 | 用于设计对象在模型空间和图纸空间中的切换，默认为在模型空间 |
| 12. 辅助绘图工具 | 左侧显示光标所在当前的坐标位置；右侧显示辅助绘图功能按钮，参见本节"六、绘图辅助功能"的相关内容 |
| 13. 注释性 | 用于注释性对象的比例选择及可见性控制 |

**新增功能：**"图形文件"选项卡可以显示当前图形是在模型空间或图纸空间（将鼠标置于文件名处即出现预览图），如图 10-4 所示；用鼠标右键单击右侧图标 ，可实现对单个

或多个文件的打开、保存等操作。

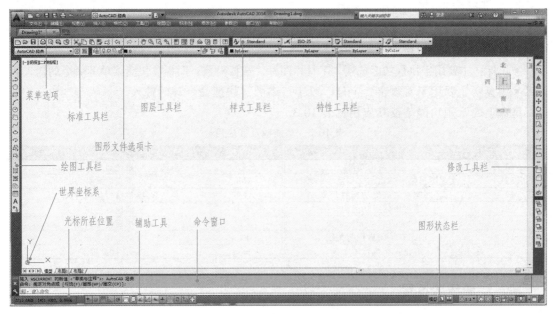

图 10-3 "AutoCAD 经典"工作界面及主要组成部分

## 二、图形文件管理

AutoCAD 的图形文件与 Windows 环境下的其他应用程序的文件管理及操作方法基本相同，但 AutoCAD 图形文件的扩展名为".dwg"，保存时应注意选择文件类型并适当降低版本。图形文件管理的常用命令及操作方法见表 10-2。

图 10-4 当前图形在模型空间

表 10-2 图形文件管理的常用命令及操作方法

| 功能及图标 | 命令输入方式 | 操作过程 | 说明 |
|---|---|---|---|
| 新建文件 | 单击"标准"工具栏图标 | 弹出"选择样板"对话框，单击"打开"，新建图形为"Drawing1.dwg" | 用户可以选择自己设置的样板图 |
| 打开文件 | 单击"标准"工具栏图标 | 弹出"选择文件"对话框，从中找到已经存在的图形文件并打开。单击可预览 | 单击文件名可预览图形 |
| 保存文件 | 单击"标准"工具栏图标 | 弹出"图形另存为"对话框，设置路径，命名文件名，选择文件类型 | ".dwg"".dwt"分别为图形和样板文件 |
| 另存为 | 单击"标准"工具栏图标 | 与"保存文件"操作相同 | 与"保存文件"相同 |

**操作技巧**：用鼠标右键单击图 10-4 中的图标 ，在弹出的快捷菜单中选择"新建""打开""全部保存""全部关闭"。

## 三、命令输入方式

AutoCAD 提供的是一种交互式的操作方式，当系统提示用户输入命令时，建议用户采用鼠标与键盘相结合的操作方式给予响应。

- 鼠标：主要用于执行功能选项、工具栏图标、选择对象、面板、快捷菜单等命令的输入。
- 键盘：主要用于对数字、字母、汉字、参数、快捷命令等的输入。

键盘上的常用功能键及其应用见表 10-3。

表 10-3　功能键及其应用

| 功能键 | 应用 | 功能键 | 应用 |
|---|---|---|---|
| F1 | 获得帮助功能 | F7 | 栅格显示开关 |
| F2 | 实现图形显示窗口与文本窗口的转换 | F8 | 正交模式开关 |
| F3 | 二维对象捕捉功能的开关 | F9 | 栅格捕捉模式开关 |
| F4 | 三维对象捕捉功能的开关 | F10 | 极轴追踪启用开关 |
| F5 | 等轴测模式的光标切换 | F11 | 对象捕捉追踪启用开关 |
| F6 | 动态开关的启用与关闭 | F12 | 动态输入开关 |
| Esc | 终止正在执行的命令 | Shift | 连续选择文件或对象 |

## 四、绘图环境设置

### 1. 基本环境设置

绘图基本环境是指背景的颜色、十字光标的大小、拾取框和自动捕捉靶框的大小、鼠标右键功能等。

操作：单击"工具"→"选项"，弹出"选项"对话框，如图 10-5 所示。用户可对图中标识的选项卡分别进行设置。

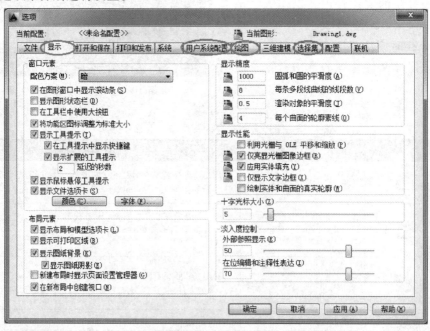

图 10-5　"选项"对话框

"选项"对话框中常用选项卡的功能及操作方法见表 10-4。

表 10-4 "选项"对话框中常用选项卡的功能及操作方法

| 选项卡名称 | 主要用途 | 操 作 过 程 |
|---|---|---|
| 显示 | 更改背景颜色和光标大小等 | 改颜色:单击"显示"选项卡,在"显示"界面中单击"颜色"按钮,弹出"图形窗口颜色"对话框,从颜色列表中选取颜色(建议选择黑色或白色),单击"应用与关闭"按钮<br>改光标大小:在"显示"界面中移动滑动按钮可改变光标大小 |
| 用户系统配置 | 定义鼠标右键的功能 | 单击"用户系统配置"选项卡,在新界面中单击"自定义右键单击"按钮,弹出"自定义右键单击"对话框,选择后单击"应用与关闭"按钮<br>建议:默认模式选"重复上一个命令";编辑模式选"快捷菜单";命令模式选"重复上一个命令"。选择项目是根据个人的操作习惯而定的,无好坏之分 |
| 绘图 | 更改自动捕捉标记、靶框大小、颜色等 | 改标记和靶框大小:单击"绘图"选项卡,在"绘图"界面中分别移动滑动按钮可相应改变自动捕捉标记和靶框大小<br>改颜色:改变自动捕捉标记颜色与改背景颜色操作相同 |
| 选择集 | 更改拾取框和夹点大小等 | 单击"选择集"选项卡,在"选择集"界面中分别移动滑动按钮可相应改变拾取框和夹点的大小 |

2. 绘图单位设置

**操作:**单击"格式"→"单位",弹出"图形单位"对话框。

建议根据图纸的要求,分别设置长度和角度的单位及精度,如图 10-6 所示。

3. 图纸幅面设置

**操作:**单击"格式"→"图形界限"。

绘图窗口视为一个可变的矩形区域,无论设置几号图纸,图形界限的原点(坐标为(0,0))始终为栅格显示区域中绿线与红线的交点,如图 10-7 所示;右上角坐标按国家标准规定设置(公制默认为 A3 图幅,即坐标为(420,297))。

图 10-6 "图形单位"对话框

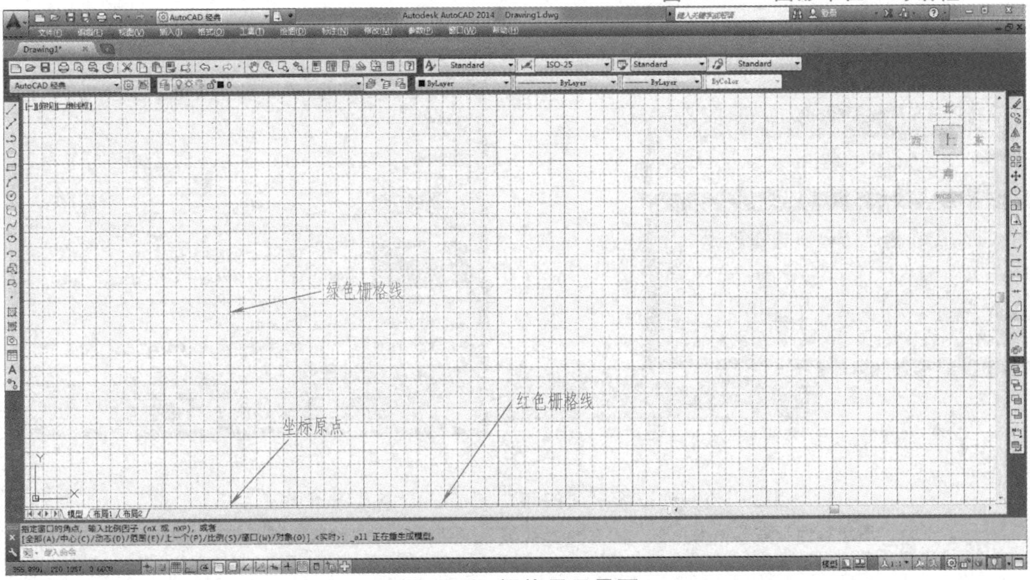

图 10-7 栅格显示界面

4. 图层设置

图层是用来建立 CAD 数据结构的一种属性，它可控制计算机屏幕与绘制图样的可见性，图层应给出唯一的命名，它可以是简单的数字或相对较长的一组助记忆的代码。

一张工程图是由多种线型绘制而成的。使用 AutoCAD 绘图，应将图样中的线型和内容进行分类，并分别绘制于不同的图纸上，需要哪张就将其置于顶面，设想这些图纸透明，它们重叠后构成一张完整的工程图，这就是图层的意义。

操作：单击"格式"→"图层"或单击"图层"工具栏图标，弹出"图层特性管理器"对话框。将鼠标分别置于某图层的"名称""颜色""线型""线宽""状态"等，均可打开相应对话框并根据规定做相应设置。

根据 CAD 制图规则，机械工程图的常用图层、线型及线宽设置如图 10-8 所示。

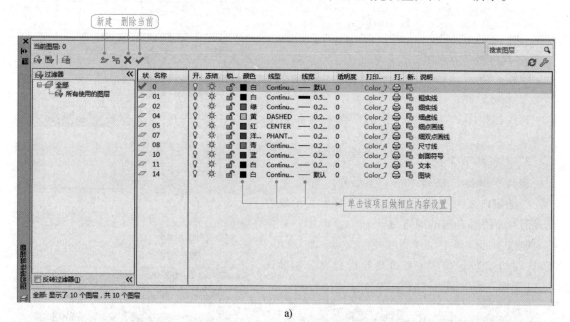

图 10-8　机械工程图的常用图层、线型及线宽设置

a)"图层特性管理器"对话框　b)"选择线型"对话框　c)"加载或重载线型"对话框

**提示**：1）系统默认图层为 0 层，该层不做任何设置，其上对象各特性随图层而改变。

2）AutoCAD 机械工程图的粗、细线的宽度一般设为 0.5mm 和 0.25mm。

5. 工具栏的调出

将鼠标置于任意图标处，单击鼠标右键，即可弹出所有工具栏的菜单，用户可勾选所需工具栏。在 AutoCAD 经典界面下绘制机械图样所需的工具栏如图 10-9 所示。

图 10-9　工具栏菜单

## 五、视图显示操作

当需要对绘制的图形进行细节处理（如局部放大、整体平移）时，使用视图显示命令更为方便有效，仅改变图形在屏幕上显示的大小和位置，并未改变图形的实际大小及相对坐标系的位置。

**操作**：单击"视图"或单击"标准"工具栏图标。

视图显示命令及用途见表 10-5。

表 10-5　视图显示命令及用途

| 名称及图标 | 用　　途 |
| --- | --- |
| "实时平移" 🖐 | 用于平移视图,便于查看图形的各个位置 |
| "实时缩放" 🔍 | 用于对整个视图的放大或缩小 |
| "窗口缩放" 🔍 | 图标右下三角表示有多种功能选项,主要用于局部、比例、全部缩放等,便于观察图形的细节 |
| "缩放上一个" 🔍 | 逐级返回到前一次放大的图形界面中 |

## 六、绘图辅助功能

1. 辅助工具

辅助工具在绘图界面最下方：▦ ▦ ▦ ▦ ⟋ ▱ ⟋ ⟋ ⊹ ✛ ▦ ▦ ▦ ✛，可随时以单击方式开启与关闭，并且无须中断其他命令。辅助工具的主要用途见表 10-6。

表 10-6　辅助工具的主要用途

| 功能及图标 | 用　途 |
|---|---|
| "捕捉" | 用于自动捕捉设定的栅格节点，便于绘图时将图形置于图纸的特殊位置 |
| "栅格" | 作用类似于方格纸，显示图纸界限。单击鼠标右键可设置栅格显示的范围和间距 |
| "正交" | 用于约束光标，仅绘制平行于 X 轴或 Y 轴的直线 |
| "极轴追踪" | 用于自动跟踪，追踪线可按极轴角度或水平或垂直显示，可精确绘制倾斜线。单击鼠标右键可设置追踪模式和增量角 |
| "对象捕捉" | 用于自动捕捉指定对象上的精确位置，单击鼠标右键可设置需要捕捉的特殊点 |
| "对象捕捉追踪" | 用于自动跟踪，需设定对象捕捉，才能沿着基于对象捕捉点的对齐路径进行追踪 |
| "动态输入" | 用于动态输入，即光标附近显示命令提示及相关信息 |
| "线宽显示" | 用于显示/隐藏粗线线宽 |

2. 对象特性的修改

（1）特性匹配　特性匹配功能类似于 Word 中的格式刷：使源对象所具常规特性（如颜色、图层、样式、线型等）完全赋予目标对象。

操作：单击"标准"工具栏图标。

（2）特性　特性用于改变选定对象的各种性质，如常规特性、视图尺寸、打印样式等；如果选择多个对象，则只能修改其公共特性。

操作：单击"标准"工具栏图标 或单击"修改"→"特性"，弹出"特性"对话框（见图 10-10），单击"选择对象"图标 →返回到绘图界面，用户可选择对象并在对话框中做相应修改。

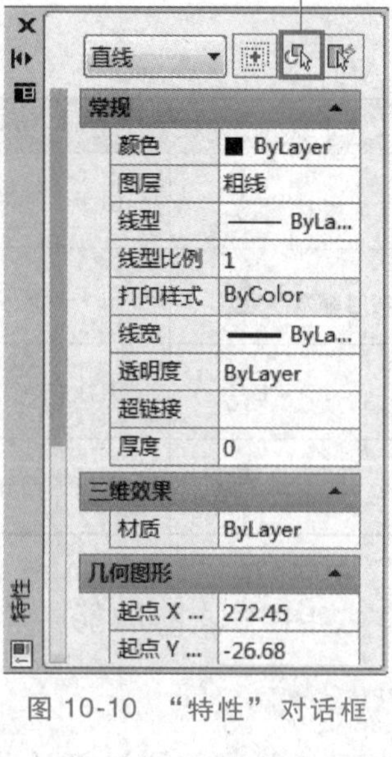

3. 对象选择的方法

在编辑图形时，命令会提示"选择对象"，此时用户应能快速、准确地选定某些图元对象（选中者由实变虚，构成选择集）。AutoCAD 提供的选择对象的常用方法见表 10-7。

"选择对象"图标

图 10-10　"特性"对话框

表 10-7　选择对象的常用方法

| 选择对象方式 | 操作工过程 |
|---|---|
| 单选 | 用鼠标左键单击要选择的对象,主要用于少量对象的选择 |
| 窗口选择 | 从左向右拖动光标,仅选择完全位于矩形区域中的对象 |
| 交叉选择 | 从右向左拖动光标,可以选择矩形窗口包围的或相交的对象 |
| 圈选 wp | 用点定义任意多边形选择,可以选择完全封闭在选择区域中的对象 |
| 交叉圈选 cp | 用点定义任意多边形选择,可以选择完全包含于或经过选择区域的对象 |
| 栏选 f | 用若干线段定义选择栏,仅选择线段经过的对象。主要用于复杂图形中的选择 |
| 删除选择 | 用于删除选择集中的某些对象。在命令的"选择对象"提示下,输入"r"后进行选择 |

**4. 夹点编辑**

当用户需要对某图元对象做拉伸、移动、旋转、缩放或镜像等操作时,可采用夹点编辑模式操作,这是提高绘图效率的常用方法。

**操作:** 单击某对象使之处于选中状态,其上特殊位置出现几个不同形状的彩色小方框(即夹点,默认为蓝色,如图 10-11 所示),将光标移到某夹点处即刻变为红色,单击鼠标右键可从菜单中做相应修改。

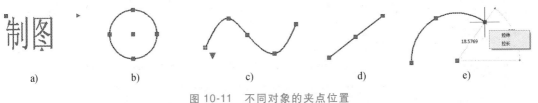

图 10-11　不同对象的夹点位置

a)文字　b)圆　c)样条曲线　d)直线　e)圆弧

**夹点说明:**

1)不同对象的夹点位置各不相同;被锁定的图层,其上的对象均不显示夹点。

2)单击某夹点可直接拉伸或移动;也可在夹点处单击鼠标右键,弹出快捷菜单,按其编辑。

3)圆的象限夹点所显示的数值,是该圆半径。在"拉伸"模式中,选择象限夹点后输入参数为新圆的半径;选择圆心夹点则移动该圆的位置。

**5. 捕捉功能**

绘制图形时,对于频繁使用的特殊点,启用辅助工具中的自动捕捉功能更为快捷;对于临时使用的特殊点,采用手动捕捉更为方便。"对象捕捉"工具栏及图标含义为

临时追踪点　相对偏移点　端点　中点　交点　外观交点　到延迟线　圆心　象限点　切点　垂足　到平行线　插入点　节点　最近点　无捕捉　捕捉设置

**6. 帮助功能**

用户借助"帮助"功能可解决绘图过程中遇到的各种实际问题,这一功能为自学者提供了极大的帮助。

**操作:** 单击"标准"工具栏图标 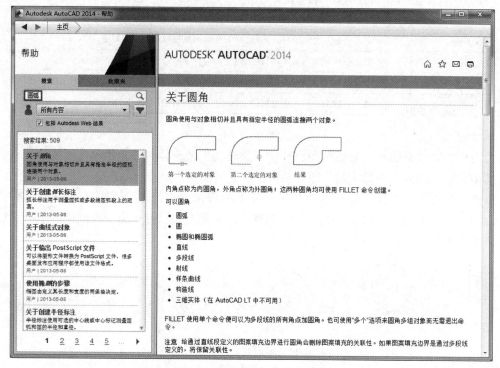，弹出"帮助"对话框（见图 10-12），在对话框的左上方输入中文或英文命令，单击搜索图标，左下方出现与之相关的所有信息，单击其中某个项目，右半区则显示出与该项目相关的详细内容与操作步骤。

图 10-12 "帮助"对话框及操作

# 第二节 二维图形的常用绘图命令

二维图形的"绘图"工具栏及图标含义为

直 构 多 多 矩 圆 圆 修 样 椭 椭 插 创 点 图 渐 面 表 多 添
线 造 段 边 形 弧 订 条 圆 圆 入 建 案 变 域 格 行 加
线 线 形 云 曲 圆 块 块 填 色 文 选
线 线 弧 充 字 定
对
象

## 一、直线

调用命令：单击工具栏中的"直线"图标 或输入快捷命令"L"。

## 二、正多边形

调用命令：单击工具栏中的"正多边形"图标 ⬠ 或输入快捷命令"POL"。

## 三、圆

调用命令：单击工具栏中的"圆"图标 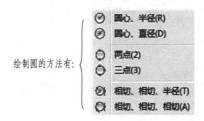 或输入快捷命令"C"。

绘制圆的方法有:
- 圆心、半径(R)
- 圆心、直径(D)
- 两点(2)
- 三点(3)
- 相切、相切、半径(T)
- 相切、相切、相切(A)

## 四、圆弧

调用命令：单击工具栏中的"圆弧"图标 或输入快捷命令"A"。

绘制圆弧的方法有:
- 三点(P)
- 起点、圆心、端点(S)
- 起点、圆心、角度(T)
- 起点、圆心、长度(A)
- 起点、端点、角度(N)
- 起点、端点、方向(D)
- 起点、端点、半径(R)
- 圆心、起点、端点(C)
- 圆心、起点、角度(E)
- 圆心、起点、长度(L)
- 继续(O)

## 五、多段线

**调用命令**：单击工具栏中的"多段线"图标 或输入快捷命令"PL"。

多段线是作为单个对象创建的相互连接的序列线段。可以创建直线段、弧线段或两者的组合线段。多段线提供单个直线所不具备的编辑功能，如可以调整多段线的宽度和曲率等。

## 六、样条曲线

调用命令：单击工具栏中的"样条曲线"图标 或输入快捷命令"SPL"。
样条曲线是经过或接近一系列给定点的光滑曲线，可以通过指定点来创建样条曲线。

## 七、图案填充

**调用命令**：单击工具栏中的"图案填充"图标 或输入快捷命令"H"，弹出"图案填充和渐变色"对话框，如图 10-13 所示。

常用的绘图命令及操作示例见表 10-8。

**提示**：在表 10-8 所列的画直线图例中，各端点的确定可采用表 10-9 所列的几种方法。

261

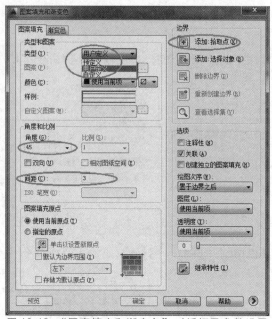

图 10-13 "图案填充和渐变色"对话框及参数设置

表 10-8 常用的绘图命令及操作示例

| 命令 | 图例 | 操作过程 | |
|---|---|---|---|
| 直线 | | 命令：_line | |
| | | 指定第一个点： | 在任意处确定 A 点位置 |
| | | 指定下一点或[放弃(U)]:@ 48<35 | 采用相对极坐标方式确定 B 点位置 |
| | | 指定下一点或[放弃(U)]:30 | 用光标导为水平方向并输入距离确定 C 点位置 |
| | | 指定下一点或[闭合(C)/放弃(U)]:30 | 改变光标导向为垂直向下再输入距离确定 D 点位置 |
| | | 指定下一点或[闭合(C)/放弃(U)]:↵ | |
| 正多边形 | | 命令：_polygon | |
| | | 输入侧面数<4>:6 | 输入多边形的边数 |
| | | 指定正多边形的中心点或[边(E)]: | 选择中心点 |
| | | 输入选项[内接于圆(I)/外切于圆(C)]<I>:I | 确定内接于圆的绘图模式 |
| | | 指定圆的半径:22.5 | 输入内接圆的半径↵ |
| 相切圆 | | 命令：_circle | |
| | | 指定圆的圆心或[三点(3P)/两点(2P)/切点、切点、半径(T)]:t | 输入 t 改变画圆的模式 |
| | | 指定对象与圆的第一个切点： | 选择任意一直线（捕捉切点） |
| | | 指定对象与圆的第二切点： | 选择另一直线（捕捉切点） |
| | | 指定圆的半径:20 | 输入圆的半径值↵ |
| 圆弧 | | 命令：_arc | |
| | | 圆弧创建方向:逆时针（按住 Ctrl 键可切换方向） | |
| | | 指定圆弧的起点或[圆心(C)]:c | 输入 c 改变画圆弧的模式↵ |
| | | 指定圆弧的圆心： | 指定中心线交点为圆心 |
| | | 指定圆弧的起点:10 | 将光标水平拖至右方再输入圆弧半径 |
| | | 指定圆弧的端点或[角度(A)/弦长(L)]:a | 输入 a 改变画圆弧模式↵ |
| | | 指定包含角:270 | 输入圆弧包含的角度（按逆时针）↵ |

（续）

| 命令 | 图例 | 操作过程 | |
|---|---|---|---|
| 多段线 | | 命令:_pline<br>指定起点:<br>当前线宽为:0.0000<br>指定下一个点或[圆弧(A)/半宽(H)/长度(L)/放弃(U)/<br>宽度(W)]:w | 确定 A 点位置(任意位置)<br>(显示当前线宽)<br><br>输入 w ⏎(欲设置直线 AB 段<br>两端宽度) |
| | | 指定起点宽度<0.0000>:<br>指定端点宽度<0.0000>:3<br>指定下一个点或[圆弧(A)/半宽(H)/长度(L)/<br>放弃(U)/宽度(W)]:5 | ⏎(A 点宽度取默认值 0)<br>输入数值(B 点宽度设置为 3)<br><br>输入直线距离(箭头直线长度设<br>置为 5) |
| | | 指定下一点或[圆弧(A)/闭合(C)/半宽(H)/长度(L)/<br>放弃(U)/宽度(W)]:w | 输入 w ⏎(欲设置圆弧 BC 段<br>两端宽度) |
| | | 指定起点宽度:<3.0000>:1 | 输入数值(设置圆弧 BC 段起点<br>B 的宽度为 1) |
| | | 指定端点宽度:<1.0000>:0 | 输入数值(设置圆弧BC段终点C的宽度<br>为0) |
| | | 指定下一点或[圆弧(A)/闭合(C)/半宽(H)/长度(L)/<br>放弃(U)/宽度/W]:a<br>指定圆弧的端点或<br>[角度(A)/圆心(CE)/闭合(CL)/方向(D)/半宽(H)/直线<br>(L)/半径(R)/第二个点(S)/放弃(U)/宽度(W)]:<br>指定圆弧的端点或<br>[角度(A)/圆心(CE)/闭合(CL)/方向(D)/半宽(H)/直线<br>(L)/半径(R)/第二个点(S)/放弃(U)/宽度(W)]: | 输入 a ⏎(转换为画圆弧模式)<br>(圆弧的起点默认为 B 点)<br><br><br><br>确定 C 点(选择合适位置)⏎ |
| 样条曲线 | | 命令:_spline<br>当前设置:方式=拟合　节点=弦<br>指定第一个点或[方式(M)/节点(K)/对象(O)]:<br>输入下一个点或[起点切向(T)/公差(L)]:<br>输入下一个点或[端点相切(T)/公差(L)/放弃(U)]:<br>输入下一个点或[端点相切(T)/公差(L)/放弃(U)/闭合(C)]:<br>输入下一个点或[端点相切(T)/公差(L)/放弃(U)/闭合(C)]:<br>输入下一个点或[端点相切(T)/公差(L)/放弃(U)/闭合(C)]: | 确定 A 点位置<br>确定 B 点位置<br>确定 C 点位置<br>确定 D 点位置<br>确定 E 点位置<br>⏎ |
| 图案填充 | | 命令:_hatch　执行命令后弹出对话框,按图 10-13 设置(或在图库中选择合适剖面符号)<br>拾取内部点或[选择对象(S)/删除边界(B)]:正在选择所有对象…　单击"添加.拾取点"<br>按钮后返回到界面<br>正在选择所有可见对象…<br>正在分析所选数据…　在需要填充剖面线的封闭图框中任意处单击右键,单击"确定"后<br>又回到对话框,单击"确定"按钮<br>正在分析内部孤岛…<br>拾取内部点或[选择对象(S)/删除边界(B)]: | |

表 10-9　绘制直线各端点的输入方法

| 输入方法 | 操作过程(以表 10-8 中直线命令的图例为例) | 说明 |
|---|---|---|
| 1. 鼠标确定 | 移动鼠标或采用捕捉功能确定某个点的位置后单击 | A 点可任意位置 |
| 2. 输入定向距离 | 利用光标作导向,结合动态信息显示,直接输入距离48,30,30 | 三段直线均可 |
| 3. 输入绝对坐标 | 输入直角坐标值:x,y(相对于坐标系原点) | 较少应用 |
| | 输入极坐标值:D(与原点的距离)<α(与水平方向的夹角) | 较少应用 |

（续）

| 输入方法 | 操作过程（以表 10-8 中直线命令的图例为例） | 说明 |
|---|---|---|
| 4. 输入相对坐标 | 直角坐标：@$x,y$（相对于前一点），如 $C$ 点：@30,0；$D$ 点：@0,30 | 直线 $BC$、$CD$ |
| | 极坐标：@$D<\alpha$（与前一点连线后与水平方向的夹角），如 $B$ 点：@48<35 | 直线 $AB$ |

## 第三节　二维图形的常用编辑命令

二维图形的"修改"工具栏及图标含义为

删复镜偏阵移旋缩拉修延打打合倒圆光分
除制像移列动转放伸剪伸断断并角角顺解
　　　　　　　　　　　　　于　　　　曲
　　　　　　　　　　　　　点　　　　线

### 一、删除

调用命令：单击"删除"图标 或输入快捷命令"e"。
删除命令用于将多余对象剔除。

### 二、复制和移动

调用命令：单击"复制""移动"图标 、 或输入快捷命令"co""m"。
复制或移动是将对象复制或移动到指定的位置。操作时"基点"的选择尤为关键，一般为对象的特殊点。两者操作方法相似。

### 三、镜像

调用命令：单击"镜像"图标 或输入快捷命令"mi"。
镜像主要用于对称图形的绘制。完成对称图形的一半后，再以对称中心线镜像另一半。

### 四、偏移

调用命令：单击"偏移"图标 或输入快捷命令"O"。
偏移是提高绘图效率常用的方法。偏移直线的结果为平行复制；偏移圆、圆弧、椭圆的结果为放大或缩小的同心圆、圆弧、椭圆。

### 五、阵列

调用命令：长按图标 ，出现 ，选择其中一项或输入快捷命令"ar"。
阵列是在矩形、环形或路径阵列中创建对象的副本。

### 六、旋转

调用命令：单击"旋转"图标 或输入快捷命令"ro"。

旋转是将图形按设置的角度旋转到（也可保留原位置图形）新的位置。

### 七、缩放

调用命令：单击"缩放"图标 □ 或输入快捷命令"sc"。

缩放是在 X、Y 方向按比例放大或缩小对象。

### 八、拉伸

调用命令：单击"拉伸"图标 □ 或输入快捷命令"s"。

拉伸是将对象沿某个方向改变其尺寸。

**提示**：拉伸对象应以交叉窗口或交叉多边形的方式来选择。拉伸结果为仅移动位于窗口选择内的顶点和端点，不改变那些位于窗口外的顶点和端点的位置。

### 九、修剪和延伸

调用命令：单击"修剪""延伸"图标 ⚊、⚊ 或输入快捷命令"tr""ex"。

修剪是将超出部分精确地终止于由其他对象定义的边界。延伸是将对象精确地延伸至由其他对象定义的边界。两者操作方法相似。

### 十、打断和合并

调用命令：单击"打断""合并"图标 ⚊、⚊ 或输入快捷命令"br""j"。

打断是将一个对象拆为两个对象，两对象之间可有间隙，也可无间隙。

合并是将多个相似对象（圆弧、直线、多段线、样条曲线）合并为一个对象。

提示：打断对象为圆时，其结果为按照两点选择顺序的逆时针方向断开。

### 十一、倒角和圆角

调用命令：单击"倒角""圆角"图标 ⚊、⚊ 或输入快捷命令"cha""f"。

倒角或圆角是将两对象以倒角或圆角的方式连接起来。两者操作方法相似。

### 十二、分解

调用命令：单击"分解"图标 ⚊。

分解是将合成对象分解为部件对象。合成对象可以是图块、尺寸、多段线、引线、多行文字、关联阵列等。

常用的图形编辑命令及操作示例见表 10-10。

表 10-10　常用的图形编辑命令及操作示例

| 命令 | 图例 | 操作过程 |
|------|------|----------|
| 删除 | 删除圆 | 命令:_erase<br>选择对象:找到 1 个　　选择内切圆<br>选择对象:　　　　↵ |

（续）

| 命令 | 图例 | 操作过程 |
|---|---|---|
| 复制 | | 命令:_copy<br>选择对象:找到 1 个　　　　　　　　　选择小圆<br>选择对象:<br>当前设置:复制模式=多个<br>指定基点或[位移(D)/模式(O)]<位移>:　　捕捉小圆圆心作为基点<br>指定第二个点或[阵列(A)]<使用第一个点作为位移>:依次捕捉另外三个中心<br>点作为目标点<br>指定第二个点或[阵列(A)/退出(E)/放弃(U)]<退出>:<br>指定第二个点或[阵列(A)/退出(E)/放弃(U)]<退出>:<br>指定第二个点或[阵列(A)/退出(E)/放弃(U)]<退出>:↵ |
| 镜像 | | 命令:_mirror<br>选择对象:指定对角点:找到 12 个　　　　　选择全部对象(窗口选择<br>方式)<br>选择对象:↵<br>指定镜像线的第一点:指定镜像线的第二点:　用光标指定对称线上任<br>意两点<br>要删除源对象吗?[是(Y)/否(N)]<N>:↵ |
| 偏移 | | 命令:_offset<br>当前设置:删除源=否　图层=源　OFFSETGAPTYPE=0<br>指定偏移距离或[通过(T)/删除(E)/图层(L)]<通过>:4　输入偏移距离<br>选择要偏移的对象,或[退出(E)/放弃(U)]<退出>:　选择圆弧或椭圆<br>指定要偏移的那一侧的点,或[退出(E)/多个(M)/<br>放弃(U)]<退出>:<br>　　　　　　　　　　　　　　　在圆弧上方或<br>　　　　　　　　　　　　　　　椭圆外侧单击<br>　　　　　　　　　　　　　　　鼠标左键<br>选择要偏移的对象,或[退出(E)/放弃(U)]<退出>:↵ |
| 阵列 | | 命令:_arraypolar<br>选择对象:找到 1 个　　　　　　　选择小圆及垂直线↵<br>选择对象:<br>类型=极轴　关联=是　　　　　　选择大圆圆心<br>指定阵列的中心点或[基点(B)/旋转轴(A)]:<br>选择夹点以编辑阵列或[关联(AS)/基点<br>(B)/项目(I)/项目间角度(A)/填充角度(F)/行(ROW)/层(L)/旋转项目<br>(ROT)/退出(X)]<退出>:i　　　　输入字母 I(欲改变阵列数目)<br>输入阵列中的项目数或[表达式(E)]<6>:5<br>选择夹点以编辑阵列或[关联(AS)/基点<br>(B)/项目(I)/项目间角度(A)/填充角度(F)/行(ROW)/层(L)/旋转项目<br>(ROT)/退出(X)]<退出>:<br>　　　　　　　　　　　　输入阵列数目(默认为 6 个)↵ |
| 旋转 | | 命令:_rotate<br>UCS 当前的正角方向:ANGDIR=逆时针　ANGBASE=0<br>选择对象:指定对角点:找到 10 个　　　　选择全部对象<br>选择对象:<br>指定基点:<br>　　　　　　　　　　　　　　选择右侧圆心作<br>　　　　　　　　　　　　　　为基点(该点为旋<br>　　　　　　　　　　　　　　转中心)<br>指定旋转角度,或[复制(C)/参照(R)]<300>:c　输入字母 C 改为<br>　　　　　　　　　　　　　　旋转并复制模式<br>旋转一组选定对象。<br>指定旋转角度,或[复制(C)/参照(R)]<300>:-60<br>　　　　　　　　　　　　　　输入旋转角度(顺<br>　　　　　　　　　　　　　　时针为负)↵ |

**266**

（续）

| 命令 | 图例 | 操作过程 | |
|---|---|---|---|
| 缩放 | 缩放 | 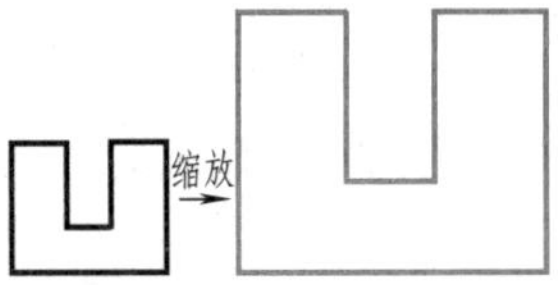 命令:_scale<br>选择对象:指定对角点:找到 8 个<br>选择对象:<br>指定基点:<br><br>指定比例因子或[复制(C)/参照(R)]:2 | 选择全部对象<br>↵<br>选择图中任意一点(该点在图形中的位置保持不变)<br><br>↵ |
| 拉伸 | 拉伸 | 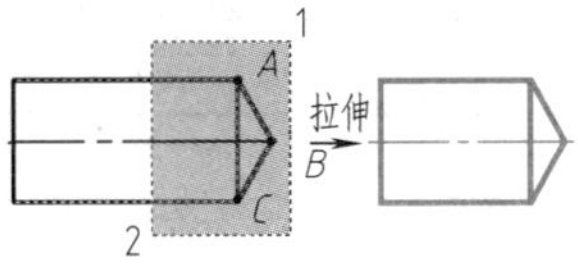 命令:_stretch<br>以交叉窗口或交叉多边形选择要拉伸的对象…<br>选择对象:指定对角点:找到 5 个<br><br>选择对象:<br>指定基点或[位移(D)]<位移>:<br>指定第二个点或<使用第一个点作为位移>:10 | 由 1 向 2 拖动窗口选择对象<br><br>↵<br>选择 A、B、C 任意一点<br>在光标控制的方向下输入距离↵ |
| 修剪 | 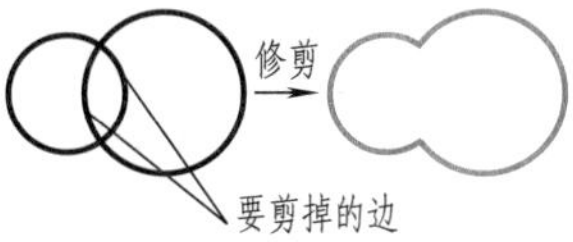 修剪<br>要剪掉的边 | 命令:_trim<br>当前设置:投影=UCS,边=无<br>选择剪切边…<br>选择对象或<全部选择>:<br>选择要修剪的对象,或按住 Shift 键选择要延伸的对象,或<br>[栏选(F)/窗交(C)/投影(P)/边(E)/<br>删除(R)/放弃(U)]:<br>选择要修剪的对象,或按住 Shift 键选择要延伸的对象,或<br>[栏选(F)/窗交(C)/投影(P)/边(E)/<br>删除(R)/放弃(U)]: | ↵(默认全部选择)<br><br>依次选择要剪掉的部分<br><br>← |
| 延伸 | 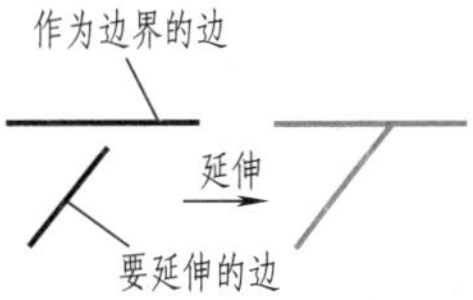 作为边界的边<br>延伸<br>要延伸的边 | 命令:_extend<br>当前设置:投影=UCS,边=无<br>选择边界的边…<br>选择对象或<全部选择>:<br>选择要延伸的对象,或按住 Shift 键选择要修剪的对象,或<br>[栏选(F)/窗交(C)/投影(P)/边(E)/放弃(U)]:<br>选择要延伸的对象,或按住 Shift 键选择要修剪的对象,或<br>[栏选(F)/窗交(C)/投影(P)/边(E)/放弃(U)]: | ↵(默认全部选择)<br><br>选择斜线<br>← |
| 打断 | 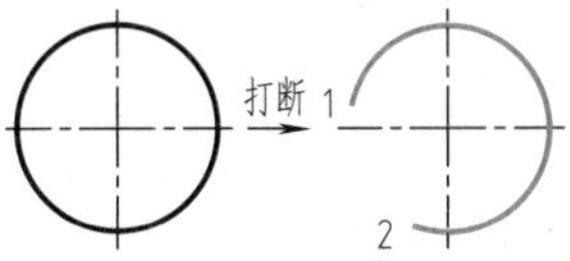 打断 1<br>2 | 命令:_break 选择对象:<br><br>指定第二个打断点或[第一点(F)]: | 选择圆(选择框拾取位置为打断的第 1 点)<br>选择第 2 点(按逆时针方向) |
| 倒角 | 倒角 | 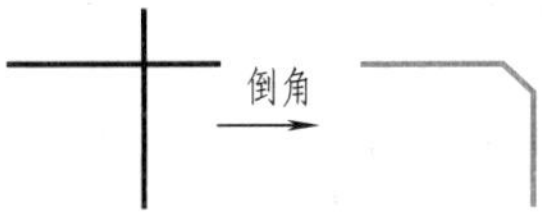 命令:_chamfer<br>("修剪"模式)当前倒角距离 1=0.0000,<br>距离 2=0.0000<br>选择第一条直线或[放弃(U)/多段线(P)/距离(D)/角度(A)/修剪(T)/<br>方式(E)/多个(M)]:d<br>指定第一个倒角距离<0.0000>:2 输入直边距离(按 45°倒角模式)<br>指定第二个倒角距离<2.0000>:<br>选择第一条直线或[放弃(U)/多线段(P)/距离(D)/角度(A)/修剪(T)/<br>方式(E)/多个(M)]:<br>选择第二条直线,按住 Shift 选择直线以应用角点或[距离(D)/角度(A)/<br>方法(M)]: | (显示当前倒角尺寸)<br><br>输入字母 d(欲改变倒角距离)↵<br><br>↵(默认第 2 条边的距离)<br>依次选择两直线 |

267

（续）

| 命令 | 图例 | 操作过程 |
|------|------|----------|
| 圆角 | 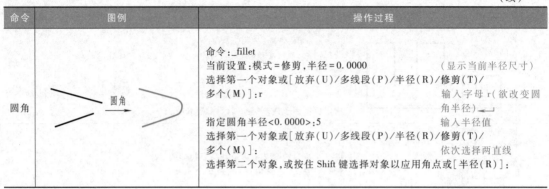 圆角 | 命令:_fillet<br>当前设置:模式=修剪,半径=0.0000　　　　　（显示当前半径尺寸）<br>选择第一个对象或[放弃(U)/多线段(P)/半径(R)/修剪(T)/<br>多个(M)]:r　　　　　　　　　　　　　　　输入字母 r(欲改变圆<br>　　　　　　　　　　　　　　　　　　　　　　角半径)↵<br>指定圆角半径<0.0000>:5　　　　　　　　　输入半径值<br>选择第一个对象或[放弃(U)/多线段(P)/半径(R)/修剪(T)/<br>多个(M)]:　　　　　　　　　　　　　　　　依次选择两直线<br>选择第二个对象,或按住 Shift 键选择对象以应用角点或[半径(R)]: |

## 第四节　文字注写与编辑

"文字"工具栏及图标含义为

多　单　文　查　拼　文　缩　对　转
行　行　字　找　写　字　放　正　换
文　文　编　替　检　样　文　文　间
字　字　辑　换　查　式　字　字　距

AutoCAD 2014 版默认的字体名为"Arial",这种字体不符合我国机械制图标准,因此需设置符合国家标准的文字样式。

### 一、文字样式的设置

**调用命令**:单击"文字"或"样式"工具栏图标 **Ay** 或输入快捷命令"ST",弹出"文字样式"对话框,如图 10-14a 所示。

**操作**:在图 10-14a 中,单击"新建"按钮,弹出"新建文字样式"对话框（见图 10-14b）,输入样式名"仿宋字",单击"确定"按钮,返回到原对话框,按图 10-14c 所示的内容进行设置。

**提示**:绘制机械图时,建议设置两种文字样式:工程字（字体名从列表中选择"gbenor. shx",宽度因子为1）和仿宋字（字体名从列表中选择"仿宋",宽度因子为0.7）,两种字体样式及效果如图 10-15 所示,它们分别用于标注尺寸和注写技术要求。

### 二、文字的注写

#### 1. 多行文字

当注写的文字内容比较复杂,且穿插有多种符号时,建议使用"多行文字"命令。

**调用命令**:单击"文字"工具栏图标 **Ay** ,弹出"文字格式"编辑器（见图 10-16）,按提示操作。

命令:mtext

当前文字样式:"宋体"文字高度:2.5 注释性:否

a)

b)

c)

图 10-14 "文字样式" 话框及设置

a) "文字样式" 对话框  b) "新建文字样式" 对话框  c) "仿宋字" 对话框设置

AutoCAD 2014    2014中文版

a)                            b)

图 10-15  机械图样中常用的字体样式及效果

a) gbenor（用于数字和字母）  b) 仿宋（用于汉字）

指定第一角点：                    用鼠标确定一个矩形窗口

指定对角点或[高度(H)/对正(J)/行距(L)/旋转(R)/

样式(S)/宽度(W)/栏(C)]：          用鼠标确定注写文字的起点位置，注写文本后

                                  单击"确定"按钮

**2. 单行文字**

调用命令：单击 "文字" 工具栏图标 **A**。

注写单行文字时，相应的设置均在命令行窗口内执行，读者可根据命令提示进行操作。

**提示：**

1) 单行文字用回车键实现换行，且每行文字均为独立对象。

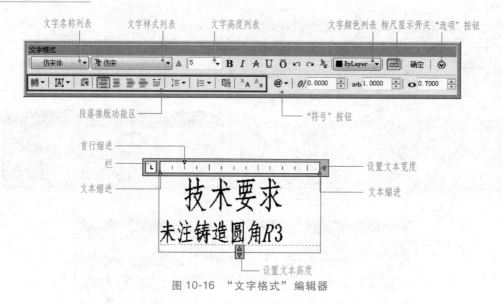

图 10-16 "文字格式"编辑器

2) 一般情况下，尽量采用"多行文字"注写，其编辑性更加快捷简便。

3. 插入符号

【例 10-1】 在文本中插入符号"~"。

**操作步骤：**

1) 执行"多行文字"命令，在"文字格式"编辑器中单击"符号"按钮，弹出"符号"列表，如图 10-17 所示。

2) 在"符号"列表中，单击"其他"，弹出"字符映射表"对话框，如图 10-18 所示。

3) 在"字符映射表"对话框中，从"分组依据"列表中选择"Unicode 子范围"，弹出"分组"对话框，如图 10-19 所示。

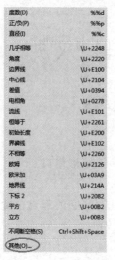

图 10-17 "符号"列表

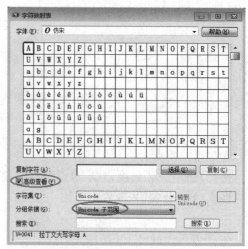

图 10-18 "字符映射表"对话框

4) 在"分组"对话框中，选择"全角形式"（此时"字符映射表"内容改变，如图

10-20 所示），从中单击"~"符号，单击"选择"按钮，再单击"复制"按钮，关闭"字符映射表"，返回文本输入界面。

5）单击鼠标右键，弹出快捷菜单，选择"粘贴"，单击"确定"按钮，结束操作。

图 10-19 "分组"对话框

图 10-20 "字符映射表"对话框

## 三、文字的编辑

### 1. 编辑文字相关内容

调用命令：单击"文字"工具栏图标 或双击文字，弹出"文字格式"编辑器，即可修改文字内容、对正方式、字体大小、段落排版等相关内容。

**提示**：文字的对正方式有九种（初始默认方式为左上），如图 10-21 所示。

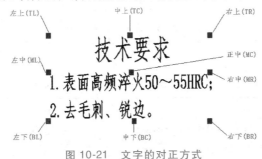

图 10-21 文字的对正方式

### 2. 编辑文字其他特性

调用命令：单击"标准"工具栏图标 （对象特性）或单击"修改"→"特性"，弹出"特性"对话框，单击"选择对象"图标 ，返回绘图界面，选中"文字"并按对话框中的项目做相应修改。

"文字"工具栏的其他功能请读者自学，在此不再详述。

*271*

## 第五节　尺寸标注与编辑命令

"标注"工具栏及图标含义为

| 线性 | 对齐 | 弧长 | 坐标 | 半径 | 折弯 | 直径 | 角度 | 快速标注 | 基线 | 连续 | 等距标注 | 折断标注 | 公差 | 圆心标记 | 检验 | 折弯线性 | 编辑标注 | 编辑文字 | 标注更新 | 样式列表 | 标注样式 |

## 一、标注样式的设置

AutoCAD 2014 默认的标注样式为 ISO-25，它与我国执行标准稍有差异，因此需要用户创建一个符合国家标准的标注样式。

### 1. 标注主样式的设置

调用命令：单击"标注样式"图标 ，弹出"标注样式管理器"对话框（见图 10-22），单击"新建"按钮，弹出"创建新标注样式"对话框（见图 10-23），输入主样式名称"GB-35"（此样式按国标 3.5 号字设置），单击"继续"按钮，分别对"线""符号和箭头""文字""主单位"选项卡做相应设置，见表 10-11。

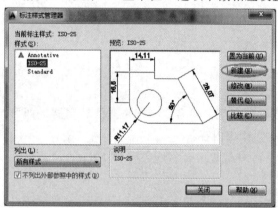

图 10-22 "标注样式管理器"对话框

图 10-23 "创建新标注样式"对话框

表 10-11 "GB-35"标注主样式各选项卡的设置

| 名称 | "线"选项卡 | "符号和箭头"选项卡 |
|---|---|---|
| 对话框设置 | 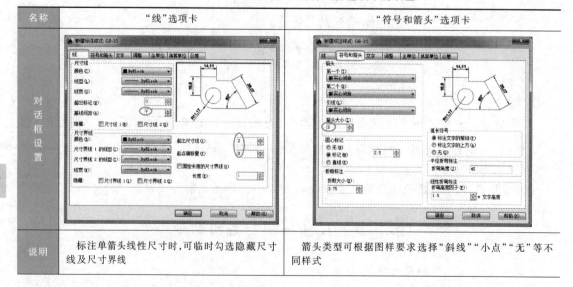 | |
| 说明 | 标注单箭头线性尺寸时,可临时勾选隐藏尺寸线及尺寸界线 | 箭头类型可根据图样要求选择"斜线""小点""无"等不同样式 |

（续）

| 名称 | "文字"选项卡 | "主单位"选项卡 |
|---|---|---|
| 对话框设置 | 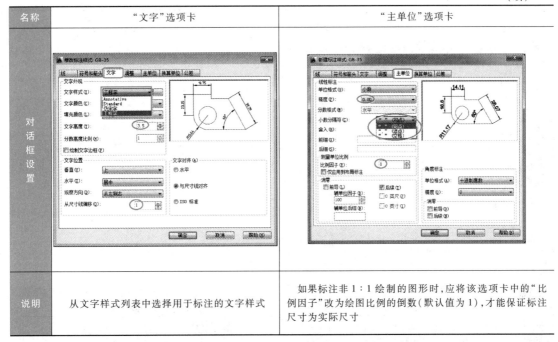 | |
| 说明 | 从文字样式列表中选择用于标注的文字样式 | 如果标注非 1:1 绘制的图形时,应将该选项卡中的"比例因子"改为绘图比例的倒数(默认值为 1),才能保证标注尺寸为实际尺寸 |

## 2. 标注子样式的设置

在"GB-35"主样式中,还需建立一些子样式,如"角度""直径""半径"。

**操作：** 打开"标注样式管理器"对话框,在"GB-35"样式下,单击"新建"按钮,弹出"创建新标注样式"对话框（见图 10-24）。从"用于"列表中分别选择"角度标注""半径标注""直径标注",单击"继续"按钮,分别对选项卡做相应设置,见表 10-12。

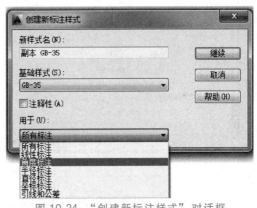

图 10-24 "创建新标注样式"对话框

上述两种样式"ISO-25"与"GB-35"标注直径的结果对比,如图 10-25 所示。由图看出：采用"ISO-25"标注直径,当尺寸数值置于圆内时,该样式与我国标准不符。

## 二、常用的尺寸标注及编辑命令

### 1. 线性和对齐

调用命令：单击图标 ⊢⊣、 或单击"标注"→"线性""标注"→"对齐"。
线性和对齐标注主要用于水平、垂直和倾斜的线性尺寸标注。

### 2. 半径和直径

调用命令：单击图标 ⊘、⊘ 或单击"标注"→"半径""标注"→"直径"。
半径和直径标注用于圆和圆弧的尺寸标注。

*273*

表 10-12 "GB-35" 标注子样式各选项卡的设置

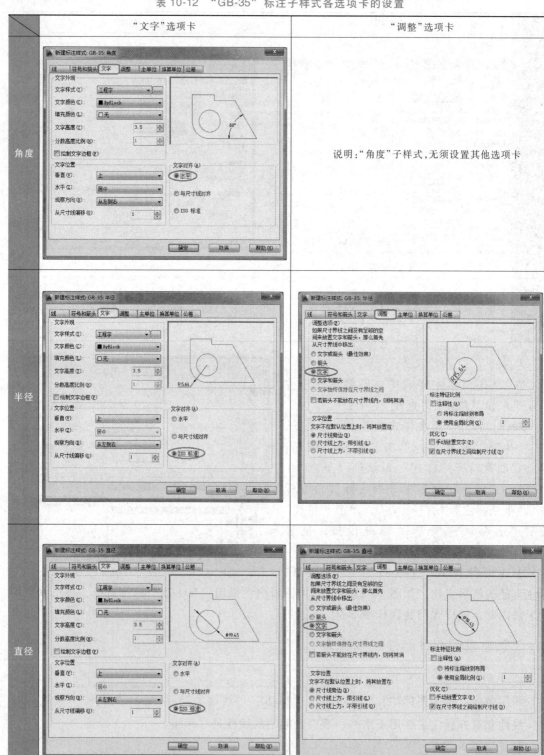

| | "文字"选项卡 | "调整"选项卡 |
|---|---|---|
| 角度 | | 说明:"角度"子样式,无须设置其他选项卡 |
| 半径 | | |
| 直径 | | |

3. 角度

调用命令：单击图标  或单击"标注"→"角度"。

角度标注用于测量两条直线或三个点之间的角度。

4. 基线和连续

调用命令：单击图标 、 或单击"标注"→"基线""标注→连续"。

基线标注是自同一基线处测量的多个标注；连续标注是首尾相连的多个标注。两种标注方法类似，均是从上一个标注或选定标注的基线处创建线性标注、角度标注或坐标标注。

5. 编辑标注

1）更改尺寸界线倾斜角度或更改文本内容。

调用命令：单击"编辑标注"图标 。

2）移动或旋转标注文本。

调用命令：单击"编辑文字"图标 。

常用的尺寸标注和编辑命令及操作过程见表10-13。

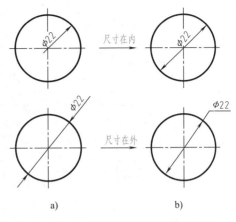

图 10-25 不同样式的直径标注结果对比
a)"ISO-25"标注样式
b)"GB-35"标注样式

表 10-13 尺寸标注和编辑示例及操作过程

| 命令 | 图例 | 操作过程 | |
|---|---|---|---|
| 线性 | 16 | 命令:_dimlinear<br>指定第一个尺寸界线原点或<选择对象>:<br>指定第二条尺寸界线原点:<br>指定尺寸线位置或<br><br>[多行文字(M)/文字(T)/角度(A)/<br>水平(H)/垂直(V)/旋转(R)]:<br>标注文字 = 16 | 选择直线一个端点<br>选择直线另一端点<br>拖动光标至合适位置单击鼠标左键 |
| 对齐 | 36 | 命令:_dimaligned<br>指定第一个尺寸界线原点或<选择对象>:<br>指定第二条尺寸界线原点:<br>指定尺寸线位置或<br>[多行文字(M)/文字(T)/角度(A)]:<br>标注文字 = 36 | 选择斜线一个端点<br>选择斜线另一端点<br>拖动光标至合适位置单击鼠标左键 |
| 半径 | R5 | 命令:_dimradius<br>选择圆弧或圆:<br>标注文字 = 5<br>指定尺寸线位置或[多行文字(M)/文字(T)/角度(A)]: | 选择圆弧<br>拖动光标至合适位置单击鼠标左键 |
| 直径 | Φ24 | 命令:_dimdiameter<br>选择圆弧或圆:<br>标注文字 = 24<br>指定尺寸线位置或[多行文字(M)/文字(T)/角度(A)]: | 选择圆<br>拖动光标至合适位置单击鼠标左键 |

（续）

| 命令 | 图例 | 操作过程 |
|---|---|---|
| 角度 | | 命令：_dimangular<br>选择圆弧、圆、直线或<指定顶点>： 选择夹角任意一直线<br>选择第二条直线： 选择夹角另一直线<br>指定标注弧线位置或[多行文字(M)/<br>文字(T)/角度(A)/象限点(Q)]： 拖动光标至合适位置单击鼠标左键<br>标注文字 = 35 |
| 基线 | | 首先标注线性尺寸"28"，然后按如下操作：<br>命令：_dimbaseline<br>指定第二条尺寸界线原点或[放弃(U)/选择(S)]<选择>： 选择A点<br>标注文字 = 44<br>指定第二条尺寸界线原点或[放弃(U)/选择(S)]<选择>：↵<br>选择基准标注： |
| 连续 | | 首先标注线性尺寸"8"，然后按如下操作：<br>命令：_dimcontinue<br>指定第二条尺寸界线原点或[放弃(U)/选择(S)]<选择>： 选择A点<br>标注文字 = 10<br>指定第二条尺寸界线原点或[放弃(U)/选择(S)]<选择>：↵ |
| 编辑标注 | | 命令：_dimedit<br>输入标注编辑类型[默认(H)/新建(N)/<br>旋转(R)/倾斜(O)]<默认>：O 选择"倾斜"类型↵<br>选择对象：找到 1 个 选择已注尺寸<br>选择对象： ↵<br>输入倾斜角度（按 ENTER 表示无）：62 输入尺寸界线最终倾斜角度 |
| 编辑标注文字 | | 命令：_dimtedit<br>选择标注： 选择已注尺寸<br>为标注文字指定新位置或[左对齐(L)/右对齐(R)/<br>居中(C)/默认(H)/角度(A)]： 拖动至合适位置单击鼠标左键 |
| 编辑标注 | | 命令：_dimedit<br>输入标注编辑类型[默认(H)/新建(N)/<br>旋转(R)/倾斜(O)]<默认>：N 选择"新建"类型↵<br>选择对象：找到 1 个 在编辑器中单击"符号"按钮，从中选<br>择直径并输入"16g6"<br>选择对象： 选择已注尺寸↵ |
| 编辑标注 | | 命令：_dimedit<br>输入标注编辑类型[默认(H)/新建(N)/<br>旋转(R)/倾斜(O)]<默认>：N 选择"新建"类型↵<br>选择对象：找到 1 个 重复上例操作后再输入"- 0.006 ∧ - 0.017"，<br>选中数字，单击"$\frac{b}{a}$"按钮<br>选择对象： 选择已注尺寸↵单击"确定"按钮 |

### 三、几何公差的标注

**1. 无引线几何公差的标注**

调用命令：单击图标 ⊕.1 或输入快捷命令"TOL"，弹出"形位公差"[⊖] 对话框，如图 10-26 所示。

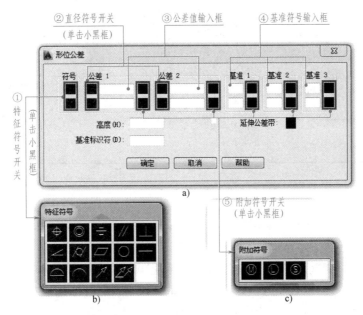

图 10-26 "形位公差"对话框及操作

a) "形位公差"对话框　b) "特征符号"选择框　c) "附加符号"选择框

**2. 有引线几何公差的标注**

调用命令：快捷命令 le（leader）→<设置>↵，弹出"引线设置"对话框，如图 10-27 所示。

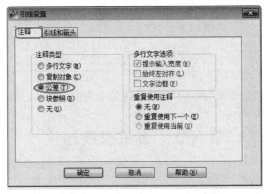

图 10-27 "引线设置"对话框

几何公差标注示例及操作过程见表 10-14。

---

⊖　按照国家标准规定：术语"形位公差"已改为"几何公差"，但软件界面仍使用"形位公差"，请读者注意。

表 10-14 几何公差标注示例及操作过程

| 命令 | 图例 | 操作过程 |
|---|---|---|
| TOL<br>**⊞·1** | 无引线标注<br>⊥ \|φ0.02(M)\|A\| | 1) 单击 **⊞·1**，单击"几何公差"对话框开关①，从"特征符号"中选择"⊥"<br>2) 单击"几何公差"对话框开关②，自动填写符号"φ"<br>3) 在"几何公差"对话框中的输入框③中输入"0.02"<br>4) 在"几何公差"对话框中的输入框④中输入"A"<br>5) 单击"几何公差"对话框开关⑤，在"附加符号"中选择"M"<br>6) 单击"确定"按钮，完整标注随光标置于图中合适位置 |
| LE | 有引线标注<br>B C<br>// \|0.01\|<br>A | 命令：LE<br>OLEADER<br>指定第一个引线点或［设置（S）］＜设置＞：◄┘（弹出"引线设置"对话框，按图 10-27 设置，单击"确定"按钮）<br>指定第一个引线点或［设置（S）］＜设置＞：确定轮廓线上任意一点 A（捕捉"最近点"）<br>指定下一点：拖动光标垂直向上，确定一点 B<br>指定下一点：拖动光标水平向右，确定一点 C，在"几何公差"对话框中按上例操作 |

### 四、倒角的标注

调用命令：快捷命令 le（leader）→＜设置＞◄┘→弹出"引线设置"对话框，按表 10-15 进行设置。

"引线设置"对话框也可用于倒角标注，在图 10-27"注释"选项卡中选择"多行文字"后，即刻增加了"附着"选项卡，在此勾选"最后一行加下划线"，然后按提示操作。

表 10-15 "引线设置"对话框的设置

| 选项卡名称 | | |
|---|---|---|
| "注释"选项卡 | "引线和箭头"选项卡 | "附着"选项卡 |

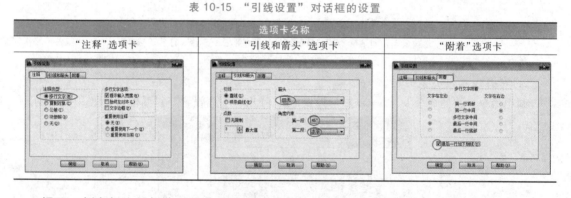

**提示：**倒角标注的操作过程与带引线的几何公差标注类似，请读者按提示操作。

## 第六节　多重引线标注

"多重引线"工具栏及其图标含义为

## 一、引线样式设置

机械图中常用的引线样式如图 10-28 所示，它们主要用于标注倒角、表面粗糙度、零件序号和基准符号等。用户可以根据图样的具体要求创建自己的引线样式。

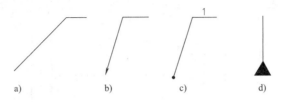

图 10-28　引线样式设置

a）倒角引线　b）箭头引线　c）序号引线　d）基准引线

调用命令：单击"引线样式"图标 ⬮，弹出"多重引线样式管理器"对话框（见图 10-29），单击"新建"按钮，弹出"创建新多重引线样式"对话框，输入引线名称，如"序号引线"（见图 10-30），单击"继续"按钮，弹出"修改多重引线样式"对话框，分别对三个选项卡进行设置（按上述方法可设置不同的引线样式），见表 10-16。

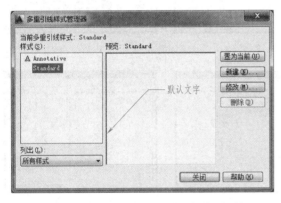

图 10-29　"多重引线样式管理器"对话框

图 10-30　"创建新多重引线样式"对话框

表 10-16　引线样式及其设置

| 引线名称 | 选项卡设置 | | |
|---|---|---|---|
| | "引线格式"选项卡 | "引线结构"选项卡 | "内容"选项卡 |
| 倒角引线 | 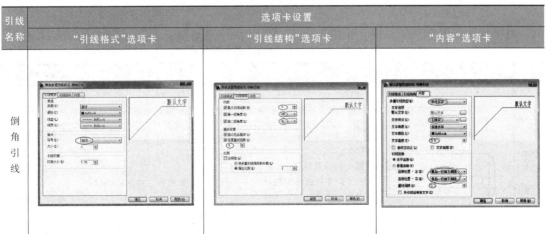 | | |

279

（续）

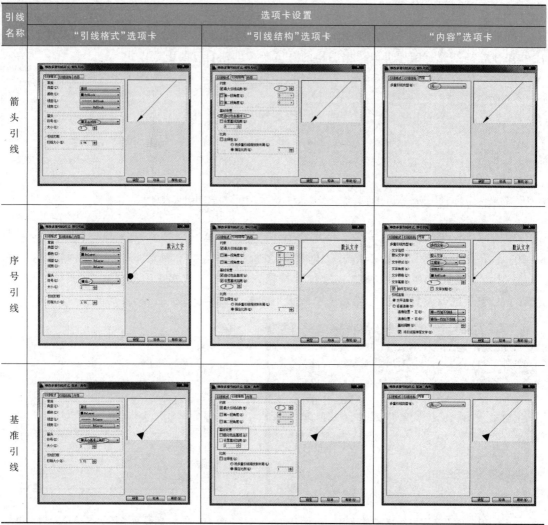

## 二、引线标注及编辑

引线标注和编辑命令及操作示例见表10-17。

表 10-17　引线标注和编辑命令及操作示例

| 内容 | 图例 | 操作过程 |
| --- | --- | --- |
| 倒角标注 | C2 | 1）从"多重引线"工具栏的名称列表中选择"倒角引线"样式<br>2）单击图标 🔧<br>命令：_mleader<br>指定引线箭头的位置或［引线基线优先（L）<br>/内容优先（C）/选项（O）］＜选项＞：　选择图中倒角的任一端点<br>指定引线基线的位置：　　　　拖动光标至合适位置后单击鼠标左键并输入参数，<br>　　　　　　　　　　　　　　　单击"确定"按钮 |

（续）

| 内容 | 图例 | 操作过程 |
|------|------|----------|
| 序号标注 | 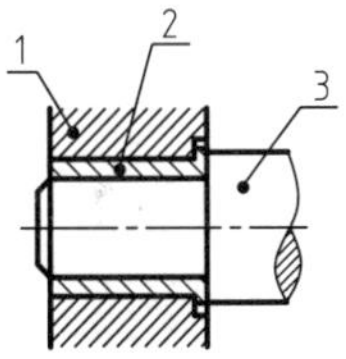 | 1）从"多重引线"工具栏的名称列表中选择"序号引线"样式<br><br>2）单击图标 <br><br>命令：_mleader<br>指定引线箭头的位置或〔引线基线优先(L)<br>/内容优先(C)/选项(O)〕<选项>：在图中指定序号 1 末端位置<br>指定引线基线的位置：拖动光标至合适位置后单击鼠标左键并输入数字，单击"确定"按钮<br><br>3）复步骤2），依次完成零件序号 2 和 3 的标注 |
| 序号对齐 | 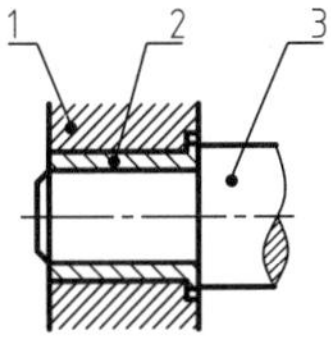 | 单击图标 <br><br>命令：_mleaderalign<br>选择多重引线：指定对角点：找到 2 个　选择引线 1 和 3<br>选择多重引线：↵<br>当前模式：使用当前间距<br>选择要对齐到的多重引线或〔选项(O)〕：选择引线 2 作为对齐目标<br>指定方向：拖动光标使三者对齐后单击鼠标左键结束操作 |

**提示**：图样中的剖切符号、投射方向等，均可使用引线标注，既方便又快捷。

# 第七节　属性块的创建与应用

图块是由用户创建并命名的图形集合，可以理解为图形中的符号库。通常将常用的图形符号、代号等创建成图块，绘图过程可频繁调用之，并可任意缩放或旋转，如机械图样中的表面粗糙度代号、图框、标题栏等。属性块是将文本信息附于图块中，属性值可任意修改，如零件加工的各表面具有不同的表面粗糙度 $Ra$ 值要求、标题栏中的相关信息也随内容而变化，将这些可变更的内容定义为属性，再与图块构成一个整体，即属性块。图块与属性功能是 CAD 的高级应用，它能显著提高绘图效率，节省存储空间。

## 一、定义属性

在创建图块之前，应先定义属性。下面以表面粗糙度为例，说明定义属性的意义和操作过程。

**【例 10-2】**　将表面粗糙度参数值定义为属性。

**操作步骤：**

1）绘制表面粗糙度图形符号（按 3.5 号字的比例绘制），如图 10-31a 所示。

2）写入文字 $Ra$，如图 10-31b 所示。

3）单击"绘图"→"块"，"定义属性"，弹出"属性定义"对话框，如图 10-32 所示。

4）在"属性定义"对话框中，按图 10-32 所示进行设置后单击"确定"按钮，返回图形界面。

5）将带有 3.2 的十字光标捕捉到横线右端点（见图 10-31c），单击鼠标左键确认，如图 10-31d 所示。

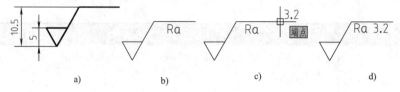

图 10-31　表面粗糙度值的属性定义

a）图形符号　b）写入 Ra　c）属性值的位置　d）属性定义

## 二、创建图块

绘制图块时，选择的绘图比例应根据要求不同而有所区别。例如，表面粗糙度图形符号和基准符号方框，按 3.5 号字绘制它们的大小，插入时无须改变缩放比例；螺母及其他标准件由于规格不同，因此均按 M1 绘制，插入该图块时，按螺纹规格大小输入缩放比例。如图 10-33 所示为几种不同的图块。

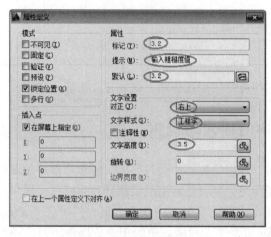

图 10-32　"属性定义"对话框

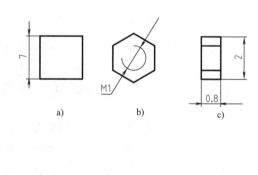

图 10-33　图块的绘制

a）基准符号方框　b）螺母六边形　c）螺母矩形

【例 10-3】　将图 10-31d 所示的表面粗糙度代号创建为属性块。

**操作步骤：**

1）单击"绘图"工具栏图标 或输入快捷命令"BLO"，弹出"块定义"对话框，如图 10-34 所示。

2）在"块定义"对话框"名称"列表中输入图块名称"粗糙度"。

3）单击"拾取点"按钮，返回图形界面，选择三角形底部端点作为插入点。

4）单击"选择对象"按钮，返回图形界面，选择已定义属性的完整图形符号。

5）单击"确定"按钮，弹出"编辑属性"对话框，输入粗糙度值默认为 3.2，如图 10-35 所示。

6）单击"确定"按钮，完成题目要求。

## 三、创建外部图块

用"BLO"命令创建的属性块只能插入到当前图形中，而不能被其他图形文件调用。外

图 10-34 "块定义" 对话框　　　　　　　　图 10-35 "编辑属性" 对话框

部块是以 "Wbl" 命令创建的图块，并以图形文件单独保存，还可被其他图形文件调用；此外当编辑该图块时，调用该图块的图形与其同步更新。

【例 10-4】 将图 10-33b 所示的螺母六边形创建为外部块。

操作步骤：

1）输入快捷命令 "Wbl"，弹出 "写块" 对话框，如图 10-36 所示。

2）单击 "拾取点" 按钮，返回图形界面，选择六边形的中点作为插入点。

3）单击 "选择对象" 按钮，返回图形界面，选择全部图形（不含尺寸）。

4）在 "文件名和路径" 的输入框中指定存储位置及图块名称。

5）单击 "确定" 按钮，完成题目要求。

提示：外部块作为独立图形文件更易保存和管理，尤其在绘制装配图时，可将各零件图分别创建为外部块，调用它们即可组成装配图。

图 10-36 "写块" 对话框

## 四、插入图块

将上述创建的属性块或外部块插入到当前图形中，同时还可以对图块进行缩放或旋转。

【例 10-5】 标注如图 10-37 所示的表面粗糙度。

操作步骤：

1）单击 "绘图" 工具栏图标 或单击 "插入" →

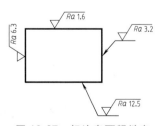

图 10-37 标注表面粗糙度

"块"，弹出"插入"对话框，如图 10-38 所示。

2）在"插入"对话框中，从"名称"列表中选择已创建的属性块"粗糙度"。

3）勾选"插入点"和"旋转"（不需放大图块，可不必勾选"比例"）。

4）单击"确定"按钮返回图形中，按命令提示分别插入四个位置的表面粗糙度代号。

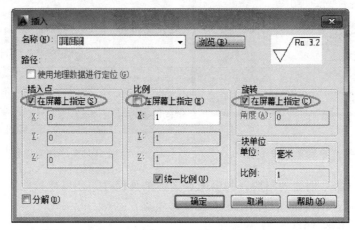

图 10-38 "插入"对话框

**提示：**插入表面粗糙度代号时，采用"最近点"捕捉模式以确保置于直线上；水平位置插入按默认角度为 0 处理，其余位置需输入旋转角度（默认逆时针为正）。因不需缩放该图块，故命令行不再提示输入比例因子，系统均按比例值为 1 处理。若插入螺母等图块时，必须勾选"统一比例"，此时命令行会提示输入比例因子。请读者上机操作，比较两者的不同之处。

### 五、编辑图块与属性

#### 1. 编辑图块

调用命令：单击"标准"工具栏图标 ，弹出"编辑块定义"对话框（见图 10-39），从列表中选择欲编辑的块名，单击"确定"按钮，打开"块编辑器"（见图 10-40），用户可对图块做任意修改，最后单击"关闭块编辑器"按钮，弹出提示对话框（见图 10-41），用户做保存更改或放弃更改的选择，结束操作。

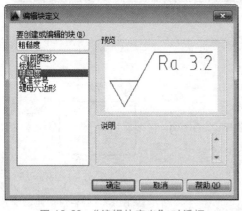

图 10-39 "编辑块定义"对话框

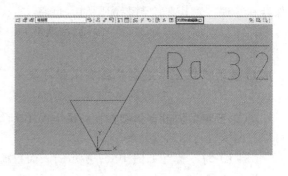

图 10-40 块编辑器

提示：如果创建的图块需要修改，还可将图形中的图块用"分解"命令使之失去图块功能，经编辑后再以同名创建该块即可。

2. 编辑属性

对于已创建的属性块，通过属性编辑功能，即可对该块的属性，如文字内容、文字位置及其他特性做修改。

【例 10-6】 如图 10-42a 所示，分别以其轴线和圆柱面为基准，标注基准符号。

**操作步骤：**

1）绘制基准符号图块，如图 10-42b 所示。

2）将字母 A 定义为属性后创建"基准符号"属性块（选择三角形底边中点作为插入点），如图 10-42c 所示。

3）调用"插入"命令，将该块与箭头对齐，在命令提示下输入旋转角度：180，属性值：A。

4）重复步骤 3），但输入旋转角度为 0，属性值为 B，结果如图 10-42d 所示。

5）双击属性 A，弹出"增强属性编辑器"对话框，如图 10-43 所示。

6）在"文字选项"选项卡中，将 180 改为 0，依次单击"应用""确定"按钮，如图 10-42e 所示。

图 10-41 块编辑后的选择对话框

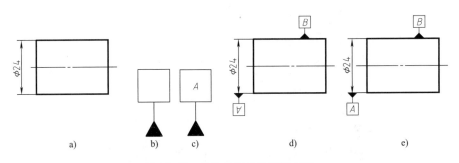

图 10-42 标注几何公差基准符号

a）原图形 b）绘制图块 c）创建属性块 d）插入属性块 e）编辑属性块

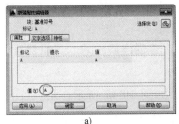

图 10-43 "增强属性编辑器"对话框

a）"属性"选项卡 b）"文字选项"选项卡 c）"特性"选项卡

**提示：**

1）属性块若被分解，则属性功能随之消失，即不能用上述方法编辑之。

2）如果编辑其他属性，还可调用命令："修改"→"对象"→"属性"→"块属性管理器"，弹出"块属性管理器"对话框，可对各项内容做修改。

# 第八节　CAD 绘图综合实践

## 一、样板文件的制作与应用

样板文件（.dwt）就是一个设置好的绘图模板，它保存于指定的文件夹（Template）中，绘图时直接调用，打开该文件将自动转换为图形文件（.dwg）。当团队工作时，使用样板文件可使协作人员保持图样的一致性，既能提高工作效率，又便于同组之间的相互交流。样板文件的内容是根据行业要求和规定而设置的。

【例 10-7】　制作一个名为"机械工程图.dwt"的机械样板文件。

**操作步骤：**

1）单击"新建"图标，弹出"选择样板"对话框，如图 10-44 所示，从"打开"列表中选择"无样板打开-公制"，进入绘图界面。

图 10-44　"选择样板"对话框（用于创建样板图）

2）分别设置绘图单位、图层、线型、颜色、文字样式、尺寸标注样式、多重引线样式等。

3）分别绘制粗糙度图块、基准符号、标准件、标题栏等，并创建属性块："粗糙度""基准符号""标题栏"和常用图块。

4）单击"保存"图标，弹出"图形另存为"对话框，如图 10-45 所示。从"文件类型"列表中选择"AutoCAD 图形样板（＊.dwt）"，系统指定保存于"Template"文件夹，命名样板文件名称为"机械工程图"（扩展名自动加入）。

5）单击"保存"按钮，弹出"样板选项"对话框（可做说明），如图 10-46 所示，单击"确定"按钮。

6）关闭当前图形窗口，样板文件"机械工程图"永久保存于 Template 文件夹中，完成题目要求。

图 10-45　"图形另存为"对话框

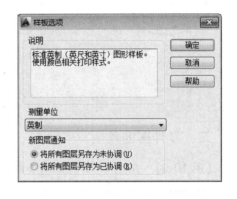

图 10-46　"样板选项"对话框

**说明：** 后续绘制新图时，单击"新建"命令，在打开的"选择样板"对话框的列表中，选择"机械工程图"，单击"确定"按钮，样板文件转换为图形文件"Drawing. dwg"。

## 二、平面图形的绘制

【例 10-8】　采用 2∶1 的比例绘制如图 10-47 所示的图形，并标注尺寸。

**操作步骤：**

1）调用"机械工程图"，样板文件转换为图形文件"Drawing1. dwg"，按 1∶1 绘制。

2）调用"圆"命令，绘制 $\phi 64$、$\phi 56$、$\phi 28$、$R9$ 四个圆，如图 10-48a 所示。

3）调用"直线""偏移""圆弧（起点、端点、半径）"命令绘制槽和 $R10$ 圆弧，如图10-48b 所示。

4）调用"修剪"命令剪去多余图线，如图10-48c 所示。

5）调用"阵列"命令，绘制均布结构，再绘制中心线，如图 10-48d 所示。

6）修剪多余图线，完成图形绘制。

7）调用"缩放"命令，将图形放大 2 倍；打开"标注样式"对话框，单击"替代"按钮，将主单位的比例因子改为 0.5，标注全部尺寸。

8）保存为图形文件，结束图形绘制。

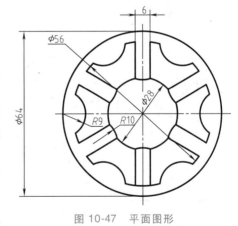

图 10-47　平面图形

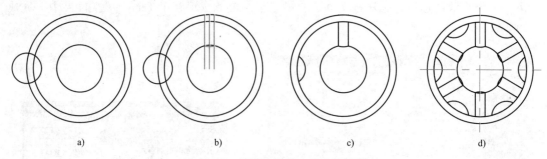

图 10-48 平面图形的主要绘图步骤

a）绘制各圆 b）绘制圆弧和直线 c）修剪多余图线 d）阵列图形

## 三、零件图的绘制

【例 10-9】 采用 1：1 的比例绘制如图 10-49 所示的零件图。

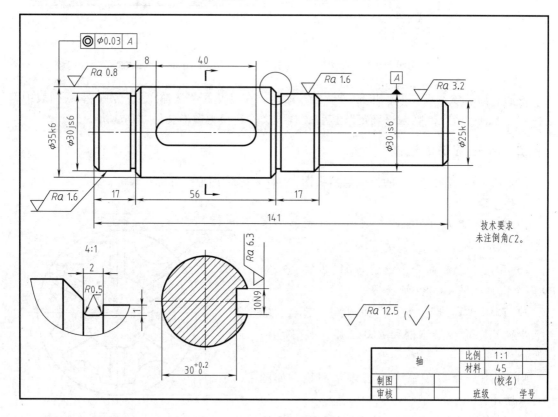

图 10-49 零件图

**操作步骤：**

1）调用"机械工程图"，样板文件转换为图形文件"Drawing2. dwg"，按 1：1 绘制。

2）调用"矩形"命令绘制四段轴（任意位置），如图 10-50a 所示。

3）调用"移动"命令将四段轴分别对中，并绘制轴线（捕捉矩形中点），如图 10-50b

所示。

4）调用"圆""直线""倒角""修剪""复制"等命令绘制轴上的键槽、移出断面图、越程槽等结构，如图 10-50c 所示。

5）调用"图案填充""缩放""多重引线"等命令绘制剖面线、局部放大图和剖切符号，如图 10-50d 所示。

6）标注全部尺寸（标注局部放大图时，将主单位改为 0.25，用"替代"方式）和几何公差；绘制图框；插入"粗糙度""基准符号""标题栏"等属性块，注写技术要求。

7）调整图形位置，保存为图形文件，完成零件图的绘制。

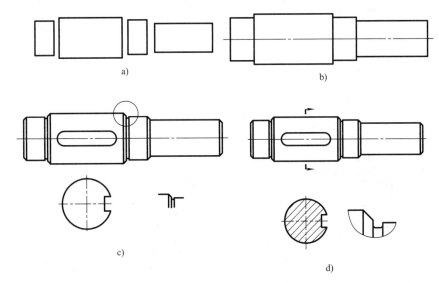

图 10-50　零件图的主要绘图步骤

a）绘制各段轴　b）移动各段轴　c）绘制键槽、断面图、倒角等　d）绘制剖面线、剖切符号、局部放大图等

## 四、装配图的绘制

【例 10-10】　根据如图 10-51 所示的各零件图，绘制键、螺钉连接的装配图。

**操作步骤：**

1）调用"机械工程图"，样板文件转换为图形文件"Drawing3. dwg"，按 1∶1 绘制各零件图。

2）关闭剖面线和尺寸等图层，将螺钉、键缩放为原来的 1/2，结果如图 10-52a 所示。

3）分别将齿轮、螺钉、键创建为图块（注意分析插入点的位置选择）。

4）将"平键"图块插入轴的键槽中，并删除多余图线，如图 10-52b 所示。

5）插入"齿轮"图块，删除多余图线，可省略轴的退刀槽结构，如图 10-52c 所示。

6）插入"螺钉"图块后"分解"该块，修改螺纹粗细线，绘制剖面线，如图 10-52d 所示。

7）检查图形，完成键、螺钉连接装配图，如图 10-52e 所示。

8）调用"多重引线"标注零件序号，如图 10-52f 所示。

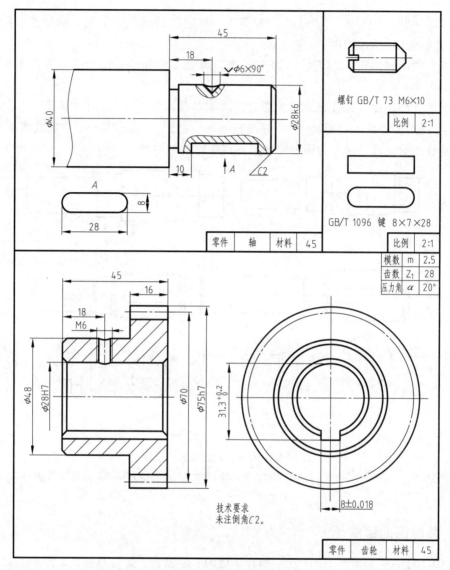

图 10-51 键、螺钉连接图

9）标注其他尺寸，绘制图框，填写明细栏、标题栏，保存文件，结束装配图的绘制。

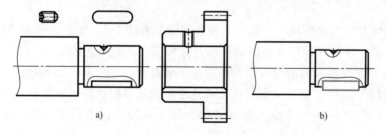

a) b)

图 10-52 键、螺钉连接装配图的主要绘图步骤

a）关闭相关图层，创建图块 b）插入平键，修剪多余图线

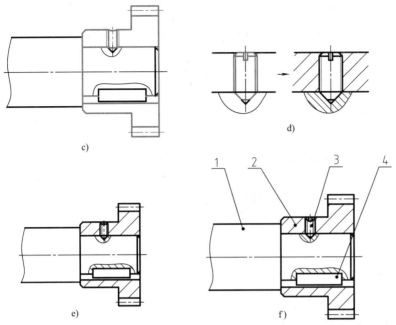

图 10-52　键、螺钉连接装配图的主要绘图步骤（续）

c）插入齿轮，省略轴的工艺结构　d）修改螺纹粗细线，绘制剖面线　e）完成装配图　f）标注零件序号

## 五、控制原理动态结构图的绘制

【例 10-11】　绘制如图 10-53 所示的控制原理动态结构图。

**操作步骤：**

1）设置样板文件：文字样式为"宋体"；4 个图层（细线、粗线、文字、图块）。

2）绘制各环节符号，并分别创建为图块，其中将传递函数设置为属性块，如图 10-54a 所示。

3）调用"直线"命令，绘制连接线，如图 10-54b 所示。

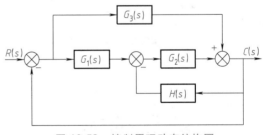

图 10-53　控制原理动态结构图

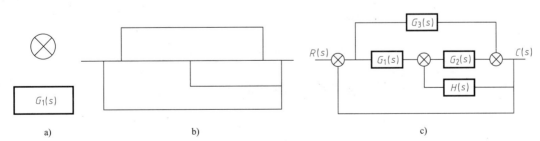

图 10-54　控制原理动态结构图的主要绘图步骤

a）创建图块　b）绘制连接线　c）插入图块

4）调用"插入"命令，绘制各控制环节，如图 10-54c 所示。

5）调用"修剪"命令，去掉多余线段；调用"多重引线"绘制箭头；注写其余符号，完成图形。

6）保存图形文件，完成动态结构图的绘制。

**提示：**

1）绘图过程中，应及时保存文件，以防止意外导致的信息丢失。

2）绘图过程没有固定的操作模式，采用不同的绘图过程和操作命令均可达到图样的结果。只要通过大量的上机练习，就能找到高效率的绘图方法和绘图技巧。

# 第九节 图形输出

在模型空间中绘制的图形可以不同的形式输出，下面简单介绍两种输出形式。

## 一、输出 pdf 文件

将电子图（. dwg）以 pdf 文件的形式输出，其操作过程如下。

**【例 10-12】** 将零件图保存为 pdf 文件。

**操作步骤：**

1）打开某个已经完成的零件图，如打开图 10-49。

2）单击"标准"工具栏图标 🖶，弹出"打印-模型"对话框，如图 10-55 所示。

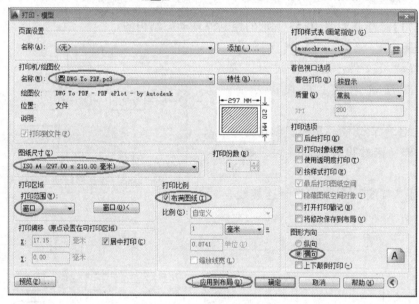

图 10-55 "打印-模型"对话框

3）在对话框中，在"打印机/绘图仪"列表中选择"DWG To PDF·pc3"。

4）在"图纸尺寸"列表中选择 A4 图幅。

5）在"打印区域"列表中选择"窗口"，弹出"窗口"按钮并单击之，在返回的图形界面中选择图框范围。

6) 在"打印比例"列表中选择合适比例或勾选"布满图纸"（此时无法选择比例值）。

7) 在"打印样式表"列表中选择"monochrome. ctb"，用于黑白打印。

8) 在"图形方向"列表中单击"横向"。

9) 单击"预览"按钮，审查图形。

10) 单击"应用到布局"按钮，将上述设置保存于当前图形中。

11) 单击"确定"按钮，弹出"浏览打印文件"对话框，保存为 pdf 文件，结果如图 10-56 所示。

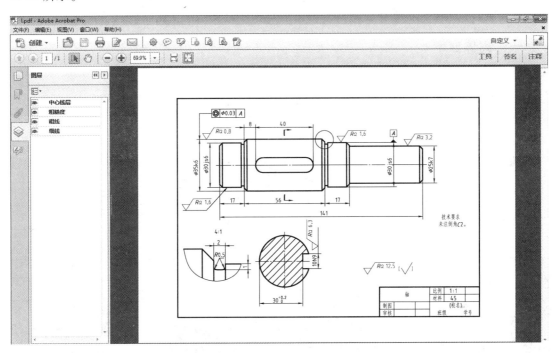

图 10-56　图形文件保存为 pdf 文件

## 二、输出打印图样

若将电子图以图样形式输出，则需安装打印设备，同时对页面做相关设置。操作步骤与上例不同之处为第 3）步：从"打印机/绘图仪"的列表中选择已连接的打印机型号，其余选项同上（个别处根据需要做相应调整，如图幅、比例、图形方向等）。

在审核学生的课程设计或毕业设计的图样时，经常发现一些在设置上普遍存在的问题，见表 10-18。

表 10-18　打印图样的常见问题及解决方法

| 主要问题 | 产生原因 | 解决办法 |
|---|---|---|
| 各线型颜色深浅不一 | 各图层设置为不同的颜色 | 设置黑白打印，选择"monochrome.ctb" |
| 粗、细线宽没有区分 | 各图层没有设置对应的线宽 | 粗、细线宽设置为 0.5 和 0.25 |
| 图形在图纸中位置欠佳 | 没有选择居中打印 | 勾选"居中"打印 |
| 图形与图纸大小不符 | 图幅或打印比例选择不合适 | 综合考虑选择图纸和比例大小 |

注：在打印出图之前，一定要通过预览的方式仔细检查图中的错误，以避免浪费纸张。

293

# 第十节 三维建模

Auto CAD 2014 三维造型功能更加强大，并提供了多种建模界面，用户可以自由地创建模拟的三维空间，也可通过多种方法创建形体各异的实体。因受篇幅所限，本节仅介绍与建模相关的主要功能。

二维图形的操作均是在模型空间中进行，同时也是在二维环境下（$XOY$ 平面内）显示。当创建实体后，需要在三维环境下（等轴测空间）才能显示其立体效果。

## 一、实体显示

### 1. 实体观测

同一实体在二维或三维的环境下显示的效果截然不同，"视图"工具栏可实现不同的环境及相应坐标系的转换。

"视图"工具栏及其图标含义为

实体观测效果见表 10-19。

表 10-19 实体观测效果

| 功能 | 立体效果 | 俯视 | 前视 | 左视 |
|---|---|---|---|---|
| 效果 | | | | |

| 功能 | 西南等轴测 | 东南等轴测 | 东北等轴测 | 西北等轴测 |
|---|---|---|---|---|
| 效果 | | | | |

### 2. UCS 坐标系

CAD 有两个坐标系：一个是世界坐标系（WCS）的固定坐标系，一个是用户坐标系（UCS）的可移动坐标系。在二维视图中，WCS 的 $X$ 轴水平，$Y$ 轴垂直；WCS 的原点为 $X$ 轴与 $Y$ 轴的交点（0,0）。使用可移动的 UCS 创建和编辑对象通常更加方便。默认情况下，这两个坐标系在新图形中是重合的，当用户需要建立自己的坐标系时，可利用"UCS"工具栏中的各种功能来实现。

"UCS"工具栏及其图标含义为

世界USC    实体定义USC    坐标系定义USC    坐标轴定义USC

- 世界 UCS：以当前坐标系设置为世界坐标系或恢复上一个坐标系。
- 实体定义 UCS：以实体的某个面或某个对象或某个视图创建坐标系。
- 坐标系定义 UCS：以原点或 $Z$ 轴或三个点创建坐标系。
- 坐标轴定义 UCS：以 $X$ 轴或 $Y$ 轴或 $Z$ 轴为旋转轴创建坐标系。

## 3. 视觉样式

视觉样式主要用于控制视图中实体棱边和着色的显示，其效果见表 10-20。

"视觉样式"工具栏及其图标含义为

二    三    三    真    概
维    维    维    实    念
线    线    隐    视    视
框    框    藏    觉    觉

表 10-20 "视觉样式"的主要功能及其效果

| 功能 | 二维线框 | 三维线框 | 三维隐藏 | 真实视觉 | 概念视觉 |
|------|----------|----------|----------|----------|----------|
| 效果 |  |  |  |  |  |
| 显示特点 | 显示用直线和曲线表示边界的对象 | 显示用直线和曲线表示边界的对象。显示一个已着色的三维 UCS 图标 | 显示用三维线框表示的对象并隐藏表示后向面的直线 | 着色多边形平面间的对象，并使对象的边平滑化。显示已附着到对象的材质 | 着色多边形平面间的对象，并使对象的边平滑化。效果缺乏真实感，但是可以更方便地查看模型的细节 |

## 4. 动态观察

动态观察可使用户以不同的角度、高度和距离查看实体。

"动态观察"工具栏及其图标含义为

受    自    连
约    由    续
束    动    动
动    态    态
态

- 受约束动态观察：控制在三维空间中交互式查看对象。
- 自由动态观察：不约束沿 $X$、$Y$ 轴或 $Z$ 轴方向的视图变化。
- 连续动态观察：启用交互式三维视图并将对象设置为连续运动。

## 二、实体建模及编辑

一个实体的创建由多种途径实现，建模过程应根据模型特征和复杂程度来确定，同时也跟个人的思维方式有关。

"建模"工具栏及其图标含义为

直接建模　　　　　间接建模　实体编辑　实体的三维操作

- 直接建模：用户在命令提示下可一次完成实体构建，这些方法适用于简单实体。
- 间接建模：用户需建立一个二维的闭合图框，再经拉伸、旋转、扫掠等完成实体构建；这些方法适用于稍复杂实体。
- 实体编辑：创建各独立实体后，经并、差、交集等布尔运算完成实体的叠加、空腔等结构的创建；这些方法适用于复杂实体。

"建模"的主要命令及其图例见表10-21。

表10-21 "建模"的主要命令及其图例

| 直接建模 | 图例 | 间接建模 | 图例 |
|---|---|---|---|
| 多段体 | | 拉伸 | 闭合曲线 → 拉伸 |
| 长方体 | | 扫掠 | 扫掠对象 路径 → 扫掠 |
| 楔体 | | 旋转 | 旋转轴 旋转对象 → 旋转 |
| 圆锥体 | | 放样 | 变截面 → 放样 |
| 球体 | | 实体编辑 并集 | 并集 |
| 圆柱体 | | 差集 | 差集 |

| 直接建模 | 图例 | 间接建模 | | 图例 |
|---|---|---|---|---|
| 圆环体 ◎ | | 实体编辑 | 交集 ◎ | 交集 |
| 棱锥体 △ | | 实体操作 | | 三维旋转 |

**提示**：闭合对象被拉伸时，生成为实体；开放对象被拉伸时，则生成为平面或曲面。因此，采用拉伸或扫掠创建实体时，必须将拉伸对象定义为"边界"或"面域"。

## 三、实体的三维操作

三维操作是指实体创建后，需要改变它在空间的相对位置，如移动、旋转、对齐；或实现三维的镜像、阵列；也可实现对实体剖切、倒角、着色等，各操作方法见表10-22。

表 10-22　实体操作图例

| 功能 | 三维移动 ⊕ | 三维旋转 ◎ | 三维对齐 📐 |
|---|---|---|---|
| 图例 | 移动 | 旋转 | 对齐 |
| 说明 | 执行该命令,出现彩色轴控点,用户可约束在某个轴或某个面(单击某轴变为金色)上移动 | 执行该命令,出现彩色旋转轴,用户可限制在某个轴(单击某轴变为金色)的方向上旋转 | 执行该命令,将选中对象的三点与目标对象三点对齐。对齐过程是将原对象进行了移动、旋转或倾斜 |
| 功能 | 三维镜像 ◨ | 三维阵列 ▦ | 剖切 ✂ |
| 图例 | 镜像 | 阵列 | 剖切 |
| 说明 | 在三维空间中通过指定镜像平面来镜像对象 | 在三维空间中创建对象的矩形阵列或环形阵列 | 在三维空间中剖切实体(需要指定剖切平面) |

（续）

| 功能 | 圆角 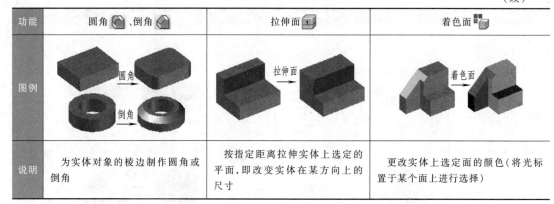、倒角 | 拉伸面 | 着色面 |
|------|------|------|------|
| 图例 | | | |
| 说明 | 为实体对象的棱边制作圆角或倒角 | 按指定距离拉伸实体上选定的平面，即改变实体在某方向上的尺寸 | 更改实体上选定面的颜色（将光标置于某个面上进行选择） |

## 四、建模综合实践

### 1. 拉伸建模

【例10-13】 创建如图10-57a所示的实体（参数自定）。

图 10-57 拉伸建模

a）实体 b）创建路径 c）沿路径拉伸

**操作步骤：**

1）调用"直线""圆弧"或"多段线"命令绘制图线，如图10-57b所示。

2）单击"修改"→"对象"→"多段线"将图线定义为一个对象。

3）在直线末端绘制小圆，西南等轴测环境下显示效果如图10-57c所示（注意应将平面圆旋转至与路径垂直）。

4）调用"拉伸"命令，按提示改变拉伸模式（沿路径拉伸）。

5）单击"视觉样式"工具栏的"真实视觉样式"，完成题目要求。

### 2. 扫掠建模

【例10-14】 创建如图10-58a所示的弹簧（参数自定）。

**操作步骤：**

1）单击"建模"工具栏图标 🔩，按命令提示输入弹簧各参数，三维效果显示如图10-58b所示。

2）在任意处绘制一个圆（如弹簧丝直径为1的小圆，对该圆没有相对位置要求）。

3）单击"扫掠"图标 🔩，按提示操作。

4）单击"视觉样式"工具栏中的"真实视觉样式"，完成题目要求。

### 3. 简单实体建模

【例10-15】 根据如图10-59所示的三视图和轴测图，创建三维实体。

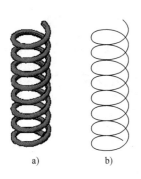

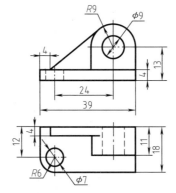

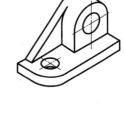

a)　　　　　b)

图 10-58　扫掠建模

a）实体　b）创建路径

图 10-59　组合体三视图和轴测图

**操作步骤：**

1）调用"直线""圆"等命令绘制主视图。

2）调用"边界"命令分别定义三个边界，如图 10-60a 所示。

3）调用"拉伸"命令，分别将三个边界拉伸 18、4、11，调用"西南"显示，如图 10-60b 所示。

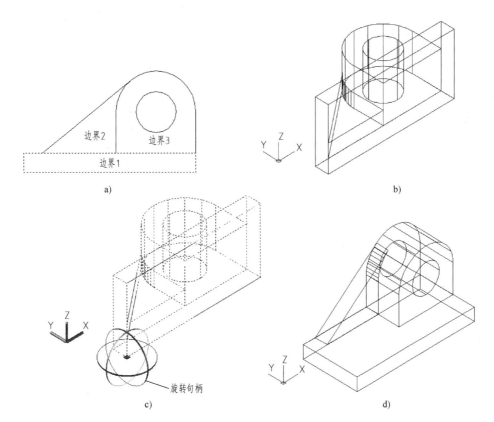

图 10-60　创建组合体的主要操作步骤

a）画主视图定义边界　b）拉伸并西南显示　c）三维旋转过程　d）旋转 90°效果

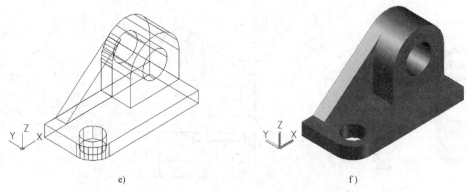

e)　　　　　　　　　　　　　　　　　　f)

图 10-60　创建组合体的主要操作步骤（续）

e）底板倒圆角并挖孔　f）并、差集后视觉显示

4）调用"三维旋转"命令，按图 10-60c 所示选择旋转控点，然后旋转 90°，结果如图 10-60d 所示。

5）调用"圆角"命令将底板倒圆（注：选择对象时应选择要倒圆的棱边），结果如图 10-60e 所示。

6）调用"圆""拉伸"命令创建底板孔；调用"并集"命令将三个实体合并；调用"差集"减去两个孔；调用"概念视觉样式"，效果显示如图 10-60f 所示。

4. 复杂实体建模

【例 10-16】　根据如图 10-61 所示的图形和尺寸，创建弯管实体。

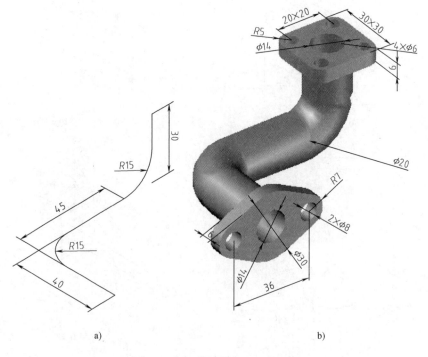

a)　　　　　　　　　　　　　　　　　　b)

图 10-61　弯管

a）弯管轴线尺寸　b）其余尺寸及效果图

分析：由于弯管轴线为空间曲线，因此在某个坐标平面内只能绘制一部分轴线，然后需转换坐标系或旋转物体才能绘制另一部分轴线；扫掠时应分段进行；标注尺寸时应置于 $XOY$ 坐标面内进行操作。

**操作步骤：**

1）在"西南"三维环境下，调用"多段线"命令绘制一段弯管轴线，如图 10-62a 所示。

2）转换坐标系，调用"多段线"命令绘制另一段弯管轴线，如图 10-62b 所示。

3）调用"圆"命令绘制弯管内、外圆；执行"扫掠"命令，结果如图 10-62c 所示。

4）调用"真实视觉样式"，结果如图 10-62d 所示。

5）绘制两个法兰，拉伸后结果如图 10-62e 所示。

6）调用"三维移动"命令移动上法兰至弯管上端面；调用"对齐"命令将下法兰移至弯管前端面；调用"并集"命令将四个实体合并；调用"差集"命令形成各孔；结果如图 10-62f 所示。

7）转换坐标系，将各尺寸分别置于 $XOY$ 平面内进行尺寸标注，完成题目要求。

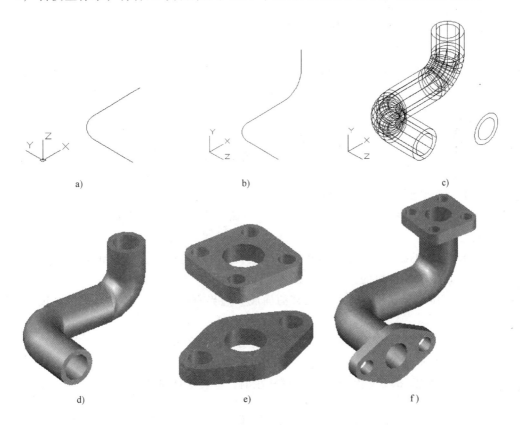

| a) | b) | c) |

| d) | e) | f) |

301

图 10-62　创建弯管的主要操作步骤

a）用"多段线"绘制弯管一段轴线　b）改变坐标系绘制另一段轴线　c）绘制内、外圆并扫掠

d）"真实视觉样式"显示　e）创建两个法兰　f）移动、对齐上下法兰，差、并集

# 学 习 指 导

本章以 AutoCAD 2014 为版本，重点介绍了 AutoCAD 软件的基本操作、绘制二维工程图及三维形体建模的常用命令、绘图方法和操作技巧。本章的难点是属性块的创建及其编辑。建议大家在初次接触绘图软件时，一定要学会正确的操作方法，养成良好的习惯，体会交互式软件的独特魅力。绘制二维的机械图样时，应先设置符合国家标准 CAD 规则的机械样板图，以后直接调用可极大地提高绘图效率；多上机实践，尽量熟记快捷命令，深刻理解各命令的含义和操作技巧；多与他人交流绘图经验，取长补短，多做不同类型的练习，最终获得高效的 CAD 绘图能力。此外，可将三维造型的内容与基本立体及组合体交叉起来学习，这样可尽早地培养空间想象力，便于后续内容的理解，为学习该课程提供帮助。

## 复习思考题

1. AutoCAD 2014 提供的图形文件、样板文件、pdf 等多种文件类型，它们的用途有何不同？如何保存这些文件？

2. AutoCAD 有几种坐标输入方式？

3. 常用的辅助绘图功能有哪些？

4. 图层有哪些功能？设置图层应包含哪些内容？

5. CAD 机械图样中的主要线型应显示的颜色是什么？常用的粗、细线宽度为多少？

6. 自动捕捉和单点捕捉两者适用的场合有什么不同？默认的捕捉点有哪些？

7. 绘图命令中的直线、构造线、多段线各有何特点和用途？

8. 编辑命令中的复制、阵列、偏移各有何特点？旋转和缩放命令的参照模式怎样应用？拉伸操作应怎样选择对象？

9. 夹点编辑的特点是什么？直线、圆弧、圆、文字等对象的夹点位置有何不同？

10. CAD 机械图样中怎样设置文字样式、尺寸标注样式、多重引线样式？

11. 图块与属性块的区别是什么？怎样应用？如何修改已创建的图块？

12. 三维坐标显示有哪些？定义的面域和边界有何区别？拉伸与扫掠建模有何区别？

13. 三维实体相对于坐标系的位置发生变化，应怎样实现？

14. 三维形体建模与编辑的常用命令有哪些？

15. 分别以 .dwg 文件和 .pdf 文件输出时，应做哪些设置？

# 附 录

## 附录A 极限与配合

极限与配合在公称尺寸至500mm内规定了IT01、IT0、IT1、…、IT18共20个标准公差等级；公称尺寸大于500~3150mm内规定了IT1~IT18共18个标准公差等级。

表 A-1 标准公差数值（GB/T 1800.2—2009）摘录

| 公称尺寸/mm | | 标准公差等级 | | | | | | | | | | | |
| 大于 | 至 | IT01 | IT0 | IT1 | IT2 | IT3 | IT4 | IT5 | IT6 | IT7 | IT8 | IT9 | IT10 | IT11 |
| | | μm | | | | | | | | | | | |
| — | 3 | 0.3 | 0.5 | 0.8 | 1.2 | 2 | 3 | 4 | 6 | 10 | 14 | 25 | 40 | 60 |
| 3 | 6 | 0.4 | 0.6 | 1 | 1.5 | 2.5 | 4 | 5 | 8 | 12 | 18 | 30 | 48 | 75 |
| 6 | 10 | 0.4 | 0.6 | 1 | 1.5 | 2.5 | 4 | 6 | 9 | 15 | 22 | 36 | 58 | 90 |
| 10 | 18 | 0.5 | 0.8 | 1.2 | 2 | 3 | 5 | 8 | 11 | 18 | 27 | 43 | 70 | 110 |
| 18 | 30 | 0.6 | 1 | 1.53 | 2.5 | 4 | 6 | 9 | 13 | 21 | 33 | 52 | 84 | 130 |
| 30 | 50 | 0.6 | 1 | 1.5 | 2.5 | 4 | 7 | 11 | 16 | 25 | 39 | 62 | 100 | 160 |
| 50 | 80 | 0.8 | 1.2 | 2 | 3 | 5 | 8 | 13 | 19 | 30 | 46 | 74 | 120 | 190 |
| 80 | 120 | 1 | 1.5 | 2.5 | 4 | 6 | 10 | 15 | 22 | 35 | 54 | 87 | 140 | 220 |
| 120 | 180 | 1.2 | 2 | 3.5 | 5 | 8 | 12 | 18 | 25 | 40 | 63 | 100 | 160 | 250 |
| 180 | 250 | 2 | 3 | 4.5 | 7 | 10 | 14 | 20 | 29 | 46 | 72 | 115 | 185 | 290 |
| 250 | 315 | 2.5 | 4 | 6 | 8 | 12 | 16 | 23 | 32 | 52 | 81 | 130 | 210 | 320 |
| 315 | 400 | 3 | 5 | 7 | 9 | 13 | 18 | 25 | 36 | 57 | 89 | 140 | 230 | 360 |
| 400 | 500 | 4 | 6 | 8 | 10 | 15 | 20 | 27 | 40 | 63 | 97 | 155 | 250 | 400 |

| 公称尺寸/mm | | 标准公差等级 | | | | | | |
| 大于 | 至 | IT12 | IT13 | IT14 | IT15 | IT16 | IT17 | IT18 |
| | | mm | | | | | | |
| — | 3 | 0.1 | 0.14 | 0.25 | 0.4 | 0.6 | 1 | 1.4 |
| 3 | 6 | 0.12 | 0.18 | 0.3 | 0.48 | 0.75 | 1.2 | 1.8 |
| 6 | 10 | 0.15 | 0.22 | 0.36 | 0.58 | 0.9 | 1.5 | 2.2 |
| 10 | 18 | 0.18 | 0.27 | 0.43 | 0.7 | 1.1 | 1.8 | 2.7 |
| 18 | 30 | 0.21 | 0.33 | 0.52 | 0.84 | 1.3 | 2.1 | 3.3 |
| 30 | 50 | 0.25 | 0.39 | 0.62 | 1 | 1.6 | 2.5 | 3.9 |
| 50 | 80 | 0.3 | 0.46 | 0.74 | 1.2 | 1.9 | 3 | 4.6 |
| 80 | 120 | 0.35 | 0.54 | 0.87 | 1.4 | 2.2 | 3.5 | 5.4 |
| 120 | 180 | 0.4 | 0.63 | 1 | 1.6 | 2.5 | 4 | 6.3 |
| 180 | 250 | 0.46 | 0.72 | 1.15 | 1.85 | 2.9 | 4.6 | 7.2 |
| 250 | 315 | 0.52 | 0.81 | 1.3 | 2.1 | 3.2 | 5.2 | 8.1 |
| 315 | 400 | 0.57 | 0.89 | 1.4 | 2.3 | 3.6 | 5.7 | 8.9 |
| 400 | 500 | 0.63 | 0.97 | 1.55 | 2.5 | 4 | 6.3 | 9.7 |

表 A-2　孔的极限偏差

| 代号 公称尺寸/mm 大于 | 至 | A 11 | B 11 | C ⑪ | D ⑨ | E 8 | F ⑧ | G 6 | G ⑦ | H 6 | H ⑦ | H ⑧ | H ⑨ | H 10 | H ⑪ |
|---|---|---|---|---|---|---|---|---|---|---|---|---|---|---|---|
| — | 3 | +330/+270 | +200/+140 | +120/+60 | +45/+20 | +28/+14 | +20/+6 | +8/+2 | +12/+2 | +6/0 | +10/0 | +14/0 | +25/0 | +40/0 | +60/0 |
| 3 | 6 | +345/+270 | +215/+140 | +145/+70 | +60/+30 | +38/+20 | +28/+10 | +12/+4 | +16/+4 | +8/0 | +12/0 | +18/0 | +30/0 | +48/0 | +75/0 |
| 6 | 10 | +370/+280 | +240/+150 | +170/+80 | +76/+40 | +47/+25 | +35/+13 | +14/+5 | +20/+5 | +9/0 | +15/0 | +22/0 | +36/0 | +58/0 | +90/0 |
| 10 | 14 | +400/+290 | +260/+150 | +205/+95 | +93/+50 | +59/+32 | +43/+16 | +17/+6 | +24/+6 | +11/0 | +18/0 | +27/0 | +43/0 | +70/0 | +110/0 |
| 14 | 18 | +400/+290 | +260/+150 | +205/+95 | +93/+50 | +59/+32 | +43/+16 | +17/+6 | +24/+6 | +11/0 | +18/0 | +27/0 | +43/0 | +70/0 | +110/0 |
| 18 | 24 | +430/+300 | +290/+160 | +240/+110 | +117/+65 | +73/+40 | +53/+20 | +20/+7 | +28/+7 | +13/0 | +21/0 | +33/0 | +52/0 | +84/0 | +130/0 |
| 24 | 30 | +430/+300 | +290/+160 | +240/+110 | +117/+65 | +73/+40 | +53/+20 | +20/+7 | +28/+7 | +13/0 | +21/0 | +33/0 | +52/0 | +84/0 | +130/0 |
| 30 | 40 | +470/+310 | +330/+170 | +280/+120 | +142/+80 | +89/+50 | +64/+25 | +25/+9 | +34/+9 | +16/0 | +25/0 | +39/0 | +62/0 | +100/0 | +160/0 |
| 40 | 50 | +480/+320 | +340/+180 | +290/+130 | +142/+80 | +89/+50 | +64/+25 | +25/+9 | +34/+9 | +16/0 | +25/0 | +39/0 | +62/0 | +100/0 | +160/0 |
| 50 | 65 | +530/+340 | +380/+190 | +330/+140 | +174/+100 | +106/+60 | +76/+30 | +29/+10 | +40/+10 | +19/0 | +30/0 | +46/0 | +74/0 | +120/0 | +190/0 |
| 65 | 80 | +550/+360 | +390/+200 | +340/+150 | +174/+100 | +106/+60 | +76/+30 | +29/+10 | +40/+10 | +19/0 | +30/0 | +46/0 | +74/0 | +120/0 | +190/0 |
| 80 | 100 | +600/+380 | +440/+220 | +390/+170 | +207/+120 | +125/+72 | +90/+36 | +34/+12 | +47/+12 | +22/0 | +35/0 | +54/0 | +87/0 | +140/0 | +220/0 |
| 100 | 120 | +630/+410 | +460/+240 | +400/+180 | +207/+120 | +125/+72 | +90/+36 | +34/+12 | +47/+12 | +22/0 | +35/0 | +54/0 | +87/0 | +140/0 | +220/0 |
| 120 | 140 | +710/+460 | +510/+260 | +450/+200 | +245/+145 | +148/+85 | +106/+43 | +39/+14 | +54/+14 | +25/0 | +40/0 | +63/0 | +100/0 | +160/0 | +250/0 |
| 140 | 160 | +770/+520 | +530/+280 | +460/+210 | +245/+145 | +148/+85 | +106/+43 | +39/+14 | +54/+14 | +25/0 | +40/0 | +63/0 | +100/0 | +160/0 | +250/0 |
| 160 | 180 | +830/+580 | +560/+310 | +480/+230 | +245/+145 | +148/+85 | +106/+43 | +39/+14 | +54/+14 | +25/0 | +40/0 | +63/0 | +100/0 | +160/0 | +250/0 |
| 180 | 200 | +950/+660 | +630/+340 | +530/+240 | +285/+170 | +172/+100 | +122/+50 | +44/+15 | +61/+15 | +29/0 | +46/0 | +72/0 | +115/0 | +185/0 | +290/0 |
| 200 | 225 | +1030/+740 | +670/+380 | +550/+260 | +285/+170 | +172/+100 | +122/+50 | +44/+15 | +61/+15 | +29/0 | +46/0 | +72/0 | +115/0 | +185/0 | +290/0 |
| 225 | 250 | +1110/+820 | +710/+420 | +570/+280 | +285/+170 | +172/+100 | +122/+50 | +44/+15 | +61/+15 | +29/0 | +46/0 | +72/0 | +115/0 | +185/0 | +290/0 |
| 250 | 280 | +1240/+920 | +800/+480 | +620/+300 | +320/+190 | +191/+110 | +137/+56 | +49/+17 | +69/+17 | +32/0 | +52/0 | +81/0 | +130/0 | +210/0 | +320/0 |
| 280 | 315 | +1370/+1050 | +860/+540 | +650/+330 | +320/+190 | +191/+110 | +137/+56 | +49/+17 | +69/+17 | +32/0 | +52/0 | +81/0 | +130/0 | +210/0 | +320/0 |
| 315 | 355 | +1560/+1200 | +960/+600 | +720/+360 | +350/+210 | +214/+125 | +151/+62 | +54/+18 | +75/+18 | +36/0 | +57/0 | +89/0 | +140/0 | +230/0 | +360/0 |
| 355 | 400 | +1710/+1350 | +1040/+680 | +760/+400 | +350/+210 | +214/+125 | +151/+62 | +54/+18 | +75/+18 | +36/0 | +57/0 | +89/0 | +140/0 | +230/0 | +360/0 |
| 400 | 450 | +1900/+1500 | +1160/+760 | +840/+440 | +385/+230 | +232/+135 | +165/+68 | +60/+20 | +83/+20 | +40/0 | +63/0 | +97/0 | +155/0 | +250/0 | +400/0 |
| 450 | 500 | +2050/+1650 | +1240/+840 | +880/+480 | +385/+230 | +232/+135 | +165/+68 | +60/+20 | +83/+20 | +40/0 | +63/0 | +97/0 | +155/0 | +250/0 | +400/0 |

注：优先选用带圆圈的公差带。

（GB/T 1800.2—2009）**摘录**　　　　　　　　　　　　　　　　　　　　　　　　　　　　（单位：μm）

| JS | | K | M | N | P | R | S | T | U | V | X | Y | Z |
|---|---|---|---|---|---|---|---|---|---|---|---|---|---|
| 等级 | | | | | | | | | | | | | |
| 7 | 8 | ⑦ | 7 | ⑦ | ⑦ | 7 | ⑦ | 7 | ⑦ | 7 | 7 | 7 | 7 |
| ±5 | ±7 | 0 / -10 | -2 / -12 | -4 / -14 | -6 / -16 | -10 / -20 | -14 / -24 | — | -18 / -28 | — | -20 / -30 | — | -26 / -36 |
| ±6 | ±9 | +3 / -9 | 0 / -12 | -4 / -16 | -8 / -20 | -11 / -23 | -15 / -27 | — | -19 / -31 | — | -24 / -36 | — | -31 / -43 |
| ±7 | ±11 | +5 / -10 | 0 / -15 | -4 / -19 | -9 / -24 | -13 / -28 | -17 / -32 | — | -22 / -37 | — | -28 / -43 | — | -36 / -51 |
| ±9 | ±13 | +6 / -12 | 0 / -18 | -5 / -23 | -11 / -29 | -16 / -34 | -21 / -39 | — | -26 / -44 | — | -33 / -51 | — | -43 / -61 |
| | | | | | | | | | | -32 / -50 | -38 / -56 | | -53 / -71 |
| ±10 | ±16 | +6 / -15 | 0 / -21 | -7 / -28 | -14 / -35 | -20 / -41 | -27 / -48 | — | -33 / -54 | -39 / -60 | -46 / -67 | -55 / -76 | -65 / -86 |
| | | | | | | | | -33 / -54 | -40 / -61 | -47 / -68 | -56 / -77 | -67 / -88 | -80 / -101 |
| ±12 | ±19 | +7 / -18 | 0 / -25 | -8 / -33 | -17 / -42 | -25 / -50 | -34 / -59 | -39 / -64 | -51 / -76 | -59 / -84 | -71 / -96 | -85 / -110 | -103 / -128 |
| | | | | | | | | -45 / -70 | -61 / -86 | -72 / -97 | -88 / -113 | -105 / -130 | -127 / -152 |
| ±15 | ±23 | +9 / -21 | 0 / -30 | -9 / -39 | -21 / -51 | -30 / -60 | -42 / -72 | -55 / -85 | -76 / -106 | -91 / -121 | -111 / -141 | -133 / -163 | -161 / -191 |
| | | | | | | -32 / -62 | -48 / -78 | -64 / -94 | -91 / -121 | -109 / -139 | -135 / -165 | -163 / -193 | -199 / -229 |
| ±17 | ±27 | +10 / -25 | 0 / -35 | -10 / -45 | -24 / -59 | -38 / -73 | -58 / -93 | -78 / -113 | -111 / -146 | -133 / -168 | -165 / -200 | -201 / -236 | -245 / -280 |
| | | | | | | -41 / -76 | -66 / -101 | -91 / -126 | -131 / -166 | -159 / -194 | -197 / -232 | -241 / -276 | -297 / -332 |
| ±20 | ±31 | +12 / -28 | 0 / -40 | -12 / -52 | -28 / -68 | -48 / -88 | -77 / -117 | -107 / -147 | -155 / -195 | -187 / -227 | -233 / -273 | -285 / -325 | -350 / -390 |
| | | | | | | -50 / -90 | -85 / -125 | -119 / -159 | -175 / -215 | -213 / -253 | -265 / -305 | -325 / -365 | -400 / -440 |
| | | | | | | -53 / -93 | -93 / -133 | -131 / -171 | -195 / -235 | -237 / -277 | -295 / -335 | -365 / -405 | -450 / -490 |
| ±23 | ±36 | +13 / -33 | 0 / -46 | -14 / -60 | -33 / -79 | -60 / -106 | -105 / -151 | -149 / -195 | -219 / -265 | -267 / -313 | -333 / -379 | -408 / -454 | -503 / -549 |
| | | | | | | -63 / -109 | -113 / -159 | -163 / -209 | -241 / -287 | -293 / -339 | -368 / -414 | -453 / -499 | -558 / -604 |
| | | | | | | -67 / -113 | -123 / -169 | -179 / -225 | -267 / -313 | -323 / -369 | -408 / -454 | -503 / -549 | -623 / -669 |
| ±26 | ±40 | +16 / -36 | 0 / -52 | -14 / -66 | -36 / -88 | -74 / -126 | -138 / -190 | -198 / -250 | -295 / -347 | -365 / -417 | -455 / -507 | -560 / -612 | -690 / -742 |
| | | | | | | -78 / -130 | -150 / -202 | -220 / -272 | -330 / -382 | -405 / -457 | -505 / -557 | -630 / -682 | -770 / -822 |
| ±28 | ±44 | +17 / -40 | 0 / -57 | -16 / -73 | -41 / -98 | -87 / -144 | -169 / -226 | -247 / -304 | -369 / -426 | -454 / -511 | -569 / -626 | -709 / -766 | -879 / -936 |
| | | | | | | -93 / -150 | -187 / -244 | -273 / -330 | -414 / -471 | -509 / -566 | -639 / -696 | -799 / -856 | -979 / -1036 |
| ±31 | ±48 | +18 / -45 | 0 / -63 | -17 / -80 | -45 / -108 | -103 / -166 | -209 / -272 | -307 / -370 | -467 / -530 | -572 / -635 | -717 / -780 | -897 / -960 | -1077 / -1140 |
| | | | | | | -109 / -172 | -229 / -292 | -337 / -400 | -517 / -580 | -637 / -700 | -797 / -860 | -977 / -1040 | -1227 / -1290 |

表 A-3　轴的极限偏差

| 公称尺寸/mm 大于 | 至 | a 11 | b 11 | c ⑪ | d ⑨ | e 8 | f ⑦ | g ⑥ | g 7 | h ⑥ | h ⑦ | h 8 | h ⑨ | h 10 | h ⑪ |
|---|---|---|---|---|---|---|---|---|---|---|---|---|---|---|---|
| — | 3 | -270/-330 | -140/-200 | -60/-120 | -20/-45 | -14/-28 | -6/-16 | -2/-8 | -2/-12 | 0/-6 | 0/-10 | 0/-14 | 0/-25 | 0/-40 | 0/-60 |
| 3 | 6 | -270/-345 | -140/-215 | -70/-145 | -30/-60 | -20/-38 | -10/-22 | -4/-12 | -4/-16 | 0/-8 | 0/-12 | 0/-18 | 0/-30 | 0/-48 | 0/-75 |
| 6 | 10 | -280/-370 | -150/-240 | -80/-170 | -40/-76 | -25/-47 | -13/-28 | -5/-14 | -5/-20 | 0/-9 | 0/-15 | 0/-22 | 0/-36 | 0/-58 | 0/-90 |
| 10 | 14 | -290/-400 | -150/-260 | -95/-205 | -50/-93 | -32/-59 | -16/-34 | -6/-11 | -6/-17 | 0/-11 | 0/-18 | 0/-27 | 0/-43 | 0/-70 | 0/-110 |
| 14 | 18 | -290/-400 | -150/-260 | -95/-205 | -50/-93 | -32/-59 | -16/-34 | -6/-11 | -6/-17 | 0/-11 | 0/-18 | 0/-27 | 0/-43 | 0/-70 | 0/-110 |
| 18 | 24 | -300/-430 | -160/-290 | -110/-240 | -65/-117 | -40/-73 | -20/-41 | -7/-13 | -7/-21 | 0/-13 | 0/-21 | 0/-33 | 0/-52 | 0/-84 | 0/-130 |
| 24 | 30 | -300/-430 | -160/-290 | -110/-240 | -65/-117 | -40/-73 | -20/-41 | -7/-13 | -7/-21 | 0/-13 | 0/-21 | 0/-33 | 0/-52 | 0/-84 | 0/-130 |
| 30 | 40 | -310/-470 | -170/-330 | -120/-280 | -80/-142 | -50/-89 | -25/-50 | -9/-25 | -9/-34 | 0/-16 | 0/-25 | 0/-39 | 0/-62 | 0/-100 | 0/-160 |
| 40 | 50 | -320/-480 | -180/-340 | -130/-290 | -80/-142 | -50/-89 | -25/-50 | -9/-25 | -9/-34 | 0/-16 | 0/-25 | 0/-39 | 0/-62 | 0/-100 | 0/-160 |
| 50 | 65 | -340/-530 | -190/-380 | -140/-330 | -100/-174 | -60/-106 | -30/-60 | -10/-29 | -10/-40 | 0/-19 | 0/-30 | 0/-46 | 0/-74 | 0/-120 | 0/-190 |
| 65 | 80 | -360/-550 | -200/-390 | -150/-340 | -100/-174 | -60/-106 | -30/-60 | -10/-29 | -10/-40 | 0/-19 | 0/-30 | 0/-46 | 0/-74 | 0/-120 | 0/-190 |
| 80 | 100 | -380/-600 | -220/-440 | -170/-390 | -120/-207 | -72/-126 | -36/-71 | -12/-35 | -12/-47 | 0/-22 | 0/-35 | 0/-54 | 0/-87 | 0/-140 | 0/-220 |
| 100 | 120 | -410/-630 | -240/-460 | -180/-400 | -120/-207 | -72/-126 | -36/-71 | -12/-35 | -12/-47 | 0/-22 | 0/-35 | 0/-54 | 0/-87 | 0/-140 | 0/-220 |
| 120 | 140 | -460/-710 | -260/-510 | -200/-450 | -145/-245 | -85/-148 | -43/-83 | -14/-39 | -14/-54 | 0/-25 | 0/-40 | 0/-63 | 0/-100 | 0/-160 | 0/-250 |
| 140 | 160 | -520/-770 | -280/-530 | -210/-460 | -145/-245 | -85/-148 | -43/-83 | -14/-39 | -14/-54 | 0/-25 | 0/-40 | 0/-63 | 0/-100 | 0/-160 | 0/-250 |
| 160 | 180 | -580/-830 | -310/-560 | -230/-480 | -145/-245 | -85/-148 | -43/-83 | -14/-39 | -14/-54 | 0/-25 | 0/-40 | 0/-63 | 0/-100 | 0/-160 | 0/-250 |
| 180 | 200 | -660/-950 | -340/-630 | -240/-530 | -170/-285 | -100/-172 | -50/-96 | -15/-44 | -15/-61 | 0/-29 | 0/-46 | 0/-72 | 0/-115 | 0/-185 | 0/-290 |
| 200 | 225 | -740/-1030 | -380/-670 | -260/-550 | -170/-285 | -100/-172 | -50/-96 | -15/-44 | -15/-61 | 0/-29 | 0/-46 | 0/-72 | 0/-115 | 0/-185 | 0/-290 |
| 225 | 250 | -820/-1110 | -420/-710 | -280/-570 | -170/-285 | -100/-172 | -50/-96 | -15/-44 | -15/-61 | 0/-29 | 0/-46 | 0/-72 | 0/-115 | 0/-185 | 0/-290 |
| 250 | 280 | -920/-1240 | -480/-800 | -300/-620 | -190/-320 | -110/-191 | -56/-108 | -17/-49 | -17/-69 | 0/-32 | 0/-52 | 0/-81 | 0/-130 | 0/-120 | 0/-320 |
| 280 | 315 | -1050/-1370 | -540/-860 | -330/-650 | -190/-320 | -110/-191 | -56/-108 | -17/-49 | -17/-69 | 0/-32 | 0/-52 | 0/-81 | 0/-130 | 0/-120 | 0/-320 |
| 315 | 355 | -1200/-1560 | -600/-960 | -360/-720 | -210/-350 | -125/-214 | -62/-119 | -18/-54 | -18/-75 | 0/-36 | 0/-57 | 0/-89 | 0/-140 | 0/-230 | 0/-360 |
| 355 | 400 | -1350/-1710 | -680/-1040 | -400/-760 | -210/-350 | -125/-214 | -62/-119 | -18/-54 | -18/-75 | 0/-36 | 0/-57 | 0/-89 | 0/-140 | 0/-230 | 0/-360 |
| 400 | 450 | -1500/-1900 | -760/-1160 | -440/-840 | -230/-385 | -135/-232 | -68/-131 | -20/-60 | -20/-83 | 0/-40 | 0/-63 | 0/-97 | 0/-155 | 0/-250 | 0/-400 |
| 450 | 500 | -1650/-2050 | -840/-1240 | -480/-880 | -230/-385 | -135/-232 | -68/-131 | -20/-60 | -20/-83 | 0/-40 | 0/-63 | 0/-97 | 0/-155 | 0/-250 | 0/-400 |

注：优先选用带圆圈的公差带。

（GB/T 1800. 2—2009）摘录 （单位：μm）

等级

| js 6 | js 7 | k ⑥ | m 6 | n ⑥ | p ⑥ | r 6 | s ⑥ | t 6 | u 6 | v 6 | x 6 | y 6 | z 6 |
|---|---|---|---|---|---|---|---|---|---|---|---|---|---|
| ±3 | ±8 | +6/0 | +8/+2 | +10/+4 | +12/+6 | +16/+10 | +20/+14 | — | +24/+18 | — | +26/+20 | — | +32/+26 |
| ±4 | ±6 | +9/+1 | +12/+4 | +16/+8 | +20/+12 | +23/+15 | +27/+19 | — | +31/+23 | — | +36/+28 | — | +43/+35 |
| ±4.5 | ±7 | +10/+1 | +15/+6 | +19/+10 | +24/+15 | +28/+19 | +32/+23 | — | +37/+28 | — | +43/+34 | — | +51/+42 |
| ±5.5 | ±9 | +12/+1 | +18/+7 | +23/+12 | +29/+18 | +34/+23 | +39/+28 | — | — | — | +51/+40 | — | +61/+50 |
|  |  |  |  |  |  |  |  | — | +44/+33 | +50/+39 | +56/+45 | — | +71/+60 |
| ±6.5 | ±10 | +15/+2 | +21/+8 | +28/+15 | +35/+22 | +41/+28 | +48/+35 | — | +54/+41 | +60/+47 | +67/+54 | +76/+63 | +86/+73 |
|  |  |  |  |  |  |  |  | +54/+41 | +61/+48 | +68/+55 | +77/+64 | +88/+75 | +101/+88 |
| ±8 | ±12 | +18/+2 | +25/+9 | +33/+17 | +42/+26 | +50/+34 | +59/+43 | +64/+48 | +76/+60 | +84/+68 | +96/+80 | +110/+94 | +128/+112 |
|  |  |  |  |  |  |  |  | +70/+54 | +86/+70 | +97/+81 | +113/+97 | +130/+114 | +152/+136 |
| ±9.5 | ±15 | +21/+2 | +30/+11 | +39/+20 | +51/+32 | +60/+41 | +72/+53 | +85/+66 | +106/+87 | +121/+102 | +141/+122 | +163/+144 | +191/+172 |
|  |  |  |  |  |  | +62/+43 | +78/+59 | +94/+75 | +121/+102 | +139/+120 | +165/+146 | +193/+174 | +229/+210 |
| ±11 | ±17 | +25/+3 | +35/+13 | +45/+23 | +59/+37 | +73/+51 | +93/+71 | +113/+91 | +146/+124 | +168/+146 | +200/+178 | +236/+214 | +280/+258 |
|  |  |  |  |  |  | +76/+54 | +101/+79 | +126/+104 | +166/+144 | +194/+172 | +232/+210 | +276/+254 | +332/+310 |
| ±12.5 | ±20 | +28/+3 | +40/+15 | +52/+27 | +68/+43 | +88/+63 | +117/+92 | +147/+122 | +195/+170 | +227/+202 | +273/+248 | +325/+300 | +390/+365 |
|  |  |  |  |  |  | +90/+65 | +125/+100 | +159/+134 | +215/+190 | +253/+228 | +305/+280 | +365/+340 | +440/+415 |
|  |  |  |  |  |  | +93/+68 | +133/+108 | +171/+146 | +235/+210 | +277/+252 | +335/+310 | +405/+380 | +490/+465 |
| ±14.5 | ±23 | +33/+4 | +46/+17 | +60/+31 | +79/+50 | +106/+77 | +151/+122 | +195/+166 | +265/+236 | +313/+284 | +379/+350 | +454/+425 | +549/+520 |
|  |  |  |  |  |  | +109/+80 | +159/+130 | +209/+180 | +287/+258 | +339/+310 | +414/+385 | +499/+470 | +604/+575 |
|  |  |  |  |  |  | +113/+84 | +169/+140 | +225/+196 | +313/+284 | +369/+340 | +454/+425 | +549/+520 | +669/+640 |
| ±16 | ±26 | +36/+4 | +52/+20 | +66/+34 | +88/+56 | +126/+94 | +190/+158 | +250/+218 | +347/+315 | +417/+385 | +507/+475 | +612/+580 | +742/+710 |
|  |  |  |  |  |  | +130/+98 | +202/+170 | +272/+240 | +382/+350 | +457/+425 | +557/+525 | +682/+650 | +822/+790 |
| ±18 | ±28 | +40/+4 | +57/+21 | +73/+37 | +98/+62 | +144/+108 | +226/+190 | +304/+268 | +426/+390 | +511/+475 | +626/+590 | +766/+730 | +936/+900 |
|  |  |  |  |  |  | +150/+114 | +224/+208 | +330/+294 | +471/+435 | +566/+530 | +696/+660 | +856/+820 | +1036/+1000 |
| ±20 | ±31 | +45/+5 | +63/+23 | +80/+40 | +108/+68 | +166/+126 | +272/+232 | +370/+330 | +530/+490 | +635/+595 | +780/+740 | +960/+920 | +1140/+1100 |
|  |  |  |  |  |  | +172/+132 | +292/+252 | +400/+360 | +580/+540 | +700/+660 | +860/+820 | +1040/+1000 | +1290/+1250 |

表 A-4 基孔制优先、常用配合（GB/T 1801—2009）摘录

| 基准孔 | a | b | c | d | e | f | g | h | js | k | m | n | p | r | s | t | u | v | x | y | z |
|---|---|---|---|---|---|---|---|---|---|---|---|---|---|---|---|---|---|---|---|---|---|
| | 间隙配合 | | | | | | | | 过渡配合 | | | | 过盈配合 | | | | | | | | |
| H6 | | | | | | $\frac{H6}{f5}$ | $\frac{H6}{g5}$ | $\frac{H6}{h5}$ | $\frac{H6}{js5}$ | $\frac{H6}{k5}$ | $\frac{H6}{m5}$ | $\frac{H6}{n5}$ | $\frac{H6}{p5}$ | $\frac{H6}{r5}$ | $\frac{H6}{s5}$ | $\frac{H6}{t5}$ | | | | | |
| H7 | | | | | | $\frac{H7}{f6}$ | $\frac{H7}{g6}$ | ▲$\frac{H7}{h6}$ | $\frac{H7}{js6}$ | ▲$\frac{H7}{k6}$ | $\frac{H7}{m6}$ | ▲$\frac{H7}{n6}$ | ▲$\frac{H7}{p6}$ | $\frac{H7}{r6}$ | ▲$\frac{H7}{s6}$ | $\frac{H7}{t6}$ | ▲$\frac{H7}{u6}$ | $\frac{H7}{v6}$ | $\frac{H7}{x6}$ | $\frac{H7}{y6}$ | $\frac{H7}{z6}$ |
| H8 | | | | | $\frac{H8}{e7}$ | ▲$\frac{H8}{f7}$ | $\frac{H8}{g7}$ | ▲$\frac{H8}{h7}$ | $\frac{H8}{js7}$ | $\frac{H8}{k7}$ | $\frac{H8}{m7}$ | $\frac{H8}{n7}$ | $\frac{H8}{p7}$ | $\frac{H8}{r7}$ | $\frac{H8}{s7}$ | $\frac{H8}{t7}$ | $\frac{H8}{u7}$ | | | | |
| H8 | | | | $\frac{H8}{d8}$ | $\frac{H8}{e8}$ | $\frac{H8}{f8}$ | | $\frac{H8}{h8}$ | | | | | | | | | | | | | |
| H9 | | | $\frac{H9}{c9}$ | ▲$\frac{H9}{d9}$ | $\frac{H9}{e9}$ | $\frac{H9}{f9}$ | | ▲$\frac{H9}{h9}$ | | | | | | | | | | | | | |
| H10 | | | $\frac{H10}{c10}$ | $\frac{H10}{d10}$ | | | | $\frac{H10}{h10}$ | | | | | | | | | | | | | |
| H11 | $\frac{H11}{a11}$ | $\frac{H11}{b11}$ | ▲$\frac{H11}{c11}$ | $\frac{H11}{d11}$ | | | | ▲$\frac{H11}{h11}$ | | | | | | | | | | | | | |
| H12 | | $\frac{H12}{b12}$ | | | | | | $\frac{H12}{h12}$ | | | | | | | | | | | | | |

注: 1. $\frac{H6}{n5}$、$\frac{H7}{p6}$在公称尺寸小于或等于 3mm 和$\frac{H8}{r7}$在小于或等于 100mm 时，为过渡配合。

2: 标注▲的配合为优先配合。

表 A-5 基轴制优先、常用配合（GB/T 1801—2009）摘录

| 基准轴 | A | B | C | D | E | F | G | H | JS | K | M | N | P | R | S | T | U | V | X | Y | Z |
|---|---|---|---|---|---|---|---|---|---|---|---|---|---|---|---|---|---|---|---|---|---|
| | 间隙配合 | | | | | | | | 过渡配合 | | | | 过盈配合 | | | | | | | | |
| h5 | | | | | | $\frac{F6}{h5}$ | $\frac{G6}{h5}$ | $\frac{H6}{h5}$ | $\frac{JS6}{h5}$ | $\frac{K6}{h5}$ | $\frac{M6}{h5}$ | $\frac{N6}{h5}$ | $\frac{P6}{h5}$ | $\frac{R6}{h5}$ | $\frac{S6}{h5}$ | $\frac{T6}{h5}$ | | | | | |
| h6 | | | | | | $\frac{F7}{h6}$ | $\frac{G7}{h6}$ | ▲$\frac{H7}{h6}$ | $\frac{JS7}{h6}$ | ▲$\frac{K7}{h6}$ | $\frac{M7}{h6}$ | ▲$\frac{N7}{h6}$ | ▲$\frac{P7}{h6}$ | $\frac{R7}{h6}$ | ▲$\frac{S7}{h6}$ | $\frac{T7}{h6}$ | ▲$\frac{U7}{h6}$ | | | | |
| h7 | | | | | $\frac{E8}{h7}$ | ▲$\frac{F8}{h7}$ | | ▲$\frac{H8}{h7}$ | $\frac{JS8}{h7}$ | $\frac{K8}{h7}$ | $\frac{M8}{h7}$ | $\frac{N8}{h7}$ | | | | | | | | | |
| h8 | | | | $\frac{D8}{h8}$ | $\frac{E8}{h8}$ | $\frac{F8}{h8}$ | | $\frac{H8}{h8}$ | | | | | | | | | | | | | |
| h9 | | | | ▲$\frac{D9}{h9}$ | $\frac{E9}{h9}$ | $\frac{F9}{h9}$ | | ▲$\frac{H9}{h9}$ | | | | | | | | | | | | | |
| h10 | | | | $\frac{D10}{h10}$ | | | | $\frac{H10}{h10}$ | | | | | | | | | | | | | |
| h11 | $\frac{A11}{h11}$ | $\frac{B11}{h11}$ | ▲$\frac{C11}{h11}$ | $\frac{D11}{h11}$ | | | | ▲$\frac{H11}{h11}$ | | | | | | | | | | | | | |
| h12 | | $\frac{B12}{h12}$ | | | | | | $\frac{H12}{h12}$ | | | | | | | | | | | | | |

注: 标注▲的配合为优先配合。

# 附录B 螺 纹

表 B-1 普通螺纹 直径与螺距标准组合系列（GB/T 193—2003）摘录 （单位：mm）

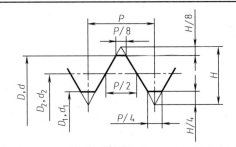

| 公称直径 $D$、$d$ | | | 螺距 $P$ | | | | | | |
|---|---|---|---|---|---|---|---|---|---|
| 第1系列 | 第2系列 | 第3系列 | 粗牙 | 细牙 | | | | | |
| | | | | 3 | 2 | 1.5 | 1.25 | 1 | 0.75 | 0.5 |
| 4 | | | 0.7 | | | | | | | 0.5 |
| | 4.5 | | 0.75 | | | | | | | 0.5 |
| 5 | | | 0.8 | | | | | | | 0.5 |
| 6 | | | 1 | | | | | | 0.75 | |
| 8 | | | 1.25 | | | | | 1 | 0.75 | |
| | | 9 | 1.25 | | | | | 1 | 0.75 | |
| 10 | | | 1.5 | | | | 1.25 | 1 | 0.75 | |
| 12 | | | 1.75 | | | | 1.25 | 1 | | |
| | 14 | | 2 | | | 1.5 | $1.25^{a}$ | 1 | | |
| 16 | | | 2 | | | 1.5 | | 1 | | |
| | | 17 | | | | 1.5 | | 1 | | |
| | 18 | | 2.5 | | 2 | 1.5 | | 1 | | |
| 20 | | | 2.5 | | 2 | 1.5 | | 1 | | |
| | 22 | | 2.5 | | 2 | 1.5 | | 1 | | |
| 24 | | | 3 | | 2 | 1.5 | | 1 | | |
| | 27 | | 3 | | 2 | 1.5 | | 1 | | |
| 30 | | | 3.5 | (3) | 2 | 1.5 | | 1 | | |
| | 33 | | 3.5 | (3) | 2 | 1.5 | | | | |
| | | $35^{b}$ | | | | 1.5 | | | | |
| 36 | | | 4 | 3 | 2 | 1.5 | | | | |

注：1. 尽可能避免选用括号内的螺距。

2. a 仅用于发动机的火花塞；b 仅用于轴承的锁紧螺母。

表 B-2 梯形螺纹 直径与螺距标准组合系列（GB/T 5796.2—2005）摘录

（单位：mm）

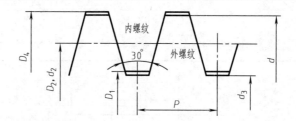

标记示例

1. 公称直径 d 为 40mm，导程和螺距 P 为 7mm，中径公差带为 7H 的左旋单线梯形螺纹：

Tr40×7LH-7H

2. 公称直径 d 为 40mm，导程为 14mm，螺距 P 为 7mm，中径公差带为 7e 的右旋双线梯形螺纹：

Tr40×14(P7)-7e

| 公称直径 d(外螺纹大径) | | | 螺距 P | 外螺纹小径 $d_3$ | 外、内螺纹中径 $d_2$、$D_2$ | 内 螺 纹 | |
|---|---|---|---|---|---|---|---|
| 第一系列 | 第二系列 | 第三系列 | | | | 大径 $D_4$ | 小径 $D_1$ |
| 10 | | | 1.5 | 8.2 | 9.3 | 10.3 | 8.5 |
| | | | 2 | 7.5 | 9.0 | 10.5 | 8.0 |
| | 11 | | 2 | 8.5 | 10.0 | 11.5 | 9.0 |
| | | | 3 | 7.5 | 9.5 | | 8.0 |
| 12 | | | 2 | 9.5 | 11.0 | 12.5 | 10.0 |
| | | | 3 | 8.5 | 10.5 | | 9.0 |
| | 14 | | 2 | 11.5 | 13.0 | 14.5 | 12.0 |
| | | | 3 | 10.5 | 12.5 | | 11.0 |
| 16 | | | 2 | 13.5 | 15.0 | 16.5 | 14.0 |
| | | | 4 | 11.5 | 14.0 | | 12.0 |
| | 18 | | 2 | 15.5 | 17.0 | 18.5 | 16.0 |
| | | | 4 | 13.5 | 16.0 | | 14.0 |
| 20 | | | 2 | 17.5 | 19.0 | 20.5 | 18.0 |
| | | | 4 | 15.5 | 18.0 | | 16.0 |
| | 22 | | 3 | 18.5 | 20.5 | 22.5 | 19.0 |
| | | | 5 | 16.5 | 19.5 | 22.5 | 17.0 |
| | | | 8 | 13.0 | 18.0 | 23.0 | 14.0 |
| 24 | | | 3 | 20.5 | 22.5 | 24.5 | 21.0 |
| | | | 5 | 18.5 | 21.5 | 24.5 | 19.0 |
| | | | 8 | 15.0 | 20.0 | 25.0 | 16.0 |
| | 26 | | 3 | 22.5 | 24.5 | 26.5 | 23.0 |
| | | | 5 | 20.5 | 23.5 | 26.5 | 21.0 |
| | | | 8 | 17.0 | 22.0 | 27.0 | 18.0 |
| 28 | | | 3 | 24.5 | 26.5 | 28.5 | 25.0 |
| | | | 5 | 22.5 | 25.5 | 28.5 | 23.0 |
| | | | 8 | 19.5 | 24.0 | 29.0 | 20.2 |
| | 30 | | 3 | 26.5 | 28.5 | 30.5 | 27.0 |
| | | | 6 | 23.0 | 27.0 | 31.0 | 24.0 |
| | | | 10 | 19.0 | 25.0 | 31.0 | 20.2 |

表 B-3　55°非密封管螺纹（GB/T 7307—2001）摘录　　　　　（单位：mm）

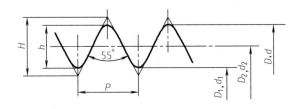

标记示例

1. 尺寸代号为 2 的右旋圆柱内螺纹：G2

2. 尺寸代号为 3 的 A 级右旋圆柱外螺纹：G3A

3. 尺寸代号为 2 的左旋圆柱内螺纹：G2LH

4. 尺寸代号为 4 的 B 级左旋圆柱外螺纹：G4B-LH

5. 表示螺纹副时，仅需标注外螺纹的标记代号

| 尺寸代号 | 每25.4mm内所包含的牙数 $n$ | 螺距 $P$ | 牙高 $h$ | 基本直径 | | |
|---|---|---|---|---|---|---|
| | | | | 大径 $d=D$ | 中径 $d_2=D_2$ | 小径 $d_1=D_1$ |
| 1/16 | 28 | 0.907 | 0.581 | 7.723 | 7.142 | 6.561 |
| 1/8 | | | | 9.728 | 9.147 | 8.566 |
| 1/4 | 19 | 1.337 | 0.856 | 13.157 | 12.301 | 11.445 |
| 3/8 | | | | 16.662 | 15.806 | 14.950 |
| 1/2 | 14 | 1.814 | 1.162 | 20.955 | 19.793 | 18.631 |
| 5/8 | | | | 22.911 | 21.749 | 20.587 |
| 3/4 | | | | 26.441 | 25.279 | 24.117 |
| 7/8 | | | | 30.201 | 29.039 | 27.877 |
| 1 | 11 | 2.309 | 1.479 | 33.249 | 31.770 | 30.291 |
| 1⅛ | | | | 37.897 | 36.418 | 34.939 |
| 1¼ | | | | 41.910 | 40.431 | 38.952 |
| 1½ | | | | 47.803 | 46.324 | 44.845 |
| 1¾ | | | | 53.746 | 52.267 | 50.788 |
| 2 | | | | 59.614 | 58.135 | 56.656 |
| 2¼ | | | | 65.710 | 64.231 | 62.752 |
| 2½ | | | | 75.184 | 73.705 | 72.226 |
| 2¾ | | | | 81.534 | 80.055 | 78.576 |
| 3 | | | | 87.884 | 86.405 | 84.926 |
| 3½ | | | | 100.330 | 98.851 | 97.372 |
| 4 | | | | 113.030 | 111.551 | 110.072 |

注：1. 本标准适用于管子、管接头、旋塞、阀门及其他管路附件的螺纹连接。

　　2. 外螺纹中径公差分为 A 和 B 两个等级。

表 B-4  55°密封管螺纹（GB/T 7306.1—2000，GB/T 7306.2—2000）摘录

（单位：mm）

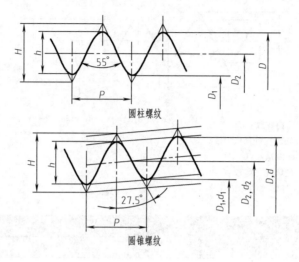

圆柱螺纹

圆锥螺纹

标记示例

1. 尺寸代号为 3/4 的右旋圆柱内螺纹：Rp3/4

2. 尺寸代号为 3 的左旋圆锥内螺纹：Rc3LH

3. 尺寸代号为 3 的右旋圆锥外螺纹：$R_1$3

4. 尺寸代号为 3 的左旋圆锥外螺纹：$R_2$3LH

5. 由尺寸代号为 3 的右旋圆锥内螺纹与圆锥外螺纹所组成的螺纹副：Rc/$R_2$3

| 尺寸代号 | 每 25.4mm 内牙数 n | 螺距 P | 牙高 h | 基准平面内的基本直径 | | | 基准距离（基本） | 有效螺纹长度 |
|---|---|---|---|---|---|---|---|---|
| | | | | 大径 d=D | 中径 $d_2=D_2$ | 小径 $d_1=D_1$ | | |
| 1/16 | 28 | 0.907 | 0.581 | 7.723 | 7.142 | 6.561 | 4 | 6.5 |
| 1/8 | | | | 9.728 | 9.147 | 8.566 | | |
| 1/4 | 19 | 1.337 | 0.856 | 13.157 | 12.301 | 11.445 | 6 | 9.7 |
| 3/8 | | | | 16.662 | 15.806 | 14.950 | 6.4 | 10.1 |
| 1/2 | 14 | 1.814 | 1.162 | 20.955 | 19.793 | 18.631 | 8.2 | 13.2 |
| 3/4 | | | | 26.441 | 25.279 | 24.117 | 9.5 | 14.5 |
| 1 | 11 | 2.309 | 1.479 | 33.249 | 31.770 | 30.291 | 10.4 | 16.8 |
| 1¼ | | | | 41.910 | 40.431 | 38.952 | 12.7 | 19.1 |
| 1½ | | | | 47.803 | 46.324 | 44.845 | | |
| 2 | | | | 59.614 | 58.135 | 56.656 | 15.9 | 23.4 |
| 2½ | | | | 75.184 | 73.705 | 72.226 | 17.5 | 26.7 |
| 3 | | | | 87.884 | 86.405 | 84.926 | 20.6 | 29.8 |
| 4 | | | | 113.030 | 111.551 | 110.072 | 25.4 | 35.8 |

注：本标准适用于管子、管接头、旋塞、阀门及其他管路附件的螺纹连接。

## 附录 C  螺纹紧固件

表 C-1  六角头螺栓（GB/T 5782—2016）摘录　　　　　　　（单位：mm）

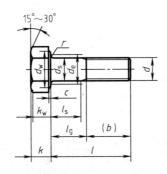
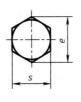

标记示例

螺纹规格为 M12，公称长度 $l$=80mm，性能等级为 8.8 级，不经处理，产品等级为 A 级的六角头螺栓的标记：

螺栓　GB/T 5782　M12×80

| 螺纹规格 $d$ | | M5 | M6 | M8 | M10 | M12 | M16 | M20 | M24 | M30 | M36 |
|---|---|---|---|---|---|---|---|---|---|---|---|
| | $l\leqslant125$ | 16 | 18 | 22 | 26 | 30 | 38 | 46 | 54 | 66 | — |
| $b$ 参考 | $125<l\leqslant200$ | 22 | 24 | 28 | 32 | 36 | 44 | 52 | 60 | 72 | 84 |
| | $l>200$ | 35 | 37 | 41 | 45 | 49 | 57 | 65 | 73 | 85 | 97 |
| $c$ | max | 0.5 | 0.5 | 0.6 | 0.6 | 0.6 | 0.8 | 0.8 | 0.8 | 0.8 | 0.8 |
| $d_a$ | max | 5.7 | 6.8 | 9.2 | 11.2 | 13.7 | 17.7 | 22.4 | 26.4 | 33.4 | 39.4 |
| $d_s$ | max | 5 | 6 | 8 | 10 | 12 | 16 | 20 | 24 | 30 | 36 |
| | min | 4.7 | 5.7 | 7.64 | 9.64 | 11.57 | 15.57 | 19.48 | 23.48 | 29.48 | 35.38 |
| $d_w$ | min | 6.74 | 8.74 | 11.47 | 14.47 | 16.64 | 22 | 27.7 | 33.25 | 42.75 | 51.11 |
| $e$ | min | 8.63 | 10.89 | 14.20 | 17.59 | 19.85 | 26.17 | 32.95 | 39.55 | 50.85 | 60.79 |
| $k$ | 公称 | 3.5 | 4 | 5.3 | 6.4 | 7.5 | 10 | 12.5 | 15 | 18.7 | 22.5 |
| | min | 2.35 | 3.76 | 5.06 | 6.11 | 7.21 | 9.71 | 12.15 | 14.65 | 18.28 | 22.08 |
| | max | 3.26 | 4.24 | 5.54 | 6.69 | 7.79 | 10.29 | 12.85 | 15.53 | 19.12 | 22.92 |
| $k_w$ | min | 2.28 | 2.63 | 3.54 | 4.28 | 5.05 | 6.8 | 8.51 | 10.26 | 12.8 | 15.46 |
| $r$ | min | 0.2 | 0.25 | 0.4 | 0.4 | 0.6 | 0.6 | 0.8 | 0.8 | 1 | 1 |
| $s$ | max | 8 | 10 | 13 | 16 | 18 | 24 | 30 | 36 | 46 | 55 |
| | min | 7.64 | 9.64 | 12.57 | 15.57 | 17.57 | 23.16 | 29.16 | 35 | 45 | 53.8 |
| $l$（商品规格范围及通用规格） | | 25~50 | 30~60 | 40~80 | 45~100 | 50~120 | 65~160 | 80~200 | 90~240 | 110~300 | 140~360 |
| $l$ 系列 | | 25,30,35,40,45,50,55,60,65,70,80,90,100,110,120,130,140,150,160,180,200,220,240,260,280,300,320,340,360 | | | | | | | | | |

注：A 级和 B 级为产品等级，A 级用于 $d$=1.6mm~24mm 和 $l\leqslant10d$ 或 $\leqslant150$mm（按较小值）的螺栓；B 级用于 $d>$ 24mm 或 $l>10d$ 或 $>150$mm（按较小值）的螺栓。

表 C-2 双头螺柱（GB/T 897—1988，GB/T 898—1988，GB/T 899—1988，GB/T 900—1988）摘录

（单位：mm）

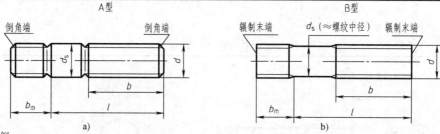

A型      B型

a)      b)

标记示例

两端均为粗牙普通螺纹，$d=10mm$，$l=50mm$，性能等级为 4.8 级，不经表面处理，B 型，$b_m=1.25d$ 的双头螺柱的标记：

螺柱 GB/T 898 M10×1×50

旋入机体一端为粗牙普通螺纹、旋入螺母一端为螺距 $P=1mm$ 的细牙普通螺纹，$d=10mm$，$l=50mm$，性能等级为 4.8 级、不经表面处理，A 型，$b_m=1.25d$ 的双头螺柱的标记： 螺柱 GB/T 898 AM10-M10×1×50

| 螺纹规格 | $b_m$ | | | | $l/b$ |
|---|---|---|---|---|---|
| | GB/T 897 —1988 $b_m=1d$ | GB/T 898 —1988 $b_m=1.25d$ | GB/T 899 —1988 $b_m=1.5d$ | GB/T 900 —1988 $b_m=1.5d$ | |
| M5 | 5 | 6 | 8 | 10 | $\dfrac{16\sim22}{10},\dfrac{25\sim50}{16}$ |
| M6 | 6 | 8 | 10 | 12 | $\dfrac{20\sim22}{10},\dfrac{25\sim30}{14},\dfrac{32\sim75}{18}$ |
| M8 | 8 | 10 | 12 | 16 | $\dfrac{20\sim22}{12},\dfrac{25\sim30}{16},\dfrac{32\sim90}{22}$ |
| M10 | 10 | 12 | 15 | 20 | $\dfrac{25\sim28}{14},\dfrac{30\sim38}{16},\dfrac{40\sim120}{26},\dfrac{130}{32}$ |
| M12 | 12 | 15 | 18 | 24 | $\dfrac{25\sim30}{16},\dfrac{32\sim40}{20},\dfrac{45\sim120}{30},\dfrac{130\sim180}{36}$ |
| M16 | 16 | 20 | 24 | 32 | $\dfrac{30\sim38}{20},\dfrac{40\sim55}{30},\dfrac{60\sim120}{38},\dfrac{130\sim200}{44}$ |
| M20 | 20 | 25 | 30 | 40 | $\dfrac{35\sim40}{25},\dfrac{45\sim65}{35},\dfrac{70\sim120}{46},\dfrac{130\sim200}{52}$ |
| M24 | 24 | 30 | 36 | 48 | $\dfrac{45\sim50}{30},\dfrac{55\sim75}{45},\dfrac{80\sim120}{54},\dfrac{130\sim200}{60}$ |
| M30 | 30 | 38 | 45 | 60 | $\dfrac{60\sim65}{40},\dfrac{70\sim90}{50},\dfrac{95\sim120}{66},\dfrac{130\sim200}{72},\dfrac{210\sim250}{85}$ |
| M36 | 36 | 45 | 54 | 72 | $\dfrac{65\sim75}{45},\dfrac{80\sim110}{60},\dfrac{120}{78},\dfrac{130\sim200}{84},\dfrac{210\sim300}{97}$ |
| $l$ 系列 | 16,(18),20,(22),25,(28),30,(32),35,(38),40,45,50,(55),60,(65),70,(75),80,(85),90,(95),100,110,120,130,140,150,160,170,180,190,200,210,220,230,240,250,260,280,300 | | | | |

注：1. 尽可能不采用括号内的规格。

2. 本表所列双头螺柱的力学性能等级为 4.8 级或 8.8 级（需标注）。

表 C-3 开槽圆柱头螺钉（GB/T 65—2016）摘录 （单位：mm）

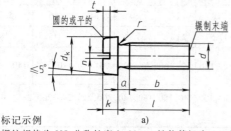

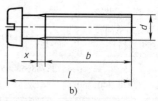

a)      b)

标记示例

螺纹规格为 M5、公称长度 $l=20mm$、性能等级为 4.8 级、表面不经处理的 A 级开槽圆柱头螺钉的标记：

螺钉 GB/T 65 M5×20

| 螺纹规格 d | P | $b_{min}$ | $d_k$ | $k_{max}$ | n | $r_{min}$ | $t_{min}$ | 公称长度 l |
|---|---|---|---|---|---|---|---|---|
| M3 | 0.5 | 25 | 5.5 | 2.0 | 0.8 | 0.1 | 0.85 | 4~30 |
| M4 | 0.7 | 38 | 7 | 2.6 | 1.2 | 0.2 | 1.1 | 5~40 |
| M5 | 0.8 | 38 | 8.5 | 3.3 | 1.2 | 0.2 | 1.3 | 6~50 |
| M6 | 1 | 38 | 10 | 3.9 | 1.6 | 0.25 | 1.6 | 8~60 |
| M8 | 1.25 | 38 | 13 | 5 | 2 | 0.4 | 2 | 10~80 |
| M10 | 1.5 | 38 | 16 | 6 | 2.5 | 0.4 | 2.4 | 12~80 |
| 长度 l(系列) | 4,5,6,8,10,12,(14),16,20,25,30,35,40,45,50,(55),60,(65),70,(75),80 | | | | | | | |

注：括号内的尽可能不采用。

表 C-4　开槽盘头螺钉（GB/T 67—2016）摘录　　　　（单位：mm）

无螺纹部分杆径约等于螺纹中径或允许等于螺纹大径。

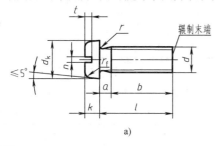

a)

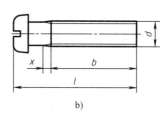

b)

标记示例

螺纹规格为 M5、公称长度 l＝20mm、性能等级为 4.8 级、表面不经处理的 A 级开槽盘头螺钉的标记：

螺钉　GB/T 67　M5×20

| 螺纹规格 d | P | $b_{min}$ | $d_k$ | $k_{max}$ | n | $r_{min}$ | $t_{min}$ | $r_f$ | 公称长度 l |
|---|---|---|---|---|---|---|---|---|---|
| M3 | 0.5 | 25 | 5.6 | 1.8 | 0.8 | 0.1 | 0.7 | 0.9 | 4~30 |
| M4 | 0.7 | 38 | 8 | 2.4 | 1.2 | 0.2 | 1 | 1.2 | 5~40 |
| M5 | 0.8 | 38 | 9.5 | 3 | 1.2 | 0.2 | 1.2 | 1.5 | 6~50 |
| M6 | 1 | 38 | 12 | 3.6 | 1.6 | 0.25 | 1.4 | 1.8 | 8~60 |
| M8 | 1.25 | 38 | 16 | 4.8 | 2 | 0.4 | 1.9 | 2.4 | 10~80 |
| M10 | 1.5 | 38 | 20 | 6 | 2.5 | 0.4 | 2.4 | 3 | 12~80 |
| 长度 l(系列) | 4,5,6,8,10,12,(14),16,20,25,30,35,40,45,50,(55),60,(65),70,(75),80 | | | | | | | | |

注：括号内的尽可能不采用。

表 C-5　开槽沉头螺钉（GB/T 68—2016）摘录　　　　（单位：mm）

无螺杆部分杆径约等于螺纹中径或允许等于螺纹大径。

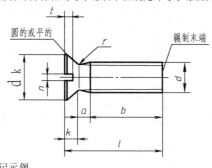

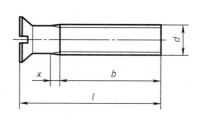

标记示例

螺纹规格为 M5,公称长度 l＝20mm,性能等级为 4.8 级,表面不经处理的 A 级开槽沉头螺钉的标记：

螺钉　GB/T 68　M5×20

（续）

| 螺纹规格 $d$ | $P$ | $b$ | $d_k$ | $k$ | $n$ | $r$ | $t$ | 公称长度 $l$ |
|---|---|---|---|---|---|---|---|---|
| M1.6 | 0.35 | 25 | 3.6 | 1 | 0.4 | 0.4 | 0.5 | 2.5~16 |
| M2 | 0.4 | 25 | 4.4 | 1.2 | 0.5 | 0.5 | 0.6 | 3~20 |
| M2.5 | 0.45 | 25 | 5.5 | 1.5 | 0.6 | 0.6 | 0.75 | 4~25 |
| M3 | 0.5 | 25 | 6.3 | 1.65 | 0.8 | 0.8 | 0.85 | 5~30 |
| M4 | 0.7 | 38 | 9.4 | 2.7 | 1.2 | 1 | 1.3 | 6~40 |
| M5 | 0.8 | 38 | 10.4 | 2.7 | 1.2 | 1.3 | 1.4 | 8~50 |
| M6 | 1 | 38 | 12.6 | 3.3 | 1.6 | 1.5 | 1.6 | 8~60 |
| M8 | 1.25 | 38 | 17.3 | 4.65 | 2 | 2 | 2.3 | 10~80 |
| M10 | 1.5 | 38 | 20 | 5 | 2.5 | 2.5 | 2.6 | 12~80 |
| $l$(系列) | 2.5,3,4,5,6,8,10,12,(14),16,20,25,30,35,40,45,50,(55),60,(65),70,(75),80 | | | | | | | |

注：尽可能不采用括号内的规格。

表 C-6　开槽锥端紧定螺钉（GB/T 71—1985）、开槽平端紧定螺钉（GB/T 73—2017）摘录

（单位：mm）

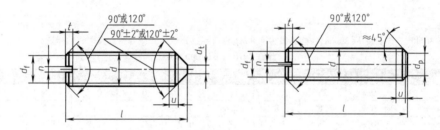

不完整螺纹的长度 $u \leqslant 2P$

标记示例

螺纹规格为 M5、公称长度 $l=12$mm、钢制、硬度等级 14H 级、不经处理、产品等级 A 级的开槽平端紧定螺钉的标记：

螺钉　GB/T 73　M5×12

| 螺纹规格 $d$ | $P$ | $d_t \approx$ | $d_t$ | | $d_p$ | | $n$ | | $t$ | | $l$(公称长度) | |
|---|---|---|---|---|---|---|---|---|---|---|---|---|
| | | | max | min | max | 公称 | min | max | min | max | GB/T 71 | GB/T 73 |
| M1.6 | 0.35 | | 0.16 | — | 0.8 | 0.55 | 0.31 | 0.45 | 0.56 | 0.74 | 2~8 | 2~8 |
| M2 | 0.4 | | 0.2 | — | 1 | 0.75 | 0.31 | 0.45 | 0.64 | 0.84 | 3~10 | 2~10 |
| M2.5 | 0.45 | | 0.25 | — | 1.5 | 1.25 | 0.46 | 0.6 | 0.72 | 0.95 | 3~12 | 2.5~12 |
| M3 | 0.5 | 螺纹小径 | 0.3 | — | 2 | 1.75 | 0.46 | 0.6 | 0.8 | 1.05 | 4~16 | 3~6 |
| M4 | 0.7 | | 0.4 | — | 2.5 | 2.25 | 0.66 | 0.8 | 1.12 | 1.42 | 6~20 | 4~20 |
| M5 | 0.8 | | 0.5 | — | 3.5 | 3.2 | 0.86 | 1 | 1.28 | 1.63 | 8~25 | 5~25 |
| M6 | 1 | | 1.5 | — | 4 | 3.7 | 1.06 | 1.2 | 1.6 | 2 | 8~30 | 6~30 |
| M8 | 1.25 | | 2 | — | 5.5 | 5.2 | 1.26 | 1.51 | 2 | 2.5 | 10~40 | 8~40 |
| M10 | 1.5 | | 2.5 | — | 7 | 6.64 | 1.66 | 1.91 | 2.4 | 3 | 12~50 | 10~50 |
| 长度 $l$(系列) | 2,2.5,3,4,5,6,8,10,12,(14),16,20,25,30,35,40,45,50,55,60 | | | | | | | | | | | |

注：1. 尽可能不采用括号内的规格。

　　2. 紧定螺钉的性能等级有 14H 和 22H 级，其中 14H 级为常用。

表 C-7　1 型六角螺母（GB/T 6170—2015）摘录　　　　　（单位：mm）

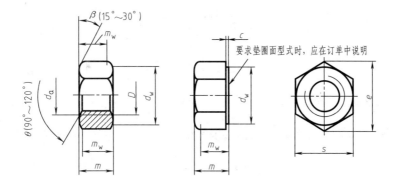

标记示例

螺纹规格为 M12、性能等级为 8 级、表面不经处理、产品等级为 A 级的 1 型六角螺母的标记：

螺母　GB/T 6170　M12

| 螺纹规格 D | c | $d_a$ | | $d_w$ | e | m | | $m_w$ | s | |
|---|---|---|---|---|---|---|---|---|---|---|
| | max | min | max | min | min | max | min | min | max | min |
| M1.6 | 0.2 | 1.6 | 1.84 | 2.4 | 3.41 | 1.3 | 1.05 | 0.8 | 3.2 | 3.02 |
| M2 | 0.2 | 2 | 2.3 | 3.1 | 4.32 | 1.6 | 1.35 | 1.1 | 4 | 3.82 |
| M2.5 | 0.3 | 2.5 | 2.9 | 4.1 | 5.45 | 2 | 1.75 | 1.4 | 5 | 4.82 |
| M3 | 0.4 | 3 | 3.45 | 4.6 | 6.01 | 2.4 | 2.15 | 1.7 | 5.5 | 5.32 |
| M4 | 0.4 | 4 | 4.6 | 5.9 | 7.66 | 3.2 | 2.9 | 2.3 | 7 | 6.78 |
| M5 | 0.5 | 5 | 5.75 | 6.9 | 8.79 | 4.7 | 4.4 | 3.5 | 8 | 7.78 |
| M6 | 0.5 | 6 | 6.75 | 8.9 | 11.05 | 5.2 | 4.9 | 3.9 | 10 | 9.78 |
| M8 | 0.6 | 8 | 8.75 | 11.6 | 14.38 | 6.8 | 6.44 | 5.2 | 13 | 12.73 |
| M10 | 0.6 | 10 | 10.8 | 14.6 | 17.77 | 8.4 | 8.04 | 6.4 | 16 | 15.73 |
| M12 | 0.6 | 12 | 13 | 16.6 | 20.03 | 10.8 | 10.37 | 8.3 | 18 | 17.73 |
| M16 | 0.8 | 16 | 17.3 | 22.5 | 26.75 | 14.8 | 14.1 | 11.3 | 24 | 23.67 |
| M20 | 0.8 | 20 | 21.6 | 27.7 | 32.95 | 18 | 16.9 | 13.5 | 30 | 29.16 |
| M24 | 0.8 | 24 | 25.9 | 33.2 | 39.55 | 21.5 | 20.2 | 16.2 | 36 | 35 |
| M30 | 0.8 | 30 | 32.4 | 42.7 | 50.85 | 25.6 | 24.3 | 19.4 | 46 | 45 |
| M36 | 0.8 | 36 | 38.9 | 51.1 | 60.79 | 31 | 29.4 | 23.5 | 55 | 53.8 |
| M42 | 1 | 42 | 45.4 | 60.6 | 71.30 | 34 | 32.4 | 25.9 | 65 | 63.1 |
| M48 | 1 | 48 | 51.8 | 69.4 | 82.6 | 38 | 36.4 | 29.1 | 75 | 73.1 |
| M56 | 1 | 56 | 60.5 | 78.7 | 93.56 | 45 | 43.4 | 34.7 | 85 | 82.8 |
| M64 | 1.2 | 64 | 69.1 | 88.2 | 104.86 | 51 | 49.1 | 39.3 | 95 | 92.8 |

注：A 级用于 D ≤ 16 的螺母；B 级用于 D > 16 的螺母。本表仅按商品规格和通用规格列出。

表 C-8  小垫圈 A 级（GB/T 848—2002）摘录　　　　　（单位：mm）

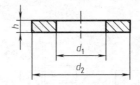

标记示例

1. 小系列、公称规格 8mm，由钢制造的硬度等级为 200HV，不经表面处理，产品等级为 A 级平垫圈的标记：

垫圈 GB/T 84  8

2. 小系列、公称规格 8mm，由 A2 组不锈钢制造的硬度等级为 200HV，不经表面处理，产品等级为 A 级的平垫圈的标记：

垫圈 GB/T 84  8  A2

表(1)  优选尺寸

| 公称规格(螺纹大径)$d$ | 5 | 6 | 8 | 10 | 12 | 16 | 20 | 24 | 30 | 36 |
|---|---|---|---|---|---|---|---|---|---|---|
| 内径 $d_1$ 公称(min) | 5.3 | 6.4 | 8.4 | 10.5 | 13 | 17 | 21 | 25 | 31 | 37 |
| 外径 $d_2$ 公称(min) | 9 | 11 | 15 | 18 | 20 | 28 | 34 | 39 | 50 | 60 |
| 厚度 $h$ | 1 | 1.6 | | | 2 | 2.5 | 3 | 4 | | 5 |

表 C-9  平垫圈 A 级（GB/T 97.1—2002）平垫圈  倒角型 A 级（GB/T 97.2—2002）摘录

（单位：mm）

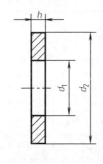 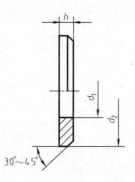

30°~45°

标记示例

1. 标准系列、公称规格 8mm，由钢制造的硬度等级为 200HV，不经表面处理，产品等级为 A 级平垫圈的标记：

垫圈 GB/T 97.1  8

2. 标准系列、公称规格 8mm，由 A2 组不锈钢制造的硬度等级为 200HV，不经表面处理，产品等级为 A 级倒角型平垫圈的标记：

垫圈 GB/T 97.2  8  A2

表(1)优选尺寸

| 公称规格(螺纹大径)$d$ | | 5 | 6 | 8 | 10 | 12 | 16 | 20 | 24 | 30 | 36 |
|---|---|---|---|---|---|---|---|---|---|---|---|
| 内径 $d_1$ 公称(min) | | 5.3 | 6.4 | 8.4 | 10.5 | 13 | 17 | 21 | 25 | 31 | 37 |
| 外径 $d_2$ 公称(min) | GB/T 97.1—2002 | 10 | 12 | 16 | 20 | 24 | 30 | 37 | 44 | 56 | 66 |
| | GB/T 97.2—2002 | | | | | | | | | | |
| 厚度 $h$ | GB/T 97.1—2002 | 1 | 1.6 | 2 | 2.5 | 3 | | 4 | | 5 | |
| | GB/T 97.2—2002 | | | | | | | | | | |

表 C-10　标准型弹簧垫圈（GB/T 93—1987）摘录　　　　（单位：mm）

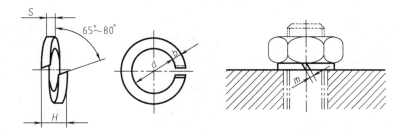

标记示例

螺纹规格16mm,材料为65Mn,表面氧化的标准型弹簧垫圈的标记:

垫圈　GB/T 93　16

| 规格（螺纹大径） | | 4 | 5 | 6 | 8 | 10 | 12 | 16 | 20 | 24 | 30 |
|---|---|---|---|---|---|---|---|---|---|---|---|
| $d$ | min | 4.10 | 5.10 | 6.10 | 8.10 | 10.20 | 12.20 | 16.20 | 20.20 | 24.50 | 30.50 |
| | max | 4.40 | 5.40 | 6.68 | 8.68 | 10.90 | 12.90 | 16.90 | 21.04 | 25.50 | 31.50 |
| $S(b)$ | 公称 | 1.10 | 1.30 | 1.60 | 2.10 | 2.60 | 3.10 | 4.10 | 5.00 | 6.00 | 7.50 |
| | min | 1.00 | 1.20 | 1.50 | 2.00 | 2.45 | 2.95 | 3.90 | 4.80 | 5.80 | 7.20 |
| | max | 1.20 | 1.40 | 1.70 | 2.20 | 2.75 | 3.25 | 4.30 | 5.20 | 6.20 | 7.80 |
| $H$ | min | 2.20 | 2.60 | 3.20 | 4.20 | 5.20 | 6.20 | 8.20 | 10.00 | 12.00 | 15.00 |
| | max | 2.75 | 3.25 | 4.00 | 5.25 | 6.50 | 7.75 | 10.25 | 12.50 | 15.00 | 18.75 |
| $m\leqslant$ | | 0.55 | 0.65 | 0.80 | 1.05 | 1.30 | 1.55 | 2.05 | 2.50 | 3.00 | 3.75 |

注:$m$ 应大于零。

# 附录 D　键 和 销

表 D-1　普通型平键（GB/T 1096—2003）摘录　　　　（单位：mm）

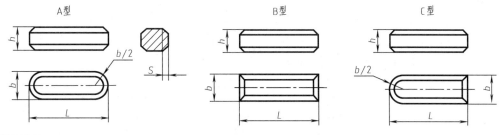

标记示例

1. 宽度 $b=16$mm、高度 $h=10$mm、长度 $L=100$mm 普通 A 型平键的标记为:GB/T 1096　键 16×10×100

2. 宽度 $b=16$mm、高度 $h=10$mm、长度 $L=100$mm 普通 B 型平键的标记为:GB/T 1096　键 B16×10×100

3. 宽度 $b=16$mm、高度 $h=10$mm、长度 $L=100$mm 普通 C 型平键的标记为:GB/T 1096　键 C16×10×100

| $b$ | 2 | 3 | 4 | 5 | 6 | 8 | 10 | 12 | 14 | 16 | 18 | 20 | 22 | 25 |
|---|---|---|---|---|---|---|---|---|---|---|---|---|---|---|
| $h$ | 2 | 3 | 4 | 5 | 6 | 7 | 8 | 8 | 9 | 10 | 11 | 12 | 14 | 14 |
| $S$ | 0.16~0.25 | | | 0.25~0.4 | | | 0.40~0.60 | | | | | 0.60~0.80 | | |
| $L$ | 6~20 | 6~36 | 8~45 | 10~56 | 14~70 | 18~90 | 22~110 | 28~140 | 36~160 | 45~180 | 50~200 | 56~220 | 63~250 | 70~280 |
| $L$系列 | 6、8、10、12、14、16、18、20、22、25、28、32、36、40、45、50、56、63、70、80、90、100、110、125、140、160、180、200、220、250、280 | | | | | | | | | | | | | |

表 D-2　平键和键槽的剖面尺寸（GB/T 1095—2003）摘录　　　　（单位：mm）

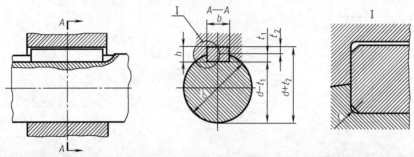

| 公称直径 d | 键尺寸 b×h | 键 槽 | | | | | | | | | | | |
|---|---|---|---|---|---|---|---|---|---|---|---|---|---|
| | | 宽度 b | | | | | | | 深度 | | | 半径 r | |
| | | 公称尺寸 | 极限偏差 | | | | | | 轴 $t_1$ | | 毂 $t_2$ | | |
| | | | 正常连接 | | 紧密连接 | 松连接 | | 公称尺寸 | 极限偏差 | 公称尺寸 | 极限偏差 | min | max |
| | | | 轴 N9 | 毂 JS9 | 轴和毂 P9 | 轴 H9 | 毂 D10 | | | | | | |
| 自 6~8 | 2×2 | 2 | −0.004 −0.029 | ±0.0125 | −0.006 −0.031 | −0.025 0 | +0.060 +0.020 | 1.2 | +0.10 | 1 | +0.10 | 0.08 | 0.16 |
| >8~10 | 3×3 | 3 | | | | | | 1.8 | | 1.4 | | | |
| >10~12 | 4×4 | 4 | 0 −0.030 | ±0.015 | −0.012 −0.042 | +0.030 0 | +0.078 +0.030 | 2.5 | | 1.8 | | 0.16 | 0.25 |
| >12~17 | 5×5 | 5 | | | | | | 3 | | 2.3 | | | |
| >17~22 | 6×6 | 6 | | | | | | 3.5 | | 2.8 | | | |
| >22~30 | 8×7 | 8 | 0 −0.036 | ±0.018 | −0.015 −0.051 | +0.036 0 | +0.098 +0.040 | 4.0 | | 3.3 | | | |
| >30~38 | 10×8 | 10 | | | | | | 5.0 | | 3.3 | | | |
| >38~44 | 12×8 | 12 | 0 −0.043 | ±0.0215 | −0.018 −0.061 | +0.043 0 | +0.120 +0.050 | 5.0 | | 3.3 | | 0.25 | 0.40 |
| >44~50 | 14×9 | 14 | | | | | | 5.5 | | 3.8 | | | |
| >50~58 | 16×10 | 16 | | | | | | 6.0 | +0.20 | 4.3 | +0.20 | | |
| >58~65 | 18×11 | 18 | | | | | | 7.0 | | 4.4 | | | |
| >65~75 | 20×12 | 20 | 0 −0.052 | ±0.026 | −0.022 −0.074 | +0.052 0 | +0.149 +0.065 | 7.5 | | 4.9 | | 0.40 | 0.60 |
| >75~85 | 22×14 | 22 | | | | | | 9.0 | | 5.4 | | | |
| >85~95 | 25×14 | 25 | | | | | | 9.0 | | 5.4 | | | |
| >95~110 | 28×16 | 28 | | | | | | 10.0 | | 6.4 | | | |

表 D-3　圆柱销　不淬硬钢和奥氏体不锈钢（摘自 GB/T 119.1—2000）圆柱销
淬硬钢和马氏体不锈钢（摘自 GB/T 119.2—2000）　　　（单位：mm）

允许倒圆或凹穴
标记示例
　　公称直径 d = 8mm，公差为 m6，公称长度 l = 30mm，材料为钢，不经淬火，不经表面处理的圆柱销的标记：
　　销　GB/T 119.1　8m6×30
　　尺寸公差同上，材料为钢，普通淬火（A 型），表面氧化处理的圆柱销的标记：
　　销　GB/T 119.2　8×30
　　尺寸公差同上，材料为 C1 组马氏体不锈钢表面氧化处理的圆柱销的标记：
　　销　GB/T 119.2　6×30-C1

（续）

| GB/T 119.1 | d | 0.6 | 0.8 | 1 | 1.2 | 1.5 | 2 | 2.5 | 3 | 4 | 5 | 6 | 8 | 10 | 12 | 16 | 20 | 25 | 30 | 40 | 50 |
|---|---|---|---|---|---|---|---|---|---|---|---|---|---|---|---|---|---|---|---|---|---|
| | c | 0.12 | 0.16 | 0.2 | 0.25 | 0.3 | 0.35 | 0.4 | 0.5 | 0.63 | 0.8 | 1.2 | 1.6 | 2 | 2.5 | 3 | 3.5 | 4 | 5 | 6.3 | 8 |
| | l | 2~6 | 2~8 | 4~10 | 4~12 | 4~16 | 6~20 | 6~24 | 8~30 | 8~40 | 10~50 | 12~60 | 14~80 | 18~95 | 22~140 | 26~180 | 35~200 | 50~200 | 60~200 | 80~200 | 95~200 |

1. 钢硬度 125~245HV30,奥氏体不锈钢 A1 硬度 210~280HV30

2. 表面粗糙度公差 m6:$Ra \leqslant 0.8 \mu m$,公差 h8:$Ra$ 值 $\leqslant 1.6 \mu m$

| GB/T 119.2 | d | 1 | 1.5 | 2 | 2.5 | 3 | 4 | 5 | 6 | 8 | 10 | 12 | 16 | 20 |
|---|---|---|---|---|---|---|---|---|---|---|---|---|---|---|
| | c | 0.2 | 0.3 | 0.35 | 0.4 | 0.5 | 0.63 | 0.8 | 1.2 | 1.6 | 2 | 2.5 | 3 | 3.5 |
| | l | 3~10 | 4~16 | 5~20 | 6~24 | 8~30 | 10~40 | 12~50 | 14~60 | 18~80 | 22~100 | 26~100 | 40~100 | 50~100 |

1. 钢 A 型、普通淬火,硬度 550~650HV30,B 型表面淬火,表面硬度 600~700HV1,渗碳深度 0.25~0.4mm,550HV1。马氏体不锈钢 C1,淬火并回火,硬度 460~560HV30

2. 表面粗糙度 $Ra \leqslant 0.8 \mu m$

注：l 系列（公称尺寸，单位 mm）：2、3、4、5、6、8、10、12、14、16、18、20、22、24、26、28、30、32、35、40、45、50、55、60、65、70、75、80、85、90、100，公称长度大于100mm，按20mm递增。

表 D-4　圆锥销（摘自 GB/T 117—2000）　　　　　　　　　　（单位：mm）

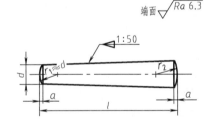

端面 $\sqrt{Ra\ 6.3}$

$r_1 \approx d$

$$r_2 \approx \frac{a}{2} + d + \frac{(0.021)^2}{8a}$$

标记示例

公称直径 $d = 10mm$,长度 $l = 60mm$,材料为 35 钢,热处理硬度 28~38HRC,表面氧化处理的 A 型圆锥销的标记：

销　GB/T 117　10×60

| d(公称)h10 | 0.6 | 0.8 | 1 | 1.2 | 1.5 | 2 | 2.5 | 3 | 4 | 5 |
|---|---|---|---|---|---|---|---|---|---|---|
| $a \approx$ | 0.08 | 0.1 | 0.12 | 0.16 | 0.2 | 0.25 | 0.3 | 0.4 | 0.5 | 0.63 |
| l(商品规格范围) | 4~8 | 5~12 | 6~16 | 6~20 | 8~24 | 10~35 | 10~35 | 12~45 | 14~55 | 18~60 |
| d(公称)h10 | 6 | 8 | 10 | 12 | 16 | 20 | 25 | 30 | 40 | 50 |
| $a \approx$ | 0.8 | 1 | 1.2 | 1.6 | 2 | 2.5 | 3 | 4 | 5 | 6.3 |
| l(商品规格范围) | 22~90 | 22~120 | 26~160 | 32~180 | 40~200 | 45~200 | 50~200 | 55~200 | 60~200 | 65~200 |
| l系列(公称尺寸) | 2,3,4,5,6,8,10,12,14,16,18,20,22,24,26,28,30,32,35,40,45,50,55,60,65,70,75,80,85,90,95,100,公称长度大于100mm,按20mm递增 | | | | | | | | | |

注：1. A 型（磨削）：锥面表面粗糙度 $Ra = 0.8 \mu m$。B 型（切削或冷镦）：锥面表面粗糙度 $Ra = 3.2 \mu m$。

2. 材料：钢、易切钢（Y12、Y15）,碳素钢（35、28~38HRC；45、38~46HRC）；合金钢（30CrMnSiA、35~41HRC）；不锈钢（1Cr13、2Cr13、Cr17Ni2、0Cr18Ni9Ti）。

# 附录E 滚动轴承

表 E-1 深沟球轴承（GB/T 276—2013）摘录

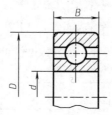

标记示例

滚动轴承 6012 GB/T 276—2013

| 轴承型号 | 外形尺寸/mm | | | 轴承型号 | 外形尺寸/mm | | |
|---|---|---|---|---|---|---|---|
| | $d$ | $D$ | $B$ | | $d$ | $D$ | $B$ |
| | 6004 | 20 | 42 | 12 | 6304 | 20 | 52 | 15 |
| | 6005 | 25 | 47 | 12 | 6305 | 25 | 62 | 17 |
| | 6006 | 30 | 55 | 13 | 6306 | 30 | 72 | 19 |
| | 6007 | 35 | 62 | 14 | 6307 | 35 | 80 | 21 |
| | 6008 | 40 | 68 | 15 | 6308 | 40 | 90 | 23 |
| | 6009 | 45 | 75 | 16 | 6309 | 45 | 100 | 25 |
| | 6010 | 50 | 80 | 16 | 6310 | 50 | 110 | 27 |
| (0)1 | 6011 | 55 | 90 | 18 | (0)3 | 6311 | 55 | 120 | 29 |
| 尺寸系列 | 6012 | 60 | 95 | 18 | 尺寸系列 | 6312 | 60 | 130 | 31 |
| | 6013 | 65 | 100 | 18 | | 6313 | 65 | 140 | 33 |
| | 6014 | 70 | 110 | 20 | | 6314 | 70 | 150 | 35 |
| | 6015 | 75 | 115 | 20 | | 6315 | 75 | 160 | 37 |
| | 6016 | 80 | 125 | 22 | | 6316 | 80 | 170 | 39 |
| | 6017 | 85 | 130 | 22 | | 6317 | 85 | 180 | 41 |
| | 6018 | 90 | 140 | 24 | | 6318 | 90 | 190 | 43 |
| | 6019 | 95 | 145 | 24 | | 6319 | 95 | 200 | 45 |
| | 6020 | 100 | 150 | 24 | | 6320 | 100 | 215 | 47 |
| | 6204 | 20 | 47 | 14 | | 6404 | 20 | 72 | 19 |
| | 6205 | 25 | 52 | 15 | | 6405 | 25 | 80 | 21 |
| | 6206 | 30 | 62 | 16 | | 6406 | 30 | 90 | 23 |
| | 6207 | 35 | 72 | 17 | | 6407 | 35 | 100 | 25 |
| | 6208 | 40 | 80 | 18 | | 6408 | 40 | 110 | 27 |
| | 6209 | 45 | 85 | 19 | | 6409 | 45 | 120 | 29 |
| | 6210 | 50 | 90 | 20 | | 6410 | 50 | 130 | 31 |
| (0)2 | 6211 | 55 | 100 | 21 | (0)4 | 6411 | 55 | 140 | 33 |
| 尺寸系列 | 6212 | 60 | 110 | 22 | 尺寸系列 | 6412 | 60 | 150 | 35 |
| | 6213 | 65 | 120 | 23 | | 6413 | 65 | 160 | 37 |
| | 6214 | 70 | 125 | 24 | | 6414 | 70 | 180 | 42 |
| | 6215 | 75 | 130 | 25 | | 6415 | 75 | 190 | 45 |
| | 6216 | 80 | 140 | 26 | | 6416 | 80 | 200 | 48 |
| | 6217 | 85 | 150 | 28 | | 6417 | 85 | 210 | 52 |
| | 6218 | 90 | 160 | 30 | | 6418 | 90 | 225 | 54 |
| | 6219 | 95 | 170 | 32 | | 6419 | 95 | 240 | 55 |
| | 6220 | 100 | 180 | 34 | | 6420 | 100 | 250 | 58 |

表 E-2　圆锥滚子轴承（GB/T 297—2015）摘录

标记示例

滚动轴承　30205　GB/T 297—2015

| 轴承型号 | 外形尺寸/mm | | | | | 轴承型号 | 外形尺寸/mm | | | | |
|---|---|---|---|---|---|---|---|---|---|---|---|
| | $d$ | $D$ | $T$ | $B$ | $C$ | | $d$ | $D$ | $T$ | $B$ | $C$ |
| 30204 | 20 | 47 | 15.25 | 14 | 12 | 32204 | 20 | 47 | 19.25 | 18 | 15 |
| 30205 | 25 | 52 | 16.25 | 15 | 13 | 32205 | 25 | 52 | 19.25 | 18 | 16 |
| 30206 | 30 | 62 | 17.25 | 16 | 14 | 32206 | 30 | 62 | 21.25 | 20 | 17 |
| 30207 | 35 | 72 | 18.25 | 17 | 15 | 32207 | 35 | 72 | 24.25 | 23 | 19 |
| 30208 | 40 | 80 | 19.75 | 18 | 16 | 32208 | 40 | 80 | 24.75 | 23 | 19 |
| 30209 | 45 | 85 | 20.75 | 19 | 16 | 32209 | 45 | 85 | 24.75 | 23 | 19 |
| 30210 | 50 | 90 | 21.75 | 20 | 17 | 32210 | 50 | 90 | 24.75 | 23 | 19 |
| 30211 | 55 | 100 | 22.75 | 21 | 18 | 32211 | 55 | 100 | 26.75 | 25 | 21 |
| 30212 | 60 | 110 | 23.75 | 22 | 19 | 32212 | 60 | 110 | 29.75 | 28 | 24 |
| 30213 | 65 | 120 | 24.75 | 23 | 20 | 32213 | 65 | 120 | 32.75 | 31 | 27 |
| 30214 | 70 | 125 | 26.25 | 24 | 21 | 32214 | 70 | 125 | 33.25 | 31 | 27 |
| 30215 | 75 | 130 | 27.25 | 25 | 22 | 32215 | 75 | 130 | 33.25 | 31 | 27 |
| 30216 | 80 | 140 | 28.25 | 26 | 22 | 32216 | 80 | 140 | 35.25 | 33 | 28 |
| 30217 | 85 | 150 | 30.5 | 28 | 24 | 32217 | 85 | 150 | 38.5 | 36 | 30 |
| 30218 | 90 | 160 | 32.5 | 30 | 26 | 32218 | 90 | 160 | 42.5 | 40 | 34 |
| 30219 | 95 | 170 | 34.5 | 32 | 27 | 32219 | 95 | 170 | 45.5 | 43 | 37 |
| 30220 | 100 | 180 | 37 | 34 | 29 | 32220 | 100 | 180 | 49 | 46 | 39 |
| 30304 | 20 | 52 | 16.25 | 15 | 13 | 32304 | 20 | 52 | 22.25 | 21 | 18 |
| 30305 | 25 | 62 | 18.25 | 17 | 15 | 32305 | 25 | 62 | 25.25 | 24 | 20 |
| 30306 | 30 | 72 | 20.75 | 19 | 16 | 32306 | 30 | 72 | 28.75 | 27 | 23 |
| 30307 | 35 | 80 | 22.75 | 21 | 18 | 32307 | 35 | 80 | 32.75 | 31 | 25 |
| 30308 | 40 | 90 | 25.25 | 23 | 20 | 32308 | 40 | 90 | 35.25 | 33 | 27 |
| 30309 | 45 | 100 | 27.25 | 25 | 22 | 32309 | 45 | 100 | 38.25 | 36 | 30 |
| 30310 | 50 | 110 | 29.25 | 27 | 23 | 32310 | 50 | 110 | 42.25 | 40 | 33 |
| 30311 | 55 | 120 | 31.5 | 29 | 25 | 32311 | 55 | 120 | 45.5 | 43 | 35 |
| 30312 | 60 | 130 | 33.5 | 31 | 26 | 32312 | 60 | 130 | 48.5 | 46 | 37 |
| 30313 | 65 | 140 | 36 | 33 | 28 | 32313 | 65 | 140 | 51 | 48 | 39 |
| 30314 | 70 | 150 | 38 | 35 | 30 | 32314 | 70 | 150 | 54 | 51 | 42 |
| 30315 | 75 | 160 | 40 | 37 | 31 | 32315 | 75 | 160 | 58 | 55 | 45 |
| 30316 | 80 | 170 | 42.5 | 39 | 33 | 32316 | 80 | 170 | 61.5 | 58 | 48 |
| 30317 | 85 | 180 | 44.5 | 41 | 34 | 32317 | 85 | 180 | 63.5 | 60 | 49 |
| 30318 | 90 | 190 | 46.5 | 43 | 36 | 32318 | 90 | 190 | 67.5 | 64 | 53 |
| 30319 | 95 | 200 | 49.5 | 45 | 38 | 32319 | 95 | 200 | 71.5 | 67 | 55 |
| 30320 | 100 | 215 | 51.5 | 47 | 39 | 32320 | 100 | 215 | 77.5 | 73 | 60 |

注：02尺寸系列、03尺寸系列为左侧标题；22尺寸系列、23尺寸系列为右侧标题。

表 E-3 推力球轴承（GB/T 301—2015）摘录

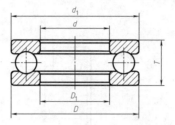

标记示例

滚动轴承 51210 GB/T 301—2015

| 轴承类型 | | 外形尺寸/mm | | | | | 轴承类型 | | 外形尺寸/mm | | | | |
|---|---|---|---|---|---|---|---|---|---|---|---|---|---|
| | | $d$ | $D$ | $T$ | $D_{1smax}$ | $d_{1smax}$ | | | $d$ | $D$ | $T$ | $D_{1smax}$ | $d_{1smax}$ |
| 11<br>尺寸<br>系列<br>（51000<br>型） | 51104 | 20 | 35 | 10 | 21 | 35 | 13<br>尺寸<br>系列<br>（51000<br>型） | 51304 | 20 | 47 | 18 | 22 | 47 |
| | 51105 | 25 | 42 | 11 | 26 | 42 | | 51305 | 25 | 52 | 18 | 27 | 52 |
| | 51106 | 30 | 47 | 11 | 32 | 47 | | 51306 | 30 | 60 | 21 | 32 | 60 |
| | 51107 | 35 | 52 | 12 | 37 | 52 | | 51307 | 35 | 68 | 24 | 37 | 68 |
| | 51108 | 40 | 60 | 13 | 42 | 60 | | 51308 | 40 | 78 | 26 | 42 | 78 |
| | 51109 | 45 | 65 | 14 | 47 | 65 | | 51309 | 45 | 85 | 28 | 47 | 85 |
| | 51110 | 50 | 70 | 14 | 52 | 70 | | 51310 | 50 | 95 | 31 | 52 | 95 |
| | 51111 | 55 | 78 | 16 | 57 | 78 | | 51311 | 55 | 105 | 35 | 57 | 105 |
| | 51112 | 60 | 85 | 17 | 62 | 85 | | 51312 | 60 | 110 | 35 | 62 | 110 |
| | 51113 | 65 | 90 | 18 | 67 | 90 | | 51313 | 65 | 115 | 36 | 67 | 115 |
| | 51114 | 70 | 95 | 18 | 72 | 95 | | 51314 | 70 | 125 | 40 | 72 | 125 |
| | 51115 | 75 | 100 | 19 | 77 | 100 | | 51315 | 75 | 135 | 44 | 77 | 135 |
| | 51116 | 80 | 105 | 19 | 82 | 105 | | 51316 | 80 | 140 | 44 | 82 | 140 |
| | 51117 | 85 | 110 | 19 | 87 | 110 | | 51317 | 85 | 150 | 49 | 88 | 150 |
| | 51118 | 90 | 120 | 22 | 92 | 120 | | 51318 | 90 | 155 | 50 | 93 | 155 |
| | 51120 | 100 | 135 | 25 | 102 | 135 | | 51320 | 100 | 170 | 55 | 103 | 170 |
| 12<br>尺寸<br>系列<br>（51000<br>型） | 51204 | 20 | 40 | 14 | 22 | 40 | 14<br>尺寸<br>系列<br>（51000<br>型） | 51405 | 25 | 60 | 24 | 27 | 60 |
| | 51205 | 25 | 47 | 15 | 27 | 47 | | 51406 | 30 | 70 | 28 | 32 | 70 |
| | 51206 | 30 | 52 | 16 | 32 | 52 | | 51407 | 35 | 80 | 32 | 37 | 80 |
| | 51207 | 35 | 62 | 18 | 37 | 62 | | 51408 | 40 | 90 | 36 | 42 | 90 |
| | 51208 | 40 | 68 | 19 | 42 | 68 | | 51409 | 45 | 100 | 39 | 47 | 100 |
| | 51209 | 45 | 73 | 20 | 47 | 73 | | 51410 | 50 | 110 | 43 | 52 | 110 |
| | 51210 | 50 | 78 | 22 | 52 | 78 | | 51411 | 55 | 120 | 48 | 57 | 120 |
| | 51211 | 55 | 90 | 25 | 57 | 90 | | 51412 | 60 | 130 | 51 | 62 | 130 |
| | 51212 | 60 | 95 | 26 | 62 | 95 | | 51413 | 65 | 140 | 56 | 68 | 140 |
| | 51213 | 65 | 100 | 27 | 67 | 100 | | 51414 | 70 | 150 | 60 | 73 | 150 |
| | 51214 | 70 | 105 | 27 | 72 | 105 | | 51415 | 75 | 160 | 65 | 78 | 160 |
| | 51215 | 75 | 110 | 27 | 77 | 110 | | 51416 | 80 | 170 | 68 | 83 | 170 |
| | 51216 | 80 | 115 | 28 | 82 | 115 | | 51417 | 85 | 180 | 72 | 88 | 177 |
| | 51217 | 85 | 125 | 31 | 88 | 125 | | 51418 | 90 | 190 | 77 | 93 | 187 |
| | 51218 | 90 | 135 | 35 | 93 | 135 | | 51420 | 100 | 210 | 85 | 103 | 205 |
| | 51220 | 100 | 150 | 38 | 103 | 150 | | 51422 | 110 | 230 | 95 | 113 | 225 |

# 附录 F  常用材料

## 一、常用钢铁金属材料

常用钢铁金属材料见表 F-1。

表 F-1  常用钢铁金属材料

| 名称 | 牌号 | | 应用举例 | 说明 |
|---|---|---|---|---|
| 碳素结构钢 | Q195 | — | 用于金属结构构件、拉杆、心轴、垫圈、凸轮等 | 1)"Q"是碳素结构钢屈服点"屈"字汉语拼音首字母,后面数字表示屈服点的数值(N/mm²) 2)新旧牌号对照: A2(A2F)→Q215 A3→Q235 A5→Q275 |
| | Q215 | A | | |
| | | B | | |
| | Q235 | A | 用于金属结构构件、吊钩、拉杆、套圈、气缸、齿轮、螺栓、螺母、连杆、轮轴、楔、盖、焊接件等 | |
| | | B | | |
| | | C | | |
| | | D | | |
| | Q275 | — | 用于轴、轴销、刹车杆、螺栓、螺母、连杆等强度要求较高零件 | |
| 优质碳素结构钢 | 10 | | 焊接性好,用于拉杆、卡头、钢管垫片、垫圈、铆钉及用作焊接零件等 | 牌号的两位数字表示钢中平均含碳量的质量分数(以万分数表示),45 钢表示碳的平均含量为 0.45% 碳的质量分数 ≤0.25% 的碳钢是低碳钢(渗碳钢) 碳的质量分数在 0.25%~0.6% 的碳钢是中碳钢(调质钢) 碳的质量分数>0.6% 的碳钢是高碳钢 锰的质量分数较高的钢需加注化学元素符号"Mn" |
| | 15 | | 用于受力不大韧性较高的零件、渗碳零件及紧固件,如螺栓、螺钉、法兰盘、化工贮器、蒸汽锅炉等 | |
| | 35 | | 用于曲轴、转轴、杠杆、连杆、轴销、螺栓、螺母、垫圈等,一般不作焊接用 | |
| | 45 | | 用于强度要求较高的零件,如轴、齿轮、齿条、汽轮机叶轮、压缩机等 | |
| | 60 | | 用于弹簧、弹簧垫圈、轧辊、凸轮、离合器等 | |
| | 15Mn | | 用于中心部分机械性能要求较高且需渗碳的零件 | |
| | 65Mn | | 用于耐磨性要求高的圆盘、齿轮、弹簧发条、花键轴等 | |
| 灰铸铁 | HT150 | | 用于小负荷和对耐磨性无特殊要求的零件,如工作台、端盖、带轮、机床座等 | "HT"是"灰铁"的汉语拼音首字母,后面数字表示抗拉强度(N/mm²) |
| | HT200 | | 用于中等负荷和对耐磨性有一定要求的零件,如机床床身、立柱、飞轮、气缸、泵体、轴承座、齿轮箱等 | |
| | HT250 | | 用于中等负荷和对耐磨性有一定要求的零件,如气缸、油缸、联轴器、齿轮、阀壳等 | |

## 二、常用非铁金属材料

常用非铁金属材料见表 F-2。

表 F-2 常用非铁金属材料

| 名称 | 牌号 | 应用举例 | 说明 |
|---|---|---|---|
| 5-5-5 锡青铜 | ZCuSn5Pb5Zn5 | 用于较高负荷、中等滑动速度下工作的耐磨、耐腐蚀零件,如轴瓦、衬套、蜗轮、离合器等 | "Z"是"铸造"的汉语拼音首字母,各化学元素后面数字表示该元素的质量分数(%) |
| 10-3 铝青铜 | ZCuAl10Fe3 | 用于高强度、耐磨、耐腐蚀零件,如蜗轮、轴承、衬套、管嘴、耐热管配件等 | |
| 25-6-3-3 铝黄铜 | ZCuZn25Al6Fe3Mn3 | 用于一般用途结构件,如套筒、衬套、轴瓦、滑块等 | |
| 38-2-2 锰黄铜 | ZCuZn38Mn2Pb2 | 用于强度要求较高的零件,如轴、齿轮、齿条、汽轮机叶轮、压缩机等 | |
| 铸造铝合金 | ZAlMg10 | 用于承受大冲击负荷、高耐腐蚀的零件 | |
| | ZAlSi12 | 用于气缸活塞和高温工作的复杂形状零件 | |
| | ZAlZn11Si7 | 用于压力铸造的高强度铝合金 | |
| 工业纯铝 | 1060(原L2) | 用于贮槽、热交换器、防污染及深冷设备等 | |
| 硬铝 | 2A12(原LY12) | 用于高载荷零件及构件(不包括冲压件和锻件) | |

## 三、常用非金属材料

常用非金属材料见表 F-3。

表 F-3 常用非金属材料

| 名称 | 牌号 | 应用举例 | 说明 |
|---|---|---|---|
| 耐油石棉橡胶板 | NY250 HNY300 | 用于供航空发动机用的煤油、润滑油及冷气系统结合处的密封衬垫材料 | 有 0.4~3.0mm 的十种厚度规格 |
| 耐油橡胶板 | 3707 3807 3709 3809 | 用于冲制各种形状的垫圈 | |
| 耐热橡胶板 | 4708 4808 4710 | 用于冲制各种形状的垫圈、隔热垫板等 | |
| 耐酸碱橡胶板 | 2707 2807 2709 | 用于冲制密封性能较好的垫圈 | |

# 附录 G 机械制图国外标准简介

本附录简单介绍 ISO、美国和日本的一些主要标准,以便于国际间的技术交流和读绘国外机械图样。

## 一、图纸幅面

ISO、美国和日本规定的图纸幅面代号及尺寸,见表 G-1。

表 G-1　图纸幅面代号及尺寸

| 归属 | 国际标准化组织<br>ISO 5457:1999 | 美国<br>ANSI/ASME Y14.1—2005 | 日本<br>JIS B0001—2010 |
|---|---|---|---|
| 幅面尺寸及代号 | A 系列有五种代号，即 A0～A4，其中 A0 的尺寸为 841×1189<br>专门加长的尺寸系列：A3×3,A3×4,A4×3,A4×4,A4×5,其中 A3×3 的尺寸为 420×891<br>特殊加长的尺寸系列：A0×2,A0×3,A1×3,A1×4,A2×3,A2×4,A2×5,A3×5,A3×6,A3×7,A4×6,A4×7,A4×8,A4×9,其中 A0×2 的尺寸为 1189×1682<br>与我国的标准基本一致，且单位均为 mm | 平式纸有 A、B、C、D、E、F 六种代号：<br>A:8.5×11<br>B:11×17<br>C:17×22<br>D:22×34<br>E:34×44<br>F:28×40<br>尺寸单位均为 in（英寸） | 有五种代号，即 A0～A4，其中 A0 的尺寸为 841×1189<br>另有加长系列，加长方法同 ISO 标准相同，单位均为 mm |
| 图框尺寸 | 不需要装订时，对 A0～A1 各边留 20mm，对 A2～A4 各边留 10mm<br>需要装订时，各种图幅的装订边一律留 20mm，其他三边仍按照不装订时的规定 | 图框留的边宽随图纸的不同而变化，例如对 A 号图纸，在长边上留 0.38in，在短边上留 0.25in | 不需要装订时，对 A0～A1 各边留 20mm，对 A2～A4 各边留 10mm；需要装订时，装订边一律留 25mm，其他边对 A0～A1 留 20mm，对 A2～A4 留 10mm |

注：1in=25.4mm。

## 二、比例

ISO、美国、日本规定的制图比例，见表 G-2。

表 G-2　ISO、美国、日本规定的制图比例

| 归属 | 国际标准化组织<br>ISO 5455:1979 | 美国 | 日本<br>JIS B0001—2010 |
|---|---|---|---|
| 原值比例 | 1:1 | 1=1″ | 1:1 |
| 放大比例 | 2:1,5:1,10:1,20:1,50:1 | 2″=1″,4″=1″等 | 第一系列：2:1,5:1,10:1,20:1,50:1 |
| 缩小比例 | 1:2,1:5,1:10,1:20,1:50,1:100,1:200,1:500 等<br>允许沿放大或缩小比例向两个方向延伸 | $\frac{1}{2}$″ = 1″, $\frac{1}{4}$″ = 1″, $\frac{1}{8}$″ = 1″等 | 第一系列：1:2,1:5,1:10,1:20,1:50,1:100 |

## 三、图线

ISO、美国、日本规定的图线种类和宽度，见表 G-3。

表 G-3　ISO、美国、日本规定的图线种类和宽度

| 归属 | 国际标准化组织<br>ISO 129-1:2004 | 美国<br>ANSI Y14.5—2009 | 日本<br>JIS B0001—2000 |
|---|---|---|---|
| 图线种类 | 有 9 种图线，与我国图线标准基本一致<br>主要区别：①剖切轨迹线用粗点画线；②表示剖切方向的箭头用粗实线；③剖切的箭头位置不同 | 机械制图与我国图线基本一致<br>主要区别为剖切轨迹线有 3 种形式：①细虚线；②细双点画线；③细实线 | 有 9 种图线，与我国图线标准基本一致<br>主要区别：①增加了极粗实线和点画线；②剖切轨迹线用细点画线；③剖切的箭头位置不同 |
| 图线宽度 | 与我国标准一致 | 粗线宽度应在 0.7mm 以上，细线宽度应在 0.35mm 以上，粗、细线的宽度比为2:1 | 与我国标准一致，细、粗、极粗线的宽度比为1:2:4 |

## 四、尺寸标注

ISO、美国、日本规定的尺寸注法，见表 G-4。

表 G-4　ISO、美国、日本规定的尺寸注法

| 归属 | 国际标准化组织<br>ISO 129-1:2004 | 美国<br>ANSI/ASME Y14.5—2009 | 日本<br>JIS B0001—2010 |
|---|---|---|---|
| 尺寸单位 | 毫米(mm) | 英寸(in)或毫米(mm) | 毫米(mm) |
| 线性尺寸 | | <br>数字写在尺寸中断处<br>尺寸界线与轮廓线之间留有间隙 | |
| 角度标注 | | <br>角度数字的字头一律向上 | |
| | | | |

## 五、常用国家和地区的标准代号及名称

常用国家和地区的标准代号及名称，见表 G-5。

表 G-5　常用国家和地区的标准代号及名称

| 标准名称 | 标准代号 | 标准名称 | 标准代号 |
|---|---|---|---|
| 国际标准化组织 | ISO | 巴西标准 | NB |
| 美国国家标准 | ANSI | 比利时标准 | NBN |
| 澳大利亚标准 | AS | 荷兰标准 | NEF |
| 英国标准 | BS | 法国标准 | NF |
| 加拿大标准 | CAS | 瑞典标准 | SIS |
| 德国标准 | DIN | 瑞士标准协会标准 | SNV |
| 印度标准 | JS | 土耳其标准 | TS |
| 日本工业标准 | JIS | 西班牙标准 | UNE |
| 马来西亚标准 | MS | 意大利标准 | UNI |

# 参 考 文 献

[1]  全国技术产品文件标准化技术委员会. 技术产品文件标准汇编　技术制图卷 [M]. 2 版. 北京：中国标准出版社，2009.

[2]  全国技术产品文件标准化技术委员会. 技术产品文件标准汇编　机械制图卷 [M]. 2 版. 北京：中国标准出版社，2009.

[3]  机械科学研究总院，全国紧固件标准化技术委员会，中国标准出版社. 机械基础件标准汇编　紧固件产品：上、中册 [M]. 2 版. 北京：中国标准出版社，2016.

[4]  李学京. 机械制图和技术制图国家标准学用指南 [M]. 北京：中国标准出版社，2013.

[5]  中国标准出版社第三编辑室. 产品几何技术规范标准汇编：几何公差卷 [M]. 2 版. 北京：中国标准出版社，2012.

[6]  全国螺纹标准化技术委员会. 公制、美制和英制螺纹标准手册 [M]. 3 版. 北京：中国标准出版社，2009.

[7]  全国技术产品文件标准化技术委员会. 技术产品文件标准汇编　CAD 制图卷 [M]. 北京：中国标准出版社，2002.

[8]  叶玉驹，焦永和，张彤. 机械制图手册 [M]. 5 版. 北京：机械工业出版社，2012.

[9]  同济大学，上海交通大学等院校编写组. 机械制图 [M]. 7 版. 北京：高等教育出版社，2016.

[10]  郭克希，王建国. 机械制图 [M]. 3 版. 北京：机械工业出版社，2014.

[11]  董祥国. AutoCAD-2014 应用教程 [M]. 南京：东南大学出版社，2014.

[12]  裘文言，瞿元赏. 机械制图 [M]. 2 版. 北京：高等教育出版社，2009.

# 《工程制图》（第3版）

## （武　华　主编）

## 读者信息反馈表

尊敬的老师：

　　您好！感谢您多年来对机械工业出版社的支持和厚爱！为了进一步提高我社教材的出版质量，更好地为我国高等教育发展服务，欢迎您对我社的教材多提宝贵意见和建议。另外，如果您在教学中选用了本书，欢迎您对本书提出修改建议和意见。

### 一、基本信息

姓名：_____性别：_____职称：_____职务：_____

邮编：_____地址：_____

任教课程：_____电话：_____—_____（H）_____（O）

电子邮件：_____手机：_____

### 二、您对本书的意见和建议

　　（欢迎您指出本书的疏误之处）

### 三、您对我们的其他意见和建议

请与我们联系：

100037　机械工业出版社·高等教育分社　　舒恬　收

Tel：010—88379217

E-mail：13810525488@163.com